普通高等教育"十一五"国家级规划教材

电气测量

第6版

陈立周　陈岚岚　编

机械工业出版社

本书参照高等院校本科、高职高专机电类相关专业教学计划对主干课程的要求编写。

修订后的第 6 版，分为模拟式电工仪表与测量、数字式电工仪表与测量、智能仪器与虚拟仪器三篇。修订后除保持必要的基础理论外，也力求反映当前测量技术的最新发展和新产品的应用。为了能完整介绍仪器的构成，书中还提供一些器件和某些仪表的详细电路，作为教与学的参考，若在使用中受到教学时数的限制，这些内容也可以选择让学生自学。

本书适用于本科院校电类专业，可作为电气测量课程的教材或相关课程的参考书，同时也适用于高职高专和电大，也可供从事电气工作的技术人员参考。

图书在版编目（CIP）数据

电气测量/陈立周，陈岚岚编. —6 版. —北京：机械工业出版社，2015.11（2025.8重印）

普通高等教育"十一五"国家级规划教材
ISBN 978-7-111-51731-3

Ⅰ.①电… Ⅱ.①陈…②陈… Ⅲ.①电气测量 – 高等学校 – 教材 Ⅳ.①TM93

中国版本图书馆 CIP 数据核字（2015）第 233967 号

机械工业出版社（北京市百万庄大街22号　邮政编码100037）
策划编辑：王雅新　责任编辑：王雅新　王　荣
责任校对：纪　敬　封面设计：张　静
责任印制：张　博
三河市航远印刷有限公司印刷
2025 年 8 月第 6 版第 17 次印刷
184mm×260mm·20.5 印张·504 千字
标准书号：ISBN 978-7-111-51731-3
定价：59.00 元

电话服务　　　　　　　网络服务
客服电话：010-88361066　机 工 官 网：www.cmpbook.com
　　　　　010-88379833　机 工 官 博：weibo.com/cmp1952
　　　　　010-68326294　金 书 网：www.golden-book.com
封底无防伪标均为盗版　机工教育服务网：www.cmpedu.com

前　言

　　为适应我国高等教育发展的需要，并参照高等院校本科、高职、高专机电类相关专业教学计划对主干课程的要求，编者将《电气测量》第5版重新做了修订。修订时力求反映应用型大学专业课程应具有的特色，同时也考虑到电类专业学生就业后应具备的动手能力，保留原书中多数在实际应用方面所需要的内容。

　　由于电子技术、计算机技术和专用集成电路的发展，电气测量技术以及所使用的测量仪器结构也都随之改变，现在传统的电测仪表大都引进电子元件，将电子测量仪表和传统的电测仪表分列两篇已不适应，因此修订后的第6版，分为模拟式电工仪表与测量、数字式电工仪表与测量、智能仪器与虚拟仪器三篇。修订后除保持必要的基础理论外，也力求反映当前测量技术的最新发展和新产品的应用。为了能完整介绍仪器的构成，书中还提供一些器件和某些仪表的详细电路作为教与学的参考，若在使用中受到教学时数的限制，这些内容也可以进行选择，有的内容可以让学生自学。

　　本书第5版由福建工程学院陈立周副教授编写，第6版由福建工程学院电子工程实验中心陈岚岚高级工程师在第5版的基础上进行修订，并由福建工程学院信息科学与工程学院胡驰教授担任主审。本书在几次修订中，曾先后由哈尔滨电工学院袁禄明教授，福州大学林存厚教授、林永华副教授，福建工程学院信息科学与工程学院胡驰教授、林存良副教授担任过主审，他们对本书内容提出了很多宝贵意见，在此向他们表示深切的感谢。修订后书中还难免存在问题和错误，敬请使用本书的老师、同学以及广大读者给予批评指正。编者的通信地址为福建工程学院信息科学与工程学院，电子信箱分别为chenlz@fjut.edu.cn和clanlan2000@163.com。

编　者

目 录

前言
第一篇 模拟式电工仪表与测量 ………… 1
第一章 电工仪表与测量的基本
　　　　知识 …………………………… 3
　第一节 测量方法的分类 ………………… 3
　第二节 电工仪表的分类 ………………… 5
　第三节 电工仪表的组成与基本原理 …… 7
　第四节 测量误差及其表示方法 ………… 11
　第五节 工程上最大测量误差的估计及系统
　　　　误差的消除 ……………………… 13
　第六节 随机误差的估计 ………………… 18
第二章 电流与电压的测量 …………… 24
　第一节 电流与电压的测量方法 ………… 24
　第二节 磁电系仪表 ……………………… 26
　第三节 磁电系检流计 …………………… 32
　第四节 电磁系仪表 ……………………… 38
　第五节 电动系仪表 ……………………… 43
　第六节 测量用互感器 …………………… 47
　第七节 万用电表 ………………………… 52
　第八节 直流电位差计 …………………… 60
　第九节 电子系电压表 …………………… 64
　第十节 电流表与电压表的使用与选择 … 75
第三章 功率与电能的测量 …………… 82
　第一节 功率与电能的测量方法 ………… 82
　第二节 电动系功率表 …………………… 85
　第三节 低功率因数功率表 ……………… 89
　第四节 三相功率的测量 ………………… 91
　第五节 感应系电能表及电能的测量 …… 93
　第六节 三相有功电能表 ………………… 98
　第七节 三相无功电能表及无功电能的
　　　　测量 ……………………………… 100
　第八节 电子式单相电能表 ……………… 103
　第九节 电子式三相电能表 ……………… 109
第四章 频率与相位的测量 …………… 113
　第一节 频率的测量方法 ………………… 113
　第二节 相位的测量方法 ………………… 117
　第三节 电动系频率表 …………………… 119

　第四节 电动系相位表 …………………… 121
　第五节 整步表 …………………………… 124
第五章 电路参数的测量 ……………… 127
　第一节 电路参数的测量方法 …………… 127
　第二节 直流单电桥 ……………………… 133
　第三节 直流双电桥 ……………………… 135
　第四节 交流阻抗电桥 …………………… 139
　第五节 变压器比率臂电桥 ……………… 145
　第六节 绝缘电阻表 ……………………… 149
　第七节 接地电阻测量仪 ………………… 153
第六章 波形的测量 …………………… 156
　第一节 概述 ……………………………… 156
　第二节 示波管 …………………………… 157
　第三节 示波器电源 ……………………… 162
　第四节 示波器的 Y 通道 ……………… 165
　第五节 示波器的 X 通道 ……………… 171
　第六节 通用示波器实例 ………………… 175
　第七节 示波器的应用 …………………… 189
第七章 磁的测量 ……………………… 196
　第一节 概述 ……………………………… 196
　第二节 磁场的测量 ……………………… 197
　第三节 磁性材料的测量 ………………… 201
第二篇 数字式电工仪器与测量 ……… 207
第八章 数字电压表 …………………… 209
　第一节 数字电压表的性能指标 ………… 209
　第二节 数字电压表的结构类型 ………… 211
　第三节 数字电压表实例 ………………… 214
　第四节 数字万用表实例 ………………… 220
第九章 数字功率表 …………………… 232
　第一节 数字功率表的结构类型 ………… 232
　第二节 模拟乘法器构成的数字功率表 … 233
　第三节 数字乘法器构成的数字功率表 … 235
第十章 数字频率表 …………………… 237
　第一节 数字频率表的测量原理 ………… 237
　第二节 E312 系列数字频率表 ………… 241
　第三节 简易型数字频率表 ……………… 247
第十一章 数字参数测量仪 …………… 249

第一节　数字电阻测量仪 ……………… 249
　第二节　数字钳式接地电阻测量仪 ……… 251
　第三节　数字电容测量仪 ………………… 252
第十二章　数字示波器 …………………… 255
　第一节　液晶显示器 ……………………… 255
　第二节　数字示波器的类型 ……………… 262
　第三节　数字存储示波器实例 …………… 266
　第四节　逻辑分析仪 ……………………… 273
第三篇　智能仪器与虚拟仪器 …………… 279
第十三章　智能仪器 ……………………… 281
　第一节　概述 ……………………………… 281
　第二节　智能仪器的结构 ………………… 282

　第三节　智能式电子电能表 ……………… 284
第十四章　虚拟仪器 ……………………… 293
　第一节　概述 ……………………………… 293
　第二节　虚拟仪器的组成 ………………… 295
　第三节　Multisim 软件介绍 ……………… 299
附录 …………………………………………… 302
　附录A　习题 ……………………………… 302
　附录B　参考实验 ………………………… 311
　附录C　仪表和附件用标志符号（摘自
　　　　　GB/T 7676.1—1998） …………… 315
参考文献 ……………………………………… 320

第一篇　模拟式电工仪表与测量

电测量主要是指对电流、电压、电功率、电能、相位、频率、电阻、电感、电容以及电路时间常数、介质损耗等基本电学量和电路参数的测量。磁测量则主要指对磁场强度、磁感应强度、磁通量、磁导率、介质的磁滞损耗和涡流损耗等基本磁学量和介质磁性参数的测量。电测量和磁测量统称为电气测量或电磁测量。

电气测量技术是研究各种电磁量的测量方法、测量中所配置的仪表和仪器设备、各种仪表仪器设备的结构与原理、测量时的操作技术以及如何对所测出的数据进行处理以求出测量结果和可能误差。

电磁量是无法通过人的感官进行衡量的,为此要对它进行测量离不开仪表。早期电气测量所使用的仪表都是机械模拟式的,后来由于电气技术、电子技术以及计算机技术的不断进步,使电气测量仪表也迅速发展起来。它的发展过程大体经历了以下几个阶段。

20世纪50年代以前,电气测量所使用的仪表基本都是机械式的模拟指示仪表,这种传统的指示仪表由于在元件质量、生产工艺方面的不断完善,加上有关测量理论、测量方法和测量技术的不断进步,使得它在发展中也达到了相当高的水平。以电流表为例,其灵敏度可以达到10^{-9}A。而且价格低廉,所以这种仪表至今仍被广泛应用。

20世纪50年代以后,随着电子技术和控制技术的发展,在电气测量领域,开始发展模拟指示器件与电子电路相结合的电子式模拟指示仪表,或称电子测量仪表,其中以高频或超高频电压表、示波器和记录仪为典型代表,集中体现了电子仪表的特色。

之后,由于出现了晶体管和集成电路,促进了数字技术的进步,并成功地应用到测量仪器中,出现了电子式的数字仪表。数字仪表不但有了新的显示方式,而且为测量数据的存储、传输、运算开辟了一条新的途径。

到70年代初,微处理器和微型计算机开始问世,特别是单片机的广泛应用,诞生了许多智能仪器。所谓智能仪器就是在传统的仪表仪器基础上,内置微处理器或单片机,使之在测量功能和仪表性能方面产生一个根本性的变化。

进入80年代以后,计算机和它的相关技术包括微电子技术、集成电路、软件技术、网络技术发展得更快,因此也带动了仪器仪表和测量技术,使它紧跟着信息时代的步伐,有了革命性的变化。虚拟仪器就是现代测量仪器发展中的一个杰出代表。

但在电气测量技术发展过程中,新的一代仪表出现,并没有把旧的一代仪表完全淘汰,而是各自发挥自身的特点,使用在不同的场合,以满足不同的需要。因此现代电气测量研究的范围,既包括了传统的机械式和电子式的模拟指示仪表,也包括数字显示仪表、智能仪表和虚拟仪表。传统的仪表仍然占有重要的地位。

电气测量技术不但对从事测量仪表专业的人员至关重要,就是从事一般电气技术的工作人员,掌握仪表的原理和使用技术也是十分必要的,因为不论是电气设备的安装、调试、运行、检修,还是电气产品的检验、分析、鉴定,都会遇到有关测量方面的技术问题。电气测量知识已经成了电气技术人员必备的基础知识之一。

本篇讲述使用模拟指示仪表的测量原理，电磁量与电磁参数的测量方法。由于仪器仪表的产品众多，作为一门基础课程，不可能一一介绍，也没有这种必要，只能通过典型结构，介绍相关仪表的基本概念和知识。

第一章

电工仪表与测量的基本知识

第一节 测量方法的分类

各种物理量的单位，都有国际标准。**测量过程实际上就是被测物理量与国际标准相比较的过程。测量的任务就是通过实验的方法，将被测量（未知量）与标准单位量（已知量）进行比较，以求得被测量的值。**电气测量同样也是通过直接或间接的方法，将被测的电磁量与同类的标准单位量进行比较，以确定被测电磁量的大小。标准单位量的实体称为度量器，度量器就是测量单位或测量单位的分数倍或整数倍的复制体，如标准电池、标准电阻、标准电感等，如图1-1所示。

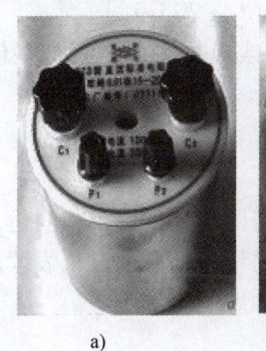  

a)　　　　　　　　　　b)　　　　　　　　　　c)

图1-1　标准电池、标准电阻、标准电感
a）标准电池　b）标准电阻　c）标准电感

根据在量值传递中起的作用和本身的准确度，度量器分为基准器、标准器和工作量具三种。其中基准器和标准器是由国家计量部门管理的，我们日常所用的度量器都属于工作量具。例如，实验室或工程上用的电流表、电压表或标准电阻等，都属于工作量具。

测量既然是一种比较，当然可以采用不同的方式和方法。根据被测量数值是直接还是间接取得形成了不同的测量方式；又根据测量数据如何读取，以及度量器是否直接参与，形成了不同的测量方法。测量的方式和方法分成以下几种。

一、测量方式分类

1. 直接测量

直接测量是指被测电磁量与度量器直接在比较仪器中进行比较,或者使用事先已刻有被测量单位的指示仪表进行测量,从而可以直接读出被测量的数值。这种方式的特点是测出的数据就是被测量本身的值,例如,用电流表测量电流,用电桥测量电阻等,都可以直接读出被测电流或电阻的值。

2. 间接测量

如果被测量不便于直接读出,或者直接测量该量的仪器不够准确,这时可以利用被测量与某种中间量之间的函数关系,先测出中间量,然后通过计算公式,算出被测量的值,这种方式称为间接测量。例如,用伏安法测电阻,就是先测出被测电阻两端的电压和通过该电阻的电流,然后再利用欧姆定律,间接计算出电阻数值。

3. 组合测量

如果被测的未知量与某个中间量的函数关系式中还有其他未知数,那么对中间量的一次测量还无法求得被测量的值,这时可以通过改变测量条件,测出不同条件下的中间量数值,写出方程组,然后通过解联立方程组求出被测量的数值,这种方式称为组合测量。组合测量也适用于同时测量一个函数式中的多个被测量。

例如要测量电阻温度系数 α 和 β,必须在不同温度条件下,分别测出 20℃、t_1、t_2 三种不同温度时的电阻值 R_{20}、R_{t1}、R_{t2},然后通过解联立方程,求得 α 和 β 的值。

$$R_{t1} = R_{20}[1 + \alpha(t_1 - 20℃) + \beta(t_1 - 20℃)^2] \tag{1-1}$$

$$R_{t2} = R_{20}[1 + \alpha(t_2 - 20℃) + \beta(t_2 - 20℃)^2] \tag{1-2}$$

式中,t_1、t_2、R_{20}、R_{t1}、R_{t2} 可以通过温度计和电阻表或电桥测出,将这些值代入上式,即可求出 α 和 β。

二、测量方法分类

直接测量需要用仪表直接读出被测量,间接测量需要用仪表读出中间量,然后通过计算求出被测量。不论是直接测出被测量还是间接测定中间量,都要通过仪表读出被测量或中间量的数据。读取数据的方法可分为直读法和比较法两种。

1. 直读法

用电测量指示仪表直接读取测量数据的方法称为直读法。直读法不等于直接测量,因为测出的数据可能是中间量。直读法的特点是没有度量器参与。实际上,指示仪表进行刻度时仍需要度量器,也可能指示仪表刻度时并不借助度量器,而是利用标准的指示仪表进行校准,但标准仪表本身还是需要通过度量器刻度。所以直读法实际上是一种与度量器进行间接比较的方法,这种方法简便迅速,但其准确度受仪表误差的限制。

2. 比较法

比较法是将被测量与度量器置于比较仪器上进行比较,从而求得被测量数据的一种方法。这种方法多用于高准确度的场合,当然,为了保证比较结果的准确度,还要有较准确的仪器,测量时还要保持较严格的实验条件,如温度、湿度、振动、外界电磁干扰等都不能超过规定值。根据比较时的特点,比较法又可分为三类。

（1）**零值法** 被测量与已知量进行比较时，两种量对仪器的作用相消为零的方法称为零值法。例如用电桥测电阻，具体电路如图 1-2 所示，当调节电阻 R_0，使电桥公式 $R_x = (R_1/R_2) R_0$ 保持恒等时，指零仪表 P 的读数为零。被测电阻 R_x 可由 R_1、R_2、R_0 值求得。由于比较中指示仪表只用于指零，所以仪表误差并不影响测量结果的准确度，测量准确度只与度量器及指示仪表灵敏度有关。天平测质量也是一种零值法的实例。

（2）**较差法** 较差法是通过测量已知量与被测量的差值，从而求得被测量的一种方法。较差法实际上是一种不彻底的零值法。例如，用电位差计测量电池的电动势值 E_x，如图 1-3 所示。图中，E_0 为已知量，是标准电池的电动势，在这里作为度量器。电位差计可以测出被测量 E_x 与已知量 E_0 的差值 δ，然后根据 E_0 和差值 δ 求得被测量 E_x

$$E_x = E_0 + \delta \tag{1-3}$$

通常差值 δ 仅仅是被测量的很小一部分，例如 δ 为 E_x 的 1/100，如果差值 δ 在测量中产生 1/1000 的误差，那么反映到被测量 E_x 中，产生的误差仅为 $1/10^5$。

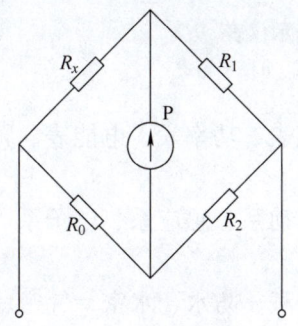

图 1-2 零值法测电阻

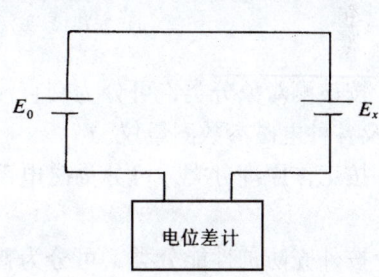

图 1-3 较差法测电动势

（3）**替代法** 替代法是将被测量与已知量先后两次接入同一测量装置，如果两次测量中测量装置的工作状态能保持相同，则认为替代前接在装置上的待测量，与替代后的已知标准量其数值完全相等。当然要做到完全替代，已知标准量最好是连续可调的，这样才能在替代时通过调节取得最适当数值以便比较。古代曹冲称象就是采取这种替代法。

采用这种方法，如果前后两次测量相隔的时间很短，而且又是在同一地点进行，那么装置的内部特性和各种外界因素对测量所产生的影响可以认为完全相同或绝大部分相同，所以**测量误差极小，准确度几乎完全取决于标准量本身的误差**。

第二节　电工仪表的分类

用电磁原理制成的各种电磁量测量仪器仪表统称为电测量仪表，或按习惯称为电工仪表。电工仪表不仅可以测量电磁量，还可以通过各种变换器来测量非电磁量，例如温度、压力、速度等。它应用十分广泛，品种规格繁多，但归纳起来，基本上可以分为三大类。

一、模拟指示仪表

模拟指示仪表是最常见的一种电工仪表。它的**特点是把被测电磁量转换为可动部分的角位移，然后根据可动部分的指针在标尺上的位置直接读出被测量的数值**。如图 1-4a～c 所示，它是一种直读式仪表，有的时候可能不一定用指针，也可用图 1-4d 所示字轮转盘方式指示（字轮的转动是连续的，不属于数字式仪表）。但多数的还是用指针，所以通常讲的模拟指示仪表主要是指针式仪表，当然也包括其他模拟指示方式的仪表。模拟指示仪表按不同方法进行分类。

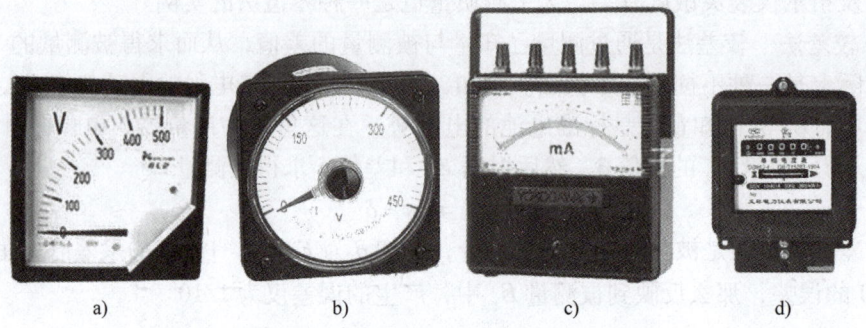

图 1-4　各种外形的模拟指示仪表
a) 安装式　b) 广角式　c) 可携式　d) 字轮式

1) 按被测对象分类，可分为交直流电压表、电流表、功率表、电能表、频率表、相位表，以及各种电磁参数测量仪。

2) 按工作原理分类，可分为磁电系、电磁系、电动系、感应系、电子系、静电系、振簧系等。

3) 按外壳防护性能分类，可分为普通、防尘、防溅、防水、水密、气密、隔爆以及是否具备防御外界磁场或电场影响的性能等类型。

4) 按读数装置的结构方式分类，可分为指针式、光指示式、振簧式、数字转盘式（如电能表）等。

5) 按使用方式分类，可分为固定安装式、便携式等。

6) 按准确度等级分类，可分为 0.1、0.2、0.5、1.0、1.5、2.5、5.0 七个等级。

此外还可以按可动部分的支承方式，耐受机械力作用的性能等进行分类。

模拟指示仪表是电工仪表中生产批量最大的一种产品，其结构已相当完善，所以近年来产品形式没有什么重大突破，仍停留在 20 世纪 60 年代传统的水平上。但零件质量有很大提高，部分产品开始应用电子技术，组成电子测量仪表，有的采用电子器件组成变换器，配合磁电系仪表组成变换式仪表，用于测量交流功率、频率、相位。这种变换式仪表不论什么型号，都用统一表芯，大大简化了仪表的配套生产工艺，达到了降低成本、方便维修的目的。有的采用半导体二极管的单向导电性能，制成标尺机械零点的示值不为 0 的仪表，例如频率表，可将量程定在 45~55Hz，与标尺量程为 0~55Hz 的频率表相比较，显然实际使用的标尺得到较大的扩展，更便于读数。

二、数字仪表

数字仪表也是一种直读式仪表，它的**特点是把被测量转换为数字量，然后以数字方式直接显示出被测量的数值**。由于这种仪表是采用数字技术，因此很容易与微处理器配合，在测量中实现自动选择量程、自动存储测量结果、自动进行数据处理及自动补偿等多种功能。数字仪表在测量速度和精度方面可以超过模拟指示仪表，但它缺乏模拟指示仪表那种良好的直观性，所以观察者与仪表稍有距离就可能看不清所显示的数字值。而模拟指示仪表只要能看到指针，就能大体判断出被测量的数值，而且能从指针摆动观察被测量的变化趋势。为此近期出现一种数字与模拟条图（用条图打黑代替指针）相结合的双重指示方式，这种仪表既有数字显示，又有液晶条图作为仿模拟指示，使之同时具备两者的特点。

测量各种电磁量的数字仪表。通常是按被测对象进行分类，例如分为数字频率表、数字电压表、数字欧姆表、数字功率表等。外型可做成台式、配电盘嵌入安装式、携带式等，如图 1-5 所示。数字仪表将在第二篇中详细介绍。

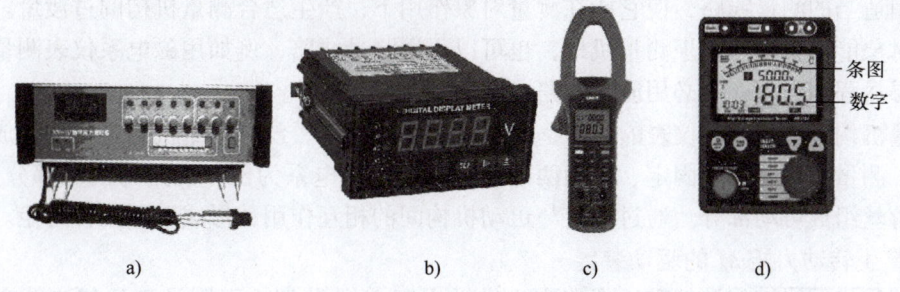

图 1-5　各种外形的数字仪表
a）台式　b）安装式　c）钳式　d）数字/条图双显式

三、比较仪器

比较仪器可以用模拟指示仪表读出，也可以用数字仪表读出。它用于比较法测量，有直流和交流两大类，包括各类交直流电桥、交直流补偿式的测量仪器，以及直流电流比较仪等。比较法测量的准确度都比较高，所以比较仪器多用于对电磁量进行较精确测量的场合。

比较仪器的结构一般包括比较仪器本体（如电桥、电位差计等）、检流设备、度量器等部分。其中的检流设备可采用模拟式指示仪表，也可以用数字仪表。

四、智能仪表和虚拟仪表

智能仪表是在指示仪表中内嵌单片机或微处理器，使它具有自动调节、自运算和多功能的能力。虚拟仪表则是仪表硬件和计算机的结合，利用计算机强大的软件组成测量系统。智能仪表和虚拟仪表将在第三篇中讲述。

第三节　电工仪表的组成与基本原理

一、模拟指示仪表的组成与基本原理

模拟指示仪表有时简称为指示仪表。电磁测量用的模拟指示仪表结构框图如图 1-6 所示，可以看出，模拟指示仪表可划分为测量线路和测量机构两大部分。

测量线路的任务是把被测量 y 转换为可被测量机构接受的过渡量 x。测量机构的任务则是把过渡量 x 再转换为指针角位移 α。不论是测量线路中的 y 和 x，还是测量机构中的 x 和

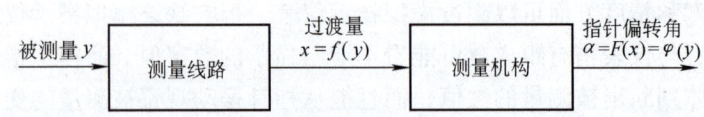

图 1-6 电磁测量指示仪表框图

α，都要求它们之间保持一定的函数关系，这样才能从角位移 α 读出被测量 y。至于选用何种电磁量作为过渡量，则要看使用什么类型的仪表，例如使用磁电系仪表，要用电流作为过渡量；而使用静电系仪表，则要用电荷量作为过渡量。因此要根据测量机构和测量对象的不同，选用适当的测量线路，使它能在测量对象作用下，产生适合测量机构的过渡量。当然如果测量对象能够直接作用于测量机构，也可以不用测量线路，例如用磁电系仪表测量直流电流，如果量程相当，就不必用测量线路。

测量机构是模拟指示仪表的核心，是仪表的必备部件，没有测量机构就不能构成模拟指示仪表。测量机构通常由固定、可动两部分组成，以磁电系为例，磁路为固定部分，动圈、指针、游丝组成可动部分。通过固定与可动机构间的相互作用，形成以下三种力矩。

1. 产生转动力矩 M 的驱动装置

为了使指针能够偏转就需一个能产生转动力矩 M 的装置。不同类型的仪表，产生转动力矩的原理不同，产生力矩的构造也不同，例如磁电系仪表是利用通电线圈与永久磁铁之间的电磁力，而静电系仪表则是利用两块极板间的电场作用力。

各种指示仪表的转动力矩，除了与固定部分及可动部分所形成的电磁场强弱有关外，还跟电磁场的分布状态有关。电磁场的分布状态往往会因可动部分所处的位置不同而产生变化，所以转动力矩一般要受两个因素影响，它是被测量 y 与可动部分偏转角 α 的二元函数，即 $M = F(y, \alpha)$。只有个别仪表，例如，磁电系仪表，因为其气隙中的磁场十分强，可动线圈的位置不会影响磁场的分布情况，所以它的转动力矩是被测量的单变量函数，即 $M = F(y)$。

2. 产生反作用力矩 M_α 的控制装置

如果测量机构只有驱动力矩，而没有产生反作用控制装置，那么不论被测量所产生的转动力矩是大还是小，可动部分总要在它的作用下一直偏转到尽头；就像一杆不挂秤砣的秤杆，不论被称物的质量多少，总是向上翘起。为了使可动部分的偏转角，能反映被测量的大小，就要设置一个能产生反作用力矩的控制装置。

图 1-7 所示的盘形弹簧游丝就是一种常用的产生反作用力矩的装置。当可动部分在转动力矩作用下产生偏转时，就会同时扭紧游丝，游丝是由高弹性材料制成的，扭紧时就会产生一个与转动力矩方向相反的反作用力矩，在弹性范围内，其大小与游丝扭转角成正比，即

$$M_\alpha = D\alpha \tag{1-4}$$

式中　D——反作用力矩系数，由游丝的材料与外形所决定；

α——可动部分的偏转角。

这样，仪表可动部分受转动力矩驱动产生偏转的同时，又受到反作用力矩作用，偏转角越大，反作用力矩也越大，当反作用力矩与转动力矩相等时可动部分就因平衡处于静止状态，这时对应的偏转角 α 可按下式推得

$$M = M_\alpha \tag{1-5}$$

将转动力矩 $M = F(y)$ 与式（1-4）代入式（1-5）得

$$F(y) = D\alpha$$

$$\alpha = \frac{F(y)}{D} \tag{1-6}$$

如用图 1-8 表示，其中转动力矩 M 是被测量 y 的函数，如果 M 与可动部分偏转角 α 无关的话，它就是一组与 α 坐标轴平行的直线。y 越大，水平线位置越高。而 M_α 与 α 成正比，所以反作用力矩是一条沿 α 坐标轴向上倾斜的直线。M 与 M_α 的交点就是可动部分平衡点。对应的 α 就是可动部分停止的位置，例如图中当转动力矩分别为 M、M'、M'' 时，对应的偏转角为 α、α'、α''。从图中还可以看出，当外界因素（如振动）使可动部分从平衡位置处偏移，这时 $M \neq M_\alpha$，从而产生差力矩 $M - M_\alpha$，这个力矩又称为定位力矩 M_Δ，即

$$M_\Delta = M - M_\alpha \tag{1-7}$$

定位力矩力图将仪表可动部分返回到原来的平衡位置，但由于轴尖与轴承间总是存在摩擦力，可动部分总是无法回到原来平衡点，从而造成仪表的示数误差，这种误差又称为**摩擦误差**。它是仪表基本误差的一部分，通常要通过提高反作用力矩系数 D 或者减轻可动部分的重量，也就是<u>增加定位力矩减少摩擦力矩来消除</u>。除了用游丝产生反作用力矩外，还可以用张丝、重锤或电磁力矩（如比率型仪表）。

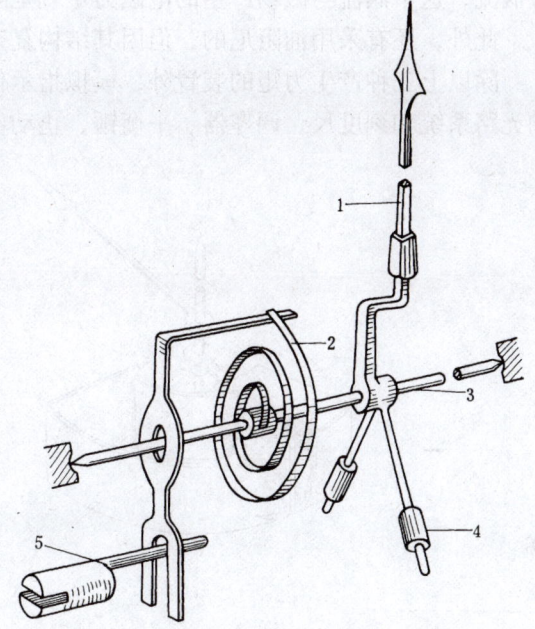

图 1-7　用盘丝弹簧游丝产生反作用力矩
1—指针　2—游丝　3—轴　4—平衡锤　5—调零器

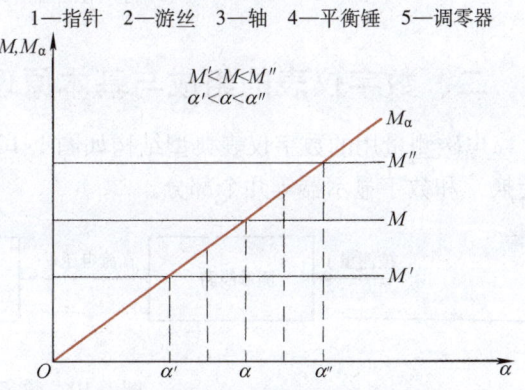

图 1-8　转动力矩、反作用力矩与偏转角的关系

3. 产生阻尼力矩 M_d 的阻尼装置

从转动力矩和反作用力矩的关系可知，可动部分在转动力矩的作用下，最终总会停在一个平衡位置上。但由于可动部分具有一定的转动惯量，到达平衡位置时，不可能立即停止，往往超过平衡点，而定位力矩又会使它返回到平衡位置，这就造成指针在读数位置左右摆动。

为了尽快读数，必须<u>在测量机构中设置吸收这种振荡能量的装置，这种装置称为阻尼装置。阻尼装置可以产生与可动部分运动方向相反的力矩，即阻尼力矩。</u>

应该指出，阻尼力矩是一种动态力矩。当可动部分稳定之后，它就不复存在，因此<u>阻尼力矩不改变由转动力矩和反作用力矩所确定的偏转角。</u>

常用的阻尼装置有两种：一种是空气阻尼器，可动部分运动时带动阻尼翼片在一个密封的阻尼箱中运动，利用空气对翼片的阻力产生阻尼力矩，它的结构如图 1-9a 所示；另一种是电磁感应阻尼器，可动部分带动一个金属阻尼片，使之切割阻尼磁场的磁力线而在片上感

应涡流，这个涡流与磁场产生的电磁力矩就是阻尼力矩，它的结构如图 1-9b 所示。

此外，还有采用油阻尼的，但因其结构复杂，多用于高灵敏度的张丝仪表中。

除以上三种产生力矩的装置外，模拟指示仪表的测量机构还包括指针、度盘、光指示式的光路系统和刻度尺、调零器、平衡锤、止动器以及外壳等。

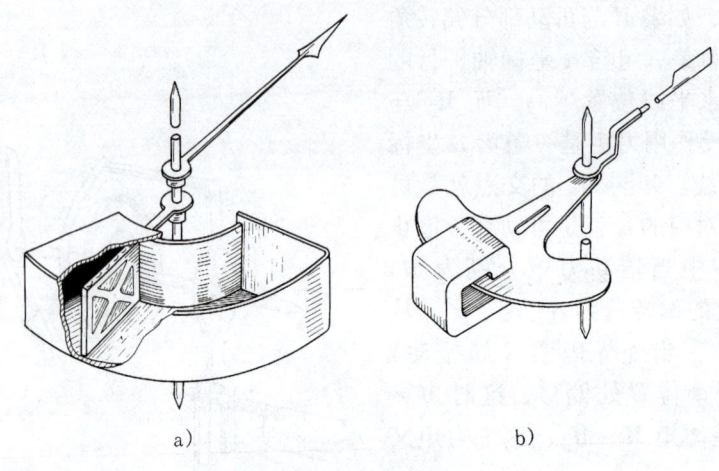

图 1-9 阻尼器
a）空气阻尼器 b）磁感应式阻尼器

二、数字仪表的组成与基本原理

电磁测量用的数字仪表典型结构如图 1-10 所示，它包括测量线路、模-数转换（A-D 转换）和数字显示器等几个部分。

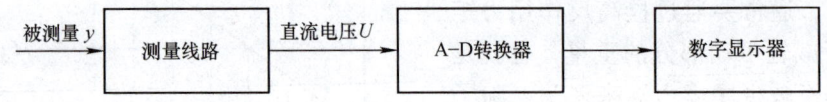

图 1-10 数字仪表组成框图

测量线路的任务是将被测模拟量转换为便于进行模-数转换的另一种模拟量（即中间量），由于现在实际使用的 A-D 转换器所用的中间量都是直流电压，所以现在的测量线路总是把被测模拟量转换为直流电压。

在模拟指示仪表中，测量线路所转换出来的中间量 U 只要能与被测量 y 保持一定的函数关系，即 $U=F(y)$ 即可。即使 $U=F(y)$ 不是线性函数，也可以通过非线性的标尺来解决。而数字仪表则不然，它要求转换后的中间量 U 必须与被测量保持线性关系，因为从中间模拟量开始，经 A-D 转换器、数字显示器都是线性关系，因此要求在测量线路中，中间过渡量必须与被测量保持线性，即 $U=ky$，式中 k 为常数。

A-D 转换器的任务是把模拟量转换为数字量。模拟量是连续的量，其数值连续可变，且随时间连续变化。大部分物理量都属于模拟量；数字量则是不连续的量，只能一个单位一个单位地增加或减少，而且在时间上也不连续，例如用开关通断、脉冲个数表示一个数字时，需要占用时间。A-D 转换器在本例中的任务就是把连续变化的直流电压转换为高电平或低电平的间断脉冲所组成的二进制数码。

如果被测量本身已经是一种数字量，例如频率本身就是数字量（即交流电压每秒变化次数），就无须经过 A-D 转换这个环节。

数字显示器是把转换后的数字量用数码形式显示出来。显示器可以是数码管、指示灯或其他显示器件。常用的数码管可直接显示并行的二进制数码。如果是串行的电脉冲信号，则可用计数器转换为数码。

原则上，所有电工仪表都可以做成数字仪表，由于数字仪表以数字形式显示，没有机械转动部分，因此可以避免摩擦、读数等误差。当生产过程采用计算机控制时，数字仪表也便于与计算机配合。

第四节　测量误差及其表示方法

一、测量误差的分类

不论采取何种测量方式，也不论是用何种仪器仪表，由于仪表本身不可能绝对准确，加上测量方法、实验者本人经验、以及人感官等条件限制，都会使测量结果产生误差。按照测量误差产生的原因以及误差的性质，可以把误差分成三类。

1. 系统误差

系统误差是指在相同条件下，多次测量同一个量时，误差大小和符号均保持恒定，或按某种规律变化（例如有规律地逐渐增大或周期性增大和减小）的一种误差。系统误差总是由某个特定的原因引起的，而且这种原因总是持续存在而不是偶发的。系统误差按其产生的原因又可分成以下两种：

（1）**基本误差**　基本误差是指仪表在规定的工作条件下，例如在规定的温度、湿度、放置方式、外界电场和磁场干扰强度等条件下，由于仪表本身结构不完善而产生的一种固有误差，例如转动部分的摩擦、刻度不准、轴承与轴尖的间隙所造成可动部分的倾斜等。

（2）**附加误差**　附加误差是指仪表使用时偏离规定的工作条件而造成的误差，例如温度过高、波形非正弦、外界电磁场干扰等。

2. 随机误差

随机误差又称为偶然误差，这是由偶发原因引起的一种大小、方向都不确定的误差，例如由于热起伏、空气扰动、大地微震等的综合影响所造成的测量误差。一般来说这种误差比较小，工程测量可以略而不计，只有精密测量才予以考虑。在测量过程中，即使使用同样准确的仪器，并在同样的测量条件以同样细心进行多次重复测量，其测量结果也会不同。所以它无规律可循，产生原因也难以预计，但总体来讲，其服从统计规律。因此可以用统计方法估计它的影响程度。

3. 疏忽误差

这是一种由测量人员的粗心疏忽所造成的误差，它严重歪曲测量结果，例如读数错误、记录错误等，对于这种含有疏忽误差的测量结果应该予以剔除。

二、测量误差的表示方法

测量误差的表示方法有三种。

1. 绝对误差

用测量值 A_x 与被测量真值 A_0 之间的差值所表示的误差称为绝对误差，即

$$\Delta = A_x - A_0 \tag{1-8}$$

绝对误差的单位与被测量的单位相同，误差符号可能为正，也可能为负，如用电压表测电压，读数为201V，而用标准表测出的值则为200V，若认为标准表的读数为真值，则绝对误差为

$$\Delta = 201\text{V} - 200\text{V} = 1\text{V}$$

2. 相对误差

绝对误差 Δ 与被测量真值 A_0 之比，称为相对误差，即

$$\gamma = \frac{\Delta}{A_0} \times 100\% \tag{1-9}$$

由于被测量的测量值与真值相差不大，式（1-9）中的 A_0 也可用 A_x 代替，即相对误差表示为

$$\gamma = \frac{\Delta}{A_x} \times 100\% \tag{1-10}$$

绝对误差固然比较直观，可以直接看出误差的绝对数值，但很难用它判断测量结果的准确程度。

例1-1 用一电压表测量200V电压时，其绝对误差为+1V。用另一电压表测量另一电压读数为20V时，绝对误差为+0.5V。求它们的相对误差。

解
$$\gamma = \frac{\Delta}{A_{x1}} \times 100\% = \frac{1}{200} \times 100\% = 0.5\%$$

$$\gamma = \frac{\Delta}{A_{x2}} \times 100\% = \frac{0.5}{20} \times 100\% = 2.5\%$$

可见前者的绝对误差大于后者，但误差对测量结果的影响，后者却大于前者。衡量误差对测量结果的影响，通常用相对误差更加确切。

3. 引用误差

以绝对误差 Δ 与仪表上量限 A_m 的比值所表示的误差称为引用误差，用 γ_n 表示

$$\gamma_n = \frac{\Delta}{A_m} \times 100\% \tag{1-11}$$

由于仪表在不同刻度点的绝对误差略有不同，因此取可能出现的最大绝对误差 Δ_m 与仪表上量限（即满度值）A_m 之比称为最大引用误差，即

$$\gamma_m = \frac{\Delta_m}{A_m} \times 100\% \tag{1-12}$$

仪表的准确度与仪表本身结构有关。一般测量时的绝对误差在仪表标尺的全长范围内基本保持不变，而相对误差却随着被测量的减少而逐渐增大，而且有可能增至无限大，所以**相对误差可以用来说明测量结果的准确程度，却不能说明仪表本身的优劣**。最大引用误差的公式（1-12）中的分子分母都由仪表本身性能所决定，所以**最大引用误差可以用来评价仪表性能**。实用中就用它表征仪表的准确度等级。

应该注意，**仪表的准确度是表示该仪表在标尺工作部分的所有分度线上，其基本误差绝对值不会超过规定的准确度值**，见表1-1。

表 1-1

仪表准确度等级	0.1	0.2	0.5	1.0	1.5	2.0	2.5
基本误差	±0.1%	±0.2%	±0.5%	±1.0%	±1.5%	±2.0%	±2.5%

可见**仪表的准确度是指仪表在规定的工作条件下，仪表可能产生的误差**。测量时除了仪表的系统误差外，还会有随机误差，通常用准确度表示测量结果与被测真值的一致程度。其中用正确度表征系统误差的大小。在多次精密测量中，用精密度表征测量读数重复一致的程度，即随机误差的大小。而准确度则是测量中系统误差和随机误差的两者的综合影响，**系统误差小称为正确度高，随机误差小称为精密度高；测量准确度高则是指系统误差和随机误差都比较小**，指既"正确"又"精密"的测量。（过去某些标准对准确度定义不甚统一。各种文献提法也不一致，通常是把表征系统误差的大小称为准确度。表征随机误差大小称为精密度，把系统误差和随机误差两者的综合影响称为精确度。本书修订后按 2005 年颁布的国家标准 GB/T 6379.1—2004 的定义，统一改称为正确度、精密度和准确度。）

第五节 工程上最大测量误差的估计及系统误差的消除

反映测量结果与真值（或者是标准比较值）接近程度的量称为精度。精度越高，测量误差越小。所以精度在数值上可以用相对误差倒数表示，例如测量的相对误差为 0.1%，其精度可定为 $1/10^{-3} = 10^3$。

上面已经说过，**精度分为正确度、精密度和准确度**。在误差理论中，正确度是表征系统误差的大小程度；精密度是表征随机误差的大小程度。所以测量的正确度很高，不一定精密度也很高，相反亦然。准确度则指系统误差和随机误差的综合结果，如准确度很高，则指系统误差和随机误差均很小。一般工程测量只注意测量中的正确度，而不考虑精密度。在估计工程测量中可能产生的误差时，也只要考虑系统误差。在这种情况下，可近似认为正确度就是准确度。

一、直接测量方式的最大误差

用指示仪表进行直接测量，可以根据仪表的准确度等级，估计可能产生的最大误差。指示仪表的准确度等级用最大引用误差表示，例如最大引用误差为 1%，则定该仪表的准确度等级为 1 级，若最大引用误差为 γ_m，则准确度等级为 K，有

$$K\% = \gamma_m = \frac{|\Delta_m|}{A_m} \times 100\% \tag{1-13}$$

式中 K——仪表准确度等级；
γ_m——最大引用误差；
Δ_m——最大绝对误差；
A_m——仪表的上量限。

直接测量时可能出现的最大绝对误差和相对误差分别为

$$\Delta_m = \pm K\% A_m \tag{1-14}$$

$$\gamma = \frac{\pm K\% A_m}{A_x} \times 100\% \tag{1-15}$$

可见测量结果的准确度并不等于仪表准确度等级，测量结果可能出现的相对误差既与仪表准确度等级有关，也与仪表的上量限 A_m 及实际被测量 A_x 有关。被测值越接近满度，其相对误差越小。

另外，准确度等级 K 所表示的最大引用误差是在正常使用条件下得出的，如果测量时不能满足规定的工作条件，那么系统误差应包括以准确度等级 K 所表示的基本误差，再加上工作条件变化时的附加误差。

例 1-2 用最大量限为 30A，准确度等级为 1.5 级的电流表，在规定工作条件下测得某电流为 10A，求测量时可能出现的最大相对误差。

解 $\gamma = \pm \dfrac{0.15 \times 30\text{A}}{10\text{A}} \times 100\% = \pm 4.5\%$

二、间接测量方式的最大误差

1. 被测量 y 为 n 个中间量之和

设 x_1、x_2、x_3 为与被测量有关的中间量，被测量 y 为 x_1、x_2、x_3 之和，即

$$y = x_1 + x_2 + x_3 \tag{1-16}$$

若测量 x_1、x_2、x_3 时的绝对误差为 Δx_1、Δx_2、Δx_3，被测量 y 将产生的绝对误差为 Δy，则

$$y + \Delta y = (x_1 + \Delta x_1) + (x_2 + \Delta x_2) + (x_3 + \Delta x_3) \tag{1-17}$$

将式 (1-16) 和式 (1-17) 相减，得

$$\Delta y = \Delta x_1 + \Delta x_2 + \Delta x_3 \tag{1-18}$$

两端除以 y，得

$$\frac{\Delta y}{y} = \frac{\Delta x_1}{y} + \frac{\Delta x_2}{y} + \frac{\Delta x_3}{y} \tag{1-19}$$

我们感兴趣的是求出被测量 y 的最大相对误差，显然它是出现在各个量 x 的相对误差为同一符号的情况，设 γ_y 表示测量中的最大相对误差，则

$$\gamma_y = \left|\frac{\Delta x_1}{y}\right| + \left|\frac{\Delta x_2}{y}\right| + \left|\frac{\Delta x_3}{y}\right| = \left|\frac{x_1}{y}\gamma_1\right| + \left|\frac{x_2}{y}\gamma_2\right| + \left|\frac{x_3}{y}\gamma_3\right| \tag{1-20}$$

式中 γ_1、γ_2、γ_3——x_1、x_2、x_3 各量的相对误差，

$$\gamma_1 = \frac{\Delta x_1}{x_1}、\gamma_2 = \frac{\Delta x_2}{x_2}、\gamma_3 = \frac{\Delta x_3}{x_3}。$$

例 1-3 用电流表测量图 1-11 所示各支路电流。其中第一支路为 15A，$\gamma_1 = \pm 2\%$，第二支路为 25A，$\gamma_2 = \pm 3\%$。求电路总电流和可能的最大相对误差。

解 $I = I_1 + I_2 = 15\text{A} + 25\text{A} = 40\text{A}$

最大相对误差发生在各支路误差取同一符号时，即

$$\gamma = \frac{I_1}{I}\gamma_1 + \frac{I_2}{I}\gamma_2 = \frac{15}{40} \times 2\% + \frac{25}{40} \times 3\% = 2.63\%$$

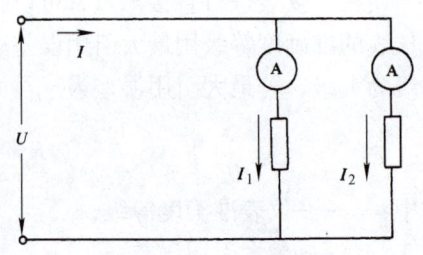

图 1-11 并联法测电流

2. 被测量 y 为 n 个中间量之差

设被测量 y 为 x_1、x_2 之差，即

第一章 电工仪表与测量的基本知识

$$y = x_1 - x_2 \tag{1-21}$$

若测量 x_1、x_2 的绝对误差为 Δx_1、Δx_2，被测量 y 所对应的绝对误差为 Δy，则

$$y + \Delta y = (x + \Delta x_1) - (x + \Delta x_2) \tag{1-22}$$

考虑最不利情况是 Δx_1、Δx_2 所取符号，会使 Δy 等于 Δx_1、Δx_2 的绝对值之和，即 Δx_1、Δx_2 或都为正，或都为负，$\Delta y = |\Delta x_1| + |\Delta x_2|$，两边除以 y 得

$$\frac{\Delta y}{y} = \frac{|\Delta x_1| + |\Delta x_2|}{y} = \left|\frac{x_1}{y}\gamma_1\right| + \left|\frac{x_2}{y}\gamma_2\right| \tag{1-23}$$

由于被测量与中间量的关系为式（1-21），代入式（1-23）则得

$$\gamma_y = \left|\frac{x_1}{x_1 - x_2}\gamma_1\right| + \left|\frac{x_2}{x_1 - x_2}\gamma_2\right| \tag{1-24}$$

可见被测量最大可能相对误差不仅与测量中间量所产生的相对误差 γ_1、γ_2 有关，而且与测量值之差 $x_1 - x_2$ 有关，两量之差越小，被测量相对误差就可能越大。所以通过两个量之差求被测量这种方法应尽量少用。

例 1-4 如图 1-12 所示，测得第一支路电流 I_1、总电流 I 分别为

$$I = 35\text{A} \quad \gamma = \pm 2\%$$
$$I_1 = 30\text{A} \quad \gamma_1 = \pm 2\%$$

求 I_2 值及其可能的最大相对误差。

解 $I_2 = I - I_1 = 35\text{A} - 30\text{A} = 5\text{A}$

$$\gamma_2 = \frac{35}{5} \times 2\% + \frac{30}{5} \times 2\% = 26\%$$

若

$$I = 35\text{A} \quad \gamma = \pm 2\%$$
$$I_1 = 5\text{A} \quad \gamma_1 = \pm 2\%$$
$$I_2 = I - I_1 = 35\text{A} - 5\text{A} = 30\text{A}$$
$$\gamma_2 = \frac{35}{30} \times 2\% + \frac{5}{30} \times 2\% = 2.6\%$$

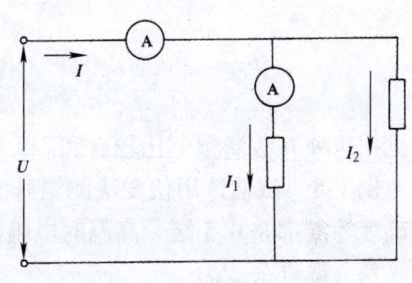

图 1-12 由差值测电流

可见两量相差越大，可能出现的相对误差越小。

3. 被测量 y 为 n 个中间量之积或商

$$y = x_1^n x_2^m x_3^p \tag{1-25}$$

式中 x_1、x_2、x_3——直接测出的已知量；

m、n、p——x_1、x_2、x_3 的指数，可能为正数、负数或分数。

对式（1-25）两边取自然对数得

$$\ln y = n\ln x_1 + m\ln x_2 + p\ln x_3 \tag{1-26}$$

两边微分得

$$\frac{\text{d}y}{y} = n\frac{\text{d}x_1}{x_1} + m\frac{\text{d}x_2}{x_2} + p\frac{\text{d}x_3}{x_3} \tag{1-27}$$

式中 $\frac{\text{d}y}{y}$、$\frac{\text{d}x_1}{x_1}$、$\frac{\text{d}x_2}{x_2}$、$\frac{\text{d}x_3}{x_3}$——被测量 y 和 x_1、x_2、x_3 的相对误差，最不利的情况均取正数，即

$$\gamma_y = |n\gamma_1| + |m\gamma_2| + |p\gamma_3| \tag{1-28}$$

例 1-5 用间接法测量某电阻消耗的电能，设测量电压 U 的相对误差为 $\pm 1\%$，测量电阻 R 的相对误差为 $\pm 0.5\%$，测量时间 t 的相对误差为 $\pm 1.5\%$，求通过计算得出的消耗电能 W 的最大相对误差。

解 计算电能公式为
$$W = U^2 R^{-1} t$$
$$\gamma = n\gamma_1 + m\gamma_2 + p\gamma_3 = 2 \times 1\% + 1 \times 0.5\% + 1 \times 1.5\% = 4\%$$

例 1-6 测量三相交流电路的功率 P、电压 U 和电流 I，其相对误差分别为 $\gamma_P = \pm 1.5\%$、$\gamma_U = \pm 1\%$、$\gamma_I = \pm 1.2\%$，求通过 P、U、I 间接测量功率因数 $\cos\varphi$ 时可能的最大相对误差。

解 三相交流电路求功率因数的公式为
$$\cos\varphi = \frac{P}{\sqrt{3}UI} = 3^{-\frac{1}{2}} P U^{-1} I^{-1}$$
$$\gamma_{\cos\varphi} = 1 \times 1.5\% + 1 \times 1\% + 1 \times 1.2\% = 3.7\%$$

例 1-7 求通过测量振荡回路的电感 L 和电容 C 间接计算谐振角频率 ω 的最大相对误差，已知测量电感 L 的相对误差为 $\pm 1\%$，测量电容 C 的相对误差为 $\pm 0.5\%$。

解
$$\omega = \frac{1}{\sqrt{LC}} = L^{-\frac{1}{2}} C^{-\frac{1}{2}}$$
$$\gamma_m = \frac{1}{2} \times 1\% + \frac{1}{2} \times 0.5\% = 0.75\%$$

可见用这种办法测频率比较有利。

例 1-8 试估计用伏安法测温升的最大相对误差。假设测量时使用的电压表和电流表的准确度等级都是 0.5 级。高温时电阻值 R_H 和低温时 R_L 的比值为 1.4。

解 温升公式为
$$R_H = R_L (1 + \alpha \Delta t)$$
$$\Delta t = \frac{1}{\alpha} \frac{R_H - R_L}{R_L} = k \frac{R_H - R_L}{R_L}$$

用伏安法测电阻的最大相对误差
$$R = UI^{-1}$$
$$\gamma_R = 1 \times 0.5\% + 1 \times 0.5\% = 1\%$$

计算 $R_H - R_L$ 即热态电阻与冷态电阻差值的最大相对误差，可以利用式（1-24）求得
$$\gamma_{(R_H - R_L)} = \frac{R_L}{R_H - R_L} \gamma_R + \frac{R_H}{R_H - R_L} \gamma_R$$

将 $\dfrac{R_H}{R_L} = 1.4$ 即 $R_H = 1.4 R_L$ 代入上式可得
$$\gamma_{(R_H - R_L)} = \frac{1}{0.4} \times 1\% + \frac{1.4}{0.4} \times 1\% = 6\%$$

根据 $\Delta t = k(R_H - R_L) R_L^{-1}$ 及式（1-28）得
$$\gamma_t = 1 \times \gamma_{(R_H - R_L)} + 1 \times \gamma_R = 1 \times 6\% + 1 \times 1\% = 7\%$$

第一章 电工仪表与测量的基本知识

可见虽然使用 0.5 级电压表和电流表，但用它测定温升仍然有 7% 的相对误差，也就是说最大相对误差几乎超过仪表误差的 10 倍。若用 0.2 级的电压表和电流表，测定温升的最大相对误差仍有 2.8%。

但如果不用伏安法，改用 0.1 级的电桥测量电阻，在 R_H/R_L 的比值同样为 1.4 的情况下，其相对误差为

$$\gamma_{(R_H-R_L)} = \left(\frac{1}{0.4} \times 0.1\%\right) + \left(\frac{1.4}{0.4} \times 0.1\%\right) = 0.6\%$$

$$\gamma_t = 1 \times 0.6\% + 1 \times 0.1\% = 0.7\%$$

其结果比用伏安法好得多。

三、系统误差的消除方法

对误差估计之后，如果不能满足要求，就要根据产生的原因予以消除，或者改变测量方法。要消除系统误差，不论是基本误差还是附加误差，最彻底的消除方法就是改进仪表的制造工艺，选择质量优良的元器件，加强各种屏蔽措施，防护外界环境对仪表的影响。但从根本上说，要做到无误差是不可能的，为此还要用某些补偿办法，消除可能出现的误差，常用补偿方法有以下几种。

1. 用比较法消除系统误差

在本章第一节已经讲过，差值法和零值法可以用来消除或减少指示仪表造成的系统误差，替代法不仅可以消除指示仪表的系统误差，而且还可以消除比较仪器造成的系统误差。以电桥测电阻为例，在图 1-13 中，电桥平衡时可得

$$R_x = R_1 \frac{R_3}{R_2} \tag{1-29}$$

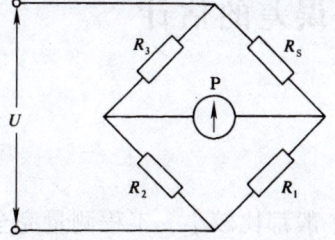
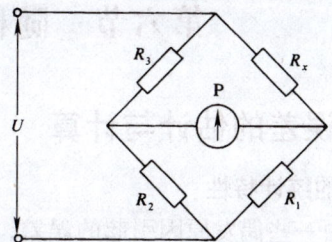

图 1-13 用零值法和替代法测电阻

可见采用图 1-13 的零值法，可以消除指示仪表准确度对测量结果的影响，这时指示仪表只用于指零而不用于读数。但对桥臂电阻所产生的误差，仍然无法消除，若 R_1、R_2、R_3 的误差分别为 ΔR_1、ΔR_2、ΔR_3 则测出的读数 R_x' 也将出现差值 ΔR_x，即

$$R_x' = \frac{R_1 + \Delta R_1}{R_2 + \Delta R_2}(R_3 + \Delta R_3) = R_x + \Delta R_x \tag{1-30}$$

如果采用替代法，即在不改变 R_1、R_2、R_3 的条件下，用一个标准电阻 R_s 代替 R_x 也能使电桥平衡，则可认为

$$R_x = R_s \tag{1-31}$$

可见，采用替代法时，R_x 只取决于 R_s，因此指示仪表和比较电桥各桥臂电阻所造成的

误差都可以得到消除。

2. 用正负误差补偿法消除系统误差

这种方法是对同一被测量,反复测量两次,并想法使其中的一次误差为正,另一次为负,然后取其平均值,便可消除系统误差。

例如,为了消除地磁场对仪表的影响,可以在一次测量之后,将仪表调转 180°,重新再测一次,前后两次地磁场对仪表的影响方向相反,取其平均值,这种误差也就消除了。

3. 利用校正值求得被测量的真值

在测量中,常常使用校正的办法。校正值是被测量真值 A_0 与仪表实际读数 A_x 之差,用 δ 表示则有

$$\delta_r = A_0 - A_x \tag{1-32}$$

可见,校正值在数值上等于绝对误差,但符号相反。如果在测量之前能预先对所用仪表的各个刻度求出校正值,或者制成校正曲线或校正表,那么测量时就可以从仪表读数和对应的校正值求得被测量的真值,即

$$A_x = A_0 + \delta_r \tag{1-33}$$

图 1-14 表示某一电流表的校正曲线,如果测量时的读数为 3.5A,从图中可查出其校正值为 0.17A,可求得被测值 $A_x = A_0 + \delta_r = 3.67A$。

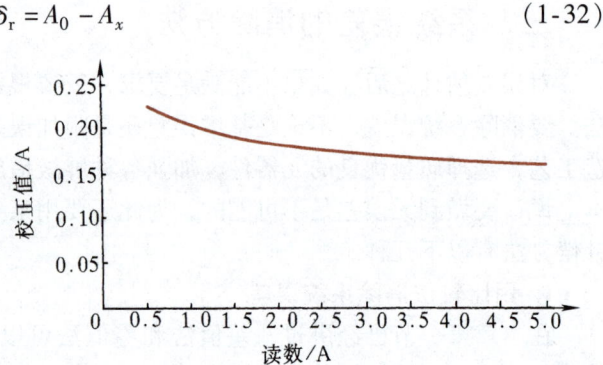

图 1-14 某一电流表的校正曲线

第六节 随机误差的估计

一、随机误差的估计与计算

1. 随机误差的统计特性

随机误差是由一些偶发原因引起的误差,一般都比较小,工程测量完全可以略而不计,但在精密测量中却不能忽略,需要加以估计与计算。例如对某一个真值为 A_0 的量,进行 n 次精密测量,所测出的值分别为 A_1、A_2、A_3、$\cdots$、A_n,假定测量中已经采取措施消除了系统误差,每次测出的值不同,是由于随机误差造成的,用 δ_i 表示每次测量的随机误差,则有

$$\delta_i = A_i - A_0 \tag{1-34}$$

通过大量的实验统计发现,在测量值中只含有随机误差的情况下,虽然随机误差就其个体而言,没有什么规律可循,但多次测量出现的随机误差却存在统计学的规律性。如果用 δ 表示随机误差值,用 f 表示这种误差值出现的次数,则可画出随机误差分布的正态分布曲线,如图 1-15 所示。从曲线中可以看出,第一,在一定条件下,随机误差的绝对值不会超过一定界限,即所谓有界性;第二,绝对值小的误差出现的机会多于绝对值大的误差,即所谓单峰性;第三,当测量次数足够多时,正误差和负误差出现的机会相等,即所谓对称性。

根据三个特征中的对称性原理,可认为在测量次数为无穷大的时候,由于正负误差相互抵消,无穷次随机误差 δ_i 的代数和应为零。即

$$\lim_{n\to\infty}\sum_{i=1}^{n}\delta_i = 0 \tag{1-35}$$

随机误差在正态分布曲线可能略有不同,如图 1-16 所示,图中以随机误差 δ 为横坐标,误差出现次数 f 为纵坐标。在一组测量数据中,可能在 $\delta=0$ 位置有较高的峰,大误差出现次数比较多,两边下降较快,曲线较尖锐;也有可能在 $\delta=0$ 位置峰值低,但两边下降较慢,曲线较平

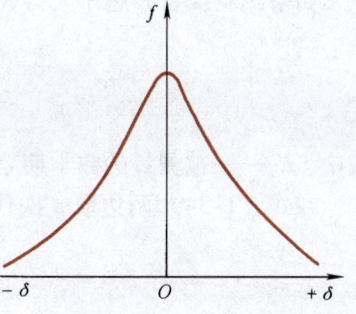

图 1-15 随机误差的正态分布曲线

坦,即所谓离散程度不同,因此需要用一个数来表征其离散程度,这个表征离散程度的数,显然不能用 $\lim_{n\to\infty}\sum_{i=1}^{n}\delta$ 表示,因为在 n 次测量中,当 n 趋于无穷时,$\lim_{n\to\infty}\sum_{i=1}^{n}\delta = 0$,而应该用 δ_i 的方均根值(或称为标准差)来表示,即

$$\sigma = \lim_{n\to\infty}\pm\sqrt{\frac{\sum_{i=1}^{n}\delta_i^2}{n}} \tag{1-36}$$

式中　σ——测量列的标准差,又称为方均根误差。

显然,σ 越小,正态分布曲线越尖锐,表明测量值比较集中,随机误差比较小,精密度比较高。反之,σ 越大,正态分布曲线越平坦,测量值分散,精密度低。因此,σ 值反映测量值的离散程度。

可见,在 n 次精密测量中,会产生三组数据,即进行 n 次精密测量测出的值 A_1、A_2、A_3、$\cdots$、A_n,每次测量产生的随机误差 δ_1、δ_2、δ_3、$\cdots$、δ_n,以及能反映随机误差正态分布曲线尖锐程度的标准差 σ。

但在求随机误差 δ_i 的公式 $\delta_i = A_i - A_0$ 中,

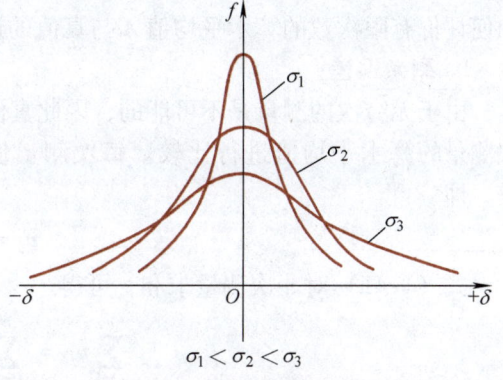

图 1-16 正态分布与标准差 σ 的关系

需要被测量的真值 A_0,当真值 A_0 还是一个未知数的时候,就无法求得随机误差,其次,式(1-36)中,需要从无限次测量中求出,实际上无限次测量是不可能的,为此在实际测量中,需要使用算术平均值代替真值,用标准差估计值(见式(1-43))代替方均根误差。

2. 测量值的算术平均值与数学期望

在 n 次精密测量中,可以根据每次的测量值,求出其算术平均值为

$$\bar{A} = \frac{A_1 + A_2 + A_3 + \cdots + A_n}{n} = \frac{\sum_{i=1}^{n}A_i}{n} \tag{1-37}$$

式中　$\bar{A}$——被测量的算术平均值。

如果测量次数 n 趋于无穷,则其算术平均值称为数学期望,即

$$E_x = \lim_{n\to\infty} \bar{A} = \lim_{n\to\infty} \frac{\sum_{i=1}^{n} A_i}{n} \tag{1-38}$$

式中 E_x ——被测量的数学期望。

在式(1-34)两边取 n 次代数和的平均值,可得

$$\frac{\sum_{i=1}^{n} \delta_i}{n} = \frac{\sum_{i=1}^{n} A_i}{n} - A_0 \tag{1-39}$$

当测量次数 n 趋于无穷时,式(1-39)两边取极限,由于 $\lim_{n\to\infty}\sum_{i=1}^{n}\delta = 0$,且 $E_x = \lim_{n\to\infty}\bar{A} = \lim_{n\to\infty}\frac{\sum_{i=1}^{n} A_i}{n}$,可求得 $A_0 = E_x$,这就表示当测量次数 n 趋于无穷时,被测值的数学期望将等于真值。

实际上,无穷次的测量是不可能的,可以认为,只要测量次数足够多,被测值的算术平均值可以近似等于真值,即

$$\bar{A} \approx A_0 \tag{1-40}$$

也就是说,可以把多次等精度测量的算术平均值 $\bar{A}$ 作为近似真值,也称为被测量的最可信赖值,或最佳估计值。至于其近似程度如何,可以通过极限误差进行评价。下面将讨论如何评价有限次数的算术平均值 $\bar{A}$ 与真值的近似程度。

3. 剩余误差

由于无穷次的测量是不可能的,因此真值不可知,测量值无法与真值比较,但可以与 n 次测量的算术平均值进行比较。**每次测量值与算术平均值之差,称为剩余误差,或称残差**,即

$$v_i = A_i - \bar{A} \tag{1-41}$$

式(1-41)对 n 次测量求和,可得

$$\sum_{i=1}^{n} v_i = \sum_{i=1}^{n} A_i - n\bar{A} = 0 \tag{1-42}$$

式中 v_i ——剩余误差。

式(1-42)还可以用于检验所计算的算术平均值是否正确,只有按式(1-42)算出来 n 次 v_i 的总和为零,才表示求出的算术平均值是正确的。

4. 标准差的估计值与贝塞尔公式

标准差 σ 值可以反映测量值的离散程度,但 σ 值是从无限次测量中所得的随机误差值求出的,由于实际上无法进行无限次测量,所以就把有限次测量所得的随机误差,求得 n 次平均值,称之为标准差的估计值,用 $\hat{\sigma}$ 表示,即

$$\hat{\sigma} = \pm\sqrt{\frac{\sum_{i=1}^{n} \delta_i^2}{n}} \tag{1-43}$$

尽管式(1-43)已经是有限次的平均值,但求 δ_i 仍需要真值 A_0,若 A_0 未知,就需要利

用贝塞尔公式，可以证明

$$\hat{\sigma} = \pm \sqrt{\frac{\sum_{i=1}^{n} \delta_i^2}{n}} = \sqrt{\frac{\sum_{i=1}^{n} \nu_i^2}{n-1}} = \sqrt{\frac{\sum_{i=1}^{n} (A_i - \overline{A})^2}{n-1}} \tag{1-44}$$

式（1-44）即贝塞尔公式，它表示可以从有限次数测量中所得的剩余误差 ν_i 值，求出标准差的估计值 $\hat{\sigma}$。从随机误差正态分布曲线的公式可以证明，产生大于 $3\hat{\sigma}$ 的随机误差的概率仅为0.3%，所以可以用 $3\hat{\sigma}$ 作为测量中可能产生的最大误差，若某次测量中某个数据的剩余误差大于 $3\hat{\sigma}$，可以认为这组剩余误差为疏忽误差。所以 $3\hat{\sigma}$ 可以用来判断是否存在疏忽误差的根据，$3\hat{\sigma}$ 又称为随机不确定度。

5. 算术平均值的标准差

在有限次数测量中，算术平均值是最接近被测真值的近似值，但是，如果对同一被测量测量 m 回，每回重复 n 次，每回都测出它的平均值，由于随机误差存在，每回测出的算术平均值也是不相同的。因此算术平均值也存在可靠程度的评定问题，如果用 $\hat{\sigma}_{\overline{x}}$ 表示算术平均值的标准差，则可证明算术平均值的标准差 $\hat{\sigma}_{\overline{x}}$ 与单列测量的标准差 $\hat{\sigma}$ 的关系为

$$\hat{\sigma}_{\overline{x}} = \frac{\hat{\sigma}}{\sqrt{n}} \tag{1-45}$$

6. 疏忽误差的剔除方法

由于随机误差的有界性，在一定的测量条件下，随机误差的绝对值不会超过一定界限，超过的误差一般都是人为原因造成的，所以称为疏忽误差。疏忽误差不存在"消除"的问题，而是在发现后加以剔除。按以上所说，在测量数据中，凡是其剩余误差大过均方根误差即标准差的估计值 $\hat{\sigma}$ 三倍以上的数据，都认为是属于疏忽误差的数据，应从该数据剔除。$3\hat{\sigma}$ 也称为误差极限。

但应注意，在测量列中剔除了有疏忽误差的数据后，应重新计算它的算术平均值，重新计算每个数据的方均根误差，并重新判断剩下的数据中有无疏忽误差，直至全部数据的值不超过 $3\hat{\sigma}$ 为止。

二、随机误差计算举例

例1-9 设对某一电压进行15次测量，所测数据见表1-2，计算其最可信赖值及其精密度参数。

解 （1）用式（1-36）求被测电压算术平均值

$$\overline{U} = \frac{\sum_{i=1}^{15} U_i}{15} = 224.21$$

（2）用式（1-41）求出测量列的剩余误差，填入表1-2，并用式（1-42）验证计算的正确性。

$$\sum_{i=1}^{n} \nu_i = 0$$

说明算术平均值计算正确。

（3）用贝塞尔公式求出标准差的估计值

$$\hat{\sigma} = \pm\sqrt{\frac{\sum_{i=1}^{n} \delta_i^2}{n}} = \sqrt{\frac{\sum_{i=1}^{n} \nu_i^2}{n-1}} = 0.644$$

(4) 求测量列的极限误差

$$3\hat{\sigma} = 3 \times 0.644 = 1.932$$

可见表中第 11 次的测量值 226.21 的剩余误差 2.00 超过极限误差 1.932，所以属于坏值，应予剔除。

剔除后的数据按以上步骤重新计算。计算结果见表 1-3。

(5) 被测电压算术平均值

$$\overline{U} = 224.067$$

(6) 求出测量列的剩余误差

$$\sum_{i=1}^{n} \nu_i = -0.002$$

这里不为零的原因是由于在求算术平均值的时候，因为除不尽进行四舍五入所造成的，要判别不为零是算术平均值的计算错误，还是舍入原因，可以根据下式甄别，即

$$\sum_{i=1}^{n} \nu_i \leq n \times \frac{10^{-m}}{2} \tag{1-46}$$

式中　n——测量次数；

m——$\overline{U}$ 最末一位的小数位数。

若式（1-46）成立，表示由舍入原因造成，例中 $n=14$，$m=3$，代入式（1-46），$14 \times \frac{10^{-3}}{2} = 0.007$，所以 -0.002 当属于舍入误差。

(7) 用贝塞尔公式求出标准差的估计值

$$\hat{\sigma} = \sqrt{\frac{\sum_{i=1}^{n} \nu_i^2}{n-1}} = \sqrt{\frac{1.5376}{14-1}} = 0.343$$

$$3\hat{\sigma} = 1.029$$

测量值剩余误差没有超过 1.029 的，所以没有坏值。

(8) 求算术平均值的标准差

$$\hat{\sigma}_{\overline{U}} = \frac{\hat{\sigma}}{\sqrt{n}} = \frac{0.343}{3.74} = 0.0917$$

(9) 测量结果的表示

$$U_x = \overline{U} \pm 3\hat{\sigma}_{\overline{U}} = 224.06 \pm 0.275$$

上式表示，虽然被测电压的真值不知道，但可以用算术平均值作为测出的最可信赖值，

第一章 电工仪表与测量的基本知识

其值为224.06V,其中虽含有随机误差,但误差值不太可能超过0.275V。

表 1-2

	U	v	v^2
1	224.25	0.04	0.0016
2	223.80	-0.41	0.1681
3	224.40	0.19	0.0361
4	224.46	0.25	0.0625
5	223.83	-0.38	0.1444
6	224.16	-0.05	0.0025
7	224.75	0.54	0.2916
8	223.74	-0.47	0.2209
9	224.12	-0.09	0.0081
10	223.77	-0.44	0.1936
11	226.21	2.00	4.0000
12	223.60	-0.61	0.3721
13	223.66	-0.55	0.3025
14	224.30	0.09	0.0081
15	224.10	-0.11	0.0121
	$\overline{U}=224.21$	$\sum v = 0$	

表 1-3

	U	v	v^2
1	224.25	0.183	0.0334
2	223.80	-0.267	0.0712
3	224.40	0.333	0.1108
4	224.46	0.393	0.1544
5	223.83	-0.237	0.0561
6	224.16	0.093	0.0086
7	224.75	0.683	0.4664
8	223.74	-0.327	0.1069
9	224.12	0.053	0.0028
10	223.77	-0.297	0.0882
11	223.60	-0.467	0.2180
12	223.66	-0.407	0.1656
13	224.30	0.233	0.0542
14	224.10	-0.033	0.0010
	$\overline{U}=224.067$	$\sum v = -0.002$	$\sum v^2 = 1.5376$

第二章

电流与电压的测量

第一节 电流与电压的测量方法

电流与电压是两个基本的电磁量。电流与电压的测量不但其本身十分重要,而且其他电磁量和非电量也可以转换成电流与电压然后进行测量,所以电流与电压的测量是电气测量的基础。通常可以用直接或间接的方式进行。

一、直接测量

测量电流或电压可以使用直读式电测量指示仪表,即电流表和电压表。 直流电流表的测量范围为 $10^{-7} \sim 10^2 \mathrm{A}$,直流电压表的测量范围为 $10^{-3} \sim 10^5 \mathrm{V}$,交流的直读式指示仪表灵敏度比直流稍低,交流电流表的测量范围为 $10^{-4} \sim 10^2 \mathrm{A}$,交流电压表的测量范围为 $10^{-3} \sim 10^5 \mathrm{V}$。直读式电测量指示仪表测量误差为 $0.1\% \sim 2.5\%$,可见使用这类仪表测量电流和电压,已能满足一般工程和实验的需要。

用电流表测电流必须将它与电路串联,用电压表测电压则需将电压表与电路并联。为了使电流表和电压表接到电路之后,不至影响电路原有状态,要求电流表的内阻 R_i 应比负载电阻 R 小很多,即 $\dfrac{R_i}{R} \leqslant \dfrac{1}{5}\gamma$,电压表的内阻 R_i 应比负载电阻 R 大很多,即 $\dfrac{R_i}{R} \geqslant \dfrac{1}{5}\gamma$,式中的 γ 为测量允许的相对误差。

为了保证电流表或电压表的通电线圈与外壳之间不至有太高电压,电流表应接在被测电路的低电位端,如图 2-1 所示。电压表的负端也应接在低电位端,如图 2-2 所示。如果电压表的端子有接地标志,那么接线时更应注意,应将接地标志与被测电路的地电位相连。

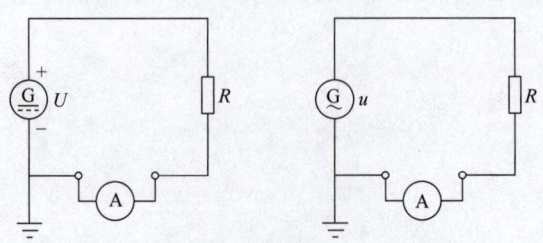

图 2-1 电流表接法

第二章　电流与电压的测量

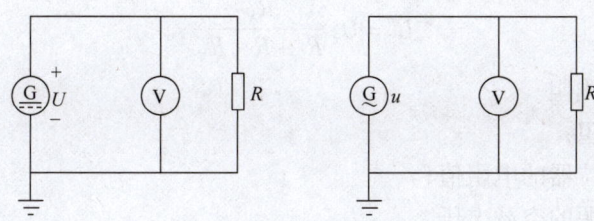

图 2-2　电压表接法

电流与电压的精确测量还可以采用比较法。直流比较法可以用直流电位差计，其误差范围为 0.005% ~ 0.1%。交流比较法一般先将交流电流或交流电压转换为直流量，然后用直流比较仪器进行测量，以达到精确测量交流的目的。

二、间接测量

电流与电压的测量一般不需要用间接法，只是在某些特殊情况下，为了操作方便或其他原因才用间接法测量。例如直接测量电流需要断开电路，然后在断开处串接一个电流表才能测量，如要在不断开电路的条件下测电流，可以通过被测电路上串接的一个小电阻（小电阻阻值比负载小很多），测出其电压值，再间接计算出电流，即 $I = U/R$。图 2-3 表示为了测量某晶体管的集电极电流或发射极电流，不必断开电路，只要测出通过集电极电阻 R_c 或发射极电阻 R_e 上的压降，按 R_c 或 R_e 的阻值，就可算出晶体管的集电极电流 I_c 或晶体管的发射极电流 I_e 的大小。

又例如内阻比较大的电源，欲测其空载电压，一般也不用直接测量的方式。因为直读仪表总要从电源取用一定的损耗功率，电源的内阻压降就会给测量结果造成误差。为此可采用图 2-4 所示的方法。

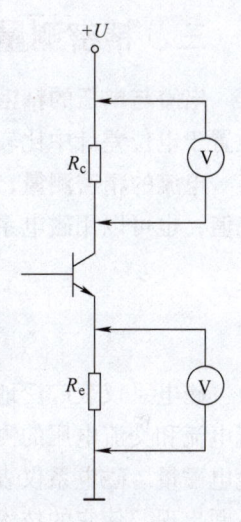

图 2-3　用电压表测电流

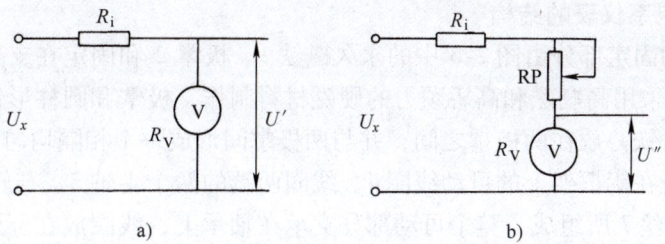

图 2-4　间接法测电源电动势
a) 先用电压表测电压　b) 再串联电位器测电压

先按图 2-4a 测出电压 U'，然后按图 2-4b 串接一个电位器 RP，调节 RP 的数值，使电压表读数 U'' 刚好为 U' 的一半，因为

$$U' = U_x \frac{R_V}{R_i + R_V} \tag{2-1}$$

$$U'' = U_x \frac{R_V}{R_i + R + R_V} \tag{2-2}$$

式中　R_V——电压表内阻；

R_i——电源内阻；

R——串联电位器的电阻值；

U_x——被测电源的空载电压。

将 $U'' = \frac{1}{2}U'$ 代入式（2-2），并与式（2-1）联立可求得

$$R_i + R_V = R$$
$$U_x = U' \frac{R}{R_V} \tag{2-3}$$

三、精密测量

电流与电压的精密测量，可以使用补偿法，电压可以用电位差计，将被测电压与标准电池置于电位差计中比较，准确度可达 0.001 级。

电流的精密测量，也可以用电位差计和标准电阻，通过测量标准电阻上的压降，求得电流值，也可以用磁电系检流计直接测量。

第二节　磁电系仪表

磁电系仪表广泛地用于直流电流和直流电压的测量；与整流器配合之后，也可以用于交流电流和交流电压的测量；如果配以相应的变换器，还可以用于测量功率、频率、相位及其他电磁量。磁电系仪表问世最早，制造工艺也最完善，加上近年来新金属材料和新磁性材料不断出现，使它的技术性能日益提高，成为最主要的指示仪表之一。

一、磁电系仪表的结构

1. 外磁式磁电系仪表的结构

外磁式仪表的固定部分由图 2-5 中的永久磁铁 1、极掌 2 和固定在支架上的圆柱形铁心 5 构成。永久磁铁采用高剩磁和高矫顽力的硬磁材料制作，极掌和圆柱形铁心则用高磁导率的软磁材料做成。铁心放在两极掌之间，并与两极掌间形成一个相隔均匀的环形气隙。

可动部分由绕在铝框架上的可动线圈 4、线圈两端的两个半轴 3、与转轴相连的指针 8、平衡锤 6，以及游丝 7 所组成。整个可动部分支承在轴承上，线圈放在环形气隙之中。由于永久磁铁放在可动线圈的外面，所以称为外磁式。

可动线圈通电之后，与永久磁铁的磁场相互作用形成转动力矩，使可动线圈产生偏转。反作用力矩通常用游丝产生，游丝一般用两个，而且盘绕的方向相反，每一个游丝都是一端与可动线圈相连，另一端固定在支架上。它的作用除了产生反作用力矩外，还可以作为将电流引进可动线圈的引线。阻尼力矩就利用绕制线圈的铝框架以及线圈本身产生，其原理如图 2-6 所示。当铝架在磁场中运动时，闭合的铝架就会切割磁力线产生感应电流 i_e，这个电流与永久磁铁磁场作用形成了电磁阻尼力矩 M_d，显然阻尼力矩总是和框架的运动方向相反，这样就能使指针很快停在读数位置，防止左右摇摆。当然，铝架上的线圈如果与外电路构成闭合回路，同样也有产生阻尼力矩的效果。

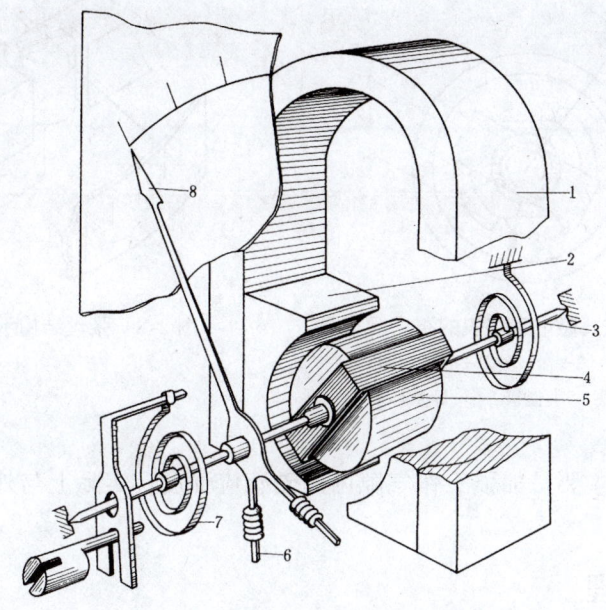

图 2-5　外磁式磁电系仪表测量机构的的结构示意图
1—永久磁铁　2—极掌　3—半轴　4—可动线圈　5—圆柱形铁心　6—平衡锤　7—游丝　8—指针

2. 内磁式磁电系仪表的结构

图 2-7 是内磁式磁电系仪表结构的示意图，它和外磁式的主要区别，就是把永久磁铁和铁心对换位置，把磁铁做成圆柱形，放在可动线圈之内。而在线圈外面用一个软磁材料做成的圆筒形导磁环 6 代替铁心，为了使磁路能通过导磁环闭合，在永久磁铁心的外层再压嵌一个扇形断面的磁极 5，使之与导磁环间形成一个很小的均匀间隙以放置可动线圈，并保证磁场均匀且方向能处处与铁心圆柱面及导磁环内表面垂直。

采用这种结构，由于磁极和导磁环采用高磁导率的软磁材料，闭合磁路的漏磁很小，气隙中磁感应强度大，

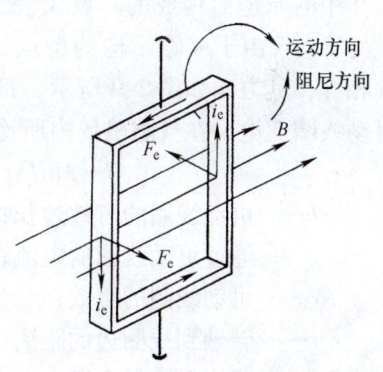

图 2-6　铝架产生的阻尼力矩

使仪表防御外磁场的干扰能力也强。而且加了导磁环之后，仪表本身对其他设备中的磁敏感元件的影响也减少了。由于内磁式整个结构比较紧凑、成本低，因此与外磁式相比，内磁式是一种比较先进的结构。

内磁式的可动部分和指示部分的结构与外磁式基本相同，也有的不用游丝，而采用张丝结构，例如 C36 型电流表。图 2-8 是张丝结构的示意图。

3. 内外磁结合式结构

这种形式除了在可动线圈外面装有永久磁铁之外，线圈内部的圆柱形铁心也改用磁铁，所以称它为内外磁结合式结构。

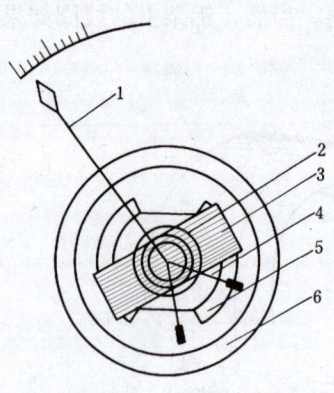 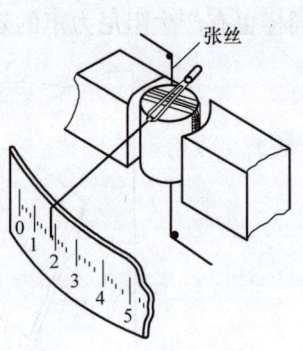

图 2-7　内磁式磁电系仪表的结构示意图
1—指针　2—游丝　3—可动线圈
4—磁铁　5—磁极　6—导磁环

图 2-8　张丝结构示意图

采用这种结构，主要是加强工作气隙内的磁感应强度，实际上与外磁式没有什么原则区别。

二、工作原理

1. 磁电系仪表的驱动力矩

磁电系仪表是根据通电线圈在磁场中会受到电磁力矩作用的原理而构成的。设仪表工作气隙内的磁感应强度为 B，且由于气隙结构的特点，使得气隙内的 B 值处处相等，其方向如图 2-9 所示，都是通过轴心呈辐射形。可动线圈通电后在气隙磁场内所受的力矩可由下式求得

$$M = 2BlINr \tag{2-4}$$

式中　l——可动线圈的有效边长；
　　　I——通过可动线圈的电流；
　　　N——可动线圈的匝数；
　　　r——转轴到线圈边的距离。

2. 磁电系仪表的反作用力矩

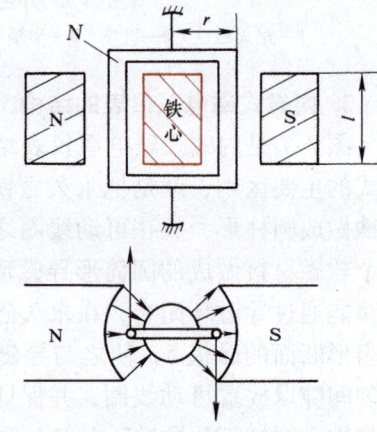

图 2-9　磁电系仪表磁场分布图

磁电系仪表一般用游丝产生反作用力矩，若采用游丝，按式（1-4）可得

$$M_a = D\alpha \tag{2-5}$$

式中　D——游丝反作用力矩系数。

3. 磁电系仪表的阻尼力矩

磁电系仪表的阻尼力矩是由线圈铝框架和线圈与外电路闭合成回路时产生的。其中，铝框架在磁气隙中转动时，所感应的电动势可认为是一匝线圈的感应电动势，即

$$e_1 = -\frac{d\varphi}{dt} = -Bs\frac{d\alpha}{dt} \tag{2-6}$$

式中　B——气隙内的磁感应强度；

s——铝框架的面积。

该电动势在铝框架中产生的电流会形成和转动方向相反的力矩,其大小为

$$M_{p1} = \psi i_1 = \varphi \frac{e_1}{R_1} = -\varphi \frac{Bs}{R_1}\frac{d\alpha}{dt} = -p_1\frac{d\alpha}{dt} \tag{2-7}$$

式中 φ——穿过铝框架的磁通,由于铝框架相当一匝线圈,所以也等于磁通链 ψ;

R_1——铝框架的电阻;

p_1——阻尼系数。

$$p_1 = \varphi\frac{Bs}{R_1} = \frac{\varphi^2}{R_1} \tag{2-8}$$

可动线圈通过外电路的闭合回路同样会产生阻尼,设可动线圈在气隙中转动时所产生的电动势为 e_2,同样可证明它产生的力矩为

$$M_{p2} = -p_2\frac{d\alpha}{dt} \tag{2-9}$$

因为可动线圈匝数为 N,故其阻尼系数为

$$p_2 = N\varphi\frac{NBs}{R_2} = \frac{(N\varphi)^2}{R_2} \tag{2-10}$$

式中 R_2——可动线圈和外电路的总电阻。

当可动线圈稳定时,$\frac{d\alpha}{dt}=0$,阻尼力矩为零,这时可动线圈的驱动力矩等于反作用力矩,即

$$M = M_a$$

将式(2-4)和式(2-5)代入上式得

$$2BlINr = D\alpha$$

$$\alpha = \frac{BNs}{D}I = S_I I \tag{2-11}$$

式中 α——指针偏转角度;

s——可动线圈的有效面积,$s=2lr$;

S_I——电流灵敏度。

电流灵敏度 S_I 是由仪表结构参数所决定,对于一个已经制造出来的仪表来讲,S_I 是一个常数,因此式(2-11)表示,磁电系仪表指针偏转角正比于通过可动线圈的电流 I。

三、技术性能

1. 灵敏度、表耗功率和准确度

磁电系仪表中的永久磁铁与铁心间的气隙小,气隙间的磁感应强度 B 比较强,从式(2-11)可知,灵敏度 S_I 与 B 成正比,所以磁电系仪表有比较高的灵敏度,电流计可以测到 10^{-7} A(0.1μA),检流计下量限可达到 10^{-11} A。作为电流表使用时,由于灵敏度高通过电流小,所以表耗功率也比较低。

从式(2-11)还可以看到,在保持同一灵敏度 S_I 的条件下,增大气隙间的磁感应强度 B,允许采用反作用力矩系数 D 比较大的游丝。所用游丝的 D 值大,定位力矩就比较大,摩擦力矩的影响就可以削弱。而且气隙磁场较大时,外磁场的影响也就相对减弱,所以磁电系

仪表可以做成有较高的准确度。

但应注意，在高灵敏度的磁电系仪表中，可动线圈一般用铜线绕制，而且匝数比较多，温度对铜线圈电阻的影响已不能忽视，加上游丝或张丝用磷青铜等弹性材料制作，电阻温度系数较大。如果不用分流器，这种变化对测量电流基本没有什么影响，但若用分流器，分流器一般用锰铜制作，而锰铜电阻随温度的变化很小，这就使得分流器与可动线圈两个支路间的电流分配发生变化。因此**有分流器的电流表，都要采取一些补偿措施**。例如采用图 2-10 所示电路，R_{sh} 为分流器，在可动线圈的支路中串联一个锰电阻 R_1，这样温度变化时，可动线圈支路的变化，比不用 R_1 时相对地减少了。两个支路的电流分配，可基本保持不变。

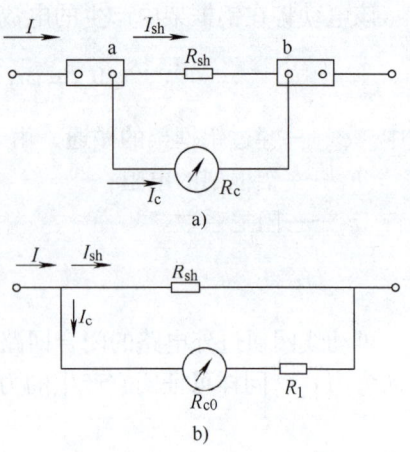

图 2-10　用分流器扩大量程
a）无温度补偿　b）有温度补偿电阻 R_1

2. 刻度特性

由式（2-11）可知，磁电系仪表的指针偏转角 α 与可动线圈的电流成正比，所以可得到线性的刻度，也就是标尺上的刻度是均匀等分的。均匀等分的刻度，在制造上比较容易，且可以做得比较准确。

3. 使用范围

磁电系仪表只能测量直流，如果可动线圈通入交流电，在电流方向变化的时候，力矩 M 的方向也随之变化。如果变化的频率小于可动部分的固有振动频率，指针将会随电流方向的变化而左右摆动。如果电流变化的频率高于可动部分的固有振动频率，指针偏转角将与一个周期内的力矩平均值有关，对于正弦变化的交流电，其平均力矩为

$$M = \frac{1}{T}\int_0^T m\mathrm{d}t = \frac{1}{T}\int_0^T BNsI_m\sin\omega t\mathrm{d}t = 0$$

即在一个周期内平均力矩为零，指针将停留在原处不动，所以磁电系仪表只能用来测量直流，而不能测量交流。**若测量交流，要配上整流装置组成整流系仪表**。

四、磁电系电流表及电压表的扩程方法

磁电系仪表作为电流表使用时，被测电流需要通过游丝和可动线圈；而它们又都是截面积极小的金属丝，所以直接测量电流时的最大量程只能是微安或毫安级，灵敏度高但量程小。如果要测量大电流，就要在磁电系测量机构之外加接分流器。

分流器是扩大电流量程的装置，其电路如图 2-10 所示。图中，R_{sh} 为分流器电阻，它与测量机构相并联，当被测电流为 I 时，通过电流表测量机构的电流为 I_c，其余的电流则通过分流器，量程将扩大 n 倍，其中 $n = \dfrac{I}{I_c}$。由于

$$I_c R_c = I\frac{R_{sh}R_c}{R_{sh}+R_c} \tag{2-12}$$

式中　R_c——测量机构（即动圈）的电阻。如有温度补偿电阻，则包括 R_{c0} 和补偿电阻 R_1

之和。

根据式（2-12），可以推出量程扩大倍数 n 与分流器电阻的关系为

$$n = \frac{I}{I_c} = \frac{R_{sh} + R_c}{R_{sh}} = 1 + \frac{R_c}{R_{sh}} \tag{2-13}$$

$$R_{sh} = \frac{R_c}{n-1} \tag{2-14}$$

例 2-1 有一磁电系测量机构，满刻度电流为 200μA，可动线圈内阻为 300Ω，若要把满刻度电流扩大到 0.5A，应并联多大分流器电阻？

解

$$n = \frac{I}{I_c} = \frac{0.5}{200 \times 10^{-6}} = 2500$$

$$R_{sh} = \frac{R_c}{n-1} = \frac{300\Omega}{2500-1} = 0.12\Omega$$

若通过分流器的电流较大，分流器的功率损耗也要增大，相应就要加大它的尺寸。一般电流不大时可以将分流器做成内附式，直接装在仪表的内部。电流比较大的分流器，常常单独装在仪表外部称为外附式。外附式分流器结构如图 2-11 所示。

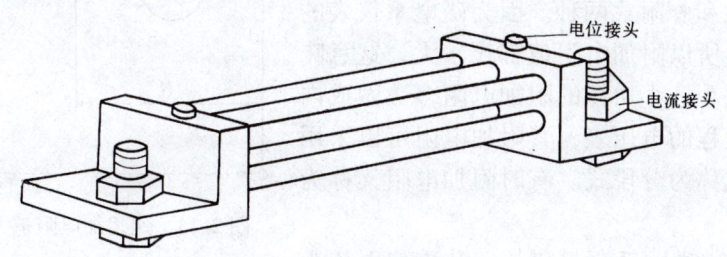

图 2-11 外附式分流器

图中，分流器有两对接头，一对是电流接头，与被测负载串联；另一对在内侧，叫作电位接头，与测量机构并联。多量程电流表常附有多量程分流器，图 2-12 为多量程分流器的原理图。

作为配套产品附件的分流器，其额定值通常不用电阻表示，而标以额定电流和额定电压，额定电压有 30mV、45mV、75mV、100mV、150mV、300mV 等几种，额定电压指电流表量限与内阻 R_c 的乘积。例如原来为 1A，内阻为 0.1Ω 的电流表，额定电压就是 100mV（100mV = 1A × 0.1Ω），这个电压也就是表头的压降。如

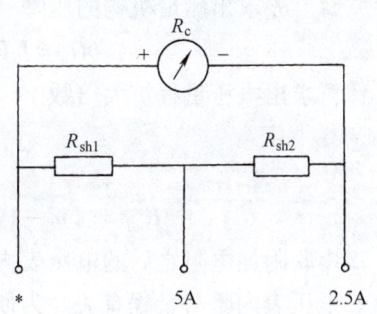

图 2-12 多量程分流器

果要扩程到 100A，$n = \frac{I}{I_c} = 100$，就要选用电阻为 $\frac{R_c}{n-1} = \frac{0.1\Omega}{99}$ 的分流器，因为接上分流器之后，电流表两端电压仍为 100mV，所以这个分流器就标明为额定电压 100mV，额定电流为 100A。

磁电系仪表可以作为电压表使用，如果直接与被测电压并联，由于受动圈允许电流的限制，只能测量小电压（不超过 mV 级），仪表偏转角 α 与被测电压的关系，可从下式推出

$$\alpha = S_I I_c = S_I \frac{U_c}{R} = S_U U_c \qquad (2\text{-}15)$$

式中　S_U——测量机构的电压灵敏度；
　　　R——测量机构的内阻。

要扩大电压表量程可以串联一个附加电阻，设直接测量的量程为 U_c，测量机构内阻为 R_c，串联附加电阻 R_{ad} 后，可将电压量程扩大为 U，则 U 与 U_c 的关系可由下式求得

$$\frac{U}{R_c + R_{ad}} = \frac{U_c}{R_c} = I_c \qquad (2\text{-}16)$$

用比值 $m = \dfrac{U}{U_c}$ 表示串联附加电阻后电压表量程扩大的倍数，则

$$m = \frac{U}{U_c} = \frac{R_c + R_{ad}}{R_c} = 1 + \frac{R_{ad}}{R_c} \qquad (2\text{-}17)$$

$$R_{ad} = (m-1) R_c \qquad (2\text{-}18)$$

可以用量程扩大倍数 m，求出需要串联的附加电阻 R_{ad} 值。图 2-13 表示附加电阻连接方法，附加电阻也有内附式和外附式两种。因为磁电系仪表的灵敏度比较高，所以附加电阻值都比较大，这意味着电压表的功耗小，小功耗的附加电阻多数做成内附式。对于多量程的电压表，其附加电阻可以采用分段的办法，或称为分段式。有时附加电阻又称为倍压器。

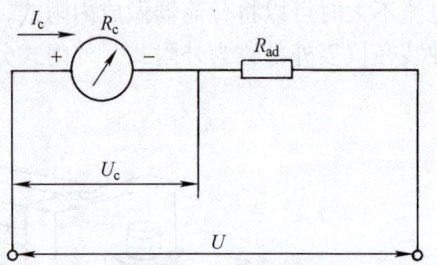

图 2-13　用附加电阻扩大电压表量程

例 2-2　有一磁电系测量机构，其满偏电流为 200μA，内阻为 300Ω，欲改装成 60V 量程的电压表，应接多大的附加电阻？

解　先求出测量机构的压降

$$U_c = I_c R_c = 200 \times 10^{-6} \text{A} \times 300\Omega = 0.06\text{V}$$

再求出电压量程扩大倍数

$$m = \frac{U}{U_c} = \frac{60}{0.06} = 1000$$

$$R_{ad} = (m-1) R_c = (1000-1) \times 300\Omega = 299.7\text{k}\Omega$$

串联附加电阻之后的电压表内阻，等于测量机构内阻（即动圈内阻）R_c 加上附加电阻值。电压表内阻与量程有关。为便于比较，常用 Ω/V 数表示，它是电压表的重要参数，表示其内阻每伏为多少欧。在相同的电压量程下，Ω/V 数越大的电压表，内阻越大，消耗功率越小，对被测电路工作状态影响也越小。习惯上把表头的满偏电流值（即最大量程值）称为电流灵敏度，把电压表的 Ω/V 数称为电压灵敏度。使用时应注意把这种习惯称呼与电流灵敏度 S_I 及电压灵敏度 S_U 区别开来。

第三节　磁电系检流计

磁电系检流计是一种高灵敏度电流计，用于测量极微小的电流或电压。检流计的标尺不

第二章　电流与电压的测量

注明电流或电压数值，所以一般只用来检测电流的有无，例如作为电桥或电位差计的指零仪。如果使用中需要读出被测量的数值，可以先通过测定它的仪表常数，即标尺的每一格偏转所对应的电流值，然后根据实际偏转量，求得被测量的数值。

磁电系检流计有动圈式（磁铁固定、线圈可动）和动磁式（永久磁铁可动，线圈绕在固定的铁心上）两种，下面只限于讨论常用的动圈式直流检流计。

一、检流计的结构

检流计要能够测出微量的电流，就必须具有足够的灵敏度。要提高检流计的灵敏度，就要在结构上采取措施，使它轻巧灵活。首先，动圈采用无骨架结构，以减少厚度，缩短磁路的工作气隙，增加气隙中的磁感应强度。其次，可动部分不用轴和轴承的支撑方式，改用张丝或吊丝悬挂动圈，这样就消除了轴尖所产生的摩擦，使之可以在很小的力矩下都能工作。再次，用光标指示代替指针，以提高检流计的灵敏度。其结构如图 2-14 所示，图中 4 为磁铁，3 为动圈，动圈由吊丝 2 悬挂，吊丝既作为支撑，也利用扭转时的扭力产生反作用力矩，同时又利用它引导流入动圈的电流。金属丝 5 仅起引导电流的作用，不产生反作用力矩。动圈上端装有反射光点的小镜 1，光束由光源入射到小镜上，动圈偏转角为 α 时，反射光束与入射光束之间夹角为 2α，光路如图 2-15 所示，这时光点在标尺上偏转为 d。

$$\tan 2\alpha = \frac{d}{l} \tag{2-19}$$

式中　d——光点在标尺上的偏转长度；
　　　l——标尺与小镜的距离。

当 l 远大于 d 且 α 很小时，可近似认为 $\tan 2\alpha = 2\alpha$，式（2-19）可写成

$$2\alpha = \frac{d}{l} \tag{2-20}$$

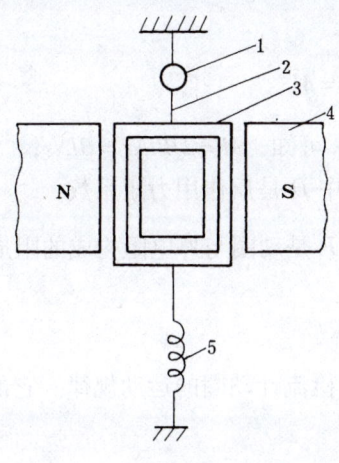

图 2-14　磁电系检流计结构示意图
1—小镜　2—吊丝　3—动圈
4—磁铁　5—金属丝

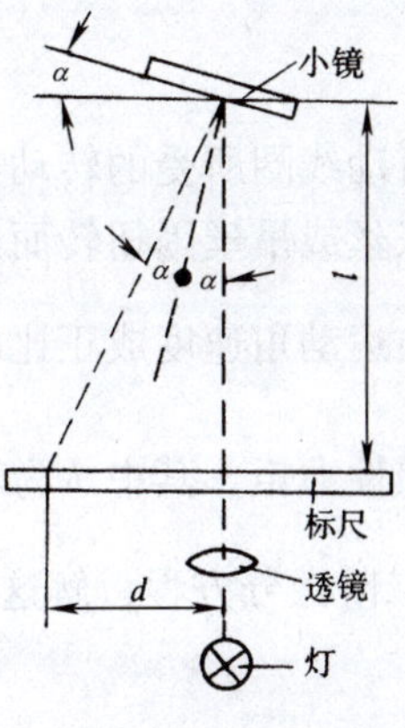

图 2-15　光标指示装置

检流计的灵敏度可表示为

$$S_I = \frac{d}{I} = \frac{2l\alpha}{I} \tag{2-21}$$

若采用指针式检流计，如图 2-16 所示，设指针长为 l'，被测电流仍为 I，指针偏转角为 α，指针末端位移为 d'。当角 α 很小时，也可以近似地认为指针末端直线位移 d' 等于指针末端扫过的弧长，即 $d' = \tan\alpha l' = \alpha l'$，此时检流计的灵敏度为

$$S_I = \frac{d'}{I} = \frac{l'\alpha}{I} \tag{2-22}$$

可见光标指示的灵敏度为指针式的 $\frac{2l}{l'}$ 倍，即

$$\frac{S_I}{S_I'} = \frac{2l}{l'}$$

为此对于采用光标尺的固定型检流计，常把标尺远离检流计，以增大 l 提高 S_I。而便携型检流计因为要求标尺和仪表装在一起，有的就采用光线多次反射的办法，以达到加大 l'、提高灵敏度的目的。

二、检流计可动部分的运动特性和参数

检流计的动圈不用铝制框架，因此没有框架的阻尼效果。阻尼全靠动圈与外电阻构成的回路产生。 动圈一旦施加了驱动力矩，就会因为惯性冲力摆过平衡点，由于可动部分的重量轻、阻力小，又没有轴承摩擦力，所以在定位力矩作用下，动圈会在平衡点左右摇摆不停，不能很快停在平衡位置上。这种摇摆甚至会延续几分钟或者几十分钟，使测量者无法迅速读数。为此必须进一步研究动圈的运动规律，以便能在通电后尽快地停稳。

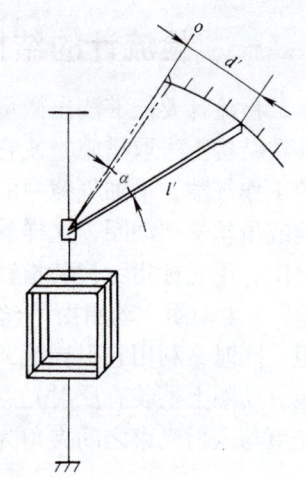

图 2-16　指针式检流计

设可动线圈所受的转动力矩为 M，根据牛顿第二定律，它必须克服阻力矩、运动过程中产生的阻尼力矩和惯性力矩。写出运动方程式，即

$$J\frac{\mathrm{d}^2\alpha}{\mathrm{d}t^2} + P\frac{\mathrm{d}\alpha}{\mathrm{d}t} + D\alpha = M \tag{2-23}$$

式中　M——可动线圈所受的转动力矩，从式（2-4）可知，$M = 2BIlNr = BINs$；

　　　$D\alpha$——张丝或吊丝因扭转而产生的阻力矩，其中 D 是反作用力矩系数；

　　　$P\dfrac{\mathrm{d}\alpha}{\mathrm{d}t}$——与运动角速度成正比的阻尼力矩，其中 P 是动圈与外电阻构成的阻尼系数；

　　　$J\dfrac{\mathrm{d}^2\alpha}{\mathrm{d}t^2}$——惯性力矩，其中 J 为转动惯量。

这是一个二阶微分方程，解这个方程就可以得出检流计动圈的运动规律。它的解有两个部分，即

$$\alpha = \alpha_0 + \gamma \tag{2-24}$$

式中　α_0——方程的特解，它表示运动稳定后，即 $\dfrac{\mathrm{d}\alpha}{\mathrm{d}t} = 0$，$\dfrac{\mathrm{d}^2\alpha}{\mathrm{d}t^2} = 0$ 时，动圈所停的平衡位置，因为当 $\dfrac{\mathrm{d}\alpha}{\mathrm{d}t} = 0$、$\dfrac{\mathrm{d}^2\alpha}{\mathrm{d}t^2} = 0$ 时，式（2-23）可以写成 $D\alpha = M$ 或 $\alpha = S_I I$，这就是第二节导出的式（2-11）；

γ——微分方程的通解。

将式（2-24）代入式（2-23）就得到齐次微分方程

$$J\frac{d^2\gamma}{dt^2} + P\frac{d\gamma}{dt} + D\gamma = 0 \quad (2-25)$$

齐次微分方程的解由特征方程的根来决定，从式（2-25）可得特征方程式为

$$Js^2 + Ps + D = 0 \quad (2-26)$$

它的根为

$$s_{1,2} = -\frac{P}{2J} \pm \sqrt{\frac{P^2}{4J^2} - \frac{D}{J}} \quad (2-27)$$

令 $\sqrt{\frac{D}{J}} = \omega_0$、$\frac{P}{2\sqrt{JD}} = \beta$，式（2-27）可以改写为

$$s_{1,2} = \sqrt{\frac{D}{J}}\left(-\frac{P}{2\sqrt{JD}} \pm \sqrt{\frac{P^2}{4JD} - 1}\right) \quad (2-28)$$

或

$$s_{1,2} = \omega_0(-\beta \pm \sqrt{\beta^2 - 1}) \quad (2-29)$$

式中 β——阻尼因数，它与阻尼系数 P 有关。

由于检流计没有其他阻尼装置，只靠动圈本身的感应电动势通过外电路电阻产生阻尼，按式（2-10）可知动圈阻尼系数为 $\frac{(N\varphi)^2}{R_2}$，其中 R_2 为可动线圈和外电路的总电阻。可见回路总电阻越大，阻尼系数 P 就越小，也就是 β 值越小。当 β 小于1、大于1或等于1的时候，特征方程式（2-28）的根有三种不同的值，运动方程就有三种不同的解。

1）加大可动线圈回路的电阻，使检流计阻尼因数 β 变小，若 $\beta < 1$，特征方程就有两个不等的虚根，即 $s_{1,2} = \omega_0(-\beta \pm \sqrt{\beta^2 - 1}i)$。在这种情况下，齐次微分方程式（2-25）解的形式应为

$$\gamma = e^{-\beta\omega_0 t}(C_1 \sin\omega_0\sqrt{1-\beta^2}t + C_2 \cos\omega_0\sqrt{1-\beta^2}t) \quad (2-30)$$

式中 C_1、C_2——积分常数，与初始条件有关。当给定 $t=0$ 时，$\alpha = 0$（$\gamma = -\alpha_0$）和 $\frac{d\gamma}{dt} = 0$，可求得积分常数 $C_1 = \frac{-\alpha_0\beta}{\sqrt{1-\beta^2}}$，$C_2 = -\alpha_0$，将它代入式（2-30），得

$$\gamma = -\alpha_0 e^{-\beta\omega_0 t}\frac{1}{\sqrt{1-\beta^2}}(-\beta\sin\omega_0\sqrt{1-\beta^2}t + \sqrt{1-\beta^2}\cos\omega_0\sqrt{1-\beta^2}t)$$

$$= -\alpha_0 e^{-\beta\omega_0 t}\frac{1}{\sqrt{1-\beta^2}}\sin\left(\sqrt{1-\beta^2}\omega_0 t + \arctan\sqrt{\frac{1-\beta^2}{\beta^2}}\right) \quad (2-31)$$

考虑到 $\alpha = \alpha_0 + \gamma$，可得方程式（2-23）的通解为

$$\alpha = \alpha_0 - \alpha_0 e^{-\beta\omega_0 t}\frac{1}{\sqrt{1-\beta^2}}\sin\left(\sqrt{1-\beta^2}\omega_0 t + \arctan\sqrt{\frac{1-\beta^2}{\beta^2}}\right) \quad (2-32)$$

2）若可动线圈所接的外电阻刚好使得 $\beta = 1$，特征方程的根是两个相等的实根，即 $s_1 = s_2 = -\beta\omega_0$，这时齐次微分方程式（2-25）解的形式为

$$\gamma = (C_1 + C_2 t)e^{-\beta\omega_0 t} \tag{2-33}$$

式中 C_1、C_2——积分常数，同样可以根据初始条件求得，即 $t=0$ 时 $\alpha=0$（$\gamma=-\alpha_0$）和 $\dfrac{d\gamma}{dt}=0$ 分别代入式（2-33）后求出，再将结果 $C_1=-\alpha_0$、$C_2=-\alpha_0\omega_0$，代入式（2-33）得

$$\begin{aligned}\gamma &= (-\alpha_0 - \alpha_0\omega_0 t)e^{-\beta\omega_0 t}\\&= -\alpha_0 e^{-\beta\omega_0 t}(1+\omega_0 t)\end{aligned} \tag{2-34}$$

考虑到 $\alpha=\alpha_0+\gamma$ 和 $\beta=1$，可得方程式（2-23）的通解为

$$\begin{aligned}\alpha &= \alpha_0 - \alpha_0 e^{-\beta\omega_0 t}(1+\omega_0 t)\\&= \alpha_0 - \alpha_0 e^{-\omega_0 t}(1+\omega_0 t)\end{aligned} \tag{2-35}$$

3）若减少可动线圈的回路电阻，使阻尼因数加大，当 $\beta>1$ 时，特征方程就有两个不等的实根，即 $s_{1,2}=-\omega_0\beta\pm(\omega_0\sqrt{\beta^2-1})$，这时齐次微分方程式（2-25）解的形式为

$$\gamma = C_1 e^{\omega_0(-\beta+\sqrt{\beta^2-1})t} + C_2 e^{\omega_0(-\beta+\sqrt{\beta^2-1})t} \tag{2-36}$$

式中 C_1、C_2——积分常数，同样与初始条件有关。当给定 $t=0$ 时，$\alpha=0$（$\gamma=-\alpha_0$）和 $\dfrac{d\gamma}{dt}=0$，可求得 $C_1=-\dfrac{-\alpha_0(\beta+\sqrt{\beta^2-1})}{2\sqrt{\beta^2-1}}$、$C_2=-\dfrac{-\alpha_0(-\beta+\sqrt{\beta^2-1})}{2\sqrt{\beta^2-1}}$。同样再代入式（2-36）得

$$\begin{aligned}\gamma &= -\alpha_0 e^{-\beta\omega_0 t}\dfrac{1}{\sqrt{\beta^2-1}}(-\beta\operatorname{sh}\sqrt{\beta^2-1}\,\omega_0 t - \sqrt{\beta^2-1}\operatorname{ch}\omega_0\sqrt{\beta^2-1}\,t)\\&= -\alpha_0 e^{-\beta\omega_0 t}\dfrac{1}{\sqrt{\beta^2-1}}\operatorname{sh}\left(\sqrt{\beta^2-1}\,\omega_0 t + \operatorname{arth}\sqrt{\dfrac{1-\beta^2}{\beta^2}}\right)\end{aligned} \tag{2-37}$$

考虑到 $\alpha=\alpha_0+\gamma$，可得方程式（2-23）的通解为

$$\alpha = \alpha_0 - \alpha_0 e^{-\beta\omega_0 t}\dfrac{1}{\sqrt{\beta^2-1}}\operatorname{sh}\left(\sqrt{\beta^2-1}\,\omega_0 t + \operatorname{arth}\sqrt{\dfrac{1-\beta^2}{\beta^2}}\right) \tag{2-38}$$

从可动线圈运动方程的解可以看出：

1）当 $\beta<1$ 时，偏转角 α 由两部分组成。第一部分为可动部分稳定后的偏转值 $\alpha_0=S_I I$，也就是可动部分的最终停留位置；第二部分是时间 t 的正弦函数，并含有衰减因子 $e^{-\beta\omega_0 t}$，说明可动部分不能立刻停在 α_0 的位置，在达到稳定之前，会做衰减的周期性运动，衰减快慢决定于 β，完全衰减后才会停在稳定点，如图 2-17 的曲线 1 所示。这种状态称为欠阻尼状态。它的周期性振荡角频率和振荡周期分别为

$$\omega = \sqrt{1-\beta^2}\,\omega_0 \tag{2-39}$$

$$T = \dfrac{2\pi}{\omega} = \dfrac{2\pi}{\omega_0\sqrt{1-\beta^2}} \tag{2-40}$$

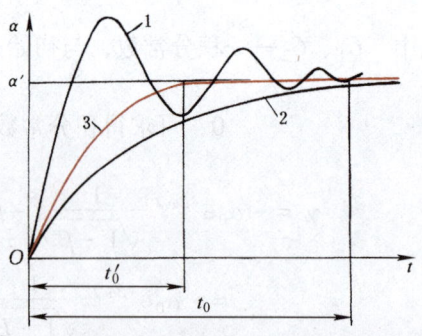

图 2-17 可动部分运动状态曲线

是否工作在欠阻尼状态，取决于阻尼因数即 $\dfrac{P}{2\sqrt{JD}}$ 的值，而其中 P 又与外电阻有关，这是可以调节的。略有欠阻尼的工作状态还是允许的，但阻尼过小则不宜使用。

欠阻尼的最极端状态是检流计开路，即 $R=\infty$、$P=0$、$\beta=0$、$\omega=\omega_0$，说明可动部分永远不会停在平衡位置，而按角频率 ω_0 振荡不止，这个频率就是可动部分自然振荡频率。所以使用中务必不要在通电后开路。

2）改变外电路电阻使 $\beta=1$ 时，则振荡周期 T 趋近无穷大，此时没有振荡，可动部分将不经过振荡，就进入平衡位置，而且时间最短，这种运动状态称为临界阻尼状态，这时的 β 值称为临界阻尼因数，处于临界阻尼状态的动圈，其运动情况如图 2-17 曲线 3 所示。这种状态是最理想的工作状态，从式（2-35）也可以看出，它的解由两部分组成。一部分是稳定偏转，另一部分是衰减运动，最后趋向零。

3）改变外电路电阻使 $\beta>1$ 时，和第二种情况一样，可动部分将从一侧缓慢进入平衡位置；如图 2-17 曲线 2 所示，但到达平衡位置的时间比较长，这种情况称过阻尼状态。此状态虽然没有振荡，但如果 β 过大，进入稳定的时间过长，也最好不用。

三、检流计的正确使用

1）**检流计的参数包括：灵敏度或电流常数、外临界电阻、内阻、阻尼时间、自然振荡周期等**。检流计的灵敏度可用每微安多少格 $\left(\dfrac{\mathrm{div}}{\mu\mathrm{A}}\right)$ 或每微安多少度 $\left(\dfrac{1}{\mu\mathrm{A}}\right)$ 表示。灵敏度的倒数称为电流常数，若用 C_I 表示，则根据式（2-21）可得

$$C_I = \dfrac{1}{S_I} = \dfrac{I}{d} \tag{2-41}$$

使用时，必须根据检流计铭牌上注明的外临界电阻值，选好并接上相应电阻，使检流计工作在临界阻尼或微欠阻尼状态，保证检流计阻尼时间最短，以便迅速读数。

要按实验任务合理地选择检流计的灵敏度，测量时逐步提高。当流过检流计电流大小不清楚时，不要冒然提高灵敏度，而应串入保护电阻或并联分流电阻。表 2-1 是一些检流计的主要参数值。

2）使用时必须轻拿轻放，以防吊丝振断。搬动时或用完后，须将止动器锁上或用导线将端子短接。

3）使用要按规定位置放置，带有水准指示装置的，用前应调好水平。

4）不要用万用表或电桥来测量检流计内阻，以防损坏检流计线圈。

表 2-1　一些检流计的主要参数值

型	式	型号	内阻/Ω	外临界电阻/Ω	电流常数/（A/mm^{-1}）	振荡周期/s
镜式检流计	双绕组	AC4/1	500	20000	1.5×10^{-6}	5
		AC4/2	1000	100000	0.15×10^{-9}	10
		AC4/3	100	3000	1.5×10^{-9}	>18
		AC4/4	10，120	70，3500	3×10^{-9}，0.5×10^{-9}	>18
		AC4/5	20	50	4×10^{-9}	12
		AC4/6	30	100	2×10^{-9}	8
		AC4/7	2×100	3500	1.5×10^{-9}	12

（续）

型	式	型号	内阻/Ω	外临界电阻/Ω	电流常数/（A·mm^{-1}）	振荡周期/s
光点式检流计	双绕组	AC15/1	3500	100000	3×10^{-10}	4
		AC15/2	500	10000	1.5×10^{-9}	4
		AC15/3	100	1000	3×10^{-9}	4
		AC15/4	50	500	5×10^{-9}	4
		AC15/5	30	40	1×10^{-8}	4
		AC15/6	50, 500	500, 10000	$3 \times 10^{-9}, 1.5 \times 10^{-9}$	4
指针式		AC5/1	<20	<150	$5 \times 10^{-6} \dfrac{A}{div}$	2.5
		AC5/2	<50	<500	$2 \times 10^{-6} \dfrac{A}{div}$	2.5
		AC5/3	<250	<3000	$7 \times 10^{-7} \dfrac{A}{div}$	2.5
		AC5/4	<1200	<14000	$4 \times 10^{-7} \dfrac{A}{div}$	2.5

注：1. 振荡周期近似等于临界阻尼时间。

2. 电流常数与标尺小镜间的距离有关，表中值为标尺小镜间的距离为1mm时的值，有时记作 A·mm^{-1}·m。

第四节 电磁系仪表

电磁系仪表是测量交流电压与交流电流的最常用的一种仪表。它具有结构简单、过载能力强、造价低廉及交直流两用等一系列优点，在实验室和工程仪表中应用十分广泛。

一、电磁系仪表的结构

电磁系仪表的结构有吸引型、推斥型和吸引–推斥型三种。

1. 吸引型电磁系仪表

这种结构如图 2-18 所示，包括固定线圈 4、偏心装在转轴上的可动铁心 3，转轴上还装有指针 1、阻尼翼片 2 和游丝 5。

电磁系仪表一般采用磁感应阻尼，它是利用阻尼翼片切割永久磁铁的磁场 B，使翼片中形成涡流 i，此电流与磁场 B 相互作用产生阻尼力矩。因为电磁系仪表的测量线圈磁场很弱，为减少阻尼磁铁对测量线圈的影响，必须用软磁材料将阻尼磁铁屏蔽起来。电磁系仪表除用磁感应阻尼外，还有采用空气阻尼的。

2. 推斥型电磁系仪表

推斥型的工作原理和吸引型相类似，它们都是利用线圈对铁心磁化后产生的磁极间作用力来形成转动力矩，所以推斥型转动力矩公式及偏转

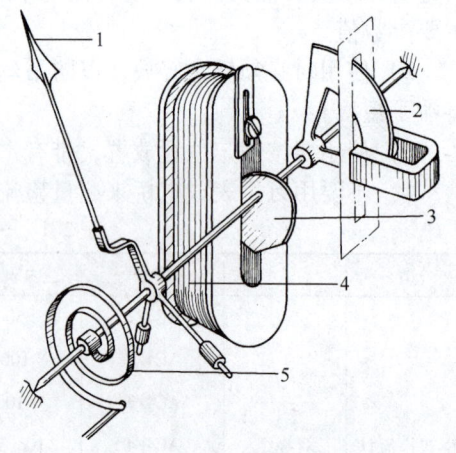

图 2-18 吸引型电磁系仪表结构示意图
1—指针 2—阻尼翼片 3—可动铁心
4—固定线圈 5—游丝

角与被测电流的关系都与吸引型相同,它们间主要的不同是吸引型利用线圈与动铁心间的吸力,排斥型则利用动铁心与静铁心间的排斥力。

图 2-19 为推斥型仪表的结构。其中 5 为圆筒式螺管线圈,在线圈内壁放置一个静铁心 4,可动铁心 3 装在转轴上。当固定线圈通过被测电流时,动、静两个铁心同时被磁化,在它们同一端感应有相同的磁化极性,从而产生推斥力,使可动铁心偏转。被测电流越大,磁化后磁力越强,可动铁心偏转角就越大。

3. 吸引-推斥型电磁系仪表

吸引-推斥型仪表的结构如图 2-20 所示,它与推斥型仪表的主要区别在于线圈内壁装有两个固定铁心 1、1′,同样在转轴上也装了两个可动铁心 2、2′。两组铁心分别位于轴心相对两侧。当线圈中通过电流时,两组铁心同时被磁化,这时 1 与 2 间、1′ 与 2′ 间,因极性相同产生推斥,随着偏转角增加,这种推斥力逐渐减弱。但由于 1 与 2′ 靠近、1′ 与 2 靠近,而它们之间因排列位置关系,极性相异相互间存在吸引力,而且吸引力逐渐加强。使得指针因推斥力和吸引力的共同作用构成了转动力矩。这种形式多用于交流广角度仪表,因为它的转动力矩大,而且不会因为偏转角增大而影响转动力矩。但由于这种结构铁心增多,所以磁滞误差较大。

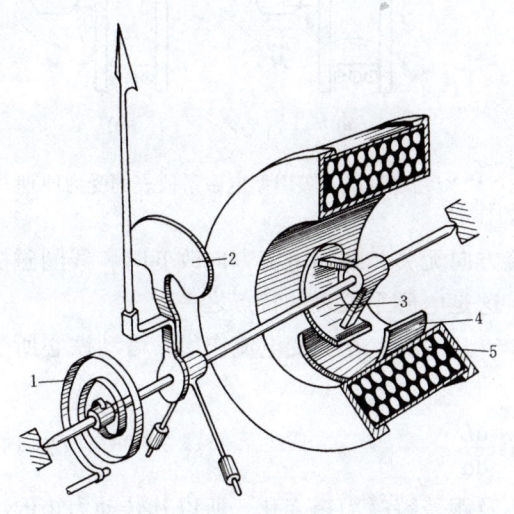

图 2-19 推斥型电磁系仪表的结构示意图
1—游丝 2—阻尼翼片 3—可动铁心
4—静铁心 5—螺管线圈

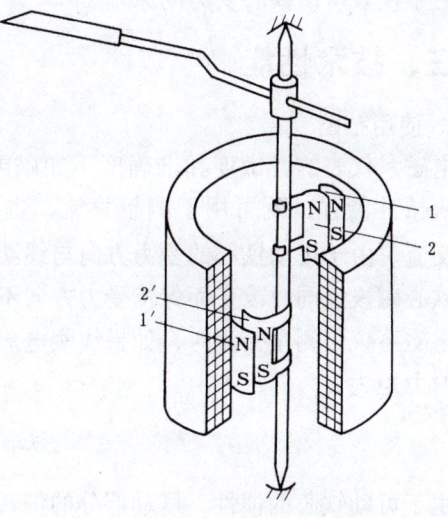

图 2-20 吸引-推斥型电磁系仪表的结构示意图
1、1′—固定铁心 2、2′—可动铁心

二、工作原理

电磁系仪表的转动力矩是靠通以被测电流的线圈对铁心的吸引力产生的,从电工理论可知,线圈的磁场能量为

$$W = \frac{1}{2}I^2 L \tag{2-42}$$

线圈对铁心的吸引力所造成的力矩为

$$M = \frac{dW}{d\alpha} = \frac{1}{2}I^2 \frac{dL}{d\alpha} \tag{2-43}$$

式中　I——被测电流值；

　　　L——线圈自感。

电磁系仪表的反作用力矩一般由游丝或张丝产生，有

$$M_a = D\alpha$$

当可动部分平衡时，转动力矩应等于反作用力矩，即

$$\frac{1}{2}I^2 \frac{dL}{d\alpha} = D\alpha$$

$$\alpha = \frac{1}{2D}I^2 \frac{dL}{d\alpha} \tag{2-44}$$

式（2-44）表示，在直流情况下，电磁系测量机构可动部分的偏转角 α，与电流的二次方成正比，由于线圈的自感 L 会随着铁心偏转而发生变化，则可动部分的偏转角 α 还与 $\frac{dL}{d\alpha}$ 成比例。图 2-21 表示吸引型电磁系仪表可动铁心受力的原理。

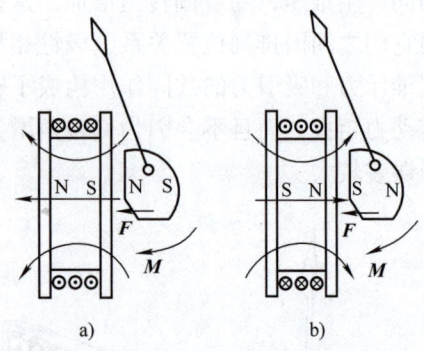

图 2-21　吸引型电磁系仪表的受力原理

三、技术性能

1. 使用范围

电磁系仪表的灵敏度和准确度不如磁电系仪表，但它机械性能强，既可用于测量直流，也可以用于测量交流。由于可动铁心的受力方向与线圈电流方向无关，线圈电流方向改变时，线圈磁极性和铁心磁极性同时改变而保持受力方向不变。这是电磁系仪表的特点之一。

电磁系仪表测量交流时，如果线圈电流为 $i = I_M \sin\omega t$，在交变电流作用，可动铁心所受的瞬时力矩为

$$m_t = \frac{1}{2}i^2 \frac{dL}{d\alpha} \tag{2-45}$$

由于可动铁心的惯性，可动部分的偏转来不及跟着瞬时力矩变化，所以其转动力矩取决于瞬时力矩在一个周期内的平均值。

$$M_{cp} = \frac{1}{T}\int_0^T m\,dt = \frac{1}{2}\frac{dL}{d\alpha}\frac{1}{T}\int_0^T i^2\,dt \tag{2-46}$$

式中　m_t——瞬时力矩；

　　　M_{cp}——平均力矩；

$\frac{1}{T}\int_0^T i^2 dt$——交流电流有效值的二次方。

式（2-46）可改写为

$$M_{cp} = \frac{1}{2}I^2 \frac{dL}{d\alpha} \tag{2-47}$$

同样当可动部分所受的平均力矩与反作用力矩相等时，处于平衡状态，若反作用力矩

$M_a = D\alpha$，代入 $M_{cp} = M_a$ 得

$$\alpha = \frac{1}{2D}I^2\frac{dL}{d\alpha} \tag{2-48}$$

可见测量直流的式（2-44）和测量交流的式（2-48）完全相同，只要将电流换成交流有效值即可，也就是说可以用直流刻度测量交流有效值。

2. 刻度特性

电磁系仪表的刻度是不均匀的。

如果 $\frac{dL}{d\alpha}$ 为常数，刻度具有平方律特性，即刻度前半部较密，而后半部较疏。

如果 $\frac{dL}{d\alpha}$ 不是常数，刻度与 $\frac{dL}{d\alpha}$ 的变化有关，如果适当选择铁心形状，调节铁心与线圈的相对位置，使被测电流小的时候，$\frac{dL}{d\alpha}$ 较大，而在被测电流大的时候，$\frac{dL}{d\alpha}$ 较小，刚好能补偿平方律前密后疏的缺点，使刻度比较均匀。最理想的情况是 $\frac{dL}{d\alpha} = \frac{K}{\alpha}$，其中 K 为常数，代入式（2-44）或式（2-48），就能得到 α 与 I 的线性方程，即得均匀的标尺，当然实际上很难做到这一点。

3. 防干扰性能

电磁系仪表由于线圈磁场的工作气隙大，磁场相对比较弱，因此外磁场的影响比较明显，成了附加误差的主要来源。为了防止外磁场的干扰，通常采取以下一些措施。

（1）磁屏蔽　将测量机构装在导磁良好的屏蔽罩内，外磁场的磁力线将沿磁屏蔽罩通过，而不进入测量机构，有时为了进一步削弱外磁场的影响，还采用双层屏蔽，如图2-22所示。

（2）无定位结构　即把测量机构的线圈分成两部分且反向串联。当线圈通电时，两线圈产生的磁场方向相反，但转动力矩却是相加的，如图2-23所示。外磁场对测量机构的影响是：一个线圈磁场被削弱，另一个却被增强。两部分结构完全对称，作用可互相抵消一部分，所以不论仪表放置位置如何，外磁场的影响总要被削弱，故名为无定位结构。

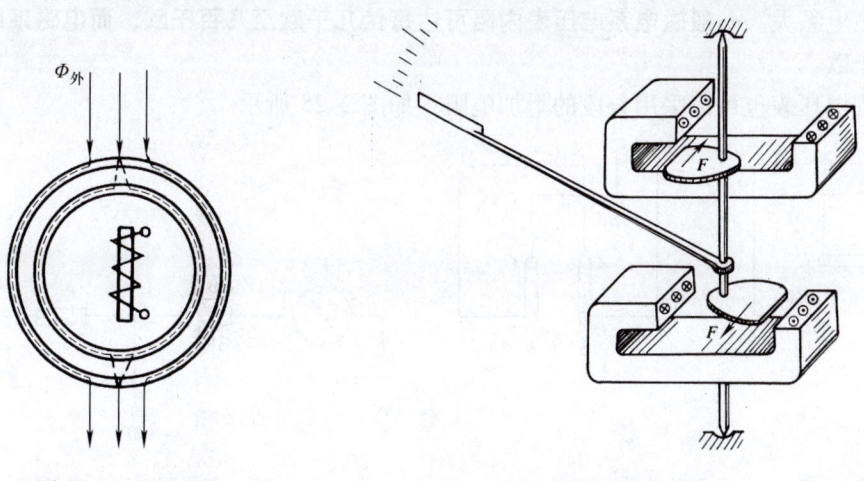

图 2-22　磁屏蔽　　　　　　图 2-23　无定位结构

还应指出，电磁系仪表的可动铁心在直流磁化下，会产生磁滞误差，同一被测量会有升降变差（升降变差是指重复测量被测量 A_0，指针从零向上量限摆动时读数为 A_0'，而从上量限向零方向摆动时，读数为 A_0''，A_0' 与 A_0'' 之差称为升降变差）。用于交流时，由于涡流效些其示值略小于直流。所以电磁系仪表通常可作为直流表，也可作为交流表，但一般不做成交直流两用。

四、电磁系电流表及电压表的扩程方法

电磁系测量机构可以直接作为电流表使用。只要将固定线圈与被测电路串联，就能测量该电路的电流。

电磁系仪表的磁路大部分以空气为介质，需要有足够的安匝数，才能产生足够的磁感应强度，从而产生足够的转动力矩。基于这个原因，对于低量限的电流表，由于通过固定线圈的电流小，所以需要较多的匝数，但是匝数增多，又会增大线圈的电感和分布电容，引起较大的频率误差，为此电磁系低量限电流表只能做成毫安级。对于高量限电流表，由于通过的电流大，匝数可以减少，但线圈导线的线径需加粗，以防发热，为了避免测量交流时的趋肤效应，最好用空心或多股导线。高量限电流表的量限也不宜太高，因为大电流导线位于仪表附近，产生的强磁场将引起仪表的误差。最大量限为 200～300A。

电磁系仪表扩大量程不采用分流器，因为只要改变线圈匝数就能改变量程，无须通过分流器徒然增加功率损耗。对于多量程的电流表，可以把固定线圈分成两股，通过串并联组合，做成不同量程，如图 2-24 所示。对于交流电流表，则可以采用电流互感器扩大它的量程。

电磁系仪表只要与被测电路并联，就可以作为电压表测量电压。 若需扩大电压量程，可以和磁电系仪表一样，采用串联附加电阻的办法。交流电压表则可以采用互感器。

不过电磁系电压表的附加电阻不宜过大，这是因为电磁系固定线圈的安匝数需要有 200～300 安匝，才能保证有足够的转动力矩，如果附加电阻太大，通过固定线圈的电流就会很小，为了保持一定安匝数，势必要增加固定线圈的匝数，但是匝数多了，频率误差和温度误差又会增加，为此电磁系电压表内阻都比较小，电流都比较大，也就是这种电压表的表耗功率比磁电系大。**一般磁电系电压表内阻可达每伏几千欧至几百千欧，而电磁系电压表只有每伏几十欧。**

多量程电压表也可以采用分段的附加电阻，如图 2-25 所示。

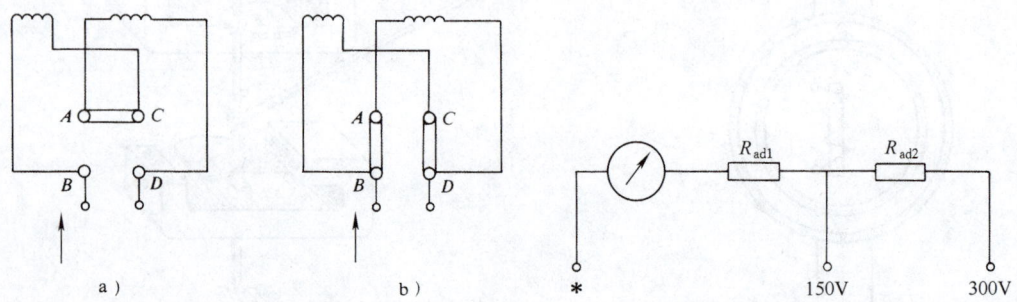

图 2-24　多量程电磁系电流表
　　a）串联　b）并联

图 2-25　多量程电磁系电压表

第五节　电动系仪表

电动系仪表用于交流精密测量及作为交流标准表，与电磁系仪表相比最大的区别是它以可动线圈代替可动铁心，可以消除磁滞和涡流的影响，使它的准确度得到提高。另外电动系仪表有固定和可动两套线圈，可以用来测量像功率、电能等这类与两个电量有关的物理量。

一、电动系仪表的结构

电动系仪表的结构如图2-26所示。固定线圈1分为两段，目的是为了获得较均匀的磁场分布，也便于改换电流量程。可动部分包括可动线圈2、指针7、阻尼翼片3等，它们均固定在转轴5上。游丝6既作为产生反作用力矩，又作为引导电流的元件。阻尼力矩由空气阻尼装置产生，图中4为空气阻尼密闭箱。

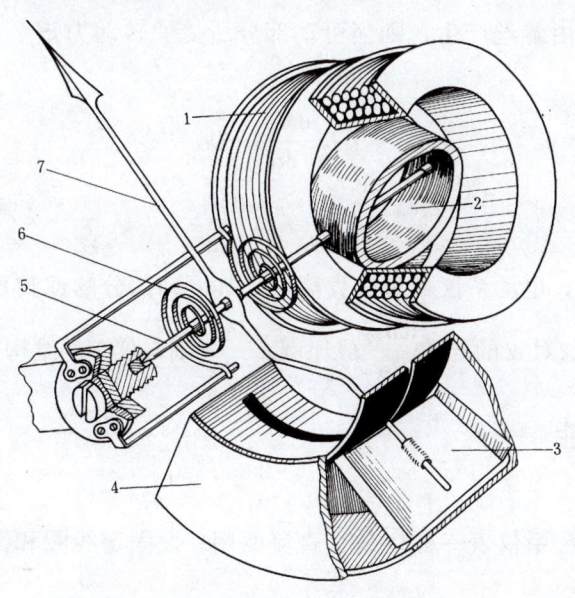

图2-26　电动系仪表的结构示意图

1—固定线圈　2—可动线圈　3—阻尼翼片　4—空气阻尼密闭箱　5—转轴　6—游丝　7—指针

若把固定线圈绕在铁心上，就构成铁磁电动系仪表。这种仪表的优点是：磁场强、转矩大。但由于铁磁材料的磁滞和涡流损耗，会造成误差。而且铁磁材料还存在非线性影响，故对铁心材料要求较高，多用于安装式仪表。

二、工作原理

电动系仪表的固定线圈通入直流电 I_1 产生一磁场，其磁感应强度为 B，若可动线圈通入电流 I_2，则可动线圈在磁场中受到电磁力 F 并在这个力的作用下产生偏转，如图2-27所示。

我们知道两组通电线圈所组成的系统其磁场能量为

$$W = \frac{1}{2}L_1 I_1^2 + \frac{1}{2}L_2 I_2^2 + M_{12} I_1 I_2 \tag{2-49}$$

式中　L_1——固定线圈的电感；
　　　L_2——可动线圈的电感；
　　　M_{12}——固定线圈与可动线圈之间的互感。

可动部分所受的力矩，等于能量 W 对可动部分偏转角 α 的导数，也就是系统磁场能量的变化等于可动部分移动所做的功，即

$$M = \frac{dW}{d\alpha} = \frac{1}{2}I_1^2\frac{dL_1}{d\alpha} + \frac{1}{2}I_2^2\frac{dL_2}{d\alpha} + I_1 I_2\frac{dM_{12}}{d\alpha} \tag{2-50}$$

电动系仪表已经从结构上做了处理，使得可动部分偏转时 L_1、L_2 保持不变，所以式（2-50）前两项为零，因此

$$M = I_1 I_2 \frac{dM_{12}}{d\alpha} \tag{2-51}$$

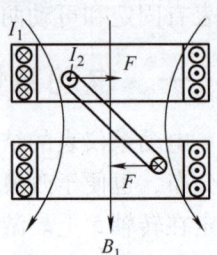

图 2-27　电动系仪表的工作原理

如果反作用力矩由游丝产生，则当可动部分所受的转动力矩等于反作用力矩时得

$$I_1 I_2 \frac{dM_{12}}{d\alpha} = D\alpha$$

$$\alpha = \frac{1}{D} I_1 I_2 \frac{dM_{12}}{d\alpha} \tag{2-52}$$

式（2-52）表示，电动系仪表测量直流时，其可动部分的偏转角与两线圈电流的乘积成比例，并与互感 M_{12} 对 α 的导数 $\frac{dM_{12}}{d\alpha}$ 成比例，$\frac{dM_{12}}{d\alpha}$ 则与仪表的结构参数有关。

三、技术性能

1. 使用范围

电动系仪表和电磁系仪表一样也是交直流两用，设固定线圈和活动线圈分别通以电流 i_1、i_2，即

$$i_1 = I_{1m}\sin \omega t \tag{2-53}$$

$$i_2 = I_{2m}\sin(\omega t - \psi) \tag{2-54}$$

则可动部分所受的瞬时力矩为

$$m_t = \frac{1}{2} i_1 i_2 \frac{dM_{12}}{d\alpha} \tag{2-55}$$

同样，由于可动部分的惯性使它来不及随瞬时力矩而变化，所以其偏转力矩取决于瞬时力矩在一周期内的平均值，即

$$M_{cp} = \frac{1}{T}\int_0^T m\,dt = \frac{1}{T}\int_0^T i_1 i_2 \frac{dM_{12}}{d\alpha} dt$$

$$= \frac{1}{T}\int_0^T \sqrt{2}I_1\sin\omega t \times \sqrt{2}I_2\sin(\omega t - \psi)\frac{dM_{12}}{d\alpha} dt$$

$$= \frac{1}{T}\int_0^T I_1 I_2 [\cos\psi - \cos(2\omega t - \psi)]\frac{dM_{12}}{d\alpha}dt$$

$$= I_1 I_2 \cos\psi \frac{dM_{12}}{d\alpha} \tag{2-56}$$

当可动部分所受的平均力矩等于反作用力矩时，可动部分处于平衡状态，即

$$M_{cp} = M_a$$

$$\alpha = \frac{1}{D}I_1 I_2 \cos\psi \frac{dM_{12}}{d\alpha} \tag{2-57}$$

式（2-57）表明，如果电动系仪表用来测量交流，则其指针偏转角 α 与两线圈的电流有效值和它们间的相位差余弦及 $\frac{dM_{12}}{d\alpha}$ 的乘积成比例。

2. 刻度特性

由式（2-57）可知，电动系仪表的标尺与 $I_1 I_2 \cos\psi$ 及 $\frac{dM_{12}}{d\alpha}$ 两组因素有关（测直流时与 $I_1 I_2$ 及 $\frac{dM_{12}}{d\alpha}$ 有关），如果 $\frac{dM_{12}}{d\alpha}$ 为常数，则作为电压表或电流表使用时，得到平方律的刻度，作为功率表使用，则可得到均匀的刻度。

3. 准确度和坚固性

由于电动系仪表中没有铁磁物质，所以不存在磁滞和涡流效应，准确度可达 0.5 级以上，最大为 0.1 级。

电动系仪表的气隙大，磁场弱。为了减少摩擦误差，制造中都尽量减轻可动部分的质量，并提高轴尖轴承的精度，所以仪表结构比较脆弱，过载能力比较差。

4. 防干扰性能

和电磁系仪表一样，由于电动系仪表本身磁场弱，易受外界磁场干扰，一般都采取磁屏蔽和无定位结构的措施。

四、电动系电流表及电压表的扩程方法

将电动系仪表的固定线圈和可动线圈串联，如图 2-28 所示，就可以作为低量程电流表。当电流表与电路串联以后，由于固定与可动两线圈的电流相同，故有

$$I_1 = I_2 = I \tag{2-58}$$

代入式（2-52），得

$$\alpha = \frac{1}{D}I^2 \frac{dM_{12}}{d\alpha} \tag{2-59}$$

也就是说电动系电流表测量直流电流时，指针偏转角 α 与被测电流的二次方成正比。如果用来测量交流，则将 $I_1 = I_2 = I$，$\cos\psi = 1$ 代入式（2-57），其结果和式（2-59）完全相同。只是在交流情况下，式（2-59）中的 I 表示交流电流有效值。

对于低量程电流表，由于被测电流较小，为了获得足够转动力矩，必须增加线圈匝数。这就使得内阻和表耗功率都增大，一般电动系电流表的内阻比电磁系还要大。

对于大量程的电流表，固定与可动线圈不能采用串联的办法，而要改为并联，如图 2-

29 所示。

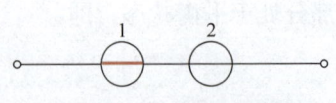

图 2-28 电动系毫安表
1—固定线圈 2—可动线圈

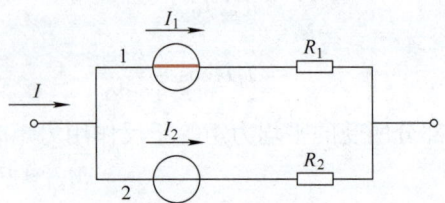

图 2-29 电动系电流表
1—固定线圈 2—可动线圈

从图中可知

$$I_1 = \frac{R}{R_1}I = K_1 I \tag{2-60}$$

$$I_2 = \frac{R}{R_2}I = K_2 I \tag{2-61}$$

式中 R_1——固定线圈的支路电阻；
R_2——可动线圈的支路电阻；
R——R_1、R_2 并联后的等效电阻。

代入式（2-52），可求得指针偏转角与被测电流关系式为

$$\alpha = \frac{1}{D}K_1 I K_2 I \frac{\mathrm{d}M_{12}}{\mathrm{d}\alpha} = \frac{1}{D}KI^2 \frac{\mathrm{d}M_{12}}{\mathrm{d}\alpha} \tag{2-62}$$

可见两线圈并联式（2-62）和两线圈串联式（2-59）只相差一个常数 K，因此不论是并联还是串联，不论是测交流还是直流，电动系电流表的指针偏转角都与电流（或交流有效值）的二次方成正比。当然还要考虑到两线圈间互感随偏转角变化的情况。

和电磁系电流表一样，电动系电流表也不用分流器办法扩大量程，而是采用改变线圈匝数的办法。 例如把固定线圈分成两段，改变它们的串并联组合，就可以改变量程。交流电流表则多用互感器扩大量程。

电动系仪表的固定线圈、可动线圈与附加电阻串联起来就构成了电压表，它与被测电路并联就可以用来测量电压。 改变附加电阻就可以扩大量程，图 2-30 就是多量程电动系电压表的电路图。

当附加电阻一定时，通过线圈的电流与仪表两端电压成正比，从式（2-59）可知，电动系电压表的指针偏转角也与电压的二次方成正比，所以它的标尺也是不均匀的。

为了扩大电动系电压表的测量频率范围，可在它的部分附加电阻上并联一个电容 C，以补偿电感对测量结果的影响。图 2-31 是补偿电路连接图，图中，R_1 用来补偿温度影响，通常由温度系数很小的锰铜制成。在电动系仪表中，温度变化时，将引起线圈的电阻变化、游丝的电阻变化和弹性变化，但弹性变化和线圈电阻变化可以互相补偿，分流器电阻 R_{sh} 随温度变化可用锰铜电阻与动圈串联进行补偿。

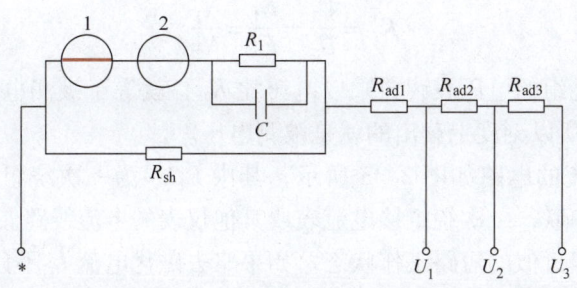

图 2-31 电动系电压表的补偿电路

第六节 测量用互感器

一、互感器的用途

测量用互感器分电压互感器和电流互感器两种，其原理与结构同一般小型变压器，利用它与交流仪表配合，可达到扩大仪表量程的目的，而且还有以下一些优点：

(1) **互感器可以隔离高压** 互感器二次绕组电压较低，一次绕组与二次绕组间只有磁的耦合，测量高压电路的电压或电流时，一次绕组与被测电路相连，二次绕组接仪表，这就使仪表和操作人员与高压电路隔离开来，从而可以降低仪表绝缘的要求，也保证了操作者的安全。

(2) **可以降低表耗功率** 采用互感器扩程与采用分流器、附加电阻的扩程办法相比，前者可以大大降低表耗功率。例如，20mA 表头配上附加电阻后用来测量 110kV 电压，仪表直接接 110kV，不但安全不允许，且其表耗功率达 2.2kW，也是不可使用。如果采用了 110kV:100V 的互感器，表耗功率仅为 2W，当然互感器本身可能有一些损耗，但数值小。实际上，因安全和绝缘原因，测量高电压不允许用附加电阻这种办法。

(3) **可以节省设备费用** 一个互感器可以同时接入几种仪表。例如可同时接一个电压表、一个功率表的电压线圈和一个电能表的电压线圈。相反，分流器和附加电阻却不能共用，每一台仪表需要配上自己的分流器和附加电阻，所以采用互感器的设备费用较低。

(4) **可以做到一表多用** 同一量程的仪表配上不同量程的互感器，可以用于不同量程，可以扩展仪表测定的范围。对于生产厂来讲，同一量程仪表配上不同的标尺刻度和互感器，就成为不同量程的仪表，这有利于产品标准化。常用电流表的标准量程为 5A，电压表的标准量程为 100V。使用时按量程需要，配上不同互感器。

二、互感器的工作原理

用电压互感器测电压的电路如图 2-32 所示，其中，AX 为一次绕组，ax 为二次绕组；一次绕组与被测电路并联，二次绕组接电压表或其他仪表的电压线路。由于电压线路电阻比较大，通过的电流就比较小，所以电压互感器相当于一个近似空载状态下的变压器。根据互感器的结构特点，其绕组电阻、铁心损耗、漏磁通都很小，而且内阻小，电流又小，故内阻抗压降可以略而不计，因此可以认为

$$K_U = \frac{U_1}{U_2} = \frac{E_1}{E_2} = \frac{N_1}{N_2} \tag{2-63}$$

也就是说，二次绕组的电压表读数乘以电压比 K_U，就等于被测电压值，也有的电压表刻度值已经乘上 K_U，所以刻度上读出的就是被测电压。

电流互感器测电流的电路如图 2-33 所示，其中 L_1L_2 为一次绕组，K_1K_2 为二次绕组。一次绕组与被测电路串联，二次绕组接电流表或其他仪表的电流线路。由于电流线路的电阻小，电流互感器相当于近似的短路工作状态。如果略去磁化电流 I_0 不计，可以认为

$$K_I = \frac{I_1}{I_2} = \frac{N_2}{N_1} \tag{2-64}$$

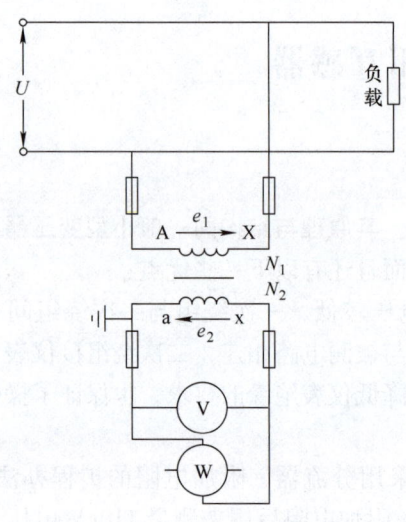

图 2-32　电压互感器

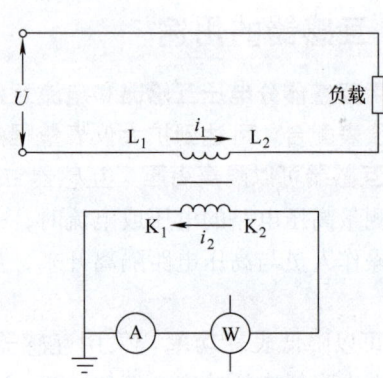

图 2-33　电流互感器

也就是说，二次绕组的电流表读数 I_2 乘以电流比 K_I 等于被测电流。有的电流表刻度值已经乘上 K_I，那么即可直接读出 I_1 值。

三、测量互感器的误差

1. 变比误差

在式（2-63）和式（2-64）中电压比 K_U、电流比 K_I（统称变比）严格地说不是一个常数，它与互感器工作状况（电压或电流的大小、负载阻抗的大小与性质）有关。实际测量时，若根据互感器铭牌上注明的额定电压比 K_{SU} 或额定电流比 K_{SI} 进行计算，由于额定变比并不等于实际变比，所以按额定变比算出的 U_1 或 I_1 存在着误差，这种误差就称为变比误差，即

$$\gamma_U = \frac{K_{SU}U_2 - K_U U_2}{K_U U_2} \times 100\% = \frac{K_{SU} - K_U}{K_U} \times 100\% \tag{2-65}$$

$$\gamma_I = \frac{K_{SI}I_2 - K_I I_2}{K_I I_2} \times 100\% = \frac{K_{SI} - K_I}{K_I} \times 100\% \tag{2-66}$$

为了减少变比误差，使用电压互感器时必须限制所接的负载（电压互感器负载包括所

接电压表及功率表、电能表的电压圈），并且在制造时还要采取一些措施，例如采用较大截面积的导线以减少线圈电阻，铁心的尺寸和材料能保证有较小的磁化电流，铁心接缝尽可能紧密，使电压比误差 γ_U 不至太大。

电流互感器的磁化电流如果不能略去，则 $I_1 N_1 = I_2 N_2$ 的等式不成立，电流比 K_I 就不再等于匝数比。当电流互感器的负载（电流互感器负载包括所接电流表及功率表、电能表的电流圈）变化范围不大时，负载 Z 值增加后 I_2 减少。因为电流互感器的 I_1 等于被测电流，它不受 I_2 影响，按磁动势平衡方程式 $\dot{I}_0 N_1 = \dot{I}_1 N_1 + \dot{I}_2 N_2$，$I_2$ 的减少就要使 I_0 增加，相应的磁通和感应电动势 E_2 也会加大，使 I_2 有一些增加，力图保持电流比 K_I 不变。但如果电流互感器二次绕组的负载阻抗增加太多，K_I 就不能保持不变而形成误差。

这里要特别指出，当二次绕组开路时，$I_2 = 0$，$I_0 = I_1$，磁化安匝数就要大大增加，电流互感器的铁心是按较小的磁化力 $I_0 N_1$ 设计的，磁化电流增大，铁心将饱和并过热，而且二次绕组又会感应出高压，造成绝缘击穿，危及人身安全。所以**电流互感器的二次绕组是严禁开路的**。

2. 相位误差

在理想情况下，电压互感器一、二次绕组的电压 U_1、U_2，以及电流互感器一、二次绕组的电流 I_1、I_2，都应有 $180°$ 的相位差。但是由于内阻抗和磁化电流 I_0 的影响，相位差实际为 $180° \pm \delta$，角 δ 就称为相位误差（见图 2-34）。

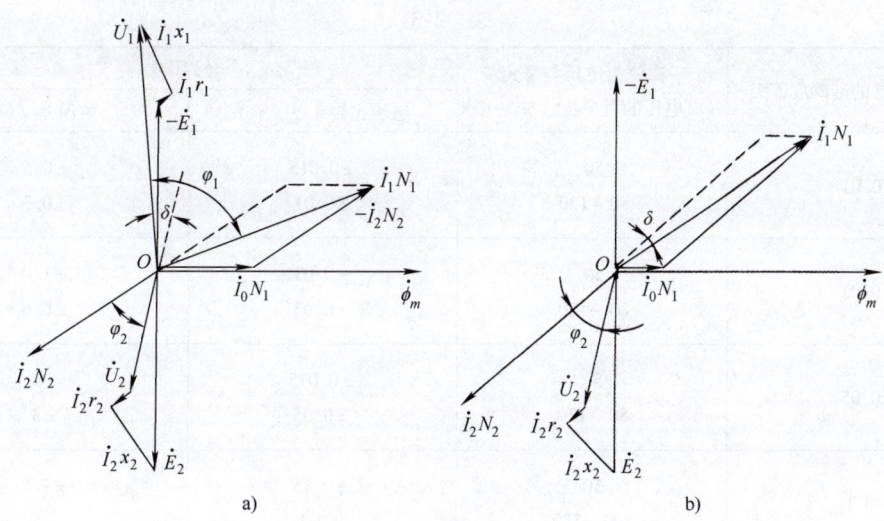

图 2-34　测量互感器相量图
a) 电压互感器　b) 电流互感器

产生相位误差的原因和产生变比误差的原因一样，都是由于内阻抗和磁化电流 I_0 引起的，所以两种误差往往同时存在，**相位误差主要影响功率表和电能表的读数，而且误差大小与互感器所接负载有关**（见表 2-2、表 2-3），所以互感器应注意负载容量，不能过大也不能过小。

表 2-2

电流互感器的准确度等级	一次绕组电流与额定电流的百分比（%）	允许误差	
		电流比误差 γ（%）	角误差（′）
0.01	10~120	±0.01	±0.3
0.02	10~120	±0.02	±0.6
0.05	10~120	±0.05	±2
0.1	50 100~120	±0.15 ±0.1	±7 ±5
0.2	50 100~120	±0.30 ±0.20	±13 ±10
0.5	50 100~120	±0.65 ±0.5	±40 ±30
1	50 100~120	±1.3 ±1.0	±80 ±60

表 2-3

电压互感器的准确度等级	一次绕组电压与额定电压的百分比（%）	允许误差	
		电压比误差 γ（%）	角误差（′）
0.01	50 80~120	±0.015 ±0.01	±0.5 ±0.3
0.02	50 80~120	±0.03 ±0.02	±1.0 ±0.6
0.05	50 80~120	±0.075 ±0.05	±3 ±3
0.1	50 800~120	±0.15 ±0.1	±7.5 ±5
0.2	50 80~120	±0.3 ±0.2	±15 ±10
0.5	80~120	±0.5	±20
1	80~120	±1	±40

四、互感器的使用

1）电压互感器和电流互感器的接线如图 2-35 和图 2-36 所示，应该注意电压互感器不允许短路，所以电压互感器都接有熔断器。电流互感器不允许开路，如果用一只电流表测量三相电流，当测量某一相电流时，另外两相要通过换接开关加以短接。

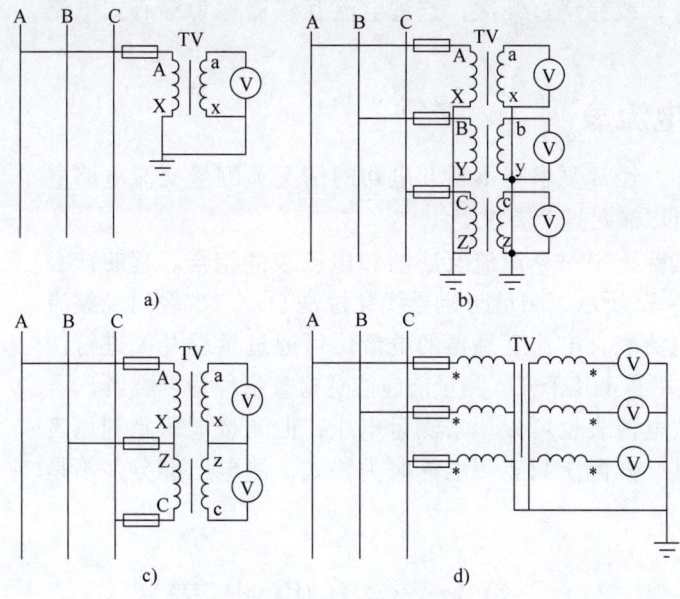

图 2-35　电压互感器的接法
a）测单相对地电压　b）用单相互感器测三相电压
c）用单相互感器测三相线电压　d）用三相互感器测三相线电压

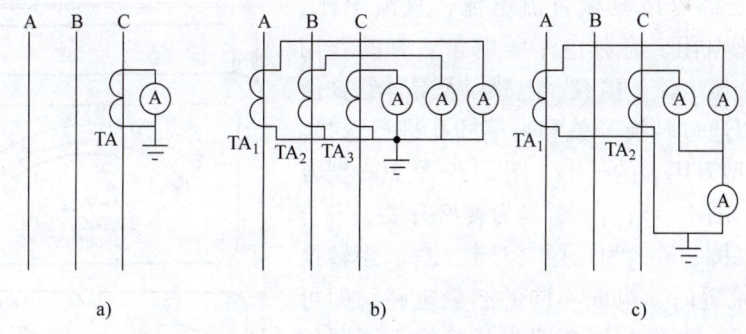

图 2-36　电流互感器的接法
a）测单相电流　b）测三相电流　c）测三相三线制的三相电流

2）互感器二次绕组的一端必须接地，防止互感器绝缘损坏时，一次绕组的高压窜入二次绕组的低压侧，造成设备和人身事故。

3）互感器铭牌一般都标有额定功率、额定变比和准确度等级。应该指出，互感器只有在额定功率条件下，才能保证变比、相位误差不超过规定值。为此，使用时要选择功率相当的互感器。

4）凡是电压表或电流表上注有外附互感器的标注时，要注意这些仪表要与互感器配套使用，因为这些表虽然标尺刻度为 35kV 或 100A，但它们实际上是 100V 或 5A 的电表，配上 35kV：100V 或 100A：5A 的互感器之后才能使用，不能将这些表直接接到 35kV 或 100A 的电路。

5）有些电流互感器只有铁心和二次绕组，测量时可将被测电路的导线直接穿过铁心，或穿绕过几次，这种电流互感器称为穿心式电流互感器。

五、钳式电流表

在维修工作中，经常要求在不断开电路的情况下测量交流电路电流。钳式电流表可以满足这个要求。

钳式电流表实际上是一个电流互感器和电流表的组合。它的铁心可以张开，如图2-37所示，测量时让导线穿过铁心；二次绕组经整流后接一个磁电系电流表，电流互感器的电流比可通过量程开关进行调节，量程可从1A左右至几千安。测量前应注意检查量程是否恰当。

现在国产钳式电流表也可以用来测量电压，但测量电压是利用表上的两个附加插孔，实际上只有测电流时为钳式，测电压部分并不是钳式的。

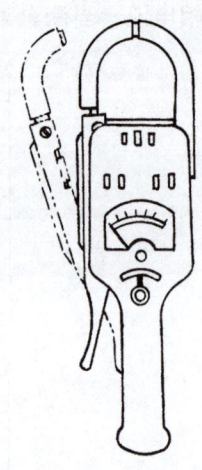

图2-37 钳式电流表

第七节 万用电表

万用电表（简称万用表）又称为繁用表或多用表，它具有多种用途、多种量程、携带方便等优点，因此在电气维修和调试工作中被广泛应用。

一般万用表都可以测量直流电流、直流电压、交流电压、直流电阻、音频电平等电量。有的万用表还可以测量交流电流、电容、电感以及晶体管β值等。测量时可以通过转换开关和表笔插孔进行选择。图2-38是500型万用表的外形，图2-39是500型万用表的电路图。图中，S_{1-1}、S_{1-2}为转换开关，S_{1-1}为二层三刀十二掷，S_{1-2}为二层二刀十二掷。当转换开关位于不同位置时，组成不同的测量电路，即可测量不同的电量。下面分别介绍当开关位于不同档位时，所组成的电路形式及其特点。

一、直流电流测量电路

当转换开关置于直流电流档时，组成的电路如图2-40所示，图中采用闭路式分流器来改变电流的量程。这种分流器的特点是整个闭合电路的电阻不变，分流器电阻减少的同时，表头支路的电阻增大了。

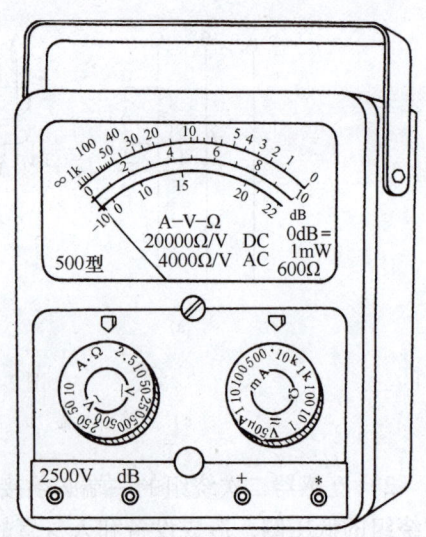

图2-38 500型万用表

这种形式的分流器与开路式相比较，更适合于万用表。因为万用表转换开关经常转动，若是开关触点接触不好，对于开路式分流器来讲（见图2-41），会造成分流器断开，若此时按量程开关示值通电，就会造成表头损坏。而在闭路式的分流器中，接触不好只不过该档电路不通，而不至损坏表头。

第二章 电流与电压的测量

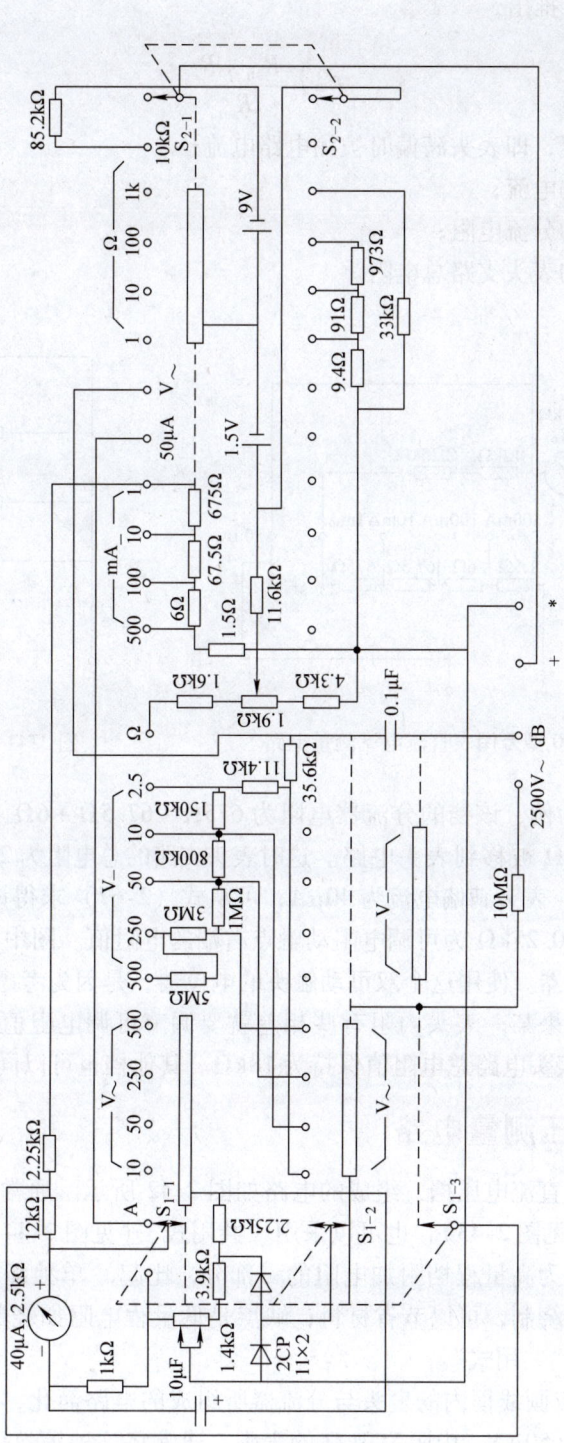

图 2-39 500型万用表的电路图

在图 2-40 的电路中，转换开关置于不同档位时，该档的电流量程，即满偏电流值，可由式 $I\dfrac{R_{sh}R_c}{R_{sh}+R_c}=I_cR_c$ 推出，

$$I = I_c \dfrac{R_{sh}+R_c}{R_{sh}} \tag{2-67}$$

式中　I——电流量程，即表头满偏时被测电路电流；

　　　I_c——表头满偏电流；

　　　R_{sh}——该量程的分流电阻；

　　　R_c——该量程的表头支路总电阻。

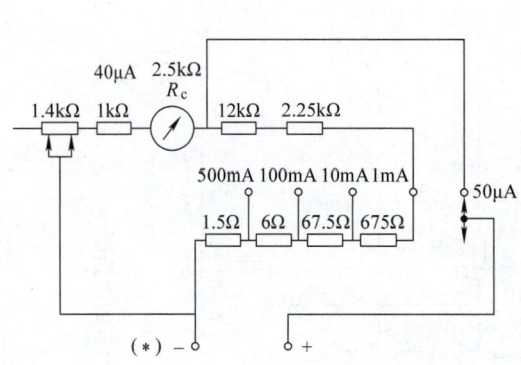

图 2-40　500 型万用表直流电流测量电路

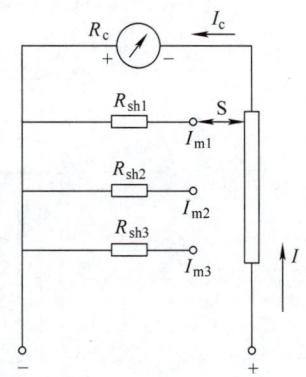

图 2-41　开路式分流器

以第二档 1mA 为例，该档的分流器电阻为 675Ω+67.5Ω+6Ω+1.5Ω=750Ω，原分流器电阻 2.25kΩ+12kΩ 被移到表头电路。这时表头支路的总电阻为 2.25kΩ+12kΩ+2.5kΩ+1kΩ+0.25kΩ=18kΩ；表头满偏电流为 40μA；可从式（2-67）求得该档量程为 1mA。式中，2.5kΩ 为表头内阻，0.25kΩ 为可调电阻动触点右端的电阻值。图中 1.4kΩ 电位器，是一个有双可动触头的电位器。使用这个双可动触头的电位器，是因为考虑到每一只表头的内阻都不可能完全相等，如果某一表头内阻有些相差就要调节可调电阻值，以补偿表头内阻的差异，使 1mA 量程时表头电路总电阻值保持为 18kΩ。其他档也可以同样从式（2-67）求得。

二、直流电压测量电路

当转换开关置于直流电压档，组成的电路如图 2-42 所示。通常电压表的附加电阻可采用"单独配用式"（见图 2-43），也可以采用"共用式"（见图 2-44）。采用"共用式"时，低量程的附加电阻仍为高量程档附加电阻的一部分，比起"单独配用式"所用的附加电阻总值少，若用电阻丝绕制，可以节省材料；缺点是低量程电阻如烧断，高量程也不能使用。图 2-42 使用的属于"共用式"。

若将图 2-42 中点画线框内的表头与分流器所组成的电路简化，该部分电路即可如图 2-42 等效成一个量程为 50μA、内阻为 3kΩ 的表头，通常将这种等效后的表头称为等效表头，如图 2-45 所示。

用等效表头代换图 2-42 中的对应电路，从中可推出不同档位时，等效表头的电流满偏值所对应的被测电压 U，即

$$U = I'_c (R'_c + R_{ad}) \tag{2-68}$$

式中　I'_c——等效表头的电流满偏值；

R'_c——等效表头的内阻；

R_{ad}——附加电阻。

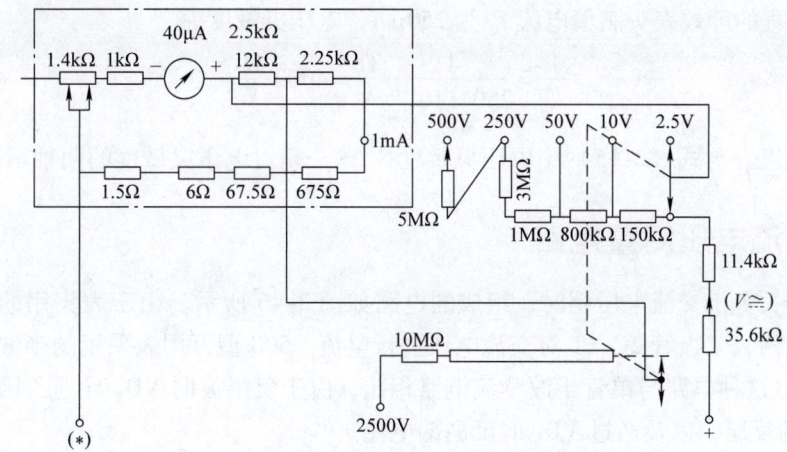

图 2-42　500 型万用表直流电压流测量电路

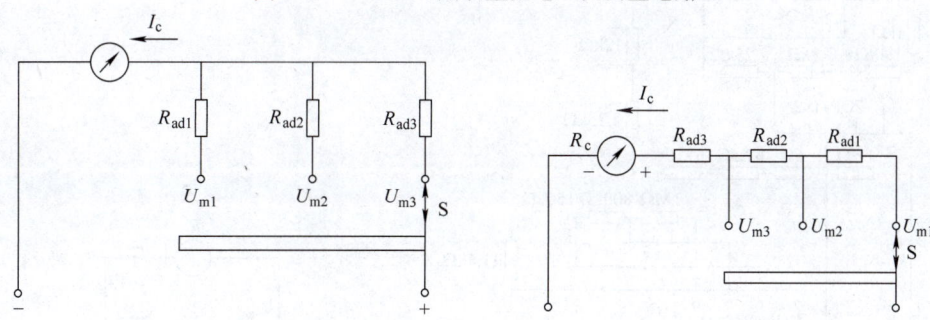

图 2-43　单独配用式附加电阻　　　　图 2-44　共用式附加电阻

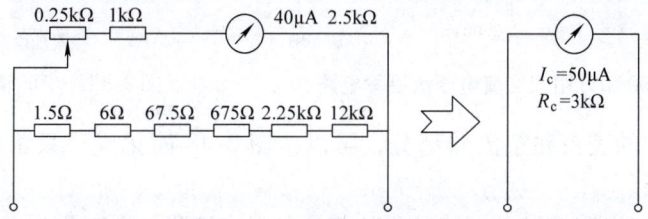

图 2-45　等效表头的等效电路

可以根据式（2-68）求得不同电压档位时所需要的附加电阻 R_{ad}，如图 2-42 所示，2.5V 档为 47kΩ，10V 档为 47kΩ+150kΩ，50V 档为 47kΩ+150kΩ+800kΩ，250V 档为 47kΩ+150kΩ+800kΩ+4MΩ，500V 档为 47kΩ+150kΩ+800kΩ+4MΩ+5MΩ。除了用转换开关获得五种不同量程的直流电压档之外，500 型万用表还另设有一测量 2500V 的电压插

孔。当表笔插在 2500V 的插孔时，电表作为 2500V 直流高压表使用，此时的附加电阻为 10MΩ，按该档转换开关所接位置，可算出对应的等效表头电流为 250μA，内阻为 2.52kΩ。

习惯上把表头满偏电流 I_c 的倒数称为电压灵敏度，直流电压测量电路等效表头的满偏电流 I'_c 为 50μA，电压灵敏度为

$$\frac{1}{I'_c} = \frac{1}{50 \times 10^{-6}} \frac{\Omega}{V} = 20000 \frac{\Omega}{V}$$

2500V 量程的等效表头满偏电流 I'_c 为 250μA，电压灵敏度为

$$\frac{1}{I'_c} = \frac{1}{250 \times 10^{-6}} \frac{\Omega}{V} = 4000 \frac{\Omega}{V}$$

电压灵敏度 $\frac{1}{I'_c}$ 与式（2-15）中电压灵敏度 $S_U = \frac{\alpha}{U_c}$ 是对电压灵敏度的两种不同表示法。

三、交流电压测量电路

当转换开关置于交流电压档时，组成的电路如图 2-46 所示。由于表头用的是磁电系仪表，所以要用两只二极管 2CP11 对交流电压进行整流。500 型万用表采用的半波整流电路如图 2-47 所示。这种电路与单管半波整流电路相比，由于负半波时 VD_2 导通，因此可以消除加在 VD_1 上的反压，以及通过 VD_1 的反向漏电流。

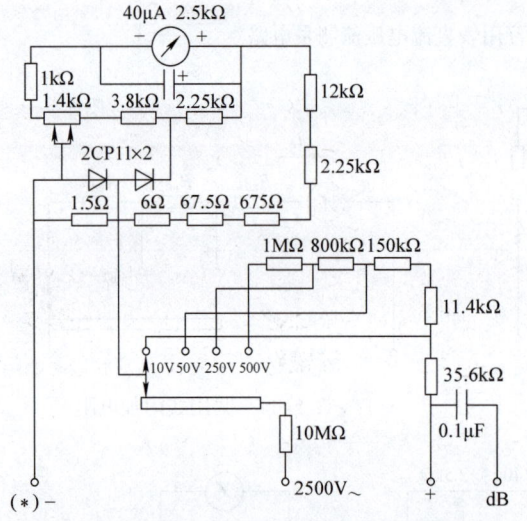

图 2-46　500 型万用表交流电压流测量电路

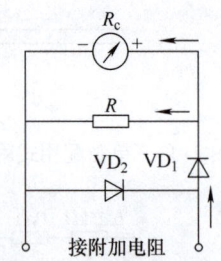

图 2-47　半波整流电路

图 2-46 电路中的表头和整流器部分，可以按图 2-48 简化成一只量程 113μA、内阻为 2.23kΩ 的等效表头。

磁电系电流表可以测量脉动电流的平均值。如果串接附加电阻作为电压表使用，则可以测量脉动电压的平均值，串接附加电阻后的电压量程可按下式计算，即

$$U_{cp} = I'_c (R'_c + R_{ad}) \tag{2-69}$$

式中　U_{cp} ——电压表量程（以平均值表示）；

　　　I'_c ——等效表头的满偏电流；

　　　R'_c ——等效表头的内阻；

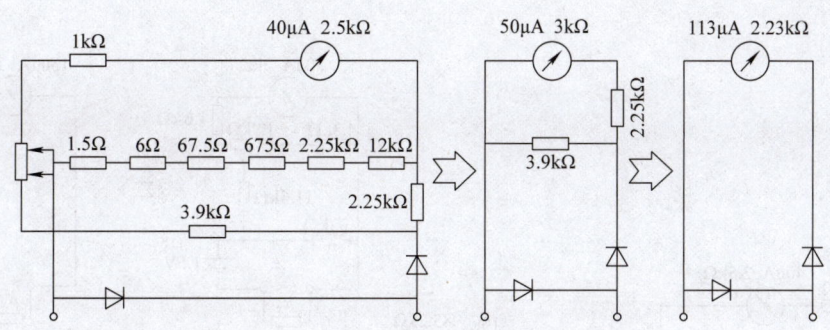

图 2-48 交流电压测量电路的等效表头

R_{ad}——对应档位的附加电阻。

交流电压表通常要求按有效值刻度。要把式（2-69）测出的平均值刻度转换为有效值刻度，必须乘以波形因数，即

$$U = KU_{cp} = KI_c(R_c + R_{sh}) \tag{2-70}$$

式中　K——波形因数；

　　　U——相应电压有效值。

若为正弦波，半波整流后的波形因数为 2.22，代入式（2-70）可得

$$U = 2.22\, I'_c(R'_c + R_{ad}) \tag{2-71}$$

若为全波整流，整流后的波形因数为 1.11，代入式（2-70）可得

$$U = 1.11 I'_c(R'_c + R_{ad}) \tag{2-72}$$

求直流电压档的附加电阻用式（2-68），求半波整流电压档的附加电阻用式（2-71），但直流电压档用的是满偏电流为 50μA 内阻为 3kΩ 的等效表头，而交流电压档用的是满偏电流为 113μA，内阻为 2.23kΩ 等效表头。式（2-71）中的 2.22×113μA，约为式（2-68）中的 50μA 的 5 倍，如果电压量程相同，则从式（2-71）求得的交流档（$R'_c + R_{ad}$）值，约为从式（2-68）求得直流档附加电阻值的 1/5。

由于两者有 5∶1 的关系，所以在 500 型万用表中，交、直流附加电阻采用共用的办法，例如交流 50V 档用直流 10V 档的附加电阻，交流 250V 档用直流 50V 档的附加电阻。交流各档附加电阻 R_{ad} 分别为 10V 档 35.6kΩ，50V 档 197kΩ，250V 档 997kΩ，500V 档 1997kΩ。

四、直流电阻测量电路

当转换开关置于直流电阻档，组成的电路如图 2-49 所示，其中 ×1k 档电路如图 2-50a 所示，将图 2-50a 简化，可得图 2-50b 所示的等效电路图；×10k 档电路如图 2-50c 所示，将图 2-50c 简化，可得图 2-50d 所示的等效电路图。

×1k 档电路的等效后，可以看作一台量程为 150μA，内阻 $R'_x = 10kΩ$ 的等效表头，通过表头的电流 I_c 可由下式求得

$$I_c = \frac{E_1}{R'_c + R'_x} \tag{2-73}$$

式中　R'_x——被测电阻；

　　　R'_c——等效表头的等效内阻；

　　　E_1——电源电动势。

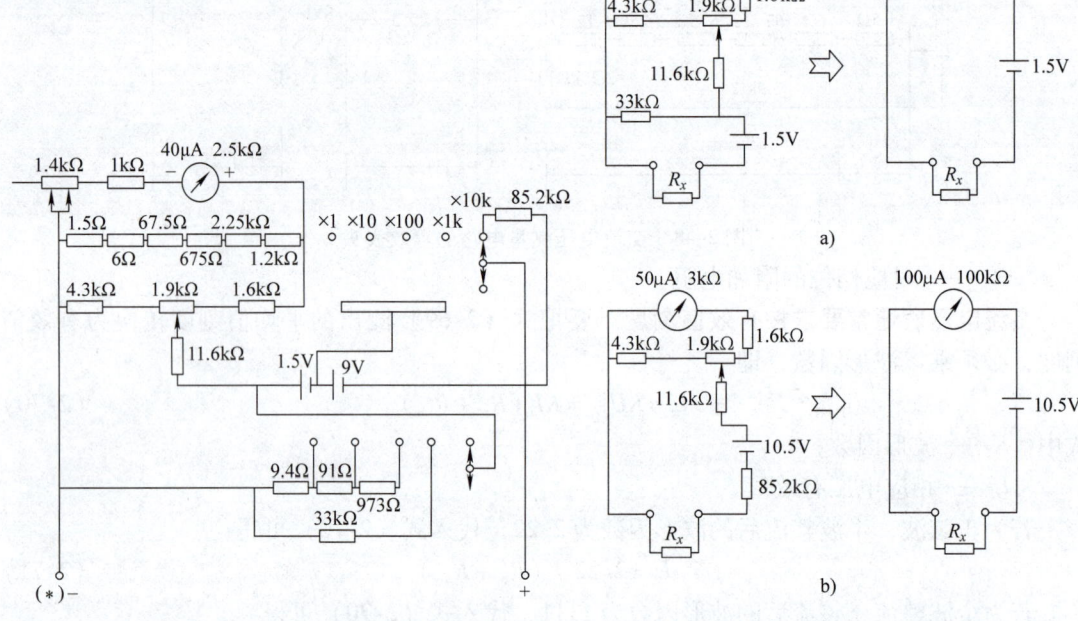

图 2-49 直流电阻测量电路

图 2-50 直流电阻测量电路的简化电路

选择电源电动势等于 1.5V。当外电路短接，即 $R'_x = 0$ 时，调节图中 1.9kΩ 的零点调节电阻，可改变等效表头的等效内阻 R'_c 值，使指针处于在满偏位置。当外电路断开，即 $R'_x = \infty$ 时，$I_c = 0$，指针停在机械零点位置。外电路电阻不同，通过表头的电流 I_c 值也不同，从 I_c 大小可以测得 R'_x 值，R'_x 越大，I_c 越小，所以电阻档的 R'_x 值为反向刻度，标尺如图 2-51 所示。当 $R'_x = R'_c$ 时，表头指针恰好位于满偏值一半的位置，把 $R'_x = R'_c$ 称为欧姆中心值。**一般测量电阻时，要先估计被测电阻的大约值，然后选择适当档位，使指针示值要落在 0.1~10 倍的欧姆中心值范围内，这样读数才比较准确。**

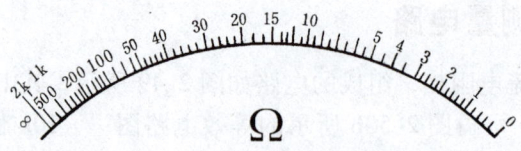

图 2-51 电阻档标尺

×1 档、×10 档、×100 档和 ×1k 档也可以用同样方式求得类似的简化电路。

量程开关置于 ×10kΩ 档时，在改变分流电阻的同时，提高电源电动势，将电源电压提高到 10V 左右，同时增大串联电阻，使表头内阻增加为 100kΩ，并切断分流电阻，使等效表头灵敏度升为 100μA，从式（2-73）可得欧姆中心值为 100kΩ。10V 电源可采用体积较小的积层电池。

五、音频电平测量电路

测量音频电平实际就是测量音频交流电压，所以测电平时，转换开关应置于交流电压档，为了防止被测电路有直流分量的电压，被测电压经"dB"接柱接入。"dB"接柱串接一个电容器，用来隔断被测电路的直流分量。

音频电平的测量可以用交流电压标尺，也可以用分贝标尺。分贝值实际上是以对数形式表示的相对值。因为功率或电压通过某一电路之后总要产生衰减或放大，我们不但需要了解输出功率或电压的绝对值有多大，有时还需要了解相对于某一标准的相对值，即输出的功率或电压比标准功率或电压大多少，或者比输入的功率或电压大多少，电平就可以用来表示这个相对值，单位为 dB，功率分贝值定义为

$$S = 10\lg \frac{P_2}{P_1} \tag{2-74}$$

式中　P_2——输出功率；
　　　P_1——标准功率或输入功率。

S 值为正，表示放大；S 值为负，表示衰减。实际测量中，测量电压比较方便，根据 $P = \dfrac{U^2}{R}$，在负载电阻 R 一定的情况下，代入式（2-74）可得电压分贝值

$$S = 20\lg \frac{U_2}{U_1} \tag{2-75}$$

式中　U_2——输出电压；
　　　U_1——标准电压或输入电压。

分贝值实际也是用对数形式表示的放大或衰减倍数，采用对数形式是为了在对多级放大倍数进行运算时可化乘法为加法。式（2-74）是 P_2 对 P_1 的相对分贝值，式（2-75）是 U_2 对 U_1 的相对分贝值，若取标准功率 1mW 作为 P_1 代入式（2-74）中，则所求得的功率分贝值称为功率绝对分贝值。例如 $P_2 = 1$mW，可求得功率绝对分贝值为 0dB。

由于 $U_0 = \sqrt{PR}$，可求得负载为 600Ω，有功功率 1mW 所对应的电压为 0.775V，即

$$U_0 = \sqrt{1 \times 10^{-3} \times 600}\text{V} \approx 0.775\text{V}$$

若取 0.775V 作为标准电压 U_1 代入式（2-75）中，则所求得被测电压 U_2 对 U_1 的分贝值，称为电压的绝对分贝值。例如 $U_2 = 0.775$V 的绝对分贝值为 0dB。因此在度盘上的绝对分贝数刻度可以和电压标尺相对应，0dB 对应 0.775V，20dB 对应 7.75V，如图 2-52 所示。

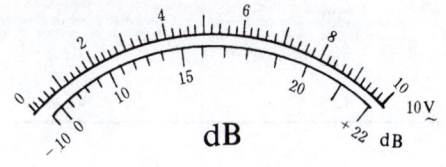

图 2-52　万用表分贝标尺

万用表测交流电压，其量程有好几档，分贝刻度是按最低档算出的。例如 500 型万用表，对应于 10V 档，在 10V 的标尺上，0.775V 对应于 0dB，7.75V 对应于 20dB，即

$$20\lg \frac{7.75}{0.775} = 20\text{dB}$$

0.245V 对应于 −10dB，即

$$20\lg \frac{0.245}{0.775} = -10\text{dB}$$

如果被测电平较高,就要把转换开关放在高量程档位,例如放在50V,这时测量结果的电压读数应按50V标尺,即比10V标尺大5倍。分贝读数也应比分贝标尺上的读数加14dB。因为

$$20\lg \frac{5U_2}{U_1} = 20\lg 5 + 20\lg \frac{U_2}{U_1} = 14\text{dB} + 20\lg \frac{U_2}{U_1}$$

式中 U_2——量程开关置于50V档,而电压按10V标尺读出的值。

可见,当量程开关放在高量程档位时,实际分贝值等于分贝标尺读数加上附加分贝值。

如果所使用的量程是基本量程10V的n倍,可按式$20\lg \frac{nU_2}{U_1}$求出相应的附加分贝数。

当负载电阻一定(规定为600Ω)时,功率与电压直接有关。所以可以用万用表交流电压档直接测音频功率,并从分贝标尺上直接读出,例如0dB=1mW,10dB=10mW。如果负载电阻不是600Ω,则负载阻抗较小时,对应功率较大,用万用表dB标尺时应加上一校正值。

例2-3 负载为600Ω,电压为0.775V对应功率电平为0dB。负载为500Ω,电压仍为0.775V,问对应功率电平多大?

解 $10\lg \frac{P_1}{P_0} = 10\lg \dfrac{\frac{U_1^2}{R_1}}{\frac{U_0^2}{R_0}} = 10 \dfrac{\frac{(0.775)^2}{500}}{\frac{(0.775)^2}{600}} = 0.79\text{dB}$

可见负载为500Ω时,从标尺上读出电平为0dB,实际为0.79dB,其他不同负载电阻时,功率分贝校正值见表2-4。

表 2-4

负载电阻/Ω (测试频率f=1kHz)	实际功率分贝应加的校正值/dB	负载电阻/Ω (测试频率f=1kHz)	实际功率分贝应加的校正值/dB
500	+0.79	50	+10.8
300	+3	15	+16
250	+3.8	8	+18.8
150	+6.0	3.2	+22.7

第八节 直流电位差计

直流电位差计是利用直流补偿原理制成的一种仪器,所谓补偿法也是一种比较测量法,测量结果的准确度比较高,广泛用于精密测量领域,以及高准确度指示仪表的检定和校准。**直流电位差计除了可以测量电压之外,还可以测量电流、电阻和电功率。**许多非电量也可以通过变换器转换为电压,然后用电位差计进行测量。例如冶金、锻铸领域要测量温度,也多通过热电偶,将温度转换为电压,然后用电位差计进行测量。

第二章 电流与电压的测量

一、直流电位差计的工作原理

图 2-53 是直流电位差计的原理电路，它可以分为 Ⅰ、Ⅱ、Ⅲ 三个回路。

回路 Ⅲ 称为工作回路，包括辅助电源 E、调节工作电流用的可变电阻 R_n、测量盘电阻 R_a 和工作调定电阻 R_s。工作回路的主要任务是提供一个稳定的工作电流，使电阻 R_a 和 R_s 能得到一个稳定的压降。

回路 Ⅰ 称为校准回路。标准电池 E_s 用来校准工作电流，当开关 S 合向 Ⅰ 时，调节 R_n 改变工作电流 I，从而改变 R_s 上的压降。若检流计指零，则说明标准电池的电动势 E_s 与工作电流在 R_s 上的压降 IR_s 相互补偿，即

$$E_s = IR_s \tag{2-76}$$

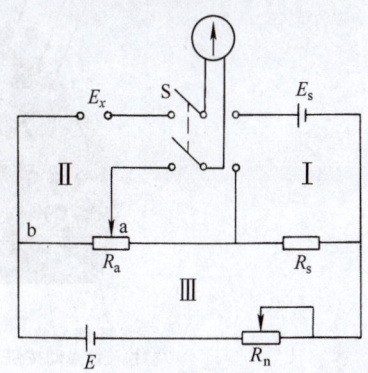

图 2-53 直流电位差计原理图

如果使用汞-镉汞齐标准电池，其电压为 1.0186V，若选定 R_s 为 1018.6Ω，工作电流就是 1mA，若 R_s 为 10186Ω，工作电流就是 0.1mA。

回路 Ⅱ 称为测量回路，当开关 S 合向 Ⅱ 时，调节测量盘电阻（也称读数盘电阻）R_a，以改变 R_a 左端 a、b 二点间的压降 U_{ab}（注意：此时不能再调节 R_n，否则工作电流将发生变化），若检流计指零，则表明测量回路中 E_x 与工作电流在 R_a 上的压降 U_{ab} 相互补偿，U_{ab} 称为补偿电压，即

$$E_x = IR_U = \frac{E_s}{R_s} R_U \tag{2-77}$$

式中 R_U——读数盘电阻 R_a 左端 ab 部分的电阻值。它是测量电阻 R_a 的一部分，又称为补偿电阻。当调节 R_a 时可以从读数盘读数直接读出 R_U 值。

若 I 已经调定为已知，就可以从 R_U 值求出对应的 E_x 值。

从上述原理可以看出，电位差计具有两个特点：

1) 电位差计的平衡是利用电动势互相补偿的原理，因此平衡时，测量回路不从 E_x 中取用电流，从而消除被测电源 E_x 的内阻、导线电阻、接触电阻对测量的影响。校准回路也一样，不从标准电池取用电流，保持了标准电池电动势的稳定。

2) 被测电压值由式（2-77）决定。式中的 E_s 是标准电池的电动势，由于标准电池的性能稳定，它的电动势值保证有较高的准确度，式中，R_U（R_a 的左端 ab 部分）和 R_s 可以用准确度、稳定度都较高的电阻，所以电位差计的准确度可达 ±0.001%。

二、实用直流电位差计的结构

实用电位差计的结构，都是在上述原理电路的基础上组成的。以图 2-54 所示的 UJ31 型直流电位差计为例，它就是在原理电路上增加一些功能部件。

1. 考虑到温度对标准电池电动势的影响，在校准回路增设了温度补偿盘

上面说过，汞-镉汞齐的标准电池，其电压为 1.0186V，用 R_s=1018.6Ω 来调定工作电流为 1mA，但这个电压是指 20℃ 的电压，如果温度不是 20℃，需要根据产品说明提供的更正值，改变 R_s 数值以保持工作电流不变。实用电位差计的 R_s 通常由两部分电阻构成：一部

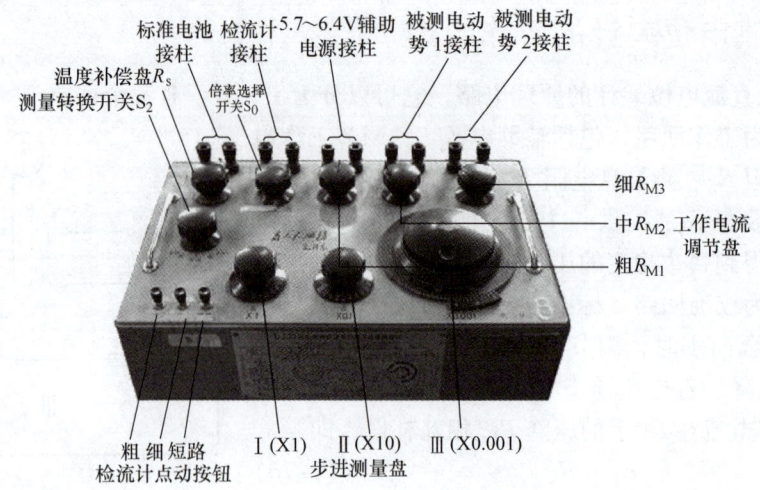

图 2-54 UJ31 型直流电位差计

分为固定电阻,一部分可调,可调部分又称为温度补偿电阻,以补偿 E_s 因温度而发生的变化。UJ31 型直流电位差计面板上的温度补偿盘,就是根据温度来调节校准回路的电阻。

2. 如检流计灵敏度不足,可以通过检流计接柱,使用外接检流计

直流电位差计在测量电压过程中,要通过检流计指零,来判断补偿回路有没有电流。如果回路没有完全补偿,回路就有一个电压差 ΔU,这个电压差在回路中产生电流 ΔI,由于 ΔI 存在,检流计指针将偏转一个角度 $\Delta \alpha$。可以用 S_K 表示测量线路灵敏度,用 S_I 表示检流计灵敏度,即

$$S_K = \frac{\Delta I}{\Delta U} \tag{2-78}$$

$$S_I = \frac{\Delta \alpha}{\Delta I} \tag{2-79}$$

在一般工程测量中,检流计指零可以认为电流为零,但在精密测量时,要考虑到检流计灵敏度是否足够,要根据测量结果所需要的准确度,选择有足够灵敏度的检流计,以保证 $\Delta \alpha$ 能为观察者所觉察。

UJ31 型直流电位差计就设有外接检流计接柱,必要时可以接上有足够灵敏度的检流计。

3. 用有读数盘的测量电阻作为 R_a

从上面的工作原理可知,被测电压大小是由补偿电阻 R_U 的大小来决定的,R_U 称为测量盘或读数盘。R_U 应该在很宽的范围内变化,而且带有读数装置,能够准确地读出数来,例如要读出五位数或六位数,如果采用滑线电位器,要读到五位数就比较困难。所以在多数实用的电位差计中,补偿电阻 R_U 采用十进电阻盘,以便能读出多位读数,但也有用滑线电阻盘的。UJ31 型直流电位差计面板上用了三个读数盘。

在图 2-53 中还可以看到,校准或测量时,调节补偿电阻会改变检流计的阻尼电阻,若采用电子检流计(如 UJ59 型)可以保持阻尼状态不受补偿电阻调节的影响。

4. 电源结构

某些型号的电位差计,为了保持电源的稳定,往往要增加稳压措施。例如 UJ59 型直流

电位差计的工作电流回路,其辅助电源是利用 9V 层叠电池,然后经三端稳压集成电路 5G1403B 作为稳压器件,可以保证电池电压在 4.5~9V 之间变化时,能保持输出电压稳定在 2.5V,以免由于电池用过一段时间后造成电源电压下跌。UJ31 型直流电位差计可以通过外接柱,接入外部电源以代替内部电源。

5. 增设输入接柱

在图 2-54 中可以看到,UJ31 型直流电位差计设有两个被测电动势的输入接柱,如果需要比较两个被测电动势的大小,可以通过测量转换开关,迅速转换被测对象,使得比较操作更加方便。

三、直流电位差计的技术性能和分类

1. 量限范围

直流电位差计按其测量范围分为高、低电位差计两种,高电位差计最高量限为 2V,选择量限时,应使被测值的第一位数字出现在第一读数盘上,以保证有最高准确度;低电位差计最高量限为 20mV,它们的区别见表 2-5。

表 2-5

名称	第一测量盘步进电压值 $\Delta U/V$	
	第一测量盘步进数≥10	第一测量盘步进数≥100
高电位差计	$\Delta U_1 \geq 0.1$	$\Delta U_1' \geq 0.01$
低电位差计	$\Delta U_1 \leq 0.01$	$\Delta U_1' \leq 0.001$

2. 准确度

直流电位差计的准确度等级分为

实验室型:0.001、0.002、0.005、0.01、0.02、0.05。

携带型: 0.02、0.05、0.1、0.2。

在保证准确度的环境条件下,直流电位差计的允许基本误差 Δ 不超过按下式算出的值

$$|\Delta| \leq K\% U_x + b\Delta U \tag{2-80}$$

式中 K——准确度等级;

U_x——电位差计的读数值;

ΔU——最小步进值或分度值,ΔU_1、$\Delta U_1'$ 分别为步进数≥10 和步进数≥100 的步进电压值;

b——固定误差项系数,其数值分别为:①实验室型对于 $\dfrac{\Delta U}{\Delta U_1}$ 或 $\dfrac{\Delta U}{\Delta U_1'} \geq 0.5K\%$,取 $b = 0.5$;对于 $\dfrac{\Delta U}{\Delta U_1}$ 或 $\dfrac{\Delta U}{\Delta U_1'} < 0.5K\%$,取 $b = 1$;②携带型则取 $b = 1$。式中 ΔU_1 和 $\Delta U_1'$ 分别为步进数≥10 和步进数≥100 的步进电压值。

3. 稳定性

电位差计工作电源的稳定性就是工作电流的稳定性,它直接影响电位差计的测量准确度,因此要用性能好的电池或稳压电源。电池容量要超过 1000 倍的放电电流,电压相对变化量应小于 $\dfrac{1}{5}K\%$,其中 K 为准确度等级。

四、电位差计的应用

1. 测量电压

电位差计主要用于测量标准电池的电动势,或用于检定电压表。 在机械工业生产中常与热电偶配合用于测温,如要求能读出四位有效数字的温度值,必须精确测量热电偶电动势至五位有效数字。所以直流电位差计可用于检定高温计。

如果被测电压超过量限范围,可配上测量用分压箱扩大量程。只是使用分压箱,就要从被测电路取用一部分功率,不能像电位差计本身那样做到不向被测电路取用功率。

测量用分压箱是用精确度很高的电阻制成,如图 2-55 所示,一侧接被测电压 U_x,其总电阻一般为 100kΩ,在精密测量中这个电阻还是会影响被测电路的;分压箱另一侧接电位差计的"E_x"端钮上,接电位差计的这一侧通常分成几档,如 ×10 档,U_x/E_x = 10,被测电压 U_x 经分压箱衰减 10 倍,电位差计测的读数应乘以 10。

选用分压比应根据被测电压的大小及电位差计的上量限,如测 400V 电压,电位差计的上量限为 2V,则分压比应选 200。

分压箱决不允许倒接,因为把小电阻的输出端,接到被测电压,可能会烧毁电阻分压箱。

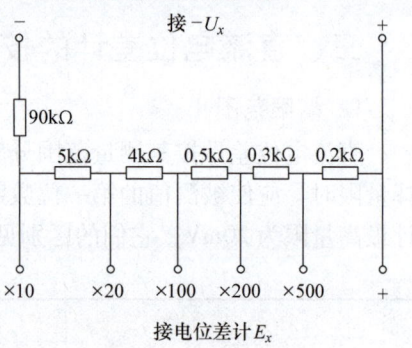

图 2-55 FJ10 型分压箱

2. 测量电流

用电位差计测量电流是通过测量已知电阻 R_n 上的电压降,再间接计算出被测电流,如图 2-56 所示。

$$I_x = \frac{U_x}{R_n} \tag{2-81}$$

选择电阻 R_n 时,要考虑电阻的额定允许电流大于被测电流,以及 I_x 在 R_n 上的压降既要保证第一测量盘能读数,又不得超过电位差计的上量限。

此外用电位差计还可以通过测量电压,间接计算出被测电路的电阻、功率,如果与变换器配合也可以测量各种非电量。

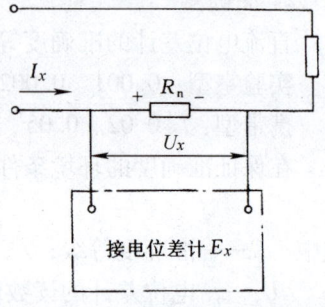

图 2-56 用电位差计测量电流

第九节 电子系电压表

上面介绍的几种模拟式电工仪表,都存在频率范围、灵敏度、输入阻抗偏低的问题,**磁电系、电磁系和电动系仪表由于内部有线圈,在测量交流时,会产生较大的频率误差,一般只能用于工频或低频。** 其次,磁电系、电磁系和电动系虽然也可以做成高灵敏度仪表,例如微安级、微伏级,但因为受到结构本身限制,灵敏度越高,结构越灵巧,耐机械冲击的能力就越差,越难在工程场合使用。再则,现代对电子电路的测量,要求仪表有较高的输入电阻抗，例如要求输入电阻大于1MΩ以上，输入电容小于40pF，这是传统电工仪表很难做到的。为此从20世纪50年代以后，开始利用电子电路来提高仪表的频率范围、灵敏度和输入阻抗，从而发展了电子系电压表（简称电子电压表）。电子电压表通过变换电路，使得频率范围可达到10^{12}Hz，通过放大电路，灵敏度可达到10^{-9}V/div，输入阻抗能达到1MΩ以上。

一、电子电压表的结构类型

1. 放大－检波式

这种类型的电压表的结构如图2-57的框图所示，它由放大、检波、指示仪表和电源四部分组成。

指示仪表选用磁电系仪表，磁电系仪表本来就可以直接用于测量电压，但只能测量直流直压，而增设放大、检波环节之后，不但可以测量交流，而且频率范围宽、灵敏度高，可测量到微伏级。但这种电压表由于放大在前、检波在后，被测电压首先要经过放大器，频率宽度就受到放大器频宽的限制，所以多用于低频至视频范围，如JB－1B型电压表就属于这种类型。

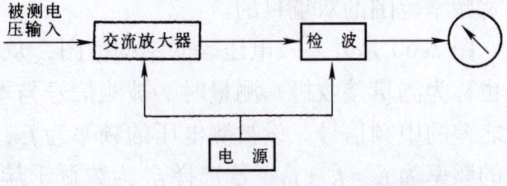

图2-57　放大－检波式电压表的结构框图

2. 检波－放大式

要把电压表的频率范围扩大到高频、超高频领域，可以采用先检波后放大的办法，也就是先把高频电压转换为直流电压，然后再放大，由于被测电压已转换直流，也就消除了放大器对高频端的限制。图2-58为检波—放大式电压表的结构框图，如DYC－5型超高频电压表就属于这种类型。

当然，检波器的频率特性也会影响电压表的带宽，为此要选用工作频率比较高的检波二极管，而且要尽量缩短检波器输入点与被测点的距离。例如把检波管装在探头中，就可以减少引线对高频的影响。这种类型的电压表跟放大—检波式电压表相比，工作频率比较高，但由于被测电压经检波后已转换为直流，而直流放大器存在漂移问题，使得放大倍数的提高受到了限制。所以这类电压表的量程大都在1V左右，很少能扩展到毫伏级的。

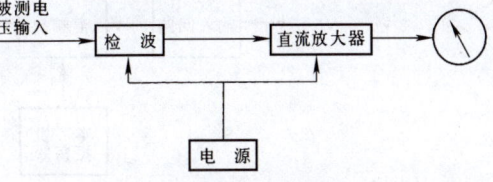

图2-58　检波－放大式电压表的结构框图

3. 调制式

为了克服检波—放大式电压表因采用直流放大器产生的漂移，可以**采用调制方式，先把被测电压经检波转换为直流，再通过斩波器将直流调制成一个固定频率的低频交流，然后再用低频放大器进行放大**。提高低频放大器的增益，其性能显然比直流放大器好，这样做既可以解决放大在前的频宽不足，又能解决检波在前增益提不高的矛盾。图2-59为调制式电压表的结构框图。

4. 外差式

这是另一种解决电压表频带宽度与灵敏度之间矛盾的方法。这种方法是先把被测高频电

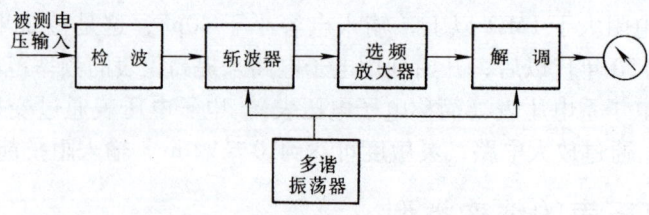

图 2-59 调制式电压表的结构框图

压经变频转换为一个固定频率的中频电压,然后对中频进行放大。由于中频放大器所放大的,是一个频率恒定的中频电压,所以放大倍数可以做得比较高,能够达到既提高灵敏度又扩宽频率范围的双重目的。

图 2-60 是外差式电压表的结构框图,从结构看,它类似于一台超外差广播接收机,所以也称为测量接收机。测量时,被测信号与本机振荡器信号在混频器混合,产生出频率为两者之差的中频信号。设被测电压的频率为 f_x,中频放大器的谐振频率为 f_0,则调节本机振荡器的频率为 $f_s = f_x + f_0$,若选择 f_0 为数百千赫时,就可以用来测量数百千赫至数百兆赫频段内微伏级至毫伏级的小电压。为保证测量精度要求:①输入电路、放大器和变频的增益都要保证有足够的稳定性,对不同的被测频率要保持有相同的灵敏度,并且不因环境条件变化而变化;②系统的线性要好,在测量范围内能保持线性,否则无法精确刻度。从工作原理还可以看出,这种结构只适用于测量单频电压。如果被测电压含有谐波,指示电表就可能在不同本振频率处读出不同电压值,实际电压值要从读出的基波和谐波数据中进行运算。国产 DW-1 型、RS-1 型电压表都是外差式电压表。

另外,如果在图 2-60 基础上加上二次检波或鉴频,还可以用来测量已调波的包络线幅度或频偏。

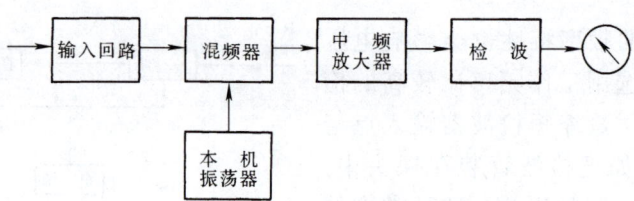

图 2-60 外差式电压表的结构框图

二、电子电压表的检波电路

对于放大 - 检波式或检波 - 放大式的电子电压表,其指示部分多数用磁电式仪表,因此需要设置检波电路,以便将被测的交流电压转换为磁电式仪表所能接受的直流电压。检波一般是指从一组不同频率组成的信号中,检出所需要的频率信号。电子电压表的检波电路是从被测信号中检出其幅值或平均值,所以电子电压表的检波电路有时也称为交直流变换器。常用的检波电路有以下几种类型。

1. 峰值检波电路

峰值检波电路的任务是从被测的交流电压中检出峰值,并将它转换为与被测交流电压峰值成正比的直流电压。峰值检波有两种电路,图 2-61 为开路式峰值检波电路,图 2-62 为闭路式峰值检波电路。

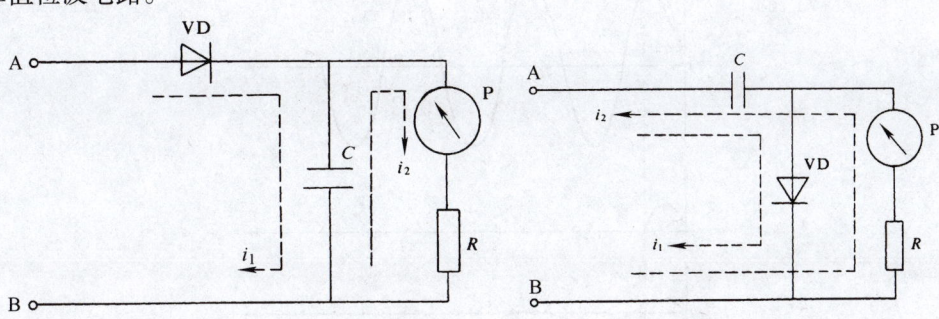

图 2-61　开路式峰值检波电路图　　图 2-62　闭路式峰值检波电路图

在图 2-61 和图 2-62 中，用 R_i 表示检波二极管的正向内阻，R_iC 为电路的充电时间常数，R 为放电回路的负载电阻（包括指示电表本身的内阻在内），RC 为电路的放电时间常数。如果能满足以下两个条件，即电路的放电时间常数能远远大于充电时间常数，而且也远远大于被测电压的周期，即

$$RC \gg R_iC \tag{2-82}$$

$$RC \gg T \tag{2-83}$$

式中　T——被测电压的周期。

在接通被测电压后，电容将很快被充电，并达到被测电压的幅值 U_m，又由于放电慢，电容两端电压能够基本保持不变。所以通过指示仪表的电流平均值将与被测电压峰值成正比。充放电过程如图 2-63 和图 2-64 所示。

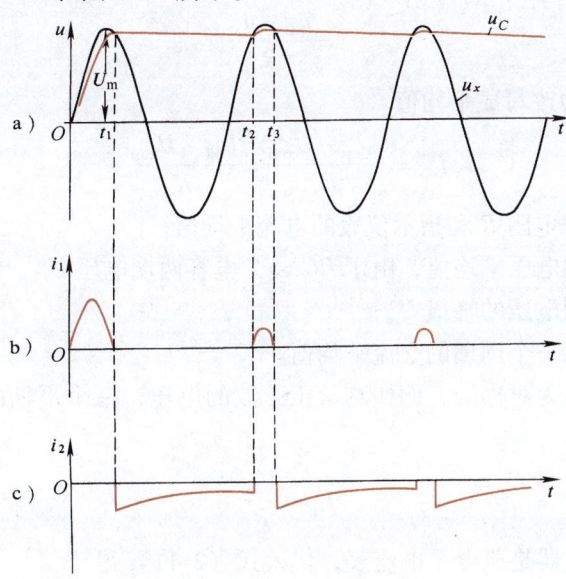

图 2-63　开路式峰值检波电路的充放电过程波形图

由于开路式峰值检波电路电容两端电压 U_C 能保持并等于被测电压的幅值 U_m，可推出通过指示仪表的电流平均值为

$$I_{cp} = \frac{U_C}{R} \approx \frac{U_m}{R} \tag{2-84}$$

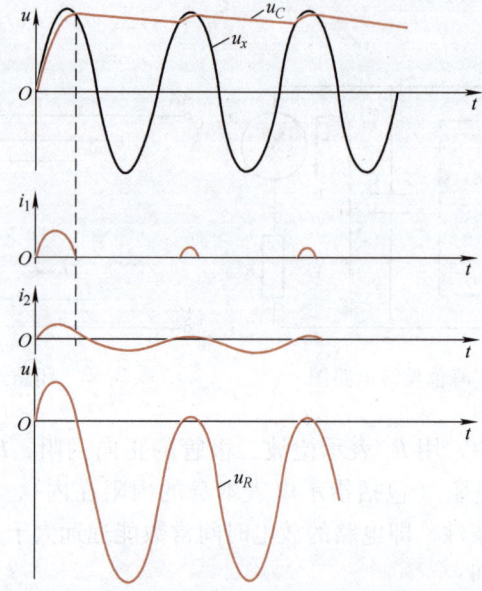

图 2-64 闭路式峰值检波电路充放电过程波形图

式中 I_{cp}——通过指示仪表的电流平均值；

U_C——电容器 C 两端的电压。

对于闭路式峰值检波电路，由于电容器 C 放电时，仍串接在被测电路上，故通过电阻 R 和指示仪表的放电电流为

$$i = \frac{u_C - u_x}{R} \tag{2-85}$$

将式（2-85）两边改写成平均值

$$I_{cp} = \frac{U_{Ccp} - U_{xcp}}{R} = \frac{U_m - U_{xcp}}{R} \tag{2-86}$$

式中 I_{cp}——通过负载电阻 R 和指示仪表的电流平均值；

U_{Ccp}——电容两端电压平均值，由于 $RC \gg T$ 电容两端电压 U_{Ccp} 几乎保持不变，并近似等于被测电压的峰值 U_m；

U_{xcp}——被测电压一个周期的交流平均值。

若被测电压的波形为对称的，例如测量正弦波的电压，一个周期的平均值 $U_{xcp}=0$，式（2-86）可简化为

$$I_{cp} = \frac{U_m}{R} \tag{2-87}$$

如果使用的指示仪器是磁电系电流表，代入式（2-11）得

$$\alpha = S_I I_{cp} = S_I \frac{U_m}{R} \tag{2-88}$$

式（2-88）表明在波形对称的条件下，不论是开路式峰值检波还是闭路式峰值检波，通过指示仪表的电流平均值都是与被测电压峰值成正比，所以采用峰值检波的电压表称为峰值表，峰值表一般按峰值刻度。考虑到多数被测电压都是正弦波，所以有的峰值表根据正

弦波的波形因数改用有效值刻度,要注意按正弦波有效值刻度的峰值表,测量非正弦波时的读数并不代表非正弦波的有效值。真正的有效值需要经过换算才能求得。

但不论是开路式检波还是闭路式检波的峰值表,一般都不能用来测量波形不对称的电压,因为电压波形不对称,正、负半波峰值不相等,波形中含有直流分量。如果是用开路式峰值表去测量,则更换电压表两个输入端时,所测的数值会有不同,输入端正接测的是正向峰值,反接则测的是反向峰值。如果是用闭路式的峰值表去测量,因为波形中含有直流分量,而直流分量是无法通过电容器的,所以输入端正接时,测的是交流分量的正向峰值,输入端反接时,测的是交流分量的反向峰值。

2. 峰－峰值检波电路

峰－峰值又称为 p-p 值,指的是交流电压的两峰值之差。图 2-65 为峰－峰值检波电路图,这个电路相当于开路式峰值检波电路和闭路式检波电路的组合。图 2-66 是峰－峰值检波电路的工作波形。

在被测电压正半波二极管 VD_1 导通,被测电压向电容器 C_1 充电,这时充电电路相当于闭路式峰值检波,可认为被测电压到达最大时 $U_{C1} \approx U_m$。随着被测电压从峰值下降,二极管 VD_1 被 U_{C1} 截止,电容 C 就通过被测回路向 C_2 充电。对 C_2 的充电回路相当于开路式检波,电容器 C_2 两端电压 U_{C2} 可充至峰－峰值。

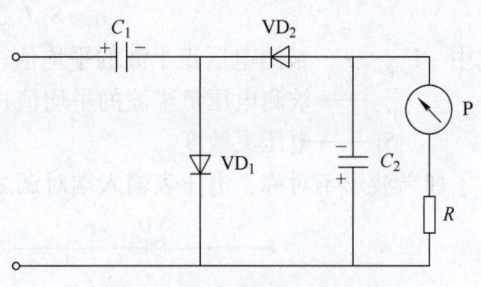

图 2-65　峰－峰值检波电路图

例如被测电压为双向交变电压时,反向峰值为负,如图 2-66 所示,U_{C2} 可充电至

$$U_{C2} = U_{C1} - (-U'_m) \approx U_m + U'_m = U_{p-p} \tag{2-89}$$

若被测波形为单向脉冲电压,反向电压仍为正值,如图 2-67 所示,U_{C2} 可充电至

$$U_{C2} = U_{C1} - U'_m \approx U_m - U'_m = U_{p-p} \tag{2-90}$$

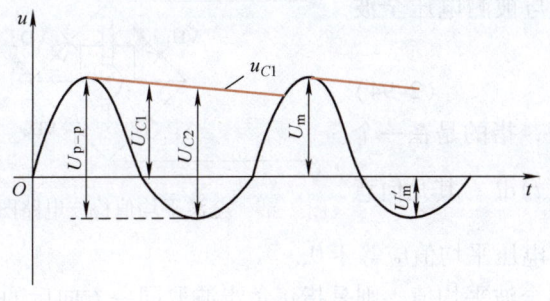

图 2-66　峰－峰值检波电路的工作波形图

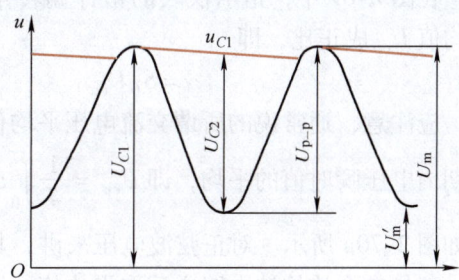

图 2-67　单向脉动电压峰－峰值

不论是双向交流还是单向脉动,U_{C2} 总是被充电至等于两峰值之差(即峰－峰值),通过指示仪表的平均电流为

$$I_{cp} = \frac{U_{C2}}{R} \approx \frac{U_{p-p}}{R} \tag{2-91}$$

代入式(2-11)得

$$\alpha = S_I I_{cp} = S_I \frac{U_{p-p}}{R} = S_U U_{p-p} \tag{2-92}$$

可见仪表示值与被测电压峰-峰值成正比。利用峰-峰值检波电路组成的电压表,若按峰-峰值刻度,称之为峰-峰表。

3. 平均值检波电路

(1) 半波与全波平均值检波电路　平均值检波电路的任务也是将被测电压转换为直流电压或直流电流,与幅值检波电路相比,主要区别是转换后的电压或电流与被测交流电压的平均值成正比。图 2-68 是半波检波电路,图 2-69 是全波检波电路。由于图中电容 C 放电回路的时间常数远小于被测交流电压的周期,C 两端电压会随被测电压的变化而变化。只是利用指示仪表可动部分的惯性,反映被测电压的平均值。因此在图 2-68a 中,被测电压正半波时,二极管导通,仪表指针偏转角与被测电压的正半波平均值成正比。在图 2-68b 中,只有负半波才通过指示仪表,所以仪表指针偏转角读数与被测电压负半波平均值成正比,即

$$\alpha = S_U U_{cp+} \text{ 或 } \alpha = S_U U_{cp-} \tag{2-93}$$

式中　U_{cp+}——被测电压正半波的平均值;
　　　U_{cp-}——被测电压负半波的平均值;
　　　S_U——电压灵敏度。

如果波形不对称,电压表输入端对调之后,其读数也不同。

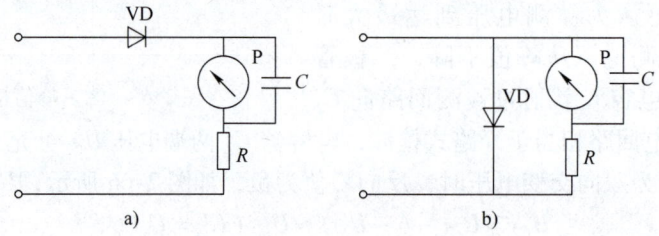

图 2-68　半波平均值检波电路图

在图 2-69 中,指示仪表的指针偏转角与被测电压全波平均值 U_{cp} 成正比,即

$$\alpha = S_U U_{cp} \tag{2-94}$$

应注意,通常说的所谓交流电压平均值,指的是在一个周期内电压瞬时值的平均,即 $U_{cp} = \frac{1}{T}\int_0^T u(t)\mathrm{d}t$。其几何意义如图 2-70a 所示。对正弦波电压来讲,其电压平均值应等于 0。

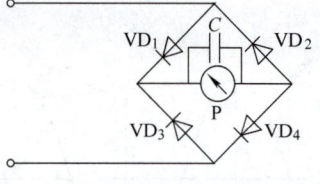

图 2-69　全波平均值检波电路图

若是在全波检波电路之后取平均值,即全波平均值,则是指正负半波取同一方向后的一个周期内电压瞬时值的平均所得,它的几何意义如图 2-70b 所示,也可用式 $U_{cp} = \frac{1}{T}\int_0^T |u(t)|\mathrm{d}t$ 表达。对于正弦波来讲,全波检波电路之后的平均值不为 0。

如果在半波检波电路之后取平均值,即半波平均值,则是指交流电压正半周或者负半周在一个周期内的平均值,并用符号 U_{cp+} 和 U_{cp-} 表示。用式表达为 $U_{cp+} = \frac{1}{T}\int_0^T u(t)\mathrm{d}t$(当 $u(t) \geq 0$)或 $U_{cp-} = \frac{1}{T}\int_0^T u(t)\mathrm{d}t$(当 $u(t) \leq 0$)。其几何意义如图 2-70c、d 所示。若正半周

平均值与负半周平均值相等，且其全波平均值是半波平均值的两倍，即

$$U_{cp} = 2U_{cp+} = 2U_{cp-} \quad (2\text{-}95)$$

式中　U_{cp}——被测电压全波平均值。

由于大多数电压表在检波电路之前有隔直电容，加到检波电路的被测电压已经不含直流分量，在这种情况下，不论是半波还是全波的均值检波，都只能测量交流分量的平均值。如果含有直流分量，用这种均值表是无法读出的。如果半波均值检波电压表内部没有隔直电容，则可能所测的值是包括直流分量在内的电压值。

均值检波电压表，一般也都是用正弦波有效值刻度的，如果用它来测量非正弦电压，其读数都不是非正弦有效值，实际有效值都要经过换算。

均值检波电路和峰值检波电路很相似，要判断检波电路究竟是均值还是峰值，不能只看电路形式，还要看电路的充放电时间常数，满足式（2-82）和式（2-83）才属于峰值检波。

(2) 具有负反馈的线性均值检波电路　由于检波二极管工作在小信号时很难保持严格的线性，所以

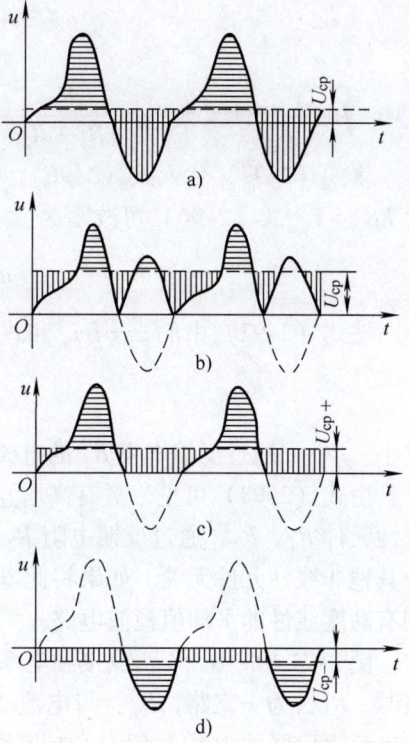

图 2-70　平均值的几何意义

现在比较广泛应用一种具有负反馈的线性平均值检波电路，电路结构如图 2-71 所示。它和一般均值检波电路一样，也是将输入的交流电压转换为直流电流，转换后的直流电流与被测交流电压的平均值成正比，比例系数为恒定，使输出值与输入值能保持线性关系。

图 2-71 中电路由具有负反馈的线性放大电路和均值检波电路两个部分组成，其中线性放大部分可简化为图 2-72。

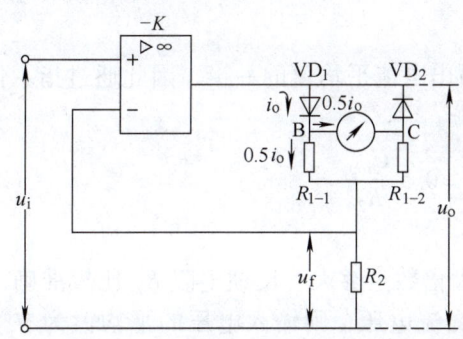

图 2-71　具有负反馈的线性均值检波电路图

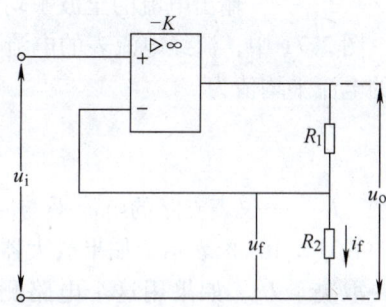

图 2-72　负反馈放大器的简化示意图

图 2-72 中，被测电压 u_i 加在同相端，输出电压为 u_o，经 R_1、R_2 回路取电压 u_f 反馈到反相端。若运算放大器的开环放大倍数足够大，通过图中的深度负反馈可认为 $u_i = u_f$。因为

$$u_o = -K(u_i - u_f) \quad (2\text{-}96)$$

$$u_f = \frac{R_2}{R_1 + R_2} u_o = \beta u_o \tag{2-97}$$

式中 β——反馈系数，$\beta = \frac{R_2}{R_1 + R_2}$。

将式（2-97）代入式（2-96），假设选用的放大器具有足够大的开环放大倍数时，可认为 $K\beta \gg 1$。式（2-96）可改写为

$$u_o = -\frac{K}{1-K\beta} u_i \approx \frac{1}{\beta} u_i \tag{2-98}$$

按式（2-97）中的 $u_f = \beta u_o$ 和式（2-98）中的 $u_i \approx \beta u_o$，可得出 $u_f \approx u_i$，为此可推出

$$i_f = \frac{u_f}{R_2} \approx \frac{u_i}{R_2} \tag{2-99}$$

式中 i_f——通过反馈电阻 R_2 的电流。

由式（2-98）可见，具有高增益的负反馈放大器，其输出电压 u_o 只取决于输入电压和线性元件 R_1、R_2，通过反馈电阻 R_2 的电流也只取决于输入电压和反馈电阻 R_2，而与电路中其他非线性元件无关。如果将此电路与平均值检波电路相结合，如图 2-72 所示，就能得到有高度线性的平均值检波电路。

图 2-71 中，B、C 两点接磁电系电流表，输出电流经检波二极管之后分为两支路，正半波时，R_{1-1} 为一支路，R_{1-2} 与电流表串联后为另一支路。负半波时，R_{1-2} 为一支路，R_{1-1} 与电流表串联后为另一支路。如果 $R_{1-1} = R_{1-2}$，电流表内阻小于 R_{1-1} 与 R_{1-2}，可以认为两个支路电流近似相等。通过电流表的电流为输出电流的一半，而输出电流 i_o 等于通过反馈电阻 R_2 的电流 i_f，式（2-99）可写成 $i_o \approx \frac{u_i}{R_2}$。

将式中 i_o、u_i 转换为平均值，可得输出电流的全波平均值为

$$I_{ocp} = \frac{U_{icp}}{R_2} \tag{2-100}$$

式中 U_{icp}——输入电压的全波平均值；
I_{ocp}——输出电流的全波平均值。

图 2-71 中，流经电流表的电流平均值为输出电流平均值的一半，因此通过指示仪表支路的电流平均值为

$$I_C = 0.5 I_{ocp} = 0.5 \frac{U_{icp}}{R_2} \tag{2-101}$$

式中 I_C——仪表支路的电流平均值。

式（2-101）表示，如果放大器的开环放大倍数足够大，反馈电阻 R_2 比较准确，则 I_C 唯一取决于 U_i。如果用这个电路测量正弦波交流电压，则输入电压的平均值为有效值的 90%，即

$$U_{icp} = 0.9 U_i \tag{2-102}$$

代入式（2-101）得

$$I_C = 0.5 \times 0.9 \times \frac{U_i}{R_2} \tag{2-103}$$

式中 U_i——输入电压的有效值。

第二章 电流与电压的测量

同样,在开环放大倍数足够大,反馈电阻 R_2 比较准确时,I_C 唯一取决于 U_i,并正比于有效值 U_i',可见图 2-69 是一个高稳定性、线性良好、可用于测量有效值的均值检波电路。

4. 有效值检波电路

均值检波和幅值检波的电压表,通常都用有效值刻度,都可以用来测量正弦波的有效值,但在实际测量中,有时需要测量非正弦波电压的有效值,如果是典型的非正弦波,可以用均值电压表或峰值电压表测出的数值通过换算求出它的有效值。但对一些复杂波形,这种换算却难以实现,就需要能直接测出非正弦波电压的有效值的电压表。

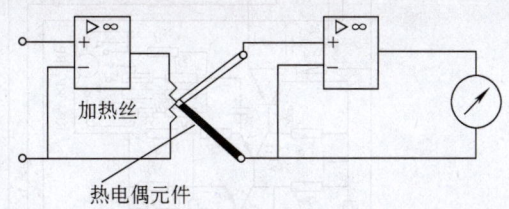

最简单的测量有效值的电压表可采用热电偶检波器,热电偶元件如图 2-73 所示,先对被测电压进行放大,然后接热电偶的加热丝,热电偶元件通过加热丝加热,输出热电压就与被测电压有效值成正比,经放大后驱动指示仪表,然后用有效值刻度,这种电压表即可用于测得任何波形的电压有效值。

图 2-73 测量用热电偶元件

在数字电压表中,也可以对被测电压采样,然后进行数学运算,求得方均根值,并以数字显示,方均根值是真正的有效值,所以这种电压表又称为真有效值表。

三、电子电压表的放大电路

对于放大—检波式的电子电压表,因为放大在前,必须采用交流放大器,如用阻容耦合放大器或运算放大器。

对于检波在前的电子电压表,则需要用直流放大器或运算放大器,也可以采用调制方式,通过斩波器将直流调制成一个固定频率的低频交流,然后放大。

下面我们通过具体实例,对电子电压表检波、放大电路做进一步说明。

四、电子电压表实例

HFJ–8 型是一种调制式电压表,工作频率范围为 5kHz～300MHz。上面已经讲过,放大–检波式电压表因为受到放大器频宽的限制,一般都只用于测量低频。检波—放大式电压表虽然可用于测量高频或超高频,但因为受到直流放大器漂移的影响,放大倍数不能过大,一般只用于测量1V以上的高频电压。调制式电压表因为采用调制方法,把检波以后的直流转换为低频交流,所以既可以先检波,又能避免使用直流放大器带来的不稳定。图 2-74 是 HFJ–8 型毫伏计的框图。图 2-75 是它的总电路图。

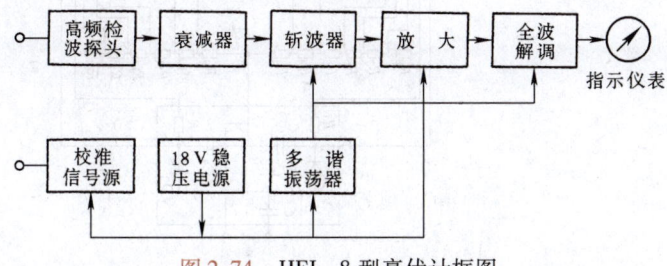

图 2-74 HFJ–8 型毫伏计框图

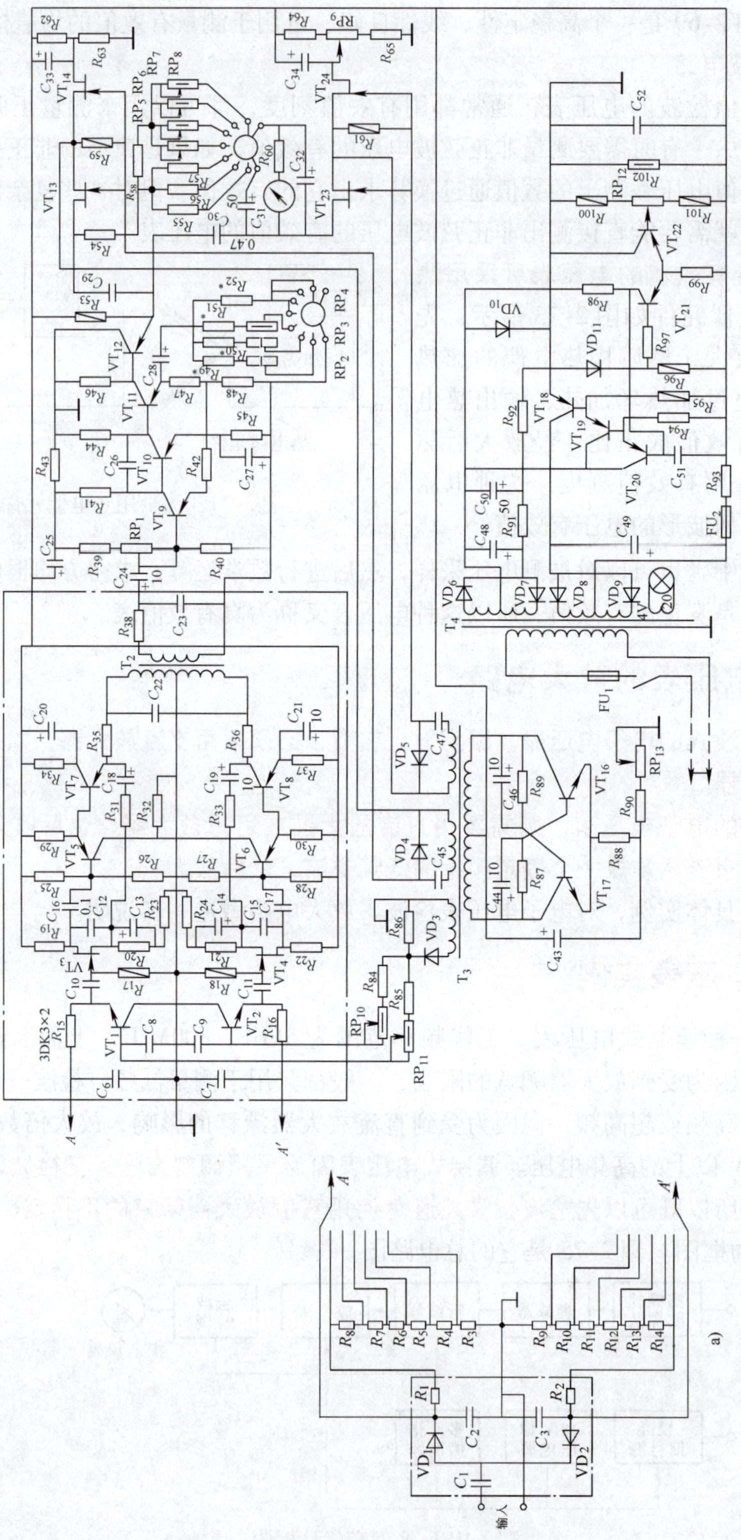

图 2-75 HFJ-8 型毫伏计总电路图
a) 探头 b) 主电路

(1) 高频检波探头 由于 HFJ-8 型毫伏计是一种超高频电压表,工作频率上限达 300MHz,所以对检波前的电路结构要求很高,因为在超高频下工作的元件和线路,即使是很小的潜布电容,也会对高频段测量产生不利的影响,所以 HFJ-8 型毫伏计就把全部检波电路都装在一个小小的探头内,尽量把潜布电容减到最小程度。

被测电压经探头中的 VD_1 和 VD_2 检波之后,在 C_2、C_3 上形成正、负的直流信号,分别送电压表内衰减器。由于对信号正、负半波分别检波,可用于测量有直流分量的不对称波形。

(2) 衰减器 检波器输出的正、负直流电压经探头电缆直接加到衰减器,其中 $R_3 \sim R_8$ 对正电压衰减,$R_9 \sim R_{14}$ 对负电压衰减,调节量程开关可获得七种衰减比,分别为 3mV、10mV、30mV、100mV、0.3V、1V、3V 七种量程,如果在探头上加接一个 1:100 的分压器,可将量程扩大 100 倍,原 100mV、0.3V、1V、3V 的量程就扩大为 10V、30V、100V、300V。

(3) 斩波器 斩波器由晶体管 VT_1 和 VT_2 组成,这两个晶体管的导通与截止由 VT_{16} 和 VT_{17} 组成多谐振荡器发出的方波控制。方波频率由 RP_{13} 调节,RP_{10} 和 RP_{11} 可调节加到 VT_1 和 VT_2 的方波强度,以保证正、负端输入的对称,在方波作用下,VT_1 和 VT_2 将输入直流电压转换为 800~1200Hz 的方波,然后送到放大器进行放大。

(4) 放大器 放大器分为两组,$VT_3 \sim VT_8$ 为一组,组成推挽差动选频放大。T_2 与 C_{22} 的谐振频率与斩波器调制方波的频率一致,一方面可以获得较大增益,另一方面通过选频把方波转换为正弦波。

$VT_9 \sim VT_{12}$ 为另一组,组成四级直耦形式,RP_1 用来调节输入电压工作点,RP_2、RP_3、RP_4 用来调节不同档位的放大倍数。

(5) 解调电路与指示仪表 放大器输出交流电压,经 VT_{13}、VT_{14}、VT_{23}、VT_{24} 解调后,由磁电系仪表进行指示。

解调电路实际也是一个开关电路,VT_{13}、VT_{14} 为一组,VT_{23}、VT_{24} 为另一组,加到两组源极与栅极间的电压为幅度相等、相位相反的方波,方波同样由 VT_{16}、VT_{17} 产生,所以解调与调制的波形频率与相位都是一致的。在方波作用下,由放大器输出的电压对 VT_{23} 和 VT_{24} 来说是正半波截止,负半波导通;而对 VT_{13} 和 VT_{14} 来说是正半波导通、负半波截止。这样,C_{29}、C_{30} 就被充了幅度相等、相位相反的两个电压,而两个电压对指示仪表来讲,却是同向叠加的,由于 C_{29}、C_{30} 上的电压对应于被测电压的正向峰值和负向峰值,所以加在指示仪表上的电压与被测电压峰峰值成正比。

(6) 校正信号发生器和电源 整机电源由 $VT_{18} \sim VT_{22}$ 组成的串联稳压器提供较稳定的 18V 直流电压。整机还配有校正信号发生器,输出 100kHz 电压可调的校正信号,此处从略。

第十节 电流表与电压表的使用与选择

一、测量直流或正弦交流时如何选择电流表与电压表

1. 选择电流表或电压表的频响范围

测量直流电流或电压可选用磁电系仪表、电动系仪表或电磁系仪表;精密测量可选用直流电位差计;50Hz 的工频条件下,电磁系、电动系、感应系仪表都可以使用,对电动系和

整流系仪表（磁电系加整流电路），测量频率还可以扩大到几千赫兹；超过1000Hz的交流，一般要选用电子伏特计；超过1000kHz的还可选用热电系仪表（热电系仪表是热电变换器与磁电系的组合，交流电经电阻转换为热能，然后用变换器转换为直流电压再进行测量）。

2. 选择电流表或电压表的准确度

准确度要求必须从测量实际需要出发，既不能选择准确度不足的仪表，也不要盲目提高准确度。因为选择高准确度的仪表，不仅意味着价格高，而且使用它有许多严格的操作规范，以及复杂的维护保养条件，任意提高仪表的准确度，会增加不必要的负担，不一定都能收到测量准确的效果。

通常，0.1级、0.2级仪表作为标准表或用于精密测量，0.5级、1.0级仪表用于实验室测量，1.5级以下的用于一般工程测量，超过0.1级则需要选用比较仪器，例如电位差计。

配套用的扩大量程的装置，例如分流器、附加电阻、互感器等，它们的准确度选择要求比测量仪器本身高2~3级。这样考虑的出发点是因为测量误差为仪表误差和扩程装置误差两部分之和。

仪表与扩程装置配套使用时，它们之间的准确度等级关系见表2-6。

表 2-6

仪表等级	分流器或附加电阻等级	电流或电压互感器等级
0.1	不低于0.05	
0.2	不低于0.1	
0.5	不低于0.2	0.2（加入更正值）
1.0	不低于0.5	0.2（加入更正值）
1.5	不低于0.5	0.5（加入更正值）
2.5	不低于0.5	1.0
5	不低于1.0	1.0

3. 选择仪表量限

电压表和电流表及其他指示仪表一样，只有在合理量限下，仪表准确度才有意义，否则由于量限选择不当、标尺利用不合理，测量误差会很大。

例如用量限为150V，0.5级的电压表，测量100V电压，测量结果中可能出现的最大绝对误差为

$$\Delta_m = \pm K\% \times A_m = \pm 0.5\% \times 150V = \pm 0.75V$$

相对误差为

$$\gamma_1 = \frac{\Delta_m}{A_{X1}} = \pm \frac{0.75}{100} = 0.75\%$$

同样电压表测量20V电压可能出现的最大相对误差为

$$\gamma_2 = \frac{\Delta_m}{A_{X2}} = \pm \frac{0.75}{20} = 3.75\%$$

计算结果表明，γ_2是γ_1的5倍，仪表准确度是最大绝对误差与上量限（即满度值）之比，**选择大量程仪表，又工作在低量程，会产生较大测量误差**。所以，应按标尺使用在后1/4段来选择量程，在标尺中间位置测量误差可能比后1/4段大2倍，应力求避免使用标尺的前1/4段。

4. 选择仪表内阻

首先必须根据被测电路中阻抗的大小，适当选择仪表的内阻，否则会带来不允许的误差。

内阻的大小反映仪表本身的功耗。为了不影响被测电路的工作状态，电压表内阻应尽量大些，量程越大，内阻应越大；电流表内阻应尽量小些，量程越大，内阻应越小。

例 2-4 用电磁系 0.5 级、量程为 300V、内阻为 10kΩ 的电压表，测量图 2-76 所示电路中 R_1 上的电压，计算由内阻影响产生的测量误差。

解 U_{R1} 的实际值为

$$U_{R1} = 300\text{V} \times \frac{10}{10+10} = 150\text{V}$$

用电压表测量值为

$$U'_{R1} = 300\text{V} \times \frac{\dfrac{10 \times 10}{10+10}}{\dfrac{10 \times 10}{10+10}+10} = 100\text{V}$$

相对误差

$$\gamma = \frac{-50}{150} \times 100\% = -33\%$$

为仪表基本误差 ±0.5% 的 66 倍。

若改用 2.5 级、内阻为 2000kΩ、量程为 300V 的万用表，则

$$U''_{R1} = 300\text{V} \times \frac{\dfrac{R_1 \times R_V}{R_1 + R_V}}{\dfrac{R_1 \times R_V}{R_1 + R_V}+R_2} = 149.4\text{V}$$

$$\gamma' = \frac{149.4-150}{150} \times 100\% = -0.4\%$$

可见由于电压表内阻大，尽管电压表准确度较低，但测量误差反而更小。

例 2-5 图 2-77 所示电路，用 0.5 级、内阻为 1000Ω 的毫安表测量电路的电流。电路电压为 60V，负载电阻为 400Ω，求内阻影响带来的误差。

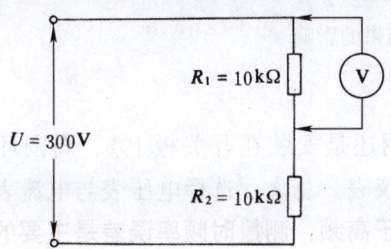

图 2-76 电压表内阻对测量结果的影响

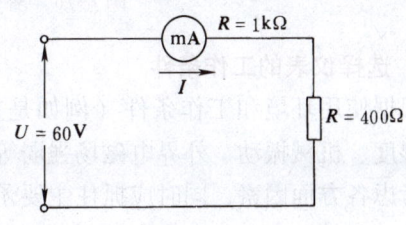

图 2-77 电流表内阻对测量结果的影响

解 电流实际值为

$$I = \frac{60\text{V}}{400\Omega} = 150\text{mA}$$

用毫安表测量值为

$$I = \frac{60}{400+1000}\text{A} = 43\text{mA}$$

相对误差为

$$\gamma = \frac{43-150}{150} \times 100\% = -71.3\%$$

可见在某种情况下，内阻对测量误差的影响远远超过仪表准确度对测量误差的影响。关于电压表和电流表内阻与负载电阻的关系可参看本章第一节的说明。

使用高输入电阻的电压表，还要注意潜布电容对测量结果的影响。例如一台具有两个二次绕组的变压器，假设两绕组间并没有直接的电气连接，如图2-78所示，变压器通电之后，从两个绕组各取一端，用电子电压表测量这两个端点的电压，由于绕组间没有电的连接，按理说这时电压表的读数应该为零。但实际上测量结果指示不为0。其原因就是两个绕组绕在同一铁心上，相靠很近，等于由绕组间的潜布电容将两个绕组连在一起，与电压表形成一个交流回路，绕组的电压按回路各段阻抗值进行分配，结果由于电子电压表的内阻比潜布电容的阻抗还大，使得电源绕组的电压几乎全部分配在电压表两端，测出的电压值接近于两绕组的电压之和。遇到这种情况，只要在电压表输入端并联一个几百欧的电阻，使得电压表的输入阻抗远远小于潜布电容的阻抗，就能使所测的电压数值为零。有时用电子电压表测量两个互不联系的不带电的导体，也会发现它们间存在电压，这都是由于某个交流电源通过潜布电容与该导体发生连接引起的现象。但如果用电磁系电压表测量时就不会有电压出现，这就是因为电磁系仪表内阻小，潜布电容所对应的阻抗值比仪表内阻大很多，通过由潜布电容和电压表形成的交流电路，不可能在电压表上产生压降，也就不会读出电压。

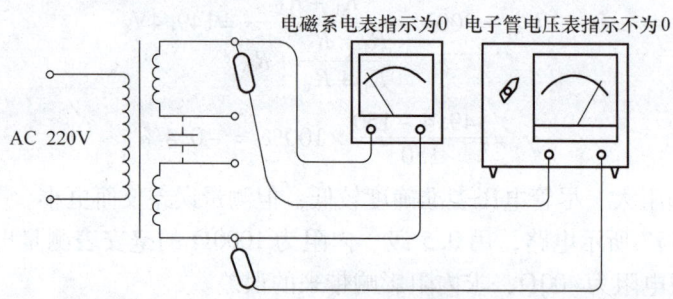

图2-78　潜布电容对测量结果的影响

5. 选择仪表的工作条件

根据使用环境和工作条件（例如是在实验室使用还是安装在开关板上）、周围环境温度、湿度、机械振动、外界电磁场强弱等选用合适的仪表。总之，选择电压表与电流表必须全面考虑各方面因素，同时应抓住主要矛盾。例如对于高频，测量时频率误差是主要的，因此要选用电子系仪表；对于高精度的测量，准确度是主要的，因此要选用准确度比较高的仪表；如果被测的两点间电阻又比较大，则应选用输入电阻比较大的电压表。

二、测量非正弦电流或电压时应注意的问题

如果被测电压或电流不是正弦波，以上原则同样适用，但测量非正弦的电压或电流需要

第二章 电流与电压的测量

考虑如何读数的问题。

1）**按峰值刻度的峰值检波电压表，测量时的读数与被测电压波形无关，可以用来测量被测电压或电流的峰值。** 但要注意当被测电压波形含有直流分量时，电压表电路中是否有隔直电容会影响读数，例如采用开路式峰值检波电路，电路中没有隔直电容，则测量的读数是正向峰值。如果采用闭路式的峰值检波电路，由于电路中有隔直电容，则测量的读数是交流分量正向峰值。如果调换输入方向，开路式可读出反向峰值，而闭路式读出的仅是交流分量反向峰值。可见，当被测电压含有直流分量时，要考虑峰值电压表的检波或放大电路是否有隔直电容以及测量时输入端的输入方向。

2）按峰-峰值刻度的峰-峰值电压表，用的是峰-峰值检波电路，由于峰-峰值本身与电压波形以及波形中是否有直流分量无关，所以峰-峰值表的读数与被测电压波形、波形中是否含有直流分量以及输入方向都无关。

3）用正弦波有效值刻度的峰值检波或均值检波电压表，它的读数只适用于正弦波，如果被测电压不是正弦波或者波形中含有直流分量，则读数都需要通过变换才能求出被测电压的真正有效值。

按正弦波有效值进行刻度的电压表，是指电压表刻度时，用的标准电压是正弦波，并按正弦波有效值进行刻度。正弦波的峰值与有效值之比称为波峰因数，它等于 1.414，正弦波有效值与平均值之比称为波形因数，它等于 1.11。如果电压表的读数是由峰值驱动的，在 1V 峰值驱动下，刻度时把指针所在位置定为 0.707V；如果电压表的读数是由平均值驱动的，在 1V 平均值驱动下，刻度时把指针所在位置定为 1.11V。而其他波形的波峰因数及波形因数与正弦波不同，因此以正弦波有效值刻度的电压表用来测量非正弦波有效值时，读数需要换算。换算的步骤如下：

1）根据电压表的电路形式或电路结构，确定电压表的读数是由幅值还是由平均值所驱动，然后按正弦波的波峰因数或波形因数将有效值读数转换为对应的驱动值。

例如均值检波的电压表，是属于平均值驱动即响应平均值的表，第一步先把仪表有效值读数转换为相应的平均值，若电压读数为 10V，换成平均值为 9V，表示被测电压的平均值为 9V。

2）根据被测电压波形的驱动值与有效值关系再转换为被测电压有效值。例如被测电压波形是半波整流后的正弦脉动波，它的波形因数为 1.57。被测电压平均值为 9V，则实际有效值应为 $1.57 \times 9V = 14.1V$。

各种不同波形的电压幅值，有效值与平均值的关系见表 2-7。

表 2-7

名称	波形	峰值	有效值	平均值
正弦波		U_m	$0.707U_m$	$0.637U_m$

（续）

名称	波形	峰值	有效值	平均值
半波整流后的正弦波		U_m	$0.5U_m$	$0.318U_m$
全波整流后的正弦波		U_m	$0.707U_m$	$0.637U_m$
三角波		U_m	$0.577U_m$	$0.5U_m$
方波		U_m	U_m	U_m
方脉冲		U_m	$U_m\sqrt{\dfrac{\tau}{T}}$	$U_m\dfrac{\tau}{T}$
锯齿波		U_m	$0.577U_m$	$0.5U_m$

（续）

名称	波形	峰值	有效值	平均值
梯形波	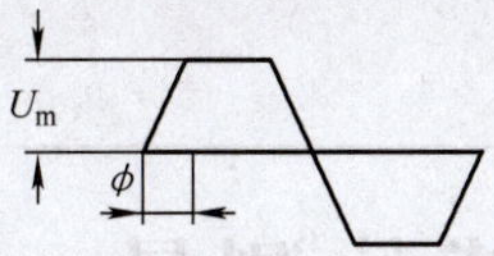 U_m, ϕ (波形图)	U_m	$\sqrt{1-\dfrac{4\phi}{3\pi}}U_m$	$1-\dfrac{\phi}{\pi}U_m$

注：表中正弦波、三角波、方波、梯形波的平均值都是指全波平均值，即取 u 绝对值积分，$U_{cp}=\dfrac{1}{T}\int_0^T |u|\sin\omega t dt$；若求这些波形的数学平均值，则数学平均值为0。

常用交流表都是用正弦波的交流进行刻度的，并且一般都刻成有效值。这些表都属于有效值电表，可以用来测量正弦波的有效值。如果要测量正弦波的平均值、峰值、峰－峰值，则可按表 2-8 的关系进行换算。

表 2-8

已知＼求	平均值	有效值	峰值	峰－峰值
平均值	—	1.11	1.57	3.14
有效值	0.900	—	1.414	2.83
峰值	0.637	0.707	—	2
峰－峰值	0.318	0.354	0.500	—

第三章

功率与电能的测量

第一节 功率与电能的测量方法

一、直流功率的测量

1. 用电流表和电压表测量直流功率

在直流电路中,直流功率的计算式为

$$P = UI \tag{3-1}$$

可见直流功率可以通过测量 U、I 值间接求得。这种间接测量法的电路如图3-1所示。图3-1a将电压表接在靠近电源一端,故所测电压为负载电压和电流表两端压降之和。图3-1b则将电压表接在靠近负载一端,故所测电流为负载电流和电压表电流之和。

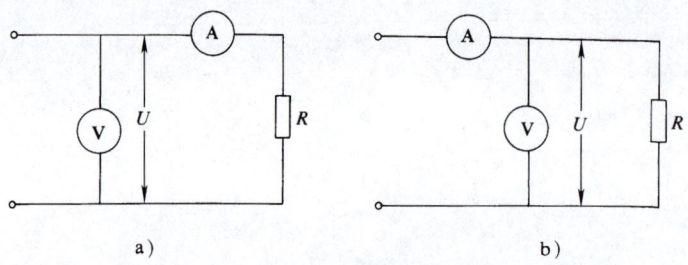

图3-1 用电压表、电流表测量直流功率

一般情况下,电流表压降很小,所以多用图3-1a所示接法。只有在负载电阻小,即低电压大电流的电路,才用图3-1b所示接法。另外在精密测量中,可以用图3-1b所示接法,然后在电流表读数中扣除电压表电流。

用这种方法测量直流功率,其测量范围受电压表和电流表测量范围的限制,常用电流表的测量范围为0.1mA~50A,电压表的测量范围为1~600V。

2. 用功率表测量直流功率

测量直流功率最方便的方法则是用电动系功率表进行直接测量。由于电动系功率表有电压线圈和电流线圈,所以和第一种方法一样,也有电压线圈接在电源端和接在负载端的区别。

3. 用直流电位差计测量直流功率

这是一种准确度比较高的方法，所以可用来校验功率表，或作为功率的精密测量之用。图 3-2 是用直流电位差计测量功率的原理图，测量时先用电位差计测量线路的电压（如果电压值超过 2V，一般就要先经过分压电阻箱分压），然后再通过转换开关把电位差计接在 R_s 两端，测量 R_s 的压降，如 R_s 为已知，则可算出电流值。最后根据两次测量的结果即可求得直流功率。为了保证电流和电压是同时出现的值，必要时可用两台电位差计同时进行测量。

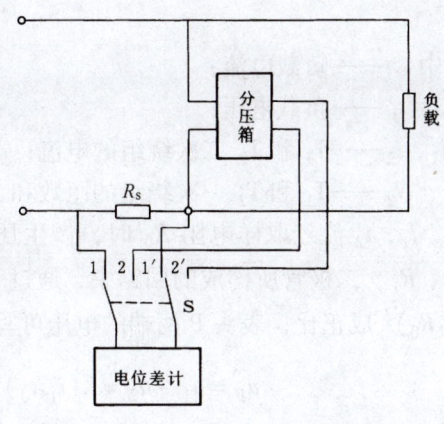

图 3-2 用直流电位差计测量直流功率

4. 用数字功率表测量直流功率

数字功率表实际上是由数字电压表配上电流电压乘法器构成的，由于数字电压表能快速又比较准确地测出电压值，所以只要功率变换器足够准确，测出的功率也就比较准确。现在数字功率表的准确度可以做到比较高，其误差可小于 0.1%，甚至小于 0.02%。

二、单相交流功率的测量

1. 用间接法测量单相交流功率

在交流电路中，交流功率可表示为有功功率、无功功率和视在功率，计算公式分别为

$$P = UI\cos\varphi \tag{3-2}$$

$$Q = UI\sin\varphi \tag{3-3}$$

$$S = UI \tag{3-4}$$

可见，视在功率 S 可以通过测量交流电压 U 和交流电流 I 而间接求出。有功功率 P 原则上也可以用间接法测量，即通过电压表、电流表、相位表分别测出 U、I、$\cos\varphi$，然后再间接算出 P 的值。由于相位表的准确度不高，所以用这种方法求有功功率用得很少。

将 S 和 P 的测量结果，代入公式 $Q = \sqrt{S^2 - P^2}$ 中，即可求得无功功率 Q。

2. 用功率表测量单相交流功率

电动系功率表既可作为直流功率表，也可以作为交流功率表，因为电动系仪表有两组线圈，它不但能反映电压与电流的乘积，而且能反映电压与电流间的相位关系，是一种测量功率的理想仪表。

磁电系仪表也可以作为功率表，但需与变换器配合构成变换式功率表，这种仪表由于结构简单、准确度高、抗干扰能力强等优点，所以现在使用的也很普遍。特别是安装式功率表，很多都采用这种结构。

图 3-3 是单相交流变换式功率表的原理图，其中 T_1、T_2 为互感器，它的一次绕组有两个线圈，分别与被测电路并联和串联，这样，二次绕组的电流就可由下式决定

$$i_1 = \frac{N_1}{N_2}\left(\frac{u}{R_A} + i\right) \tag{3-5}$$

$$i_2 = \frac{N_1}{N_2}\left(\frac{u}{R_A} - i\right) \tag{3-6}$$

式中　　i——负载电流；

　　　　u——负载电压；

　　i_1、i_2——T_1 和 T_2 二次绕组的电流；

　　N_1、N_2——T_1 和 T_2 一次绕组的匝数和二次绕组的匝数，并设 $N_1 = N_2$。

i_1、i_2 流经取样电阻 R_0 时，产生压降 $i_1 R_0$ 和 $i_2 R_0$，根据晶体二极管的伏安特性，在 R_0、R_1、二极管所构成的回路中，通过 R_1 的电流和 R_1 上的压降 u_1、u_2 分别与 $(i_1 R_0)^2$ 和 $(i_2 R_0)^2$ 成正比，表头 P 两端的电压可写成

$$u_P = u_1 - u_2 = K(i_1 R_0)^2 - K(i_2 R_0)^2 = K\left(\frac{N_1}{N_2}\right)^2 R_0^2 \left(4\frac{1}{R_A} ui\right) \tag{3-7}$$

式中　　K——比例常数（K 的大小取决于二极管的伏安特性及回路电阻 R_0、R_1 的大小）。

因为磁电系仪表的指针偏转正比于被测电压平均值，所以图3-3中的表头 P 的指针偏转角正比于电压 u_P 的平均值。设式（3-7）中各参量为常数，表头的指针偏转角正比于 ui 的平均值。ui 的平均值就是有功功率，所以表头 P 可以用有功功率刻度。

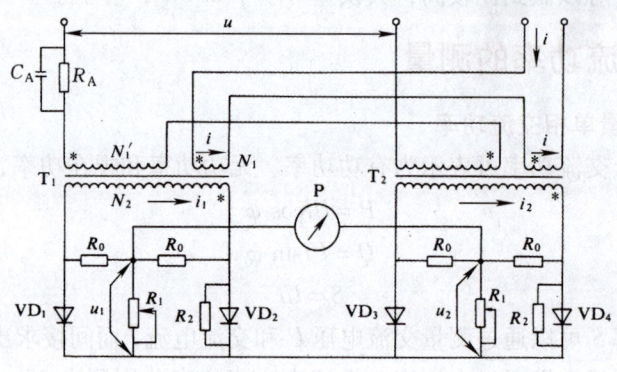

图 3-3　单相交流变换式功率表的原理图

三、三相功率的测量

三相有功功率可以用单相功率表分别测出各相功率，然后求其总和，即所谓三表法。在一些特殊情况下，例如完全对称的三相制，也可以用一表法；三相三线制，也可以用二表法。关于三相功率的测量可参看本章第四节。

三相无功功率和单相交流电路一样也可以采用间接法，先求得三相有功功率和视在功率，然后计算出无功功率，也可以通过测量电压、电流和相位计算求得。三相无功功率表的接线和三相无功电能表的接线相似，只是将本章第七节中的电能表改为功率表。

四、电能的测量

测量电能普遍使用电能表，直流电能表多为电动系，交流电能表一般用感应系或静止式电子电能表。

当然也可以采用间接法测量电能，即用功率表测出功率 P，用测时仪器测出时间 t，然后算出电能。这种方法只适用于功率在被测时间范围内保持不变的场合，但由于功率表、测时仪器的准确度大大超过电能表的准确度，所以可用这种方法校准电能表。

第二节　电动系功率表

一、工作原理

电动系功率表电路如图 3-4 所示，它有两个线圈，其中固定线圈 1 与负载串联，以反映负载的电流；可动线圈 2 串接一定的附加电阻，然后与负载并联，以反映负载的电压。

如果功率表接在直流电路上，则通过线圈 1 的电流 I_1，就等于负载电流 I，即

$$I_1 = I \tag{3-8}$$

通过可动线圈 2 的电流 I_2，在附加电阻和线圈电阻保持不变的情况下，正比于负载两端的电压 U，即

$$I_2 = \frac{U}{R_2} \tag{3-9}$$

式中　R_2——可动线圈的电阻 R_2' 和附加电阻 R_{ad} 之和，以后把电阻 R_2 称为电压电路电阻。

根据第二章介绍的电动系仪表原理，当 $\dfrac{dM_{12}}{d\alpha}$ 为常数时，其指针偏转角与两线圈电流乘积成正比，将式（3-8）和式（3-9）代入式（2-52）得

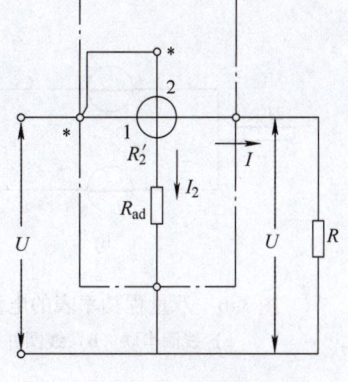

图 3-4　电动系功率表

$$\alpha = KI_1 I_2 = KI\frac{U}{R_2} = K_P P \tag{3-10}$$

式中　$K_P = \dfrac{K}{R_2}$。

如果功率表接在直流电路上，则功率表指针偏转角与功率 P 成正比。如果功率表接在交流电路上，并假设附加电阻 R_{ad} 较大，并联支路的感抗可略去不计，则并联支路电流 $I_2 = \dfrac{U}{Z} = \dfrac{U}{R_2}$，固定线圈电流 $I_1 = I$，又由于并联支路已假定为阻性电路，I_2 与 U 同相，所以 I_1 与 I_2 之间的相位差 ψ 就等于 U 与 I 之间的相位差 φ，其相位关系如图 3-5 所示。

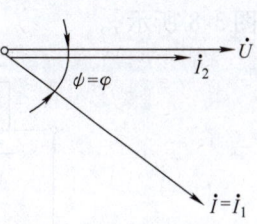

图 3-5　功率表相量图

将以上关系代入电动系仪表指针偏转角 α 的关系式（2-57）得

$$\alpha = KI_1 I_2 \cos\psi = KI\frac{U}{R_2}\cos\varphi = K_P P \tag{3-11}$$

式中　U、I——交流电压与交流电流的有效值。

可见，电动系功率表既可用来测量直流功率，也可用来测量交流功率，并且可用同一刻度。

二、功率表量程的扩大

扩大功率表的量程应包括扩大功率表的电流量程或者扩大功率表的电压量程。

改变电流量程，通常可将固定线圈接成串联或并联，例如串联时电流量程为 I，并联时即变为 $2I$，如图 3-6 所示。由于电路电流变大了，而驱动功率表线圈的安匝数仍保持不变，也就是指针摆动的角度不变，所以量程也就扩大了。

改变电压量程一般加附加电阻，功率表的附加电阻多数为内附式多量程结构（见图 3-7）。交流功率表扩大量程则多利用互感器。

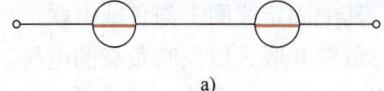

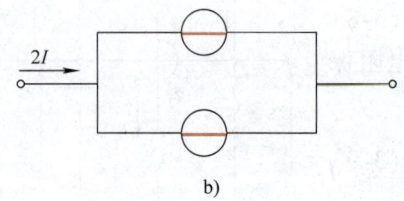

图 3-6　双量程功率表的电流回路
a）线圈串联　b）线圈并联

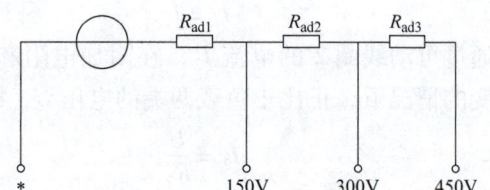

图 3-7　功率表的电压回路

三、功率表的正确使用

1. 功率表的正确接线

电动系仪表的力矩方向与两个线圈的电流方向有关。为此要规定一个能使指针正向偏转的电流方向，即功率表接线要遵守"电源端"守则。

"电源端"用符号"＊"或"±"表示，接线时要使两个线圈的"电源端"接在电源的同一极性上，以保证两个线圈电流都能从该端子流入。按此原则，正确接线有两种方式，如图 3-8 所示。

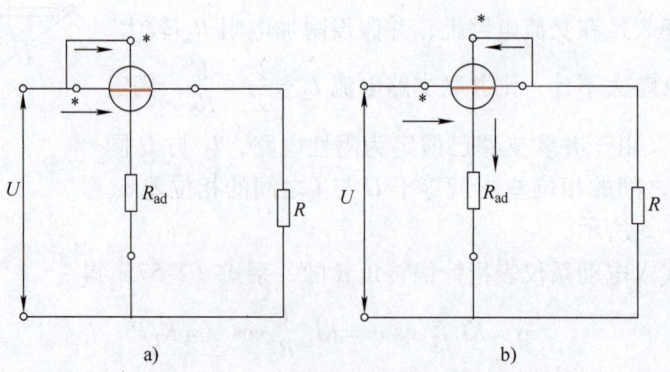

图 3-8　功率表的正确接线

图 3-9 是几种错误接线，图 3-9a 和图 3-9b 不论按实线还是按虚线接法都是错误的，因

为都是一个线圈电流从"*"号流进,另一个线圈电流又从"*"号流出。对于图 3-9c,从电流的流向来看,指针不会反向偏转,它的错误在于并联支路的电压降在 R_{ad} 上。固定线圈与可动线圈之间的电位差等于负载电压,它们之间有一个很强的电场,既会形成附加力矩造成附加误差,又会有击穿绝缘的危险。同理,图 3-9b 不但方向接错,R_{ad} 的位置也接错了。

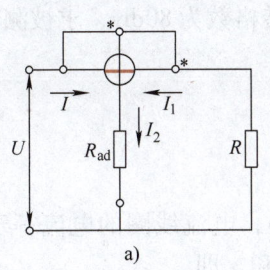 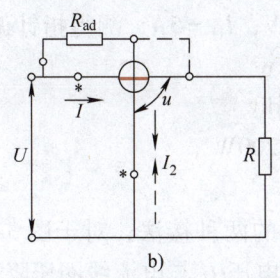 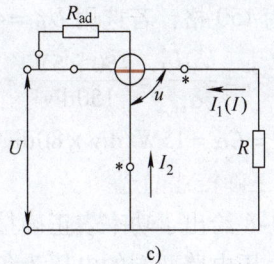

a)　　　　　　　　　　b)　　　　　　　　　　c)

图 3-9　功率表的错误接线

在测量三相功率时,有时接线并没有错误,但由于三相相位的关系,指针也会反偏(见本章第四节)。遇此情况,可将其中一个线圈的电流调换一个方向。但调换后读出数值为负。有的功率表电压线圈支路专门设一个换向开关,以便换接。如果使用互感器,也应遵循"电源端"守则,如图 3-10 所示。电流互感器一次绕组接电源端为 L_1,对应二次绕组的 K_1 应接功率表的"电源端",电压互感器一次绕组接电源端为 A,对应二次绕组的 a 端也应接功率表的"电源端"。

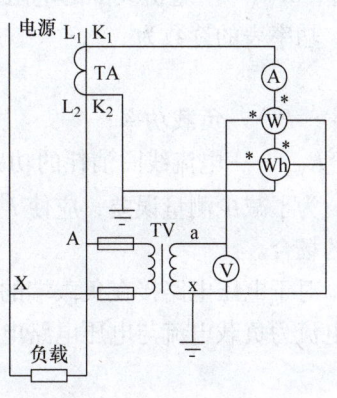

图 3-10　使用互感器连接功率表的正确接法

2. 量程的选择

功率表量程包括功率、电压、电流三个因素。功率量程表示负载功率因数 $\cos\varphi = 1$,电流和电压均为额定值时的乘积。若 $\cos\varphi < 1$,即使电压与电流均已达到额定值,功率表指针也不会指到满度。可见选择功率表的量程,实际就是选择功率表的额定电流和额定电压。在实际测量中,为保护功率表,通常要接入电流表和电压表,以监视负载电流和电压不要超过功率表的额定电流和额定电压,以免烧坏电表。

3. 功率表的读数

通常功率表的标尺只有刻度,而不标出具体数值。有的功率表还可以更换接法,改变电压和电流的额定量程,但标尺也仍然只有一个。所以被测功率数值的大小,无法从标尺上直接读出。要先读出格数,然后通过功率表常数进行换算,功率表常数是指某个功率表在某个量程时,每一分格所代表的瓦数,即

$$C = \frac{U_H I_H}{\alpha_m} \tag{3-12}$$

式中　U_H——所接量程的电压额定值;
　　　I_H——所接量程的电流额定值;

α_m——功率表标尺的满刻度格数。

有了功率表常数，便可根据所读出的格数，求出被测功率的具体数值

$$P = C\alpha \tag{3-13}$$

式中 α——被测功率产生的指针偏转格数。

例 3-1 某功率表的电压与电流额定值分别为 $U_H = 450V$ 和 $150V$，$I_H = 5A$ 和 $10A$，标尺刻度为 150 格，若选用 $U_H = 450V$，$I_H = 5A$，测得指针偏转格数为 80div，求被测功率。

解 $C = \dfrac{U_H I_H}{\alpha_m} = \dfrac{450 \times 5 W}{150 \text{div}} = 15 \dfrac{W}{\text{div}}$

$P = C\alpha = 15 W/\text{div} \times 80 \text{div} = 1200 W$

4. 正确接线的选择

图 3-8 给出了功率表正确接线的两种接法，对于图 3-8a，电流线圈的电流等于负载电流，但电压电路两端的电压为负载电压 U 与电流线圈压降之和，即

$$U_{WV} = U + U_{WA} = U + IR_{WA} \tag{3-14}$$

式中 R_{WA}——电流线圈的电阻。

功率表的读数为

$$P_W = P + I^2 R_{WA} \tag{3-15}$$

式中 P——负载功率；

$I^2 R_{WA}$——电流线圈消耗的功率。

为了减少测量误差，应使 $I^2 R_{WA}$ 尽量小，所以这种电路适用于 $R_{WA} \ll R$，即负载电阻较大的场合。

对于电压电路接在负载端图 3-8b，电压电路两端的电压为负载电压 U，但电流线圈的电流为负载电流与电压电路电流之和，即

$$I_{WA} = I + I_{WV} = I + \dfrac{U}{R_{WV}} \tag{3-16}$$

式中 R_{WV}——电压电路的电阻。

功率表的读数为

$$P_W = P + \dfrac{U^2}{R_{WV}} \tag{3-17}$$

为了减少测量误差，应使 $\dfrac{U^2}{R_{WV}}$ 尽量小，所以这种电路适用于 $R_{WV} \gg R$，即负载电阻较小的场合。

一般情况下，因为电流线圈的功耗比电压电路的功耗小，如果略去电流线圈的功耗不计，采用电压电路接电源端的电路比较好。

在精密测量时，或电源本身的功率不大，而仪表的损耗不容忽略时，功率表的读数中应引入校正值，即从读数中减去仪表本身的消耗功率。而且因为电压电路的阻抗值都标明在标尺刻度盘上，可根据负载电压求得电压电路的消耗功率，不像电流线圈，其表耗功率会随着负载电流而变，所以此时采用电压电路接负载端比较好。

第三节 低功率因数功率表

普通功率表满偏转的条件是：外加电压和电流达到额定值，功率因数 cos φ = 1。如果用它测量低功率因数的负载，例如测量一个功率因数 cos φ = 0.1 的空载变压器，当该变压器外加电压和电流都等于功率表的额定值时，功率表的指针也只能偏转到满刻度的 1/10 位置。这种情况，不仅测量时读数不便，而且由于仪表转动力矩小，其他因素造成的影响会使测量结果的误差加大。例如电压线圈附加电阻的电感造成的相角误差、摩擦误差、仪表本身消耗功率造成的附加误差等。因此，在测量低功率因数电路功率的时候，最好采用低功率因数功率表。

低功率因数功率表的主要特点是仪表具有较高的灵敏度，能够在额定电压、额定电流、cos φ = 0.1 或 0.2 的条件下，使指针偏转到满刻度。同时通过改进仪表结构，采取一些补偿措施，可使得仪表误差减小。当然低功率因数功率表只适用于低功率因数的负载，如果在额定电压、额定电流和高 cos φ 条件下测量，指针就会超过满度。下面介绍三种采用不同方法减少误差的低功率因数功率表。

一、应用补偿线圈的低功率因数功率表

在讨论功率表的正确接线时曾指出，对于电压电路接负载端的电路，表耗功率为 $P_W = U^2/R_{WV}$，如果负载功率因数很低，被测功率很小，则表耗功率造成的误差将很大，如果用普通功率表测量，则应从功率表读数中减去这部分表耗功率。

补偿线圈式低功率因数功率表，正是根据这一原理制成。在并联的电压电路中串联了一个补偿线圈 3（见图 3-11），它的匝数及结构与电流线圈相同。但绕向相反地绕在电流线圈上，所产生的磁场（与电压电路的电流 I_2 有关）将抵消部分的电流线圈所形成的磁场，抵消部分相当于电压电路电流 I_2 所造成的功耗。这就等于从功率表的读数中自动减去并联电路的功率损耗。

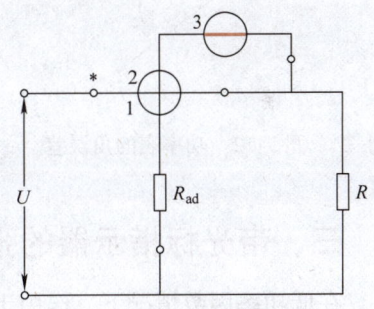

图 3-11 具有补偿线圈的低功率因数的功率表

由于这个补偿就是对电压电路接在负载端的补偿，所以这种功率表不能将电压电路接在电源端。

二、应用补偿电容的低功率因数功率表

在讨论功率表测量单相交流功率的原理时，曾忽略并联电路（即由电压线圈和附加电阻组成的电压电路）的感抗，认为该支路电压与电流的相位差为零，即 $\widehat{UI_2} = 0$。实际上，电压电路不可避免地包含有感抗，电流总要比电压滞后一个相位角 θ，如图 3-12 所示，θ 也叫作角误差，式（3-11）$\alpha = K_P UI\cos \varphi$ 是在 $\theta = 0$ 的条件下导出的，如果 $\theta \neq 0$，则

$$I_2 = \frac{U}{Z_2} = \frac{U}{R_2}\cos \theta \tag{3-18}$$

如果 U 与 I 的相位差为 φ，则 I_2 与 I_1 的相位为 $\psi = \varphi - \theta$，代入式（3-11）得

$$\alpha_\theta = KI_1 I_2 \cos\psi = K_P I_1 U \cos\theta\cos(\varphi - \theta) \quad (3\text{-}19)$$

式中 α_θ——$\theta \neq 0$ 时功率表指针偏转角。

比较式（3-11）和式（3-19）可知，由于存在角误差 θ，使功率表指针偏转角产生的相对误差为

$$\gamma_\theta = \frac{\alpha_\theta - \alpha}{\alpha} = \frac{\cos\theta\cos(\varphi - \theta) - \cos\varphi}{\cos\varphi}$$

$$= (\cos\theta + \tan\varphi\sin\theta)\cos\theta - 1 \quad (3\text{-}20)$$

式（3-20）说明，功率因数越低，$\tan\varphi$ 越大，由角误差引起的相对误差 γ_θ 越大，这就说明用一般功率表测量低功率因数条件下的功率会有很大误差。针对这个问题，带补偿电容的低功率因数功率表，在附加电阻 R_{ad} 上并联一个电容 C，从而使并联电路成了一个纯阻性电路，即 $\theta = 0$，也就消除了误差 γ_θ。图 3-13 所示的 D34–W 型低功率因数功率表，就是按此原理制成的。

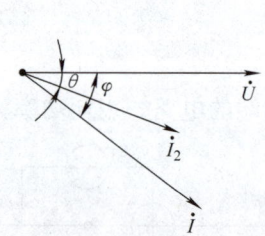

图 3-12 功率表的角误差

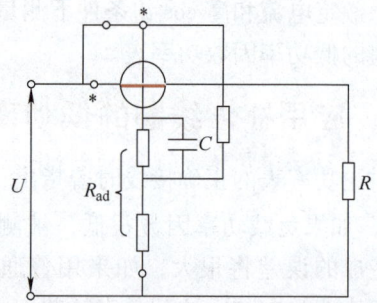

图 3-13 带补偿电容的低功率因数功率表

三、带光标指示器的张丝结构的功率表

在低功率因数情况下，作用于功率表可动部分的力矩很小，这时摩擦力矩的影响相对变强。为此可采用张丝结构代替轴承，一方面消除轴承摩擦，另一方面提高仪表灵敏度，以实现低功率因数条件下的功率测量。D5–W 低功率因数功率表就是这样结构的仪表。

低功率因数功率表的满偏条件是，电压等于额定电压 U_H，电流等于额定电流 I_H，功率因数等于额定功率因数（一般这种表的额定 $\cos\varphi_H = 0.1$ 或 0.2），所以功率表常数为

$$C = \frac{U_H I_H \cos\varphi_H}{\alpha_m} \quad (3\text{-}21)$$

已知功率表指针偏转格数 α 之后，可求得被测功率为

$$P = C\alpha \quad (3\text{-}22)$$

一般功率表的额定功率因数 $\cos\varphi_H = 1$，所以需要用电压表与电流表监视电路的电压与电流，防止在 $\cos\varphi < 1$ 的情况下，功率表指针虽未达到满偏位置，但电压或电流却已超过额定允许值。

在低功率因数功率表中，$\cos\varphi < \cos\varphi_H$ 和 $\cos\varphi > \cos\varphi_H$ 的两种情况都可能发生，遇到后一种情况，电压电流虽未达到额定值，但功率表却已超过满偏位置，所以使用中还要注意

功率表的指针位置。

第四节　三相功率的测量

工程中广泛采用三相交流电。测量三相电路的功率可以用单相功率表或三相功率表。功率表结构有电动系、铁磁电动系和变换式功率表等几种形式，测量方法常用的有以下几种。

一、一表法测三相对称的负载功率

在对称三相系统中，如果负载也是对称的，则可用一只功率表测量其中一相负载功率，三相总功率等于功率表读数乘3，即

$$P = 3P_1 \tag{3-23}$$

式中　P——三相总功率；
　　　P_1——单相功率表读数。

一表法的接线如图3-14所示。但这种方法只能用于三相电压对称，而且负载对称。

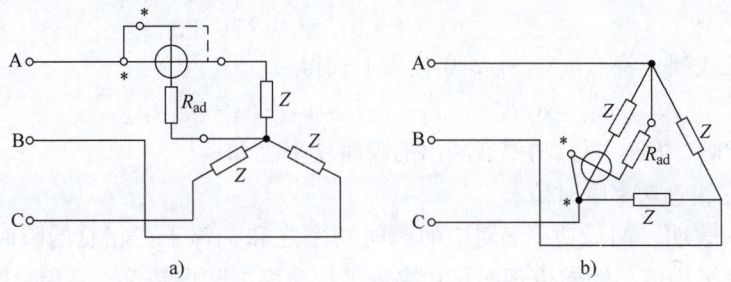

图 3-14　一表法测三相功率
a) 星形联结对称负载　b) 三角形联结对称负载

二、二表法测三相三线制的功率

二表法适用于三相三线制，不论负载对称或不对称都可以使用。

设负载为星形联结，功率表接线如图3-15所示，每只功率表所测电流为线电流（但也等于相电流），电压为线电压，功率表读数由下式决定（U_{AB}为A、B线间电压，U_{BC}为B、C线间电压，U_{CA}为C、A线间电压，下同）

$$P_1 = U_{AC} I_A \cos(\dot{U}_{AC} \dot{I}_A)$$

$$P_2 = U_{BC} I_B \cos(\dot{U}_{BC} \dot{I}_B)$$

可以证明，两只功率表读数P_1、P_2之和等于三相交流总功率。

从图3-15可以看出，功率表PW_1、PW_2所反映的瞬时功率分别为

$$p_1 = u_{AC} i_A$$
$$p_2 = u_{BC} i_B$$

对于星形联结的负载有

$$u_{AC} = u_A - u_C$$

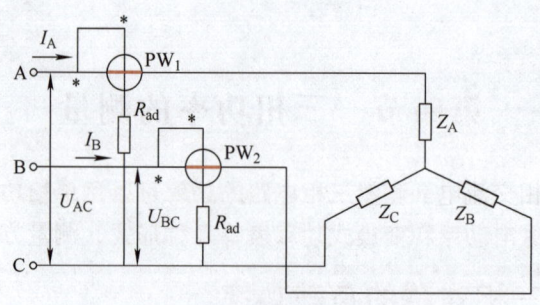

图 3-15 二表法测三相功率

$$u_{BC} = u_B - u_C$$

式中 u_{AC}、u_{BC}——线电压瞬时值；
u_A、u_B、u_C——相电压瞬时值。

$$p_{12} = p_1 + p_2 = u_{AC}i_A + u_{BC}i_B$$
$$= (u_A - u_C)i_A + (u_B - u_C)i_B$$
$$= u_A i_A + u_B i_B - (i_A + i_B)u_C$$

对于三相三线制，将 $i_A + i_B + i_C = 0$ 代入上式得

$$p_{12} = u_A i_A + u_B i_B + u_C i_C = p_A + p_B + p_C = p_\Sigma \tag{3-24}$$

式中 p_{12}——PW_1、PW_2 两只功率表测出的瞬时功率之和；
p_Σ——三相总功率瞬时值。

式（3-24）表明，两只功率表对应的瞬时功率之和，等于三相总的瞬时功率，但功率表测出的是功率平均值，同样道理两只功率表平均功率之和也是等于三相总的平均功率。

$$P_\Sigma = \frac{1}{T}\int_0^T (p_A + p_B + p_C)dt = \frac{1}{T}\int_0^T (p_1 + p_2)dt = \frac{1}{T}\int_0^T (u_{AC}i_A + u_{BC}i_B)dt$$
$$= U_{AC}I_A \cos(\dot{U}_{AC}\dot{I}_A) + U_{BC}I_B \cos(\dot{U}_{BC}\dot{I}_B)$$
$$= P_1 + P_2 \tag{3-25}$$

式（3-25）进一步说明，只要是三相三线制、满足 $i_A + i_B + i_C = 0$，不论负载是否对称，电压是否对称，三相总功率都可用二表法测得。如果负载对称、电源对称，即

$$U_{AB} = U_{BC} = U_{CA} = U_L$$
$$I_A = I_B = I_C$$

则式（3-25）可改写为

$$P = U_{AC}I_A \cos(\dot{U}_{AC}\dot{I}_A) + U_{BC}I_B \cos(\dot{U}_{BC}\dot{I}_B)$$
$$= U_L I_L \cos(30° - \varphi) + U_L I_L \cos(30° + \varphi) \tag{3-26}$$

式中 U_L——线电压；
I_L——线电流。

其相量图如图 3-16 所示。

若负载为阻性，$\varphi = 0$，则两表读数相等，即有

$$P = P_1 + P_2 = 2P_1 （或 2P_2）$$

若负载功率因数为 0.5（即 $\varphi = \pm 60°$），则其中一只功率表读数为零，即有

$$P = P_1 + P_2 = P_1（或 P_2）$$

若负载功率因数小于 **0.5**（即 $|\varphi| > 60°$），则其中一只功率表的读数为负值。为了获得 P 读数，应该用一极性转换开关将电压线圈或电流线圈的电流方向改变，使其正向偏转，但计算总功率时，这个表读出的值应为负值，即

$$P = P_1 + (-P_2) = P_1 - P_2 \quad (3-27)$$

综上所述，用两表法测三相功率，总功率应为两表读数的代数和。

三、三表法测三相四线制的功率

三相四线制的负载一般是不对称的，三相电压也可能有差异，此时需要用三只功率表分别测出各相功率，而三相总功率则等于三只功率表读数之和。三表法的接线如图 3-17 所示。

二表法或三表法测量三相功率，可以用单相功率表，也可以用三相功率表。三相功率表的结构有二元件和三元件之分。**二元件三相功率表实质上等于两只单相功率表**，但是将两只表的可动部分装在一个公共转轴上，只有一个指针，因此转轴上的力矩等于两个可动部分力矩的代数和。但只能按二表法进行接线，从指针位置可以直接

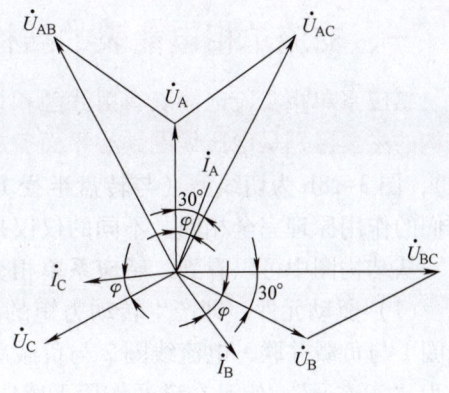

图 3-16 三相对称负载的相量图

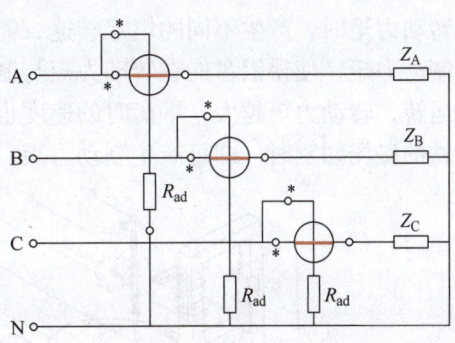

图 3-17 三表法测三相功率

读出三相总功率值。**三元件三相功率表相当于三个共轴的单相功率表**，因此可以按三表法接线测出三相功率。二元件只适用于三相三线制，三元件则适用于三相四线制。

第五节　感应系电能表及电能的测量

利用固定的交流磁场与由该磁场在可动部分的导体中所感应的电流之间的作用力而工作的仪表称为感应系仪表，常用的交流电能表（电能表俗称电度表）就是一种感应系仪表。

电能表用于测量从电源送给负载的电能量。它等于负载消耗的功率与时间乘积的积分，如用 W 表示，则

$$W = \int_{t_1}^{t_2} p \, dt \quad (3-28)$$

从式（3-28）中可以看出：电能表不仅要反映负载消耗的功率，而且要反映随着时间的推移，消耗能量的积累总和。所以电能表和一般指示仪表的主要区别是用计算总和的积算机构代替指针和标尺。积算机构由一系列齿轮、字轮构成，所以要求有较大的驱动转矩，而感应系仪表正可满足这个要求。

一、交流单相电能表的结构

感应系单相交流电能表有射线型和切线型两种形式,图 3-18 是它的结构示意图,两种结构的主要区别是电压线圈铁心平面安放位置不同。图 3-18a 为射线型(与转盘半径方向一致),图 3-18b 为切线型(与转盘半径方向垂直)。两种结构同样都能产生三个交变磁通,它们的作用原理完全相同,不同的仅仅是电压线圈的安装位置。

从结构图中可以看到,感应系单相交流电能表主要由以下几个部分组成。

(1) 驱动元件 即产生转动力矩的元件,包括固定线圈和可动铝盘。固定线圈有电压线圈 1 与负载并联,电流线圈 2 与负载串联;两线圈产生的三个交变磁通,都穿过铝盘,故名为"三磁通",铝盘在磁通作用下感应涡流,并与磁通相互作用,产生电磁力,驱使铝盘转动。

(2) 制动元件 铝盘在转动力矩的作用下,做的是加速度运动,为了使铝盘能在不同的转动力矩时,产生不同的恒定转速,需要用一个与速度成一定比例,方向与转动力矩相反的制动力矩,使得铝盘能在转动力矩与制动力矩的共同作用下达到平衡,这时铝盘就能做恒速运转,转动力矩越大,平衡时的速度也越大。制动力矩由永久磁铁 3 产生,当铝盘与永久磁铁的磁场切割时,即可产生制动力矩。

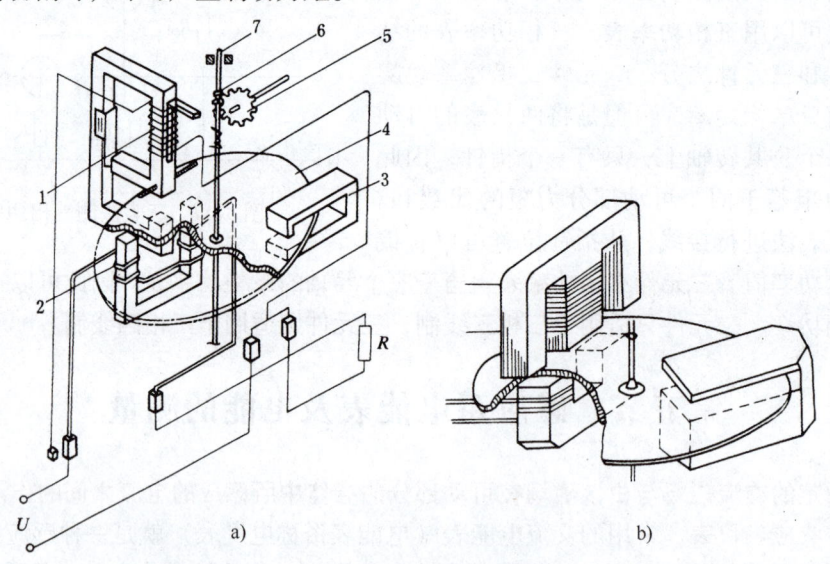

图 3-18 电能表结构示意图

1—电压线圈 2—电流线圈 3—永久磁铁 4—铝盘 5—蜗轮 6—蜗杆 7—转轴

(3) 积算机构 用来计算电能表铝盘的转数,以实现电能的测量和积算。积算机构包括安装在转轴 7 上的蜗杆 6、蜗轮 5,以及由齿轮和字轮组成的计数器。

此外还有轴承、支架、接线盒,以及有关调节装置如轻载调整、相位角调整、温度补偿装置等。

二、交流单相电能表的工作原理

电压线圈通入交流电压之后,产生两部分交变磁通,穿过铝盘的部分 Φ_U 称为工作磁

第三章　功率与电能的测量

通，不穿过铝盘而自行闭合的部分 Φ_f 称为非工作磁通。调节 Φ_f 的大小可以改变 Φ_U 与电压 U 的相位差。

电流线圈通入负载电流后，产生交变磁通 Φ_I，Φ_I 二次穿过铝盘，分别标以 Φ'_I、Φ''_I，如图 3-19 所示。

三个交变磁通中 Φ_U、Φ'_I、Φ''_I 穿过铝盘，会分别感应出涡流 i_{eU}、i'_{eI}、i''_{eI}。磁通与涡流之间相互作用产生的电磁力矩，驱使铝盘转动。

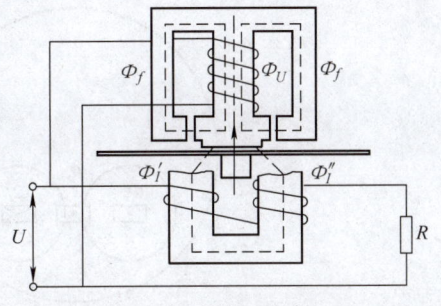

图 3-19　电能表磁通分布图

铝盘转动也可以看成是"移进磁场"的推动，因为交变磁通 Φ_U、Φ'_I、Φ''_I，不但它们所处的空间不同，而且交变的初相也不同。两者结合起来就形成了所谓"移进磁场"。可以证明，移进磁场的移进方向是从相位超前的磁通位置移向相位滞后的磁通位置，这也是驱动铝盘转动的方向。

1. 铝盘的驱动力矩

假定电能表是在理想情况下工作，所谓理想情况，即认为电压和电流线圈的铁心不饱和；无损耗，因此在理想相量图中，电流 $\dot I$、$\dot I_U$ 总是与该电流产生的磁通 $\dot \Phi_I$、$\dot \Phi_U$ 同相。电压线圈感抗大，可略去电阻影响，视之为纯电感，即电压线圈的电流 $\dot I_U$ 滞后电压 $\dot U$ 90°，如图 3-20 所示。

在图 3-20 中，设负载为感性，其功率因数角为 φ，电压线圈铁心磁路气隙很大，认为 $\dot \Phi_U$、$\dot I_U$ 同相，$\dot \Phi_U$ 感应电动势 $\dot E_{eU}$ 的相位比 $\dot \Phi_U$ 滞后 90°，忽略铝盘电抗时，可认为感应电动势 $\dot E_{eU}$ 与所产生的涡流 $\dot I_{eU}$ 同相。同理认为 $\dot \Phi_I$ 与 $\dot I$ 同相，感应电动势 $\dot E_{eI}$ 相位上比 $\dot \Phi_I$ 滞后 90°，$\dot I_{eI}$ 与 $\dot E_{eI}$ 同相。$\dot \Phi_I$、$\dot \Phi_U$ 的相位差为 $\psi = 90° - \varphi$，若以 $\dot \Phi_I$ 相位为标准，则

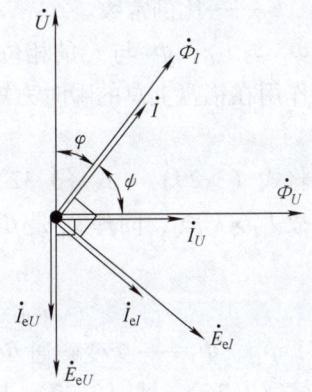

图 3-20　电能表理想情况下相量图

$$\phi_I = \sqrt{2}\Phi_I \sin \omega t \tag{3-29}$$

$$\phi_U = \sqrt{2}\Phi_U \sin (\omega t - \psi) \tag{3-30}$$

$$i_{eI} = \sqrt{2}I_{eI} \sin (\omega t - 90°) \tag{3-31}$$

$$i_{eU} = \sqrt{2}I_{eU} \sin (\omega t - \psi - 90°) \tag{3-32}$$

为分析方便，我们假定 Φ'_I 和 Φ_U 自下而上穿过铝盘时为正方向（标以符号"·"），Φ''_I 的正方向为自上而下（标以符号"×"），各感应涡流的正方向按右手螺旋定则从磁通正方向推得。各量方向如图 3-21 所示。

i_{eI} 穿过 Φ_U 所在位置并与 Φ_U 作用，产生的力矩为 m_{t1}，力矩方向为逆时针，其表示式为

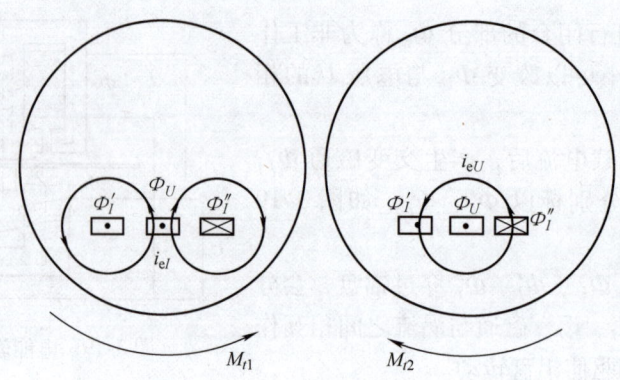

图 3-21 铝盘的转矩

$$m_{t1} = k_1 \Phi_U i_{eI} \tag{3-33}$$

式中 k_1——比例常数。

i_{eU} 穿过 Φ_I 所在位置并与 Φ_I 作用,产生的力矩为 m_{t2},力矩方向为顺时针,其表示式为

$$m_{t2} = k_2 \Phi_I i_{eU} \tag{3-34}$$

式中 k_2——比例常数。

Φ_U 与 i_{eU},Φ_I 与 i_{eI} 的相位差为 90°,不会产生力矩,或者说它们的力矩平均值都为零。作用在铝盘上总的瞬时力矩为

$$m = m_{t1} - m_{t2} \tag{3-35}$$

将式(3-29)~式(3-32)代入式(3-33)和式(3-34),并注意到 i_{eI} 是 Φ_I 感应产生的,故 $I_{eI} = k'\Phi_I$,同理 i_{eU} 是 Φ_U 感应产生的,故 $I_{eU} = k'\Phi_U$,经化简后可得

$$m_{t1} = K_1 \Phi_U \Phi_I [\sin \psi - \sin(2\omega t - \psi)] \tag{3-36}$$

$$m_{t2} = K_2 \Phi_U \Phi_I [-\sin \psi - \sin(2\omega t - \psi)] \tag{3-37}$$

式中 Φ_U、Φ_I——交变磁通 Φ_I、Φ_U 的有效值。

式(3-36)、式(3-37)表明,铝盘所受的瞬时力矩是一个脉动力矩,其中包括恒定分量 $K_1 \Phi_U \Phi_I \sin \psi$ 和两倍于电源频率的交流分量 $K_1 \Phi_U \Phi_I \sin(2\omega t - \psi)$。

由于铝盘转动惯量很大,它的偏转取决于力矩在一个交流周期内的平均值,而平均值显然就取决于式(3-36)、式(3-37)的恒定分量。

$$M_{cp1} = \frac{1}{T} \int_0^T m_{t1} dt = K_1 \Phi_U \Phi_I \sin \psi \tag{3-38}$$

$$M_{cp2} = \frac{1}{T} \int_0^T m_{t2} dt = -K_2 \Phi_U \Phi_I \sin \psi \tag{3-39}$$

作用在铝盘上总的平均力矩为

$$M_{cp} = M_{cp1} - M_{cp2} = K_1 \Phi_U \Phi_I \sin \psi - (-K_2 \Phi_U \Phi_I \sin \psi)$$
$$= K \Phi_U \Phi_I \sin \psi \tag{3-40}$$

式中 $K = K_1 + K_2$。

式(3-40)表明,**铝盘所受总力矩不仅与磁通 Φ_U、Φ_I 有关,且必须保证 Φ_U 与 Φ_I 不同相,使 $\psi \neq 0$,否则铝盘将不转动。因此电能表在三种情况下,即 $U = 0$、$I = 0$、Φ_U 与 Φ_I 同相时,铝盘都不转动,其中 Φ_U 与 Φ_I 同相表示负载功率因数为 0。**

在磁路不饱和时，Φ_U 将正比于 I_U，I_U 又与 U 成正比，故有 $\Phi_U = KU$。同理，Φ_I 正比于负载电流 I，即 $\Phi_I = KI$。假如满足上述电能表理想条件，按图 3-20 相量图可知

$$\psi = 90° - \varphi$$

代入式（3-40）并代入 $\Phi_U = KU$、$\Phi_I = KI$，得

$$M_{cp} = K\Phi_U\Phi_I\sin\psi = K\Phi_U\Phi_I\sin(90° - \varphi) = K_W P \tag{3-41}$$

式（3-41）表明，电能表铝盘力矩与负载功率成正比。但应指出，若 $\psi = 90° - \varphi$ 条件不能满足，式（3-41）也就不成立。实际上，由于铁心总是存在损耗，线圈总是有电阻，I_U 与 Φ_U、I 与 Φ_I 不能同相，U 与 I_U 的相位差也略小于 $90°$，为了保证铝盘力矩正比于负载功率，可以通过相位调节使 $\psi = 90° - \varphi$（调节相位是通过改变电流线圈上短路匝位置实现的）。

2. 铝盘的转数与被测电能的关系

铝盘在转动力矩作用下，将越转越快，但由于铝盘旁边还装有制动磁铁，当铝盘以 ω 转速转动时，铝盘切割永久磁铁的磁通 Φ_M，并感应产生涡流 i_M，i_M 与 Φ_M 相互作用，产生制动力矩 M_T，其方向与转动力矩方向相反（见图 3-22）。

$$M_T = k\Phi_M i_M \tag{3-42}$$

涡流 i_M 与铝盘切割 Φ_M 的速度有关，即

$$i_M = k_M \Phi_M \omega \tag{3-43}$$

代入式（3-42）得

$$M_T = K\Phi_M^2 \omega = q\omega \tag{3-44}$$

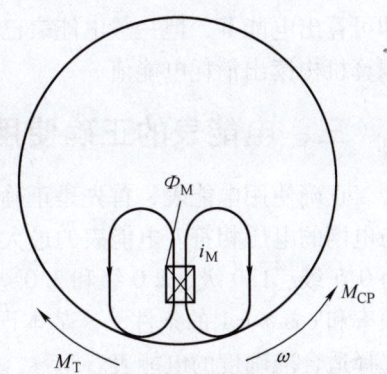

图 3-22 电能表制动力矩

式中 $q = K\Phi_M^2$。

式（3-44）表明，当 Φ_M 不变时，M_T 与铝盘转速 ω 有关。铝盘在转动力矩作用下，有越转越快的趋势；另一方面，速度越快，制动力矩也越大；当 $m_{CP} = M_T$ 时，达到平衡，铝盘即以稳定速度转动，式（3-41）和式（3-44）联立求得

$$K_W P = q\omega \tag{3-45}$$

移项得

$$\omega = \frac{K_W}{q} P = CP \tag{3-46}$$

式（3-46）说明，铝盘的转速 ω 正比于负载所消耗的功率，C 是比例常数。将式（3-46）在时间 $t_1 \sim t_2$ 内取积分，得

$$\int_{t_1}^{t_2}\omega dt = C\int_{t_1}^{t_2} P dt$$

$$2\pi N = CW$$

$$N = \frac{C}{2\pi}W = C'W \tag{3-47}$$

式中 N——在 $t_1 \sim t_2$ 时间内铝盘转动的圈数；

W——在 $t_1 \sim t_2$ 时间内负载消耗的电能；

C'——电能表常数。

式（3-47）说明，铝盘转动的圈数正比于负载消耗的电能

$$C' = \frac{N}{W}$$

C'的单位为$\frac{1}{kW \cdot h}$，代表每消耗$1kW \cdot h$电能对应铝盘转动的圈数，将C'取倒数得

$$\frac{1}{C'} = \frac{W}{N}$$

$\frac{1}{C'}$代表电能表每转一圈所对应的电能值，电能表铭牌常常注明C'值，即$1kW \cdot h$对应转数，例如$1kW \cdot h = 2400$转。根据铭牌标的值，可求出对应C'或$\frac{1}{C'}$，已知C'和铝盘转数N即可算出电能W，但一般电能表已经通过积算机构将圈数转换为千瓦时数，使用时可直接从积算机构读出消耗电能值。

三、电能表的正确使用

正确使用电能表，首先是正确选择额定电压、额定电流和准确度，电能表的额定电压应与电网的电压相符。电能表的最大额定电流应大于或等于负载最大电流。电能表的准确度分为0.5级、1.0级、2.0级和3.0级。电能表的准确度一般指在额定电压、标定电流、额定频率和$\cos \varphi = 1$的条件下，基本误差不超过标准规定的相应值。使用时，可根据使用要求选择适合准确度的电能表。

电能表的正确接线如同功率表一样，应遵守"电源端"守则。 不过电能表都有接线盒，电压和电流线圈的电源端已经连在一起，接线盒有四个端子，即相线的一"进"一"出"和中性线（零线）的一"进"一"出"，如图3-23所示。**配线应采取进端接电源端，出端接负载端，电流线圈应接于相线，而不要接中性线。**

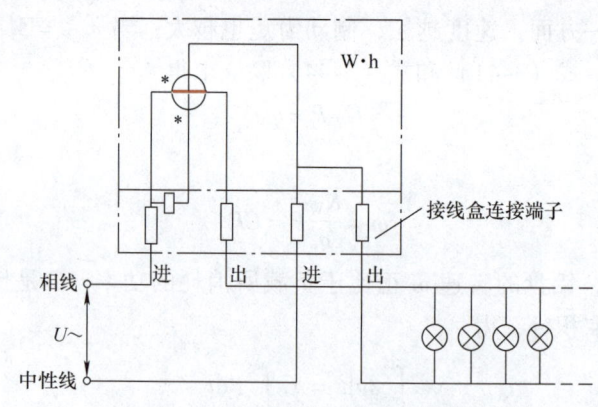

图3-23 单相交流电能表接线

第六节 三相有功电能表

测量三相有功电能可以用单相电能表，其接法和功率测量一样，有一表法、二表法和三

表法之分。在电力系统中,三相电能多采用三相电能表测量。三相电能表是两只单相电能表或三只单相电能表的组合,其结构与单相电能表相同,但铝盘装在一个公共转轴上,用一个积算机构读出三相总电能。

一、三元件三相电能表

三元件三相电能表用于三相四线制电能的测量,它的原理与三表法测功率相同,接法如图 3-24 所示。

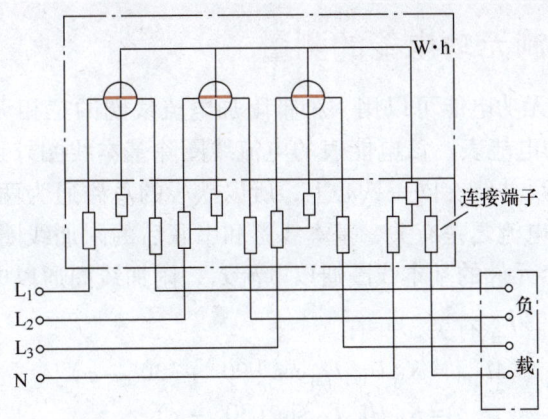

图 3-24　三元件三相电能表的接线图

三元件电能表还有两种形式,例如国产的 DT1 型电能表是三铝盘结构,在一个公共转轴上装三个铝盘,分别由三个元件驱动;而国产的 DT2 型电能表则是单铝盘结构,一个公共转轴上只有一个铝盘,在铝盘不同位置装三组驱动线圈。

二、二元件三相电能表

二元件三相电能表和二表法测功率一样,可用于三线制三相电能的测量,它的原理与二表法测功率相同,接法如图 3-25 所示。由于二表法只适用三线制,一般只用于动力用户。

二元件三相电能表也有两铝盘两元件和一铝盘两元件两种结构。

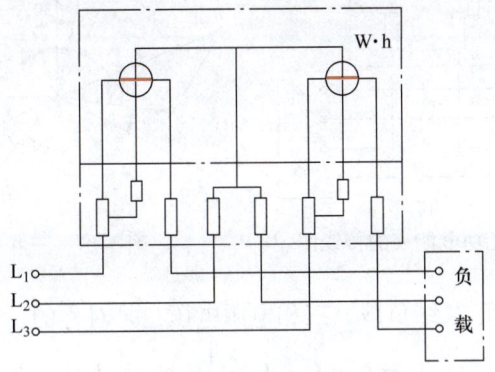

图 3-25　二元件三相电能表的接线图

第七节 三相无功电能表及无功电能的测量

为了充分发挥设备的效率,应该尽力提高用户的功率因数,即尽量减少负载无功电能的损耗。为此,有必要对用户无功电能的消耗进行监督,也就是需要用三相无功电能表测量用户的无功电能。无功电能除了用无功电能表测量以外,也可以用单相有功电能表或三相有功电能表通过接线的变化来测量。

一、三相四线制无功电能的测量

测量三相四线制的无功电能可以用一种带附加电流线圈的三相无功电能表,如图 3-26 所示的 DX1 型三相无功电能表。该电能表的电流线圈除基本线圈外还有附加线圈,两个线圈的匝数相等、极性相反并绕在同一铁心上,所以铁心的总磁通为两者所产生的磁通之差。产生的转矩也与两线圈电流之差有关,基本线圈和串联后的附加线圈分别通入三相线电流。如图 3-27 所示,第一个元件的基本线圈通以电流 I_A,附加线圈通以电流 I_B,所以产生的磁场强弱与电流 $\dot{I}_{AB} = \dot{I}_A - \dot{I}_B$ 有关,并有

$$M_{CP1} = K_W U_{BC} I_{AB} \cos[90° + (30° - \varphi)]$$
$$= K_W U_{BC} I_{AB} \sin(30° - \varphi) \tag{3-48}$$

对于第二个元件,基本线圈通以电流 I_C,附加线圈通以电流 I_B,所以产生的磁场与电流 $\dot{I}_{CB} = \dot{I}_C - \dot{I}_B$ 有关,转动力矩也与 I_{CB} 有关,即

$$M_{CP2} = K_W U_{AB} I_{CB} \cos[90° - (30° + \varphi)]$$
$$= K_W U_{AB} I_{CB} \sin(30° + \varphi) \tag{3-49}$$

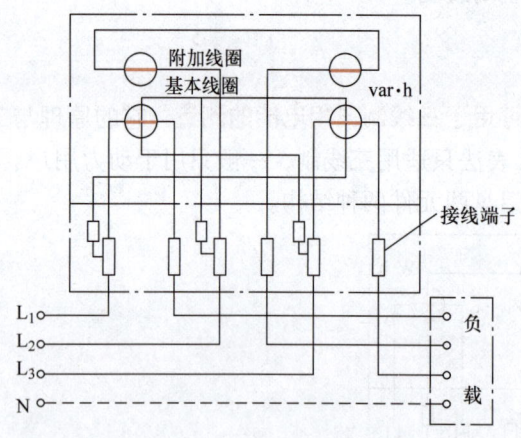

图 3-26 DX1 型三相无功电能表的接线图

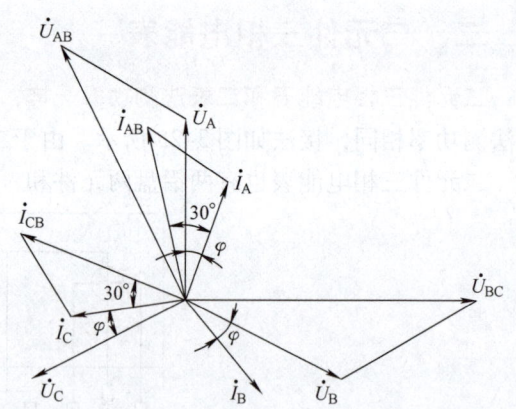

图 3-27 三相无功电能表相量图

假定负载为对称的星形联结负载,三相电源电压也是对称的,则

$$I_A = I_B = I_C = I_L = \frac{1}{\sqrt{3}} I_{AB} = \frac{1}{\sqrt{3}} I_{CB}$$

$$U_{AB} = U_{BC} = U_{CA} = U_L$$

式中　U_L——线电压;

I_L——线电流。

代入式（3-48）和式（3-49）得

$$M_{CP1} = K_W \cdot \sqrt{3} U_L I_L \sin(30° - \varphi) \tag{3-50}$$

$$M_{CP2} = K_W \cdot \sqrt{3} U_L I_L \sin(30° + \varphi) \tag{3-51}$$

作用于铝盘上总转动力矩为

$$\begin{aligned}M_{CP} &= M_{CP1} - M_{CP2} = K_W \cdot \sqrt{3} U_L I_L [\sin(30° + \varphi) - \sin(30° - \varphi)] \\ &= K_W \cdot \sqrt{3} U_L I_L \times 2\cos 30° \sin \varphi \\ &= K_W \cdot \sqrt{3} U_L I_L \times \sqrt{3} \sin \varphi \\ &= \sqrt{3} K_W Q\end{aligned} \tag{3-52}$$

式中 K_W——与电能表结构有关的常数。

与式（3-41）相比较，式（3-52）相当于多了一项 $\sqrt{3}$，如果所用的电能表结构完全相同，则只要将电流线圈（包括基本线圈和附加线圈）的匝数减为原来的 $\dfrac{1}{\sqrt{3}}$，不改变电能表的其他结构，就可以用积算机构直接读出无功电能。

需要指出，这种电能表不仅适用于三相四线制，也适用于三相三线制。

二、三相三线制无功电能的测量

三相三线制的无功电能，广泛用一种 60° 相位差的三相无功电能表（如 DX2 型）进行测量。

上面说过，单相电能表要求电压线圈的工作磁通 Φ_U 与电源电压 U 的相位差为 90°，只有在 90° 相位差条件下，式（3-41）才能成立，铝盘转矩与负载功率之间才能保持比例关系。但如将原电压线圈串联一个电阻 R，调节 R 可以使工作磁通 Φ_U 与电压 U 相位差为 60°，这时将电能表按图 3-28 接入电路，即可测得三相无功电能。

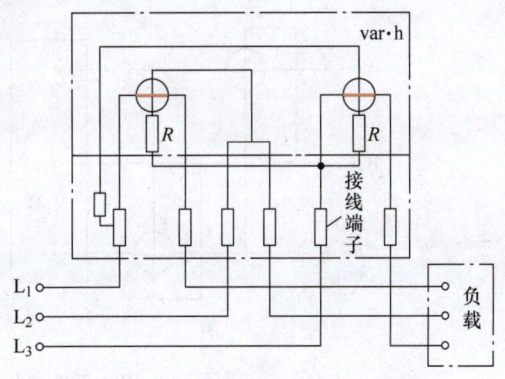

图 3-28 DX2 无功电能表接线图

三、用单相有功电能表测对称的三相三线制的无功电能

用单相有功电能表按图 3-29a 接线，可以推出其相量图如图 3-29b 所示，作用于电能表铝盘的平均力矩为

$$M_{CP} = K_W U_B I_A \cos(\dot{U}_{BC} \dot{I}_A) \tag{3-53}$$

从相量图可知，$\dot{U}_{BC} \dot{I}_A = 90° - \varphi$ 代入式（3-53）得

$$\begin{aligned}M_{CP} &= K_W U_{BL} I_A \cos(90° - \varphi) \\ &= K_W U_{BL} I_A \sin \varphi \\ &= K_W \dfrac{Q}{\sqrt{3}}\end{aligned} \tag{3-54}$$

比较式（3-41）和式（3-54）可见，一般单相有功电能表按图 3-29 接线，其读数乘以 $\sqrt{3}$ 就是三相总无功电能，但这只限于对称三相三线制。

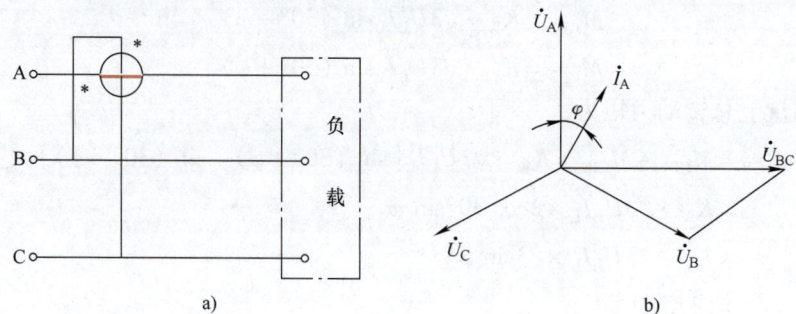

图 3-29　用单相电能表测三相无功电能
a）接线图　b）相量图

四、用三相有功电能表测量三相无功电能

将三相有功电能按图 3-30a 接线，可以推出其相量图如图 3-30b 所示。

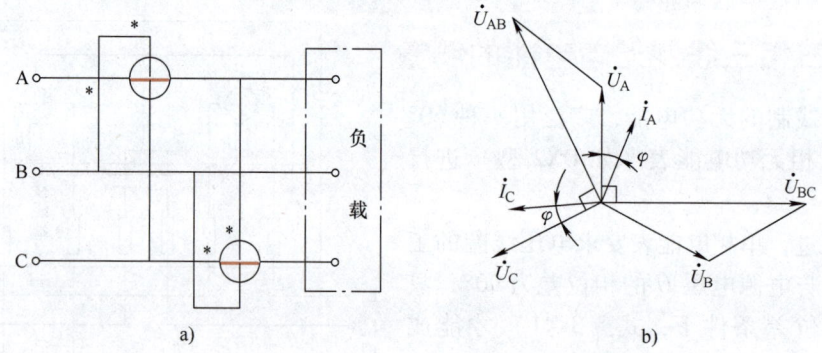

图 3-30　用二元件三相有功电能表测三相无功电能
a）接线图　b）相量图

当三相三线制负载对称时，作用于电能表铝盘的平均力矩为

$$\begin{aligned} M_{\mathrm{CP}} &= K_{\mathrm{W}}[U_{\mathrm{BC}}I_{\mathrm{A}}\cos(\dot{U}_{\mathrm{BC}}\dot{I}_{\mathrm{A}}) + U_{\mathrm{AB}}I_{\mathrm{C}}\cos(\dot{U}_{\mathrm{AB}}\dot{I}_{\mathrm{C}})] \\ &= K_{\mathrm{W}}U_{\mathrm{L}}I_{\mathrm{L}}[\cos(90°-\varphi) + \cos(90°-\varphi)] \\ &= 2K_{\mathrm{W}}U_{\mathrm{L}}I_{\mathrm{L}}\sin\varphi \\ &= \frac{2}{\sqrt{3}}K_{\mathrm{W}}Q \end{aligned} \tag{3-55}$$

可见，有功电能表按图 3-30 接线，其读数乘以 $\frac{\sqrt{3}}{2}$ 就等于被测的无功电能，由于 $\frac{\sqrt{3}}{2} \approx 0.866$，已与 1 十分接近，只要通过电能表的调节机构，适当改善各力矩，使得读数为原额定读数的 86.6%，就可以直接读数，无须再乘以 $\frac{\sqrt{3}}{2}$。

第八节 电子式单相电能表

感应系电能表内部有一个不断旋转的铝盘和积算机构用的齿轮和字轮,使得电能表容易产生故障。转动铝盘也是造成感应系电能表误差的一个主要因素。加上感应系电能表内有一个电压圈和一个电流圈,除了耗用铜材和硅钢片之外,也增加了生产工艺的复杂性。

电子式电能表从根本上改变了电能表的结构,取消了转动铝盘、电压圈和电流圈,而改用电子元件,显示读数用步进电动机驱动的字盘或液晶。 这种电能表也称为静止式电子电能表,但严格地说,采用步进电动机驱动字轮的,不能算完全静止式。如果要做到完全静止,必须采用液晶显示,但是采用液晶显示还要有相应的存储器件,有时还要备用电源,才能保证在电网停电后保存数据,因此采用液晶显示必然增加成本,目前只限于在工业电能表中使用。民用的单相电能表一般还是采用步进电动机带字盘这种结构,而不采用液晶显示。

一、电子式单相电能表的结构

使用步进电动机驱动字盘的电子式单相电能表结构如图 3-31 所示,它包括以下几个部分。

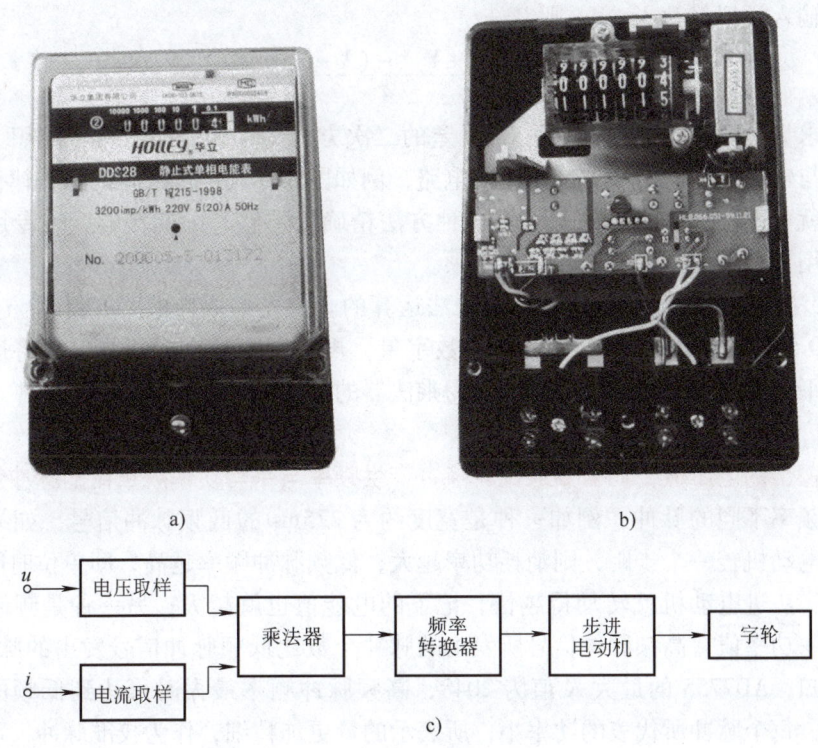

图 3-31 电子式单相电能表结构图
a) 外形 b) 内部结构 c) 框图

1. 电压、电流取样电路

上面已说过,用户耗用电能由下式决定,即

$$W = \int_{T_1}^{T_2} p\,dt = \int_{T_1}^{T_2} ui\,dt \tag{3-56}$$

因此要测量电能,第一步必须先测出每一时刻电网的电压 u 和用户从电网取用的电流 i;第二步从测出的 u、i 计算耗用的瞬时功率;然后通过一个周期中的 n 次测量,求出它的平均值即有功功率,最后求出用户在一个周期中耗用的电能。

对电网电压 u 和用户从电网取用电流 i 的测量又称取样,相应的测量电路又称取样电路。由于单相电能表的工作电压通常为 220V,取用电流为 5~50A,所以单相电能表电压、电流取样电路可以用比较简单的电阻分流器和电阻分压器来完成。图 3-32 就是电阻分流器和电阻分压器的原理图。

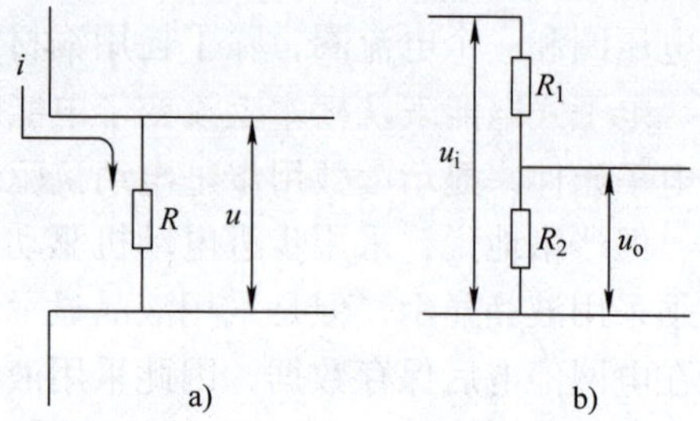

2. 乘法器

为了求出功率需要将分压器输出的电压和分流器输出的电流值相乘,相乘时可以直接用模拟量相乘,也可以转换为数字量后相乘。

图 3-32 分流器和分压器的原理图
a) 分流器 b) 分压器

模拟量的乘法器电路有多种形式,例如可以用"和""差"二次方电路求出两个模拟量的乘积。设输入模拟量为 X、Y,则

$$XY = \frac{(X+Y)^2 - (X-Y)^2}{4} \tag{3-57}$$

可见,求 X、Y 和的二次方减去 X、Y 差的二次方的 1/4 即可得出两者乘积。只要用一种输出电压与输入电压的二次方成正比的电路,例如图 3-3 利用二极管的平方律伏安特性组成的电路,就可以构成一个乘法器。但这种方法精确度不够,因此在电能表专用集成电路中,都不采用模拟量相乘而改用数字量相乘。

数字乘法器是通过数字电路来完成乘法运算的。首先经取样电路取得 u、i 的取样值,然后经 A-D 转换,将 u、i 值分别转换为数字量,再将两个数字量相乘,并将运算结果转换为一个与平均功率成正比的电压值,作为乘法器的输出。

3. 功率-频率转换器(P-F 转换)

乘法器输出的电压值,还需要通过转换,产生频率与平均功率成正比的脉冲信号。通常要提供两种频率不同的脉冲,例如一种是宽度约为 275ms 的低频脉冲信号,如果每一个脉冲可令步进电动机转一个步距,则消耗功率越大,低频脉冲频率越高,即单位时间发出的脉冲个数越多,步进电动机就转动得越快,记下的电能值也就越大;另一种是频率较高的脉冲,对于同一功率值,高频脉冲信号所发出的脉冲个数比低频脉冲信号发出的脉冲个数多,从表 3-1 可知,AD7755 的最大 K 值为 2048,高频脉冲频率最大时可达到低频的 2048 倍,由于频率高,每个脉冲所代表的功率小,所表示的量更加精细,作为校准脉冲,可以提高校准的精度。

4. 步进电动机计数器

频率转换器输出的是与平均功率成正比的脉冲信号,必须随时间进行累加,才能计得所消耗的电能值,累加工作由计数器完成,电子式单相电能表采用步进电动机作为计数器,通过步进电动机驱动字轮和字盘以显示用电量,步进电动机可用石英电子钟上用的永磁式单相

步进电动机，要求输出的低频脉冲幅度为 1~2V。通常将步进电动机与字轮组成一个单独部件，以便于装配与更换。

二、电子式单相电能表的专用集成电路

现在电子式单相电能表已经有了专用的集成电路，上述的乘法器和频率转换器都已经被集成在一个芯片内，使电能表的电路结构大为简化，生产工艺也更加简单。

常用的电能表专用芯片产品有 AD7755、ADE7756、7755ARS、AD7750、CHl025 等。图 3-33 是 AD7755 的引脚排列图，各引脚功能分别为：

1）V1N、V1P（或 V1+、V1−）为第一通道输入端，作为电流取样信号的输入通道。

2）V2N、V2P（或 V2+、V2−）为第二通道输入端，作为电压取样信号的输入通道。

3）AV_{DD} 为模拟电路的电源正端（+5V），DV_{DD} 为数字电路的电源正端（+5V）。

4）AGND 为模拟电路的电源负端（接地端），DGND 为数字电路的电源负端（接地端）。

5）CLKOUT、CLKIN 为外接时钟晶振，频率为 3.57964MHz。

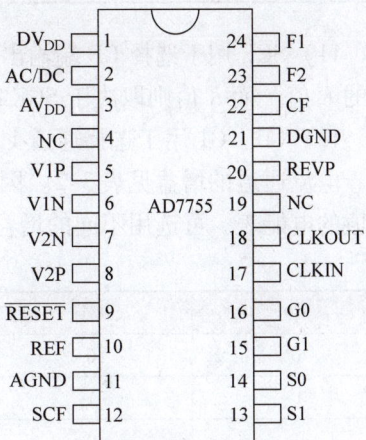

图 3-33　AD7755 的引脚排列图

6）F1、F2 为低频电能计数脉冲的输出端，其输出可直接驱动步进电动机计数器，指示耗用电能的数量。

7）CF 为高频电能计数脉冲的输出端，可用于校准和测量。

8）REVP 为反极性的输出端，当被测电能为负时，表示用户将电能倒送给电网，此时该引脚输出高电平。当被测电能为正，该引脚输出低电平；表示用户从电网取用电能，用来辨认电能的流向。

9）AC/DC 为高通滤波器（HPF）的选择端，当 AC/DC 为高电平时，HPF 被选通，可以消除通道的直流偏置造成的影响。

10）S0、S1 用于选择由 F1、F2 引脚输出的电能计数脉冲的频率。当 S0、S1 置不同电平时，输出频率见表 3-1。表中所列的 F1、F2 输出最高频率均指两个通道输入端输入电压都达到最大值时所对应的频率。实际上，两个通道输入端输入电压都没有工作在最大值，实际工作频率都比表 3-1 示值低，具体见下面计算。

表 3-1 中，$f_{1.4}$ 是用式（3-58）计算两个通道的输入电压时需要提供的参数。

表 3-1　F1、F2 输出的脉冲频率最大值

SCF	S1	S0	$f_{1.4}$/Hz	K	F1，F2 输出最高频率/Hz
1	0	0	1.7	128	0.34
0	0	0	1.7	64	0.34
1	0	1	3.4	64	0.68
0	0	1	3.4	32	0.68

（续）

SCF	S1	S0	$f_{1,4}$/Hz	K	F1，F2 输出最高频率/Hz
1	1	0	6.8	32	1.36
0	1	0	6.8	16	1.36
1	1	1	13.6	16	2.72
0	1	1	13.6	2048	2.72

11) SCF 用于选择 CF 端输出的高频校准用的脉冲频率，它等于 F1、F2 频率值乘以表中的 K 值。而 K 值则取决于 SCF 以及 S0、S1 的逻辑值。（逻辑 1 = 5V，逻辑 0 = 0V）。

12) G0、G1 用于选择通道 1（电流取样信号通道）的增益值，当 G0、G1 置不同电平时，电流通道的增益见表 3-2。因此可以通过 G0、G1 改变电能表电流通道的增益。不同额定值的电能表，可选用不同的增益。

表 3-2　通道 1 增益选择

G0	G1	增益 G	允许最大的差动输入电压/mV
0	0	1	±470
0	1	2	±235
1	0	8	±60
1	1	16	±30

13) RESET 为复位端，低电平有效，所以工作时接高电平。

14) REF 可以是内部参考电压的输出端，也可以是外部参考电压的输入端，作为输入端时，通过该引脚接外部参考电压。

图 3-34 是 AD7755 电能表专用芯片的结构框图，图中的电源监视器用于监视电源电压，当电源电压过低时令芯片复位，以确保正常运行。电流取样电路中的高通滤波器用于去除通道中的直流偏置。考虑到高通滤波器可能导致相位变化，所以设置了相位调整电路以补偿这种变化。AD7755 的频率转换器还规定了 F1、F2 所输出的电能计数脉冲最小值，当负载电流很小，所产生的频率小于最小频率值时，即停止输出脉冲，以防止电能表的潜动。

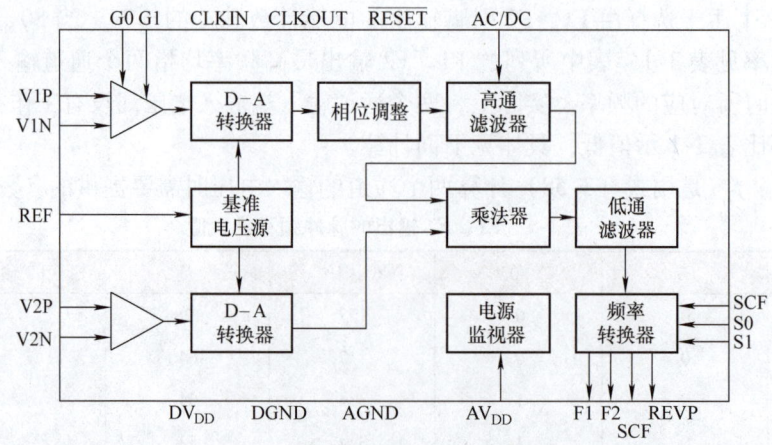

图 3-34　AD7755 电能表专用芯片结构框图

第三章 功率与电能的测量

AD7750 和 AD7755 的结构基本相同，引脚略有差别，图 3-35 是 AD7750 的引脚排列图，与 AD7755 相比，仅仅是电源端没有 AV_{DD} 与 DV_{DD} 的区别，只用一个引脚 V_{DD}；增益选择只用一个引脚 G，而 AD7755 则用两个引脚 G0、G1；基准电压却用两个引脚，REFOUT 为内部参考电压的输出端，REFIN 为外部参考电压的输入端。

三、AD7755 的应用

用 AD7755 组成的单相电能表，其典型电路如图 3-36 所示。对于 AD7755 的外围电路，主要根据以下原则进行考虑。

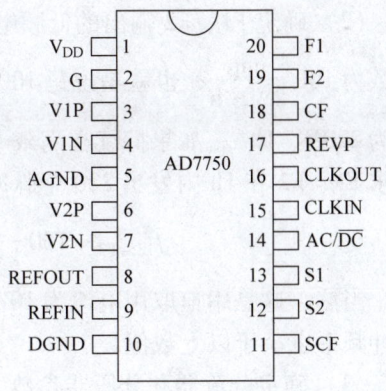

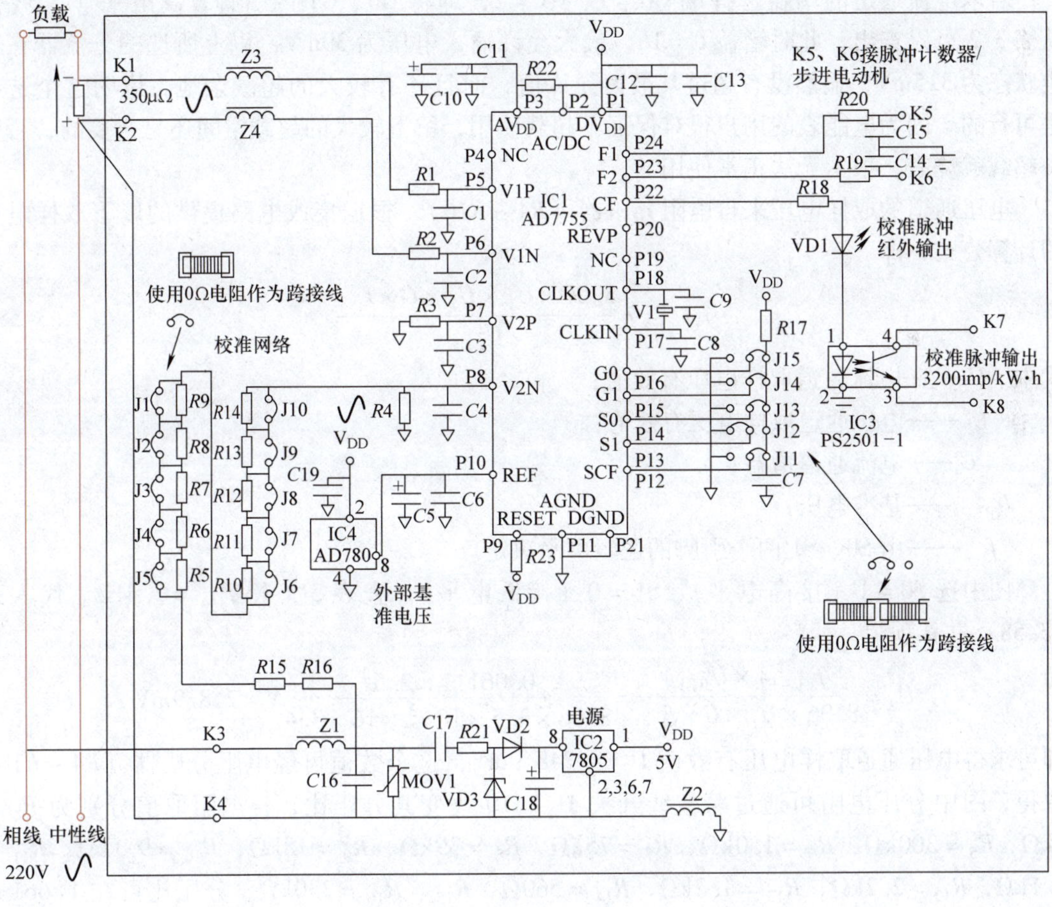

图 3-35 AD7750 引脚排列图

图 3-36 电子式单相电能表典型电路

（1）芯片电源 AD7755 所需要的 5V 电源取自电网，220V 电网电压经 $C17$ 分压，VD2、VD3 整流，$R21$、$C18$ 滤波，IC2 稳压后，接到 DV_{DD}。然后再经 $R22$、$C10$、$C11$ 滤波，接 AV_{DD}。基准电压 REF 需要电压为 2.5V，它可以从 5V 电源经 AD780 降压后取得。对于电源部分力求稳定无干扰。

(2) 确定 F1、F2 输出的低频电能计数脉冲的最高频率 常用的步进电机计数器的电表常数为 $100\dfrac{\text{imp}}{\text{kW}\cdot\text{h}}$,也就是说每 100 个脉冲,字轮转过的数值是 1kW·h,设电能表的额定值为 220V、10A,如果持续在满载 10A 下运行,用户所耗用功率应为 220V×10A = 2.2kW,要求 F1、F2 在 1h 内发出 220 个脉冲,频率转换器的频率值应为

$$f_{\text{F1-F2}}=100\,\dfrac{\text{imp}}{\text{kW}\cdot\text{h}}\times\dfrac{1\text{h}}{3600\text{s}}\times 2.2\text{kW}=0.06111\text{Hz}$$

当然,这是用户取用电流为 10A 时的频率,如果使用电流小于 10A,频率转换器发出的脉冲频率也小于以上数值。

(3) 确定分流器和分压器参数 首先要根据电流通道允许电压选用分流器的电阻值,分流器一般要小于 1Ω,设选定为 350μΩ,可求出电流通道输入的取样电压为

$$U_1=10\text{A}\times 350\mu\Omega=3.5\text{mV}$$

若取电流通道的增益选择端 G0 = 1、G1 = 1,即将 G0、G1 两引脚置高电平(+5V)。从表 3-2 可以查出,此时增益 $G = 16$,最大允许输入电压为 30mV,以上所选的分流器在额定状态为 3.5mV,显然没有超过其最大允许值,而且还有较大的超载余地。说明这个选择是可行的。因为电能表的用户很难保证不超载使用,留下较大的超载空间还是必要的,否则一超载就烧表,根本无法正常使用。

电压通道的取样电压来自电阻分压器($R4 \sim R16$),根据集成电路提供的以下取样电压的计算公式,即

$$f_{\text{F1-F2}}=\dfrac{8.06\times U_1\times U_2\times G\times f_{1.4}}{U_{\text{REF}}^2} \tag{3-58}$$

式中 U_1——电流通道取样电压有效值;

U_2——电压通道取样电压有效值;

G——电流通道增益;

U_{REF}——基准电压;

$f_{1.4}$——由 S0、S1 两个引脚的逻辑电平决定。

图中选 S0 = 1(接高电平)、S1 = 0(接低电平),查表 3-1 得 $f_{1.4}=3.4\text{Hz}$。代入式(3-58)并移项得

$$U_2=\dfrac{f_{\text{F1-F2}}\times U_{\text{REF}}^2}{8.06\times U_1\times G\times f_{1.4}}=\dfrac{0.06111\times 2.5^2}{8.06\times 3.5\times 10^{-3}\times 16\times 3.4}\text{V}=248.9\text{mV}$$

即可求得电压通道取样电压有效值 U_2 为 248.9mV,这个数值可经电阻分压器($R4 \sim R16$)取得,图中分压电阻可通过跨接线开关 J1~J10 改变其分压比,各电阻取值分别为 $R_4 = 1\text{k}\Omega$、$R_5 = 300\text{k}\Omega$、$R_6 = 150\text{k}\Omega$、$R_7 = 75\text{k}\Omega$、$R_8 = 39\text{k}\Omega$、$R_9 = 18\text{k}\Omega$、$R_{10} = 9.1\text{k}\Omega$、$R_{11} = 5.1\text{k}\Omega$、$R_{12} = 2.2\text{k}\Omega$、$R_{13} = 1.2\text{k}\Omega$、$R_{14} = 560\Omega$、$R_{15} = R_{16} = 330\text{k}\Omega$。分压比可在 1:661 ~ 1:1819 范围内调节。

同时,在芯片 V1P、V1N、V2P、V2N 输入端,分别都接一个电阻和一个电容作为滤波。

(4) 确定高频脉冲的频率 电能表除从 F1、F2 输出低频脉冲外。还要从 CF 引脚输出一个高频脉冲,经光耦输出,但光耦输出的电源需外接。CF 的输出频率由下式决定

$$f_{CF} = Kf_{F1} \tag{3-59}$$

从表 3-1 查出，当 SCF = 1、S0 = 1、S1 = 0 时，K = 16，并已计算出输出的低频电能计数脉冲的最高频率 $f_{F_1-F_2}$ 为 0.0611Hz，可求得高频脉冲的频率为

$$f_{CF} = 16 \times 0.0611\text{Hz} = 0.9776\text{Hz}$$

从表 3-2 表中还可看出，选择不同的 SCF、S0、S1，可得到不同的 K 值，f_{CF} 的最大值可达到 $f_{F_1-F_2}$ 的 2048 倍。

(5) 确定反向输出端 REVP 的工作方式　当功率流向为负时，输出高电平，点亮发光管，表示用户取用负功率。除了这种指示方式，REVP 也可以根据需要做其他控制。

(6) 确定晶振频率　CLKIN、CLKOUT 引脚可接 3.58MHz 石英晶体和两个 2.2pF 电容，作为芯片的控制时钟。

第九节　电子式三相电能表

一、电子式三相电能表的专用集成电路

和电子式单相电能表一样，现在也有不少能够支持电子式三相电能表的专用集成电路，例如 ADE7752、ADE7754、MSP430 等。

图 3-37 是 ADE7752 的引脚排列图，图 3-38 是它的内部结构图。图中可以看出，三相芯片的引脚名称、内部结构与单相芯片没有什么根本性的区别，图中的 ADC，是把电流与电压的模拟信号转换为对应的数字信号。然后电流信号经电流通道的高通滤波器（HPF），除去直流分量。电压信号经相位校正后，与从高通滤波器（HPF）输出的电流信号相乘，得出瞬时功率。再经低通滤波器（LPF）取出平均值，得出瞬时有功功率，将三相的有功功率求和就得出三相总的瞬时有功功率。然后根据总有功功率的大小，从 F1、F2 发出的相应频率的脉冲，驱动步进电动机计数器，显示电能耗量；并从 CF 输出校准用的高频脉冲，脉冲频率一样可以通过 SCF、S0、S1 进行调节。为防止潜动，ADE7752 的空载电流比较小，只有额定的 0.04%，可避免空载时的潜动，并具有电源电压的监控功能，当电源电压低于 4V 时，输出完全停止。

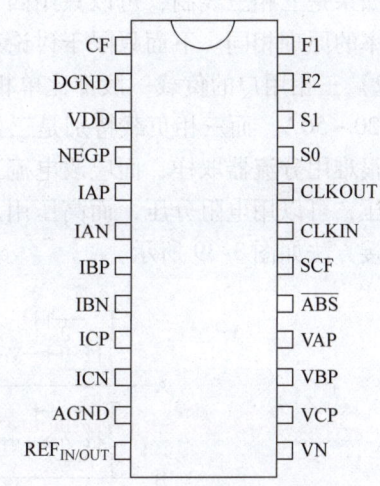

图 3-37　ADE7752 的引脚排列图

二、电子式三相电能表的电路组成

三相电能表专用集成电路的引脚名称、内部结构、工作过程都跟电子式单相电能表的专用集成电路基本相似。电路参数的选择方法也类似，所以三相电能表的电路和单相电能表也没有很大的区别，主要不同有：

1) 三相电能表必须对三相的电压和三相的负载电流进行取样，所以芯片内部有六个取

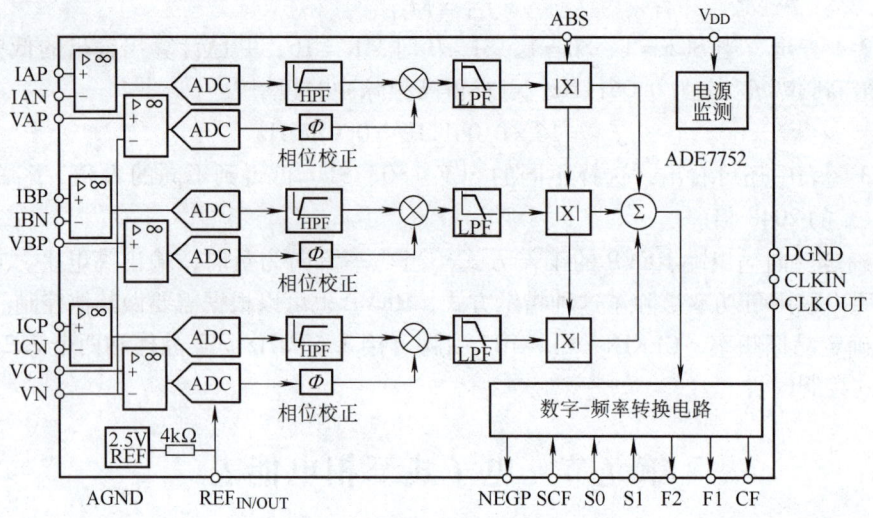

图 3-38 ADE7752 内部结构图

样通道,对应的引脚是 IAP、IAN、VAP（A 相）,IBP、IBN、VBP（B 相）,ICP、ICN、VCP（C 相）。如果是三相四线制,就要用上全部六个通道,相当于上面介绍的三元件电能表。如果是三相三线制,可以只用四个通道,相当于上面介绍的二元件电能表,它和二表法测功率的原理相同。下面只限于讨论三相四线制。

2）三相用户的负载一般都比单相家用负载大得多,例如我国使用单相的家用负载一般都在 20~50A,而三相负载特别是三相的工业负载通常都在几百安以上,对于百安以上的负载,很难用分流器取样,而应改电流互感器。对于电压取样也有同样问题,一般三相 380V 的电压,可以用电阻分压,而高压用户则不允许用电阻分压,而要采用电压互感器。互感器的连接方法如图 3-39 所示。

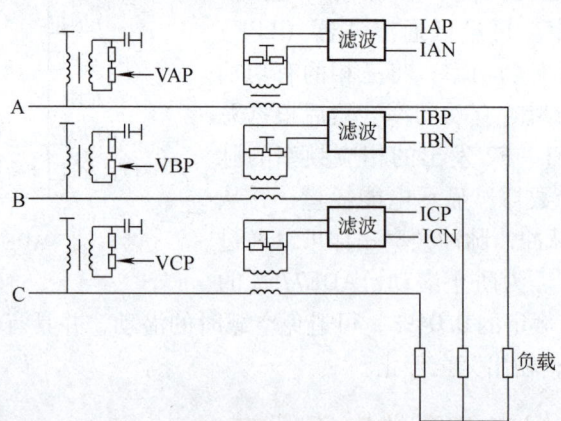

图 3-39 电压互感器和电流互感器的连接方法

由于通道输入阻抗比较大,所以电流互感器一般要跨接一个负载电阻。以相电压额定值为 220V,相电流额定值为 100A 的三相电能表为例,由于 ADE7752 的通道最大允许电压为 500mV,考虑到用户可能过载,通常要求最大值不超过 250mV,有效值不超过 250mV/

$1.414 = 176.8\text{mV}$。选择电压互感器或分压电阻和电流互感器变比时要以此为准。

以选择电流互感器为例,220V、100A 的用户选配 2500:1 的电流互感器时,可求得满载时电流互感器二次侧的电流应为

$$I_2 = \frac{100}{2500}\text{A} = 40\text{mA}$$

满载时电流互感器负载电阻上的压降,约为电流互感器输出电压的一半,为使输出电压不超过通道最大允许值 176.8mV,负载电阻 R 就应为

$$R = \frac{176.8}{40 \times 2}\Omega = 2.2\Omega$$

电压互感器的电压比,可以根据 ADE7752 产品说明所推荐的公式(3-60),先求得电压通道输入端的电压有效值 U_2,然后才能根据 U_2 值及电网电压确定电压互感器的电压比。

$$f_{F1} = \frac{6.28 \times 3 \times U_1 \times U_2 \times f_{1.5}}{U_{REF}^2} \tag{3-60}$$

$$U_2 = \frac{f_{F1} \times U_{REF}^2}{6.28 \times 3 \times U_1 \times f_{1.5}}$$

式中 U_1——电流通道输入端的电压有效值;

U_2——电压通道输入端的电压有效值;

U_{REF}——基准电压(2.4V);

f_{F1}——F1、F2 输出的计数脉冲频率;

$f_{1.5}$——由 SCF、S0、S1 决定,见表 3-3。

表 3-3 ADE7752 $f_{1.5}$ 的选用

SCF	S1	S0	$f_{1.5}$/Hz
1	1	1	0.596
0	1	1	76.29
1	1	0	19.07
0	1	0	19.07
1	0	1	4.77
0	0	1	4.77
1	0	0	1.19
0	0	0	1.19

由于电能表的相电压额定值为 220V,相电流额定值为 100A,在满载 $\cos\varphi = 1$ 时,耗用功率应为

$$P = 3U_\varphi I_\varphi \cos\varphi = 66\text{kW}$$

如果步进计数器的常数为 100imp/kW·h,则在满载的情况下,要求 F1、F2 在 1h 内发出 6600 个脉冲,F1、F2 的频率应为

$$f_{F1} = \frac{66 \times 100}{3600}\text{Hz} = 1.833\text{Hz}$$

若选 S0 = 0、S1 = 1、SCF = 0,从表 3-3 可查得 $f_{1.5}$ = 19.07Hz,若电能表工作在满载状

态，$U_1 = 176.8\text{mV}$ 代入式（3-60）得

$$U_2 = \frac{1.833 \times 2.4^2}{6.28 \times 3 \times 0.176 \times 19.07}\text{V} = 0.166\text{V}$$

要将 220V 电压转换为通道输入值 0.166V，可以用电阻分压器分压，也可以用电压互感器，也可以两者结合。图 3-40 是由 ADE7752 专用计量电路组成的三相电能表电路，用的是分压电阻，将 220V 电压转换为 0.166V。

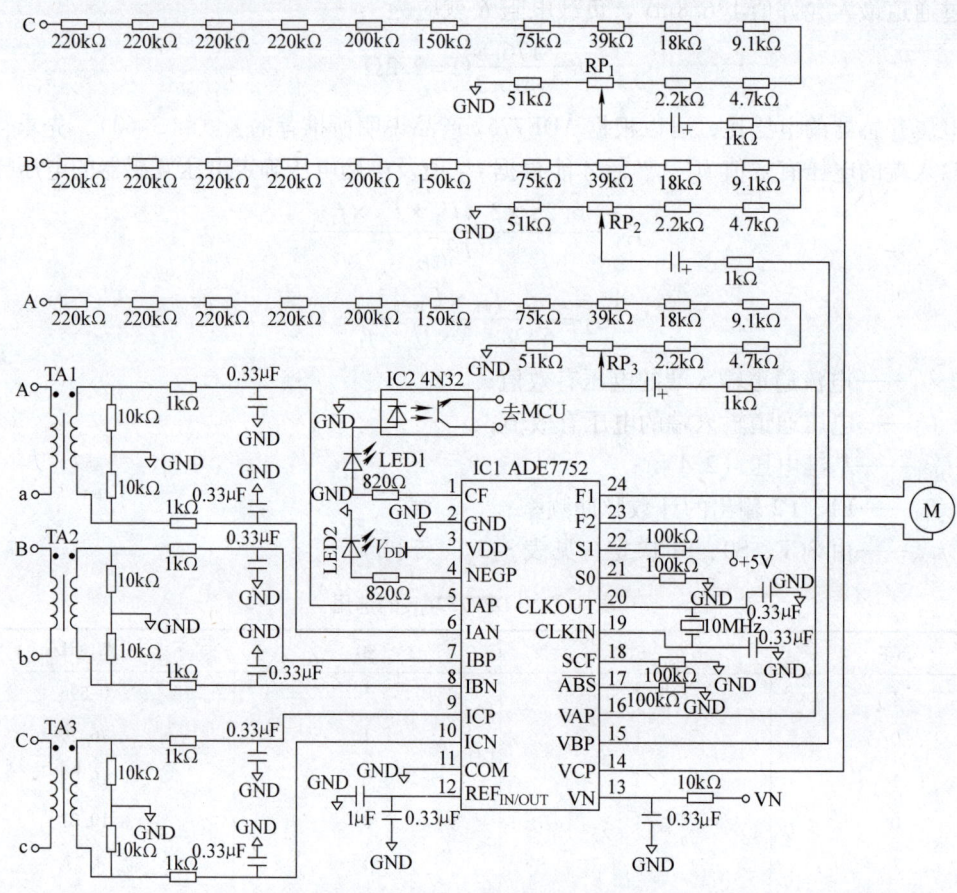

图 3-40　电子式三相电能表的结构图

第四章

频率与相位的测量

第一节 频率的测量方法

一、工频的测量

频率是交流电的基本参量之一,电路的阻抗、交流电动机的转速都与频率直接有关,所以在电力系统中将频率列为电能质量的一个重要指标。为保证向用户提供高质量的电源,发电厂和变电所一般都装有频率表用来监视电网频率的变化。我国电力系统的额定频率为 50Hz,一般就将 50Hz 范围的频率称为工频。测量工频的指示仪表有几种形式。

1. 电动系频率表

在电力系统的配电盘,现在多用数字频率表。过去则常用直读式的电动系频率表,这种频率表采用比率表型的结构,例如 D3-Hz 型,它的标尺特点是额定频率位于标尺中央,当标尺位置偏离中心时,表示频率值产生偏移。

2. 变换式频率表

变换式频率表由磁电系测量机构和变换电路组成,变换电路将被测频率转换为一定大小的直流电流,然后通过磁电系测量机构进行测量,由于磁电系仪表结构简单、灵敏度高、准确度高,而变换电路又不比电动系频率表的电路复杂多少,在数字频率表普及之前,变换式频率表曾广泛用于安装式仪表中。

将频率变换为直流电流的方法很多,比较常用的是微分型变换电路,图 4-1 是它的电路原理图,整个变换电路由方波形成、微分、整流、指示和偏置五个环节组成。

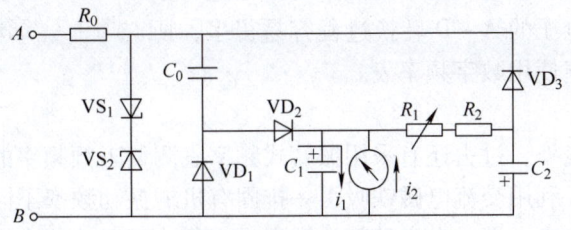

图 4-1 微分型变换式频率表原理图

图中，VS_1 和 VS_2 稳压管组成方波形成环节，被测电压经稳压管双向限幅后转换成同频率的方波，方波经 C_0 微分后转换为同频率的尖脉冲，如果电路中的 C_0 值和指示电表内阻 R_i 满足条件 $R_i C_0 < T$（T 为被测电压的周期），则 C_0 充电时间就十分短，形成的尖脉冲波形就基本相同，若用 i_1 表示充电电流，则电流脉冲波形可用下式表示

$$i_1 = \frac{2U}{R_i} e^{-\frac{t}{R_i C_0}} \tag{4-1}$$

式中　U——经整形稳压管后的方波峰值，$2U$ 为方波的峰峰值。

VD_1、VD_2、C_1 组成整流滤波环节，微分后得到的正向尖脉冲将通过指示电表，由于磁电系仪表的偏转角正比于通过它的电流平均值，故可以将式（4-1）积分，求出正向脉冲电流的平均值，即

$$I_{CP} = \frac{1}{T}\int_0^T i_1 dt = \frac{1}{T}\int_0^T \frac{2U}{R_i} e^{-\frac{t}{R_i C_0}} dt = \frac{-2UC_0}{T}(e^{-\frac{T}{R_i C_0}} - 1) \tag{4-2}$$

由于电路中 $R_i C_0 \ll T$，故式（4-2）可简化为

$$I_{CP} \approx 2UC_0 f \tag{4-3}$$

式中　f——被测频率值。

由式（4-3）可知，被测频率越高，转换的尖脉冲个数就越多，脉冲电流平均值就越大，这样就可以用磁电系电表，直接读出被测频率值，整个电路波形变化过程如图 4-2 所示。

图 4-1 所示电路中，VD_3、C_2、R_1、R_2 作为偏置电路，采用偏置的目的是为了调节机械零点的频率值。因为一般工频频率表所测量的频率范围并不要求从 0 开始，例如测量范围为 45～55Hz、900～1100Hz 等。偏置电路可以通过调节 R_1，改变机械零点的频率读数，以 45～55Hz 的频率表为例，因为方波电压通过微分得到的电流方向是从上到下，而经过 R_1、R_2、VD_3 的电流 i_2 方向是从下到上，如果调节 i_2 的平均值使之等于 45Hz 时尖脉冲电流 i_1 的平均值，这时机械零点的频率值就等于 45Hz。选择指示电表的灵敏度使满度为 55Hz。

3. 数字频率表

发电机或者信号发生器所发出的交流电，它的频率和周期值也是连续变化的模拟量，但因为频率可以通过计数转换为数字量，比起电压的 A-D 转换过程容易得多，所以现在测量频率，普遍使用数字频率表。

4. 振簧式频率表

除了以上直读仪表外，过去还有采用振簧式频率表测量工频频率的。振簧式频率表是一种结构简单的频率表，利用交流电磁铁吸引一排固有机械振动频率不同的簧片，簧片一端固定在衔铁上，另一端为自由端，自由端簧片被弯成直角，可以从仪表窗口进行观察，窗口上标有每只簧片的振动频率，其结构与外形如图 4-3、图 4-4 所示。

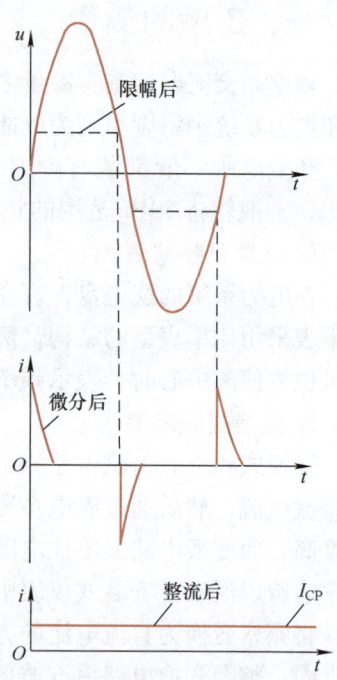

图 4-2　变换式频率表波形变化图

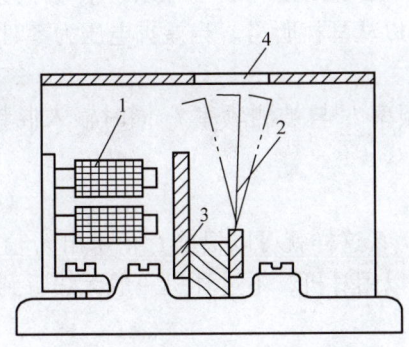

图 4-3 振簧式频率表的结构
1—电磁铁 2—簧片 3—衔铁 4—观察窗口

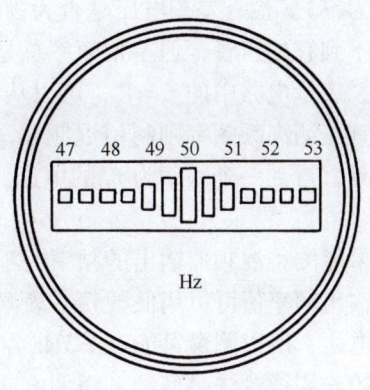

图 4-4 振簧式频率表的外形

当频率表接通被测电源时,电磁铁产生一个与电源频率相同的交变磁场,衔铁在交变磁场的作用下产生振动,并把振动传给簧片,如果簧片的固有振动频率与电源频率相同,则该簧片振幅最大,即产生共振。产生共振的簧片,其自由端好像被伸长一样,可以从产生共振的簧片位置读出频率值。这种频率表在一些老设备中可能还能看到,但所有电动式、变换式、振簧式都已经被淘汰。**现在工频频率的测量几乎全部使用数字频率表**。电子数字频率表将在第十章中介绍。

二、低频和高频的测量

对低频和高频频率的测量现在也都是使用数字频率表,但在要求测量精确度较高的场合,有时需要用比较法,或在高频领域采用无源测量法。

1. 比较法

比较法是一种准确度比较高的测量方法,它通过与标准频率相比较,求得被测频率值,例如差拍比较法和混频比较法。

差拍比较法如图 4-5 所示,将被测频率为 f_x 的电源,与已知频率为 f_s 的电源串接,将这两个电压直接相加,相加后的合成电压将成为一个幅度波动的所谓差拍电压,差拍频率为两频率之差,即

$$f_d = f_x - f_s \tag{4-4}$$

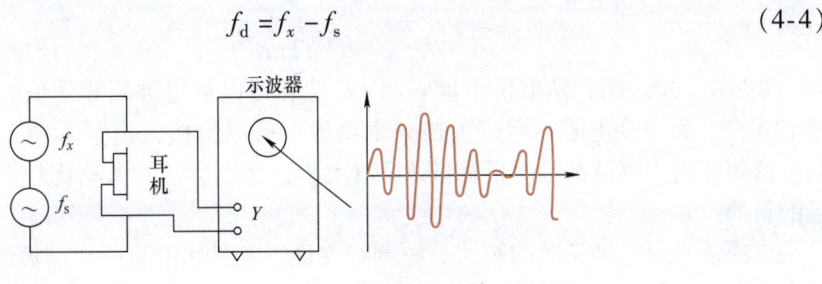

图 4-5 差拍法测频率

如果调节已知标准频率 f_s 值,使之等于 f_x,则合成后的差拍电压为零,也就是合成后电压幅度恒定不变(特殊情况下,如果相位刚好相反,f_x 的幅度与 f_s 的幅度相等,则合成

后电压为零)。检查差拍电压是否为零可以用示波器,也可以用耳机。一般f_s、f_x为高频时,耳机听不到它的声音,但差拍频率总是在低频段,可以从耳机听得。当差拍电压为零时,耳机无声,表示电路中的$f_s = f_x$,可以从f_s值求得f_x值。

混频法测高频频率则利用混频器,将已知标准频率f_s与被测频率f_x同时输入混频器,通过混频,得到一个频率为f_0的电压,且

$$f_0 = f_x - f_s \tag{4-5}$$

如果能测得混频器输出的频率为零,则说明$f_x = f_s$,这样就可以根据f_s值求出f_x值。混频器的输出频率值可以用低频频率表测量,当然也可以用耳机,不过耳机一般无法听到5Hz以下的电压,所以测量可能有±5Hz左右的误差。

差拍法和混频法是两种不同的方法,不要混为一谈。差拍法并不产生新的频率信号,其合成电压仍含有两个频率,只是合成电压幅度在变化,当然也可能幅度为零。混频法通过混频器产生一个新的频率的电压,混频后电压始终是一个等幅波,频率等于$f_x - f_s$,$f_x - f_s$的值不同时,输出频率也随之变化,所以**混频法又称为外差法**。

2. 无源测量法

任何一种无源网络,如果其频率特性$U = F(f)$存在极值,例如LC谐振回路在频率等于谐振频率时,频率特性有一个峰值,RC文氏电桥在谐振频率处,输出电压为零,即有一个最小值,这种网络都可以用来测量频率。因为网络是无源的,所以又称为无源测量法。

文氏电桥如图4-6所示,利用同轴电位器和双连可变电容,令图中的$R_1 = R_2 = R$且$C_1 = C_2 = C$,调节R、C值使图中指零仪指示为零,即电桥呈平衡状态,可以证明这时需要满足条件

$$\left(R_1 + \frac{1}{j\omega C_1}\right)R_4 = \left(\frac{1}{\frac{1}{R_2} + j\omega C_2}\right)R_3 \tag{4-6}$$

合并式(4-6)的实部与虚部,并使等式两边的实部与虚部分别相等,可得

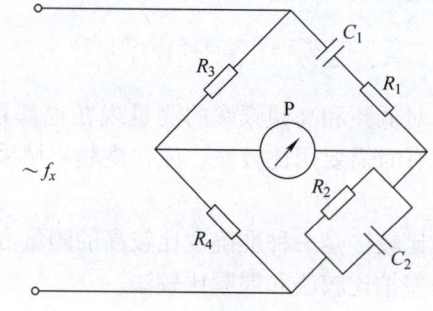

图4-6 文氏电桥测频率

$$\frac{R_3}{R_4} = \frac{R_1}{R_2} + \frac{C_2}{C_1} = 2$$

$$f = \frac{1}{2\pi RC} \tag{4-7}$$

式(4-7)表明,从电桥平衡时的RC值,可以求得被测频率值。实际运用时,如果保持C不变,将可变电阻不同位置按频率刻度;可以直接读出频率值。但这种方法只适用于测量低频,因为测量高频时谐振的RC值太小,寄生参量的影响比较严重,无法达到准确测量的目的。

谐振法也是一种无源测量法。被测频率通过互感线圈与一个谐振回路耦合,调节回路的可变电容C,如图4-7所示,则回路中的电流I和电容器端电压U就会发生变化,当回路谐振时,即满足下式时,电流I和电压U到达最大值。

$$f_x = f_0 = \frac{1}{2\pi\sqrt{LC}} \tag{4-8}$$

因此可以根据谐振时的LC值,求得被测频率f_x。

第四章　频率与相位的测量

无源测量法实质上是一种间接比较法，不论是文氏电桥，还是谐振回路，都是事先用标准频率对测量电路中的可变电阻或可变电容按频率进行刻度，然后反过来用可变电阻或可变电容的调节柄位置确定被测频率。整个过程就是一个比较的过程。

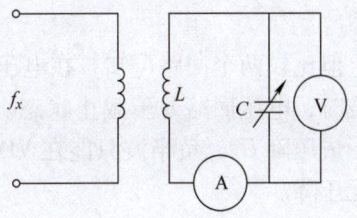

图 4-7　谐振法测频率

第二节　相位的测量方法

工程上用符号 φ 表示电路的电压与电流之间的相位差，用 $\cos\varphi$ 表示功率因数。每一个 φ 角对应一个 $\cos\varphi$，所以测量相位和测量功率因数实质上没有什么区别，只是一个用 φ 作为刻度，一个用 φ 角的余弦值作为刻度。

因为相位角 $\varphi = \omega\tau = 2\pi f\tau$，在频率 f 为固定的条件下，可以通过测量时间 τ 来达到测量相位的目的。在近代测量技术中，时间测量的准确度比较高，所以遇到要求对相位进行精密测量的场合，可以把对相位角 φ 或功率因数 $\cos\varphi$ 的测量转换为对时间 τ 的测量。

一般在实验室和工程上对相位 φ 或功率因数 $\cos\varphi$ 的测量常用以下方法。

一、用指示仪表测量相位

测量相位的指示仪表可以用电动系、铁磁电动系、电磁系或变换式仪表，工程上常用的是电动系和变换式。电动系相位表的结构原理可参看本章第四节。

图 4-8 为变换式相位表（或 $\cos\varphi$ 表）的电路图。变换式相位表电路由电压回路、电流回路和指示电路三部分组成。电压回路包括移相电桥、半波整流管 VD_1 和 VD_2；电流回路包括电流互感器、全波整流管 VD_3 和 VD_4；指示电路包括稳压管 VD_5、VD_6，电阻 R_1、R_2 和指示电表。

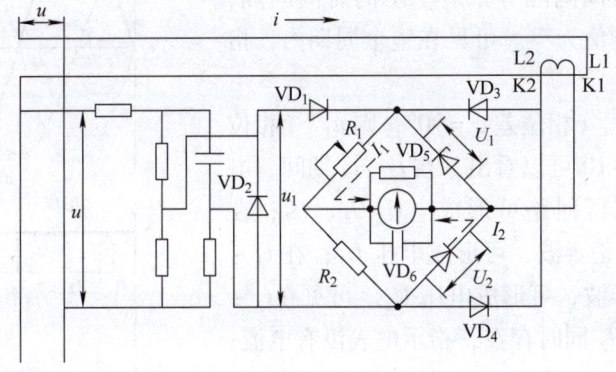

图 4-8　变换式相位表

测量时，被测电压 u 经移相电桥得到越前于 u 为 90° 的电压 u_1，并经半波整流后，在 VD_5、VD_6 上得到的压降为 U_1、U_2。调节 R_1 可以使 $U_1 = U_2$。

被测电流经互感器、整流电路，同样可以在 VD_5 上产生压降 U_1'、在 VD_6 上产生压

降 U_2。

但比较两个回路可知,在电压回路中只有电压为正半波时,才能形成 U_1、U_2;电压负半波时,电压回路处于截止状态。而电流回路正、负半波都能导通,但正半波只能在 VD_5 上形成压降 U_1,负半波只能在 VD_6 上形成压降 U_2;正半波时 VD_6 上无压降,负半波时 VD_5 上无压降。

假设被测电路 u、i 同相,即 $\varphi = 0$,u_1 比电流 i 超前 $90°$,从图4-9中可以看出,在 $t_1 \sim t_2$、$t_4 \sim t_5$ 期间,电压为正半波,在 VD_5、VD_6 上得到相等的电压 U_1、U_2,如图4-9b、c所示,其余期间电压回路不产生电压。而电流回路在 $t_1 \sim t_3$ 期间,电流为正半波,可形成电压 U_1;在 $t_3 \sim t_5$ 期间,电流为负半波,可形成电压 U_2。

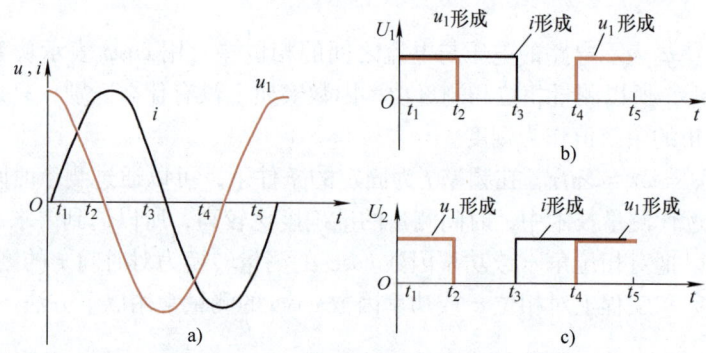

图4-9 u、i 同相的波形图

U_1 电压对指示仪表可产生电流 I_1,U_2 电压则可产生电流 I_2,其方向如图4-8所示。从图中可知,I_1 与 I_2 的方向刚好相反,如果 U_1、U_2 同时存在,两电流则相互抵消。从图4-9可以看出,$t_2 \sim t_3$ 期间只有 U_1,可在指示电表中得到电流 I_1,而在 $t_3 \sim t_4$ 期间只有电压 U_2,在指示电表中可得到电流 I_2,按道理这两段时间电表将会有指示。但因为指示电表指针的惯性,而且在 $\varphi = 0$ 时,$t_2 \sim t_3$ 的时间间隔等于 $t_3 \sim t_4$ 的时间间隔,通过电表的电流平均值为零。可见在整个周期内,指针都停在零点。

如果被测电路 u、i 相位差 $\varphi = 90°$,则 u_1、i 相位差 $\varphi = 180°$,从图4-10可以看出,在 $t_3 \sim t_5$ 期间,电压 u_1 为正半波,电压回路可形成电压 U_1、U_2;在 $t_1 \sim t_3$ 期间,电流为正半波,可形成电压 U_1;在 $t_3 \sim t_5$ 期间,电流为负半波,可形成电压 U_2。可见在 $t_3 \sim t_5$ 期间,由于 U_1、U_2 同时存在,指示电表没有电流;在 $t_1 \sim t_3$ 期间,只有 U_1 没有 U_2,指示电表则得到电流 I_1,在整个周期内,电流平均值不为零,可以选择仪表灵敏度使它指示最大。可见图4-8所示电路,u、i 相位差不同时,指示电表电流平均值也不同,可以利用这种变换器实现对相位 φ 的测量。

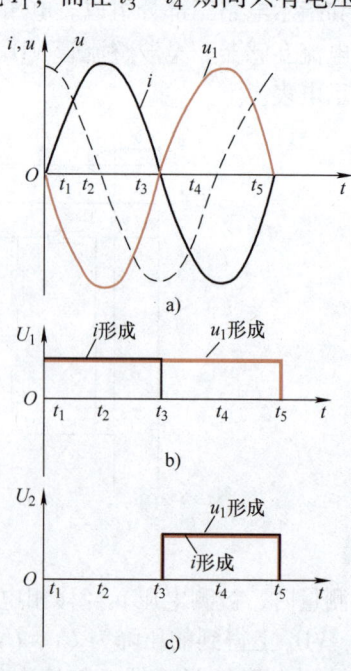

图4-10 u、i 相位差为 $90°$ 的波形图

二、用数字式相位表测量相位

数字式相位表是通过测量两个波形通过零点时的时间差,并用数字形式显示相位值的。应该注意,指示仪表测量的相位,一般指工频电路中电压与电流之间的相位差角或 $\cos\varphi$。但广义地说,相位也可以指任何两个波形(包括两个电流波形、两个电压波形或电压与电流波形)之间的相位差。不一定专指电压波形与电流波形,数字式相位表就可用来测量任意两个波之间的相位差。

三、用比较法测量相位差

比较法测量相位差,可用示波器测其李沙育图形,这种方法可参看第六章有关波形测量的内容。

四、间接法测相位

如果没有直读式相位表,可以根据功率公式间接求出 $\cos\varphi$,即

$$\cos\varphi = \frac{P}{UI} \tag{4-9}$$

$$\tan\varphi = \frac{Q}{P} \tag{4-10}$$

对于三相不平衡负载来讲,相电路功率因数的含义是,三相有功功率 P 与三相视在功率 S 的比值,即

$$\cos\varphi = \frac{P}{S} \tag{4-11}$$

式中　P——用功率表测出的三相总功率;
　　　S——用电压表、电流表测出三相电压、电流,然后按式 $S = U_A I_A + U_B I_B + U_C I_C$ 计算得出的三相视在功率。

对于用电大户,平均功率因数是指在一段时间内功率因数的平均值,按 $\cos\varphi = \dfrac{1}{\sqrt{1+\tan^2\varphi}}$

$$\text{平均功率因数} = \frac{1}{\sqrt{1+\left(\dfrac{\text{无功电能}}{\text{有功电能}}\right)^2}} \tag{4-12}$$

可见平均功率因数只能间接测量。

第三节　电动系频率表

电动系频率表多采用比率表型的结构,图 4-11 为 D3 – Hz 型频率表的测量机构图,其测量电路如图 4-12 所示。

图 4-11 中,固定线圈 A 在结构上分成两段,以便获得较均匀的磁场分布。可动线圈有两个,彼此在空间错开 90°,可动部分不装游丝。利用固定线圈 A 与可动线圈 B_1 之间的电磁力矩作为转动力矩,用固定线圈 A 与可动线圈 B_2 之间的电磁力矩作为反作用力矩。因此

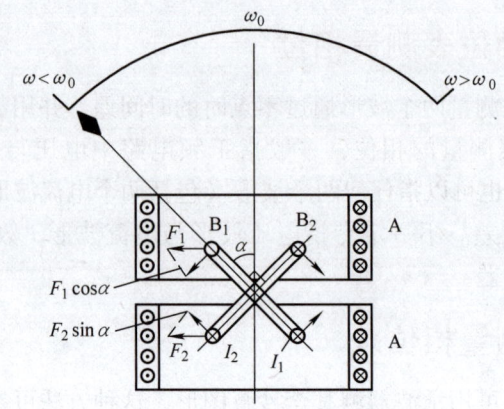

图 4-11 电动系频率表的结构示意图

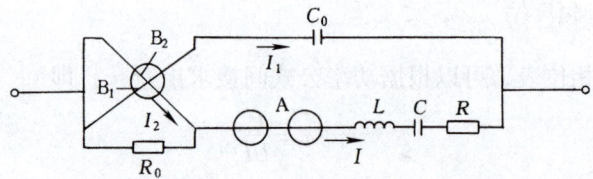

图 4-12 D3 – Hz 型频率表内部电路

在通电前,既无作用力矩又无反作用力矩,可动线圈呈随遇平衡状态。测量范围有 45 ~ 55Hz、900 ~ 1100Hz、1350 ~ 1650Hz 等几种量程。

若线圈如图 4-12 所示,分别通以交流电 i、i_1、i_2,可近似认为可动线圈 B_1、B_2 所受的力矩分别为

$$M_1 = \frac{1}{T}\int_0^T k_1 i i_1 \cos\alpha \, dt = k_1 I I_1 \cos\alpha \cos(\hat{II_1}) \tag{4-13}$$

$$M_2 = \frac{1}{T}\int_0^T k_2 i i_2 \cos(90°-\alpha) \, dt = k_2 I I_2 \cos(90°-\alpha) \cos(\hat{II_2}) \tag{4-14}$$

式中 $\hat{II_1}$ ——相量 i 与相量 i_1 间的夹角;

$\hat{II_2}$ ——相量 i 与相量 i_2 间的夹角;

α ——可动线圈 B_1 同时也是仪表指针与固定线圈轴线中心位置的夹角。

由图 4-13 中可知,电源电压 $\dot{U}$ 与固定线圈支路电流 $\dot{I}$ 之间相位差为 φ,而 φ 的大小与固定线圈支路中的 R、L、C 有关,在忽略线圈 B_1 的阻抗之后,可认为 B_1 支路为纯电容电路,电流 $\dot{I}_1$ 超前 $\dot{U}$ 90°,可得

$$\cos(\hat{II_1}) = \cos(90°+\varphi) = -\sin(\hat{UI}) \tag{4-15}$$

$\dot{I}_2$ 为线圈 B_2 的电流,在忽略线圈 B_2 和 A 的感抗成分

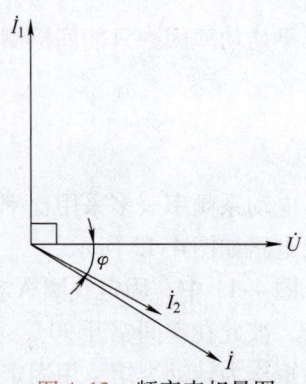

图 4-13 频率表相量图

之后，并设 B_2 的电阻为 R_2，可近似认为 $\dot{I}$ 与 $\dot{I}_2$ 同相，即

$$\cos(\hat{\dot{I}\dot{I}_2}) = 1 \tag{4-16}$$

将式（4-15）、式（4-16）代入式（4-13）、式（4-14）并加以整理可得

$$M_1 = k_1 UI\omega C_0 \frac{\omega L - \dfrac{1}{\omega C}}{\sqrt{R^2 + \left(\omega L - \dfrac{1}{\omega C}\right)^2}} \cos\alpha \tag{4-17}$$

$$M_2 = k_2 UI \frac{R_0}{R_0 + R_2} \frac{1}{\sqrt{R^2 + \left(\omega L - \dfrac{1}{\omega C}\right)^2}} \sin\alpha \tag{4-18}$$

从图 4-1 中给定的电流参考方向可知，可动线圈 B_1 产生的力矩 M_1 与可动线圈 B_2 产生的力矩 M_2 的正方向刚好相反，所以当 $M_1 = M_2$ 时，可动部分处于平衡状态，联立式（4-17）和式（4-18）并按电动系仪表原理 $k_1 = k_2$ 可得指针与中心位置的夹角 α 与电路频率 ω 直接相关，即

$$\tan\alpha = -\frac{R_0 + R_2}{R_0}\omega C_0\left(\omega L - \frac{1}{\omega C}\right) = \Phi(\omega) \tag{4-19}$$

由式（4-19）可知，仪表指针与中心位置的夹角 α 是频率 ω 的函数，也就是可以从指针位置直接读出频率值。当 $\omega = \omega_0 = \dfrac{1}{\sqrt{LC}}$ 时，$\alpha = 0$，指针停在中心位置；当 $\omega > \omega_0$ 时，指针顺时针偏转；当 $\omega < \omega_0$ 时，指针逆时针偏转。采用电动系比率型结构是为了使式（4-19）与电压无关，避免电压波动对频率读数的影响。也可以用铁磁电动系测量机构代替电动系。铁磁电动系的工作原理和电动系一样，只是在固定线圈中加了铁心，使固定线圈成为铁心的励磁线圈，以提高可动部分的转动力矩，减少表耗，而且对外磁场有较好的防护性能。

因为三相发电机的频率不会因相而异，所以工频频率测量没有单相和三相之分。

第四节 电动系相位表

一、电动系相位表的结构

电动系相位表也是采用比率表型结构，以消除电压对读数的影响。图 4-14 为相位表结构示意图。

图中，A 为固定线圈，由两段线圈串接而成，B_1、B_2 为两个结构相同、匝数尺寸也相等的可动线圈，彼此成 γ 交角固定在转轴上。可动部分不装游丝，未通电前处于随遇平衡状态。

两段固定线圈串联之后，引出两个电流端子。可动线圈 B_1、B_2 分别与 R_1、L_1、R_2 串联之后，引出两个电压端子。测量相位时，电流端子与负载电阻串联，电压端子与电源电压并联，具体接法如图 4-15 所示。

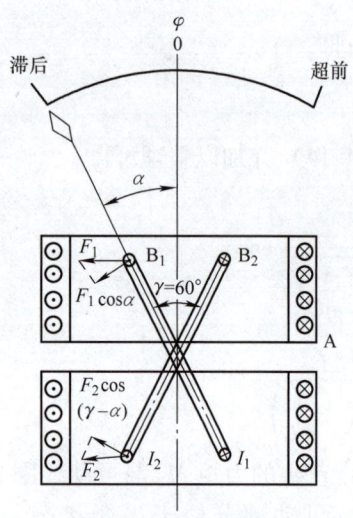

图 4-14 电动系相位表结构示意图

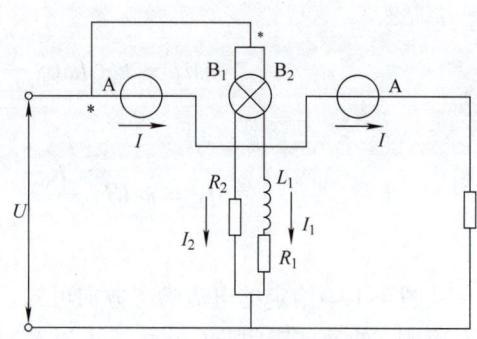

图 4-15 单相电动系相位表连接图

二、工作原理

在单相相位表的电路中，固定线圈的电流为负载电流 I，通过可动线圈 B_1、B_2 的电流为 I_1、I_2，给定电流的参考方向如图 4-15 的箭头所示。I 与 I_1 对可动部分产生的电磁力为 F_1，I 与 I_2 对可动部分产生的电磁力为 F_2，但能使可动部分产生偏转的力的仅仅是 F_1 和 F_2 中的与线圈平面成垂直的分量，即

$$F_1' = F_1\cos\alpha \tag{4-20}$$
$$F_2' = F_2\cos(\gamma - \alpha) \tag{4-21}$$

式中 α——可动线圈 B_1 与固定线圈轴线间的夹角；
  γ——两个动圈的交角。

若线圈 A 与 B_1、B_2 分别通以交流电 i、i_1、i_2，则两个可动线圈所产生的瞬时力矩为

$$M_{t1} = k_1 i i_1 \cos\alpha \tag{4-22}$$
$$M_{t2} = k_2 i i_2 \cos(\gamma - \alpha) \tag{4-23}$$

两个可动线圈所受的平均力矩分别为

$$M_1 = k_1 I I_1 \cos\alpha \cos(\hat{I I_1}) \tag{4-24}$$
$$M_2 = k_2 I I_2 \cos(\gamma - \alpha)\cos(\hat{I I_2}) \tag{4-25}$$

在 B_1、L_1、R_1 组成的支路中，电流 $\dot{I}_1$ 的相位比电压 $\dot{U}$ 的相位滞后一个 β 角，β 角由 L_1、R_1 的值决定，在 B_2、R_2 组成的支路中，因为 R_2 很大，可以忽略 B_2 的感抗，近似地认为电流 $\dot{I}_2$ 与电压 $\dot{U}$ 同相。其相量图如图 4-16 所示。

将 $\cos(\hat{I I_1}) = \cos(\beta - \varphi)$ 和 $\cos(\hat{I I_2}) = \cos\varphi$ 代入式（4-24）和式（4-25）中得

$$M_1 = k_1 I I_1 \cos\alpha \cos(\beta - \varphi) \tag{4-26}$$

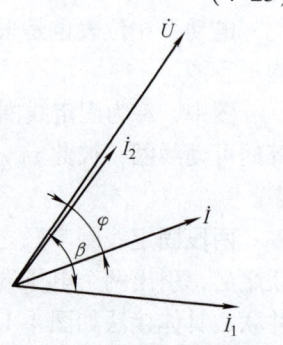

图 4-16 单相相位表相量图

$$M_2 = k_2 I I_2 \cos(\gamma - \alpha)\cos\varphi \tag{4-27}$$

考虑到线圈 B_1、B_2 的结构、尺寸、匝数完全相同，可近似地认为 $k_1 = k_2$。

从图 4-15 中给定的电流参考方向可知，可动线圈 B_1 产生的力矩 M_1 与可动线圈 B_2 产生的力矩 M_2，其方向刚好相反，所以当 $M_1 = M_2$ 时，可动部分平衡，从式（4-26）和式（4-27）可推出平衡条件为

$$\frac{\cos\alpha}{\cos(\gamma-\alpha)} = \frac{I_2\cos\varphi}{I_1\cos(\beta-\varphi)} \tag{4-28}$$

若两支路阻抗相等，$I_1 = I_2$，并配置适当的 R_1、L_1，便可满足 $\beta = \gamma$，代入式（4-28）可得

$$\alpha = \varphi \tag{4-29}$$

若将指针装在可动线圈 B_1 的平面上，线圈 A 轴线与标尺中心重合如图 4-14 所示，则 B_1 与线圈 A 轴线的夹角 α，就是指针与标尺中心的夹角。按式（4-29）可知，指针对中心线的偏转角 α 就等于电路相位差角 φ。

由式（4-29）可知，若仪表标尺按 φ 值刻度，则刻度将为线性均匀等分。但若按 $\cos\varphi$ 刻度，则分度是不均匀的，偏转角 α 的方向与负载的性质即 φ 的正负有关，通常 $\varphi = 0$ 或 $\cos\varphi = 1$ 时置于标尺中心，感性负载向一边偏转，容性负载向另一边偏转。

三、电动系三相相位表

电动系三相相位表只适用于三相三线制对称负载的相位或功率因数测量。测量机构和单相相位表相同，只是测量线路略有区别，三相相位表的可动线圈 B_1 支路不串接电感，而是用纯电阻 R_1，如图 4-17 所示。

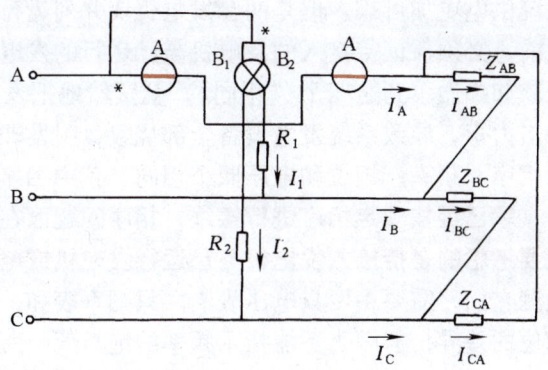

图 4-17 三相相位表电路

以负载为三角形联结为例，B_1 支路的电压为 U_{AB}，电流 I_1 与 U_{AB} 同相。B_2 支路的电的电压为 U_{AC}，电流 I_2 与 U_{AC} 同相，相量图如图 4-18 所示。

由图可知

$$\hat{I\!I}_1 = 30° + \varphi$$

$$\hat{I\!I}_2 = 60° - 30° - \varphi = 30° - \varphi$$

将值代入式（4-24）及式（4-25）得

$$\frac{\cos\alpha}{\cos(\gamma-\alpha)} = \frac{I_2 \cos(30°-\varphi)}{I_1 \cos(30°+\varphi)} \quad (4\text{-}30)$$

令 $I_1 = I_2$，则

$$\alpha = F(\varphi) \quad (4\text{-}31)$$

也就是相位表的指针偏转角与各相负载的相位差 φ 有关，因为是对称负载，故式（4-31）的 φ 代表各相相同的 φ。

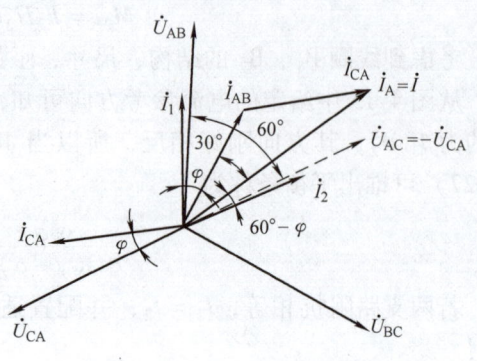

图 4-18　三相相位表相量图

四、相位表的使用

相位表的接法与功率表很相似，因此接线时要遵守"电源端"守则，由于固定线圈与负载串联，所以额定电流应大于负载电流；可动线圈的两个支路与负载并联，所以仪表额定电压应大于负载电压。在上面推导中曾假定 $I_1 = I_2$、$\beta = \gamma$，而电流 I_1 与电感 L_1 的感抗有关，所以相位表必须使用在规定频率范围。若频率变化，则感抗值变化，显然上述条件就被破坏，必然造成仪表读数误差。

第五节　整　步　表

当系统供电容量不足的时候，可以投入更多的发电机并列运行，将一台发电机与另一台发电机或电网并列运行，不但可以提高系统的供电容量，而且可以通过合理分配负载，获得最好的经济效益，使系统供电更加可靠。但是两台发电机要并列运行，或者将一台发电机投入电网并列，在投入之前，必须保证待接入的发电机与已运行的发电机或电网具有相同的相序、频率、相位和电压。如果做不到这四个"相同"，就贸然地把发电机投入并列，将会产生极大的冲击电流和冲击力矩，导致系统发电设备全部烧毁，引发严重的事故。

并列时需要具备的相序、频率、相位和电压四个相同，其中相序相同是不成问题的，因为发电机在安装调试时，就已经按规定相序进行接线，相序问题已在接线时就解决了，并列时可以不予考虑。最主要考虑的是待接入发电机与已运行发电机或电网的频率、相位和电压三者是否相同。 为了检测它们，需要用两只电压表、两只频率表和一只整步表。虽然整步表可以同时检测频率和相位的差异，但因为不能指示频率的绝对值，所以同步时除了要连接电压表和整步表外，一般还要再接两只频率表。其中，电压表和频率表是用来检测待接入的发电机与已运行的发电机或电网的电压与频率。整步表用来检测待接入的发电机与已运行的发电机或电网的频率与相位是否相同。常用的整步表有 1T1－S、1T10－S、19T1－S 等型号，下面主要介绍 1T1－S 型整步表的结构与原理。

一、1T1－S 型整步表的结构

1T1－S 型整步表属于电磁式仪表，由三个固定线圈 A_1、A_2、A_3 和一个可动的 Z 形铁心组成，其结构如图 4-19 所示。

图中，固定线圈 A_1 做成圆筒状，直接套在轴套 C 上，两个固定线圈 A_2、A_3 做成方扁

第四章 频率与相位的测量

形，互成90°夹角，套在 A_1 的外面。转轴可在轴套中转动，在转轴的上、下两端，各固定一个扇形铁片 D，两铁片装在轴的相反两端，与轴组成 Z 字形，铁片受力时可带动轴和指针旋转。

测量时，将线圈 A_1 串接一电阻 R，接在已经运行的发电机或电网的 A、B 相上。令电阻 R 数值远大于线圈 A_1 的感抗，可认为线圈 A_1 是一个电阻性电路，电压与电流同相。线圈 A_2、A_3 分别与 R_1、R_3 串联，然后与电阻 R_2 接成一个不对称星形，接在待并发电机的 A、B、C 三相上，电路连接如图 4-20 所示。

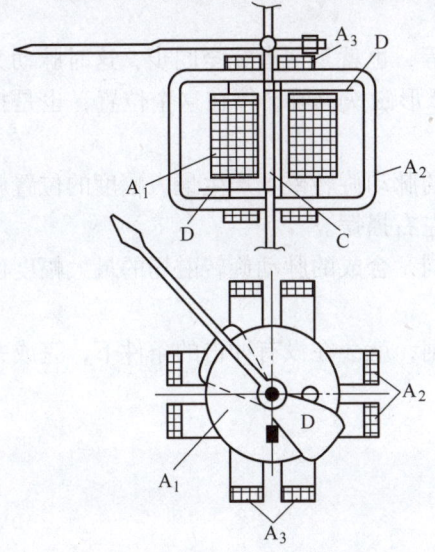

图 4-19　1T1-S 型整步表结构

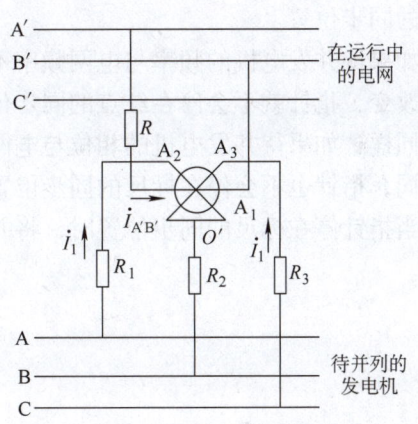

图 4-20　1T1-S 型整步表的连接

图 4-21 是 1T1-S 型整步表的外形，标尺上只注明"快""慢"和一条红色的同步点，当待并发电机的频率比电网频率高时，指针将顺时针旋转，表示待并发电机的转速偏快；待并发电机的频率比电网频率低时，指针将逆时针旋转，表示待并发电机的转速偏慢。待并发电机与电网的相位差越大，指针离红点也越远，指针偏离红点同时反映了两个频率和相位的差异。

图 4-21　1T1-S 型整步表的外形

二、1T1–S 型整步表的工作原理

图 4-20 中，线圈 A_1 接在已在运行的发电机或电网的 A、B 相电压上。它产生一个脉动磁场，这个脉动磁场将沿着 Z 形铁心闭合。线圈 A_2、A_3 在空间成 90°夹角，通过线圈 A_2、A_3 的电流的时间相位差也是 90°，因此 A_2、A_3 会形成一个旋转磁场，旋转的速度取决于加在线圈上的待并发电机的电源频率。一个磁场按待并发电机的频率旋转，另一个磁场按已在工作的电网频率脉动。可以推出，一个旋转的磁通矢量与一个脉动的磁通矢量相叠加，它的合成磁通将是一个幅度不断变化的旋转磁通。

如果待并发电机的频率与电网频率及相位都相等，也就是两者完全同步，这时脉动又旋转的磁场将会在红色同步点的方向出现最大幅度，Z 形磁铁也就会停在这个位置，也是指针所指的同步位置。

如果待并发电机的频率与电网频率不同，合成的脉动旋转磁场产生最大幅度的位置就会不断改变，指针就不会停在红点的同步位置，而是左右摇摆。

同样，如果待并发电机的相位与电网的相位不同，合成的脉动旋转磁场的最大幅度位置也不同，指针也不会停在标尺的同步位置。

当指针停在标尺的同步位置时，将并网开关合闸，就会在没有冲击的条件下，完成并网操作。

第五章

电路参数的测量

第一节 电路参数的测量方法

电路参数包括电阻 R、电感 L、电容 C，以及由这几个基本参数导出的时间常数 τ、介质损耗因数 $\tan\delta$、品质因数 Q 等，传统的测量电路参数的方法有以下几种。

一、直读法

在一个直流电路中，如果保持被测电阻两端电压不变，对不同的电阻值，就有不同的电流值相对应。若将一个磁电式电流表串接在电路中，不同的电阻值就对应于测量机构的不同的偏转角，这样，就可以把电流表的标尺直接刻上电阻值，这就是直读式的电阻表。当然，这里必须保持电压不变，否则由于电压变化，同一被测电阻所对应的电流就不一样。为了避免电压变化影响读数，也可采用比率型的仪表，如本章第六节介绍的绝缘电阻表就是一种比率型的电阻表。反过来若保持通过被测电阻的电流不变，将一个磁电式电压表并接在电阻两端，则被测电阻两端电压也能反映电阻值，形成所谓电压型的电阻表。

同样道理，在交流电路被测阻抗两端加上交流电压，电路电流也同样与被测阻抗相对应。若电路串接交流电流表，电流表的标尺也可以用电感或电容刻度，形成直读式的电感和电容测量仪，例如有的万用表内附振荡器作为交流电源，用这种方法直接测量 L、C 的数值。

直读式电阻表适用于测量中值或高值电阻。测量时要注意选择合适量程，以便读数能在标尺中心附近，以减少测量的误差。**直读法测量交流参数只适合于纯电感或纯电容元件**。对于寄生电阻较大的电感或漏电电阻较小的电容，读出的都是阻抗值，而不是 L 或 C 的值。

二、电桥法

精确测量电路参数可以使用电桥。测量电阻的直流电桥分为单电桥和双电桥两种。单电桥适用于测量中值电阻，测量范围为 $10 \sim 10^6 \Omega$。双电桥则适用于测量低值电阻，测量范围为 $10^{-6} \sim 10^2 \Omega$。至于大电阻测量则可用超高阻电桥，如图 5-1 所示，电桥的供电电压为 $50 \sim 1000 \text{V}$，图中由 R_4、R_5、R_6 组成的三角形电路，可以用一个 Y 形电路等效，等效后可以化为一个单电桥电路，当检流计指零时，等效电路中的被测电阻，可以按下式求得，即

$$R_x \approx \frac{R_2 R_3 R_5}{R_4 R_6} \qquad (5\text{-}1)$$

超高阻电桥的测量范围可达 $10^{15}\Omega$。

测量交流参数的电桥则有变压器电桥和阻抗电桥两种,关于电桥原理将在后面详细介绍。

三、补偿法

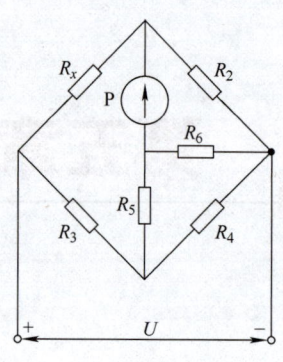

图 5-1 超高阻电桥

所谓**补偿法是指电流通过参数未知的被测元件时,所产生的压降与电流通过参数已知的被测元件时产生的压降相比较,如果两者相等,也就是达到完全补偿,就可以根据已知参数值求得被测参数值。**

图 5-2 是一种测量电阻的补偿电路,当检流计电流为零时,可以认为已知电阻上的压降 $I_2 R_1$ 等于被测电阻上的压降 $I_1 R_x$。如果通过互感器 M 一次电流和二次电流 I_2 与 I_1 之比为已知,从 $I_2 R_1 = I_1 R_x$ 式中可求得 R_x 值。

图 5-3 是用补偿法测互感的电路,图中 M_s 为已知互感,M_x 为被测互感。当交流指零检流计的读数为零时,表明 $M_s = M_x$,根据已知互感值 M_s,便可求出被测互感值 M_x。

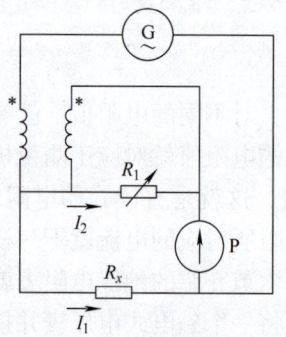

图 5-2 补偿法测电阻

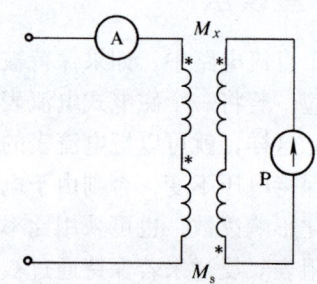

图 5-3 补偿法测量互感

四、谐振法

测量电感和电容还可以用谐振法,如图 5-4 所示,由已知电感 L_s 和已知电容 C_s 组成一个谐振回路,并外加电源电压使它工作于谐振状态,测量时将被测电感 L_x 或被测电容 C_x 与回路并联,如果不改变电源频率,则回路失去谐振状态,重新调节 C_s 使回路恢复到谐振状态,如果被测量为 C_x,则 C_x 值等于 C_s 的变化值,即

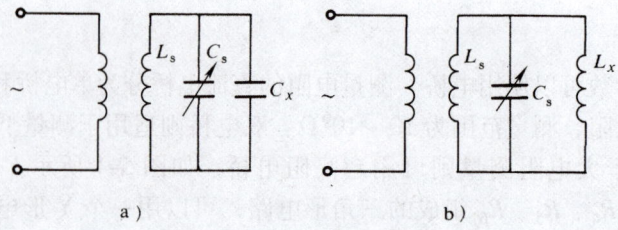

图 5-4 谐振法测电感电容

第五章 电路参数的测量

$$C_x = C_{s1} - C_{s2} \tag{5-2}$$

如果被测量为电感 L_x，则

$$\frac{1}{L_s C_{s1}} = \frac{1}{(L_s // L_x) C_{s2}} \tag{5-3}$$

式中　C_{s1}——未失去谐振前回路的已知电容；

C_{s2}——失去谐振状态后重新调谐，回路恢复谐振时的已知电容。

也可以在 C_s 的调节旋钮上直接刻上 L_x、C_x 的值。

五、间接法

1. 伏安法测电阻

用电压表和电流表间接测量直流电阻的方法称为伏安法，电路如图 5-5 所示。用伏安法测电阻有电压表接前和电压表接后的区别，图 5-5a 为电压表接在电流表前的电路，适用于测量大电阻；图 5-5b 为电压表接在电流表后的电路，适用于测量小电阻。

对于电压表接前的电路，设电压表的读数为 U，被测电阻两端电压为 U_x，电流表的读数为 I_x，从图中可知被测电阻实际值应为

$$R_x = \frac{U_x}{I_x} \tag{5-4}$$

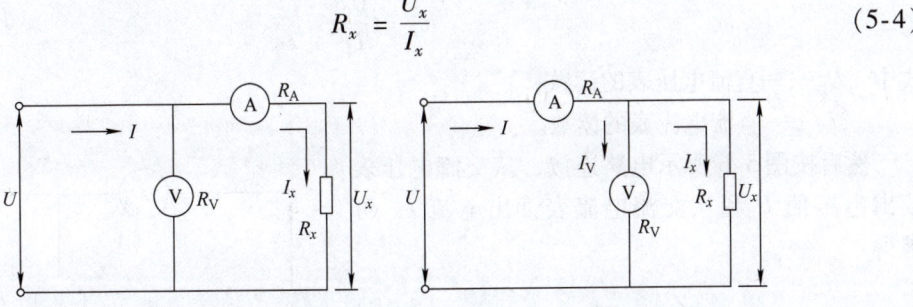

图 5-5　伏安法测电阻

a) 适用于大电阻　b) 适用于小电阻

而从电压表和电流表读数中所计算出的值为

$$R'_x = \frac{U}{I_x} = \frac{U_A + U_x}{I_x} = R_x + R_A \tag{5-5}$$

式中　R_A——电流表内阻。

可见测出的电阻值为实际被测电阻与电流表内阻之和，由此产生的方法误差为

$$\gamma = \frac{R'_x - R_x}{R_x} \times 100\% = \frac{R_A}{R_x} \times 100\% \tag{5-6}$$

对于电压表接后的电路，设电压表的读数为 U_x，电流表的读数为 I，则测出的电阻值为

$$R'_x = \frac{U_x}{I} = \frac{U_x}{I_V + I_x} = \frac{1}{\frac{I_V}{U_x} + \frac{I_x}{U_x}} = \frac{R_x R_V}{R_x + R_V} \tag{5-7}$$

式中　R_V——电压表内阻。

可见测出的电阻值为实际被测电阻与电压表内阻并联的有效电阻，由此产生的方法误差为

$$\gamma = \frac{R'_x - R_x}{R_x} \times 100\% = \frac{\frac{R_x R_V}{R_x + R_V} - R_x}{R_x} \times 100\% = \frac{-R_x}{R_x + R_V} \times 100\% \tag{5-8}$$

可见电压表接前的电路，测量的方法误差为正，$\frac{R_A}{R_x}$ 值越大，误差越大，所以这种接法适合于 $R_x \gg R_A$，即测量大电阻的场合。电压表接后的电路，测量的方法误差为负，R_V 值越大，误差越小，所以这种接法适合于 $R_x \ll R_V$，即测量小电阻的场合。

伏安法测电阻的主要优点是能让被测电阻在工作状态下进行测量，这在工程上有很大的实用意义。 例如要测量白炽灯等非线性元件在通电工作时的电阻，电动机绕组满载时的直流电阻等，都要求在通电工作的情况下进行测量。

2. 伏安法测电感或电容

伏安法同样可以测量交流参数，以测量电感为例，先按图 5-5 用直流电源测量电感的直流电阻 R_x 值，即

$$R_x = \frac{U_0}{I_0} \tag{5-9}$$

式中 U_0——直流电压表的读数；
I_0——直流电流表的读数。

然后按图 5-6 所示电路连接，从交流电压表读出电压值 U 和从交流电流表读出电流 I，可求得

$$Z_x = \frac{U}{I} \tag{5-10}$$

$$L_x = \frac{\sqrt{Z_x^2 - R_x^2}}{2\pi f} \tag{5-11}$$

式中 f——交流电源的频率。

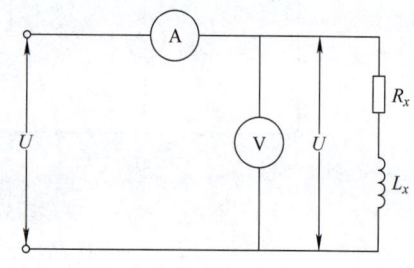

图 5-6 伏安法测电感

伏安法测电感或电容的误差较大，除了仪表误差外，还有方法误差。 为了减少误差，要求电压表的内阻 R_V 要大，电流表的内阻 R_A 要小，即要求被测阻抗 Z_x 要满足 $Z_x \gg R_A$ 和 $R_x \ll R_V$ 这两个条件。

伏安法测电感或电容的主要特点是设备简单，且可以在被测元件通电状态下进行测量。 例如铁心电感是一种非线性元件，电流不同时电感值也不同，用伏安法测量则可以测出给定工作状态下的电感值。

3. 用电压表测电阻

有时受条件限制，手头只有一台电压表，如果电压表的内阻 R_V 已知，且值很大，也可以用它测量直流电阻值，测量电路如图 5-7 所示，方法如下：

第一步：将开关 S 置于 "1" 位，电压表的读数 U_1 等于电源空载电压 U_0（设 R_0 为电源内阻，当 $R_V \gg R_0$ 时，电源内阻压降可略去不计）

$$U_1 = U_0 \tag{5-12}$$

第五章 电路参数的测量

第二步：将开关 S 置于"2"位，电压表的读为

$$U_2 = U_0 \frac{R_V}{R_x + R_V} = U_1 \frac{R_V}{R_x + R_V} \tag{5-13}$$

移项后可得

$$R_x = \left(\frac{U_1}{U_2} - 1\right) R_V \tag{5-14}$$

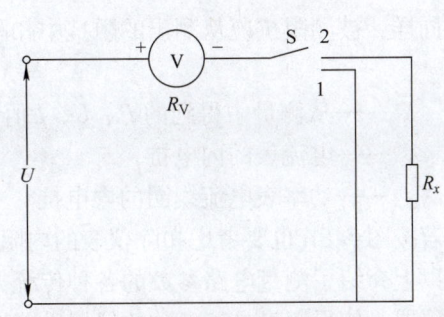

图 5-7 用电压表测电阻

4. 三表法测交流阻抗

三表法是指用电流表、电压表、功率表测量交流参数 L、C、R、M 的方法，测量电路如图 5-8 所示，图中 Z_x 为被测阻抗。

若不计仪表本身的内阻，则被测阻抗的电阻 R_x 和电抗 X_x，可分别由下式求得

$$R_x = \frac{P}{I^2} \tag{5-15}$$

$$X_x = \sqrt{Z^2 - R_x^2} = \sqrt{\left(\frac{U}{I}\right)^2 - \left(\frac{P}{I^2}\right)^2} \tag{5-16}$$

若被测阻抗的电抗分量为纯感抗，则从式（5-16）可求得电感值为

$$L_x = \frac{1}{2\pi f I} \sqrt{U^2 - \left(\frac{P}{I}\right)^2} \tag{5-17}$$

若被测阻抗的电抗分量为纯容抗，则从式（5-16）可求得电容值为

$$C_x = \frac{1}{2\pi f \frac{1}{I}\sqrt{U^2 - \left(\frac{P}{I}\right)^2}} \tag{5-18}$$

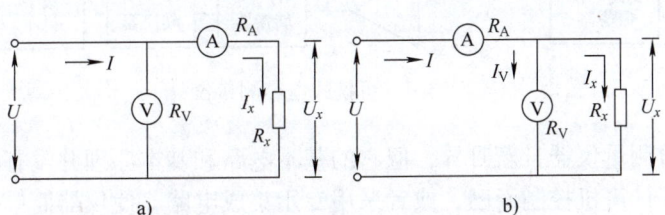

图 5-8 三表法测交流阻抗
a）适用于较大的 Z b）适用于较小的 Z

若被测阻抗的电抗分量中既有感抗又有容抗，且两者是可分的，则可以分别测出其压降，然后分别算出电感和电容的数值。

若考虑到仪表本身内阻，按图 5-8a 所示接线，被测电阻应从测出的电阻值中扣除仪表内阻，即

$$R_x = R'_x - R_A - R_{WA} \tag{5-19}$$

式中　R'_x——从测量中得到的 P、U、I 值，计算出来的电阻；
　　　R_A——电流表的内阻；
　　　R_{WA}——功率表电流线圈的内阻。

同样，被测阻抗应从测出的阻抗中扣除仪表的内阻抗，即

$$X_x = X'_x - X_A - X_{WA} \tag{5-20}$$

式中　X'_x——从测量中得到的 P、U、I 值计算出来的电抗；

　　　X_A——电流表的内电抗；

　　　X_{WA}——功率表电流线圈的内电抗。

若按图 5-8b 也要考虑扣除仪表的内阻抗问题。

以上介绍了测量电路参数的各种传统方法，现在由于计算机技术的发展，并大量应用于测量仪器，使得测量电路参数的仪器迅速地向智能化、自动化和数字直读的方向发展。例如过去用电桥测量电路参数，测量过程十分繁杂，从接上被测电阻，调节桥臂，到检测平衡，其中每一个步骤都十分费时，特别是检测平衡过程。为防止检流计被烧毁，还必须不断调节检流计的灵敏度，先从最小灵敏度开始，调节桥臂至平衡，再提高灵敏度，再继续调平衡，直至检流计的灵敏度调节到最大为止。现在这些工作完全都可以交给单片机完成，使得电桥的整个测量过程能自动且迅速地进行，并将测量结果以数字显示出来。所以数字直读式的电路参数测试仪已经成为电路参数测量的主流。

另外，现在大部分数字直读式的电路参数测试仪都做成可携带式，例如可携式电容测量仪，如图 5-9 所示，它利用运算放大器组成文氏电桥振荡器，作为交流信号源，然后通过被测电容送至运算放大器放大后，测量其输出电压。由于输出电压与被测电容成正比，调节其数值等于电容值，用 LED 显示器显示，就可以直接读出电容数值。运算放大器和显示电路现在都有现成的集成电路，用这些专用的集成电路制成的参数测量仪价格便宜、结构简单，精度也不低，使得电路参数测量仪器发生了革命性的变化。

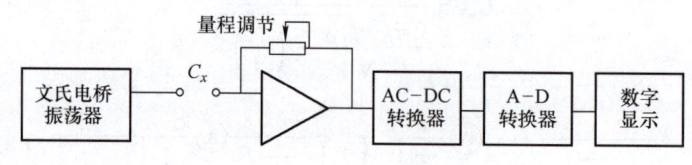

图 5-9　可携式电容测量仪

虽然电路参数测量仪器日新月异，但它的基本电路和基本原理并没有改变，只是在基本电路的基础上加了计算机控制而已，或者采用专用集成电路，使仪器简单化。为此本章仍以介绍电路参数测量的基本电路和基本原理为主，以便在选用或使用各种新型参数测量仪时，有一个坚实的基础。

表 5-1 是以上各种方法的比较。

表　5-1

方法	应用范围	优　点	缺　点
直读法	用于一般工程测量 电阻　$10^{-2} \sim 10^6 \Omega$ 电容　$100pF \sim 100\mu F$ 电感　$1mH \sim 1000H$	读数方便，操作简单	误差大，某些类型直读仪表会受表内电源电压影响

(续)

方法	应用范围	优点	缺点
电桥法	用于实验室精密测量 单电桥　$10\sim10^6\Omega$ 双电桥　$10^{-6}\sim10^2\Omega$ 交流阻抗电桥　$1pF\sim1000\mu F$， $0.1\mu H\sim1000H$ 变压器电桥　$10^{-6}pF\sim10^3\mu F$ $10^{-2}\mu H\sim10^5H$	测量准确度高，测量范围广	操作麻烦，设备费用高
补偿法	用于实验室精密测量	测量准确度高	操作麻烦，设备费用高
间接法	用于一般工程测量 电阻　$10^{-3}\sim10^6\Omega$ 电容　$100pF\sim100\mu F$ 电感　$1mH\sim1000H$	可以在给定工作状态下测量，特别适合非线性参量	测量结果尚需通过运算求得

第二节　直流单电桥

一、直流单电桥的工作原理

直流单电桥又称为惠斯顿电桥，其原理电路如图 5-10 所示。图中被测电阻 R_x 和已知电阻 R_2、R_3、R_4 互相连接成一个封闭的环形电路。四个电阻的连接点 a、b、c、d 称为电桥的顶点；由四个电阻组成的支路 ac、cb、ad、db 分别称为桥臂。在电桥的两个顶点 a、b 端接一个直流电源，作为电桥的输入端。另外两个顶点 c、d 端接一个指零仪，作为电桥的输出端。

当电桥接通电源之后，调节桥臂电阻 R_2、R_4，使 c、d 两个顶点的电位相等，也就是使指零仪两端没有电压，其电流 $I_g=0$。我们称这种状态为电桥平衡状态。当电桥平衡时，必定满足下列条件，即

$$I_1R_x=I_4R_4 \tag{5-21}$$
$$I_2R_2=I_3R_3 \tag{5-22}$$

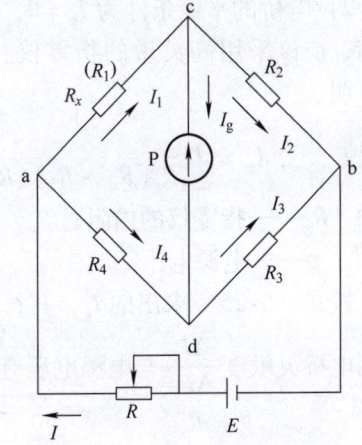

图 5-10　直流单电桥原理图

由于 $I_g=0$，按基尔霍夫定律可得 $I_1=I_2$ 和 $I_3=I_4$，代入式（5-21）和式（5-22），并将两式相除得

$$\frac{I_1R_x}{I_2R_2}=\frac{I_4R_4}{I_3R_3}$$

整理后可得

$$R_3R_x=R_2R_4 \tag{5-23}$$

$$R_x=\frac{R_2}{R_3}R_4 \tag{5-24}$$

式中 　R_2、R_3——电桥的比例臂电阻；

　　　R_4——电桥的比较臂电阻。

式（5-24）还表明，当电桥平衡时，可以从 R_2、R_3、R_4 的值，求得被测电阻 R_x 的值。**用电桥测量电阻，实际上是将被测电阻与已知电阻放在电桥上比较，然后求得被测电阻的一种方法。**只要比例臂电阻和比较臂电阻足够准确，比较所得的 R_x 值其准确度也一定较高。一般直流单电桥的准确度有 0.01、0.02、0.05、0.1、0.2、1.0、1.5、2.0 八个等级。

二、直流单电桥的特点

1）使用单电桥测量电阻，当被测电阻小于 10Ω 时，引线电阻、与电桥连接处的接触电阻就不能忽略。如果引线电阻、接触电阻较大，就会使测量结果产生较大误差。因此对于单电桥，一方面要规定它所能测量的电阻最小值，另一方面要求测量时尽可能减少引线和接触电阻。必要时可采用四端钮的连接方式，如图 5-11 所示。

在图中，引线电阻 R'_2、R'_4 被划归指零仪支路和电源支路，而 R'_1、R'_3 则接到电阻较大的 R_2、R_4 的桥臂中，因而减少了误差。

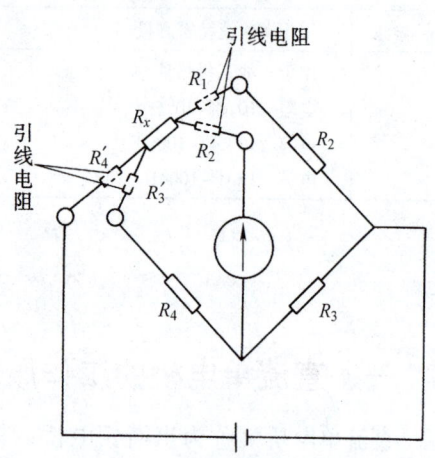

图 5-11　四端钮连接方式

2）电桥的平衡条件为 $I_g = 0$，为了准确地判断平衡，应该采用高灵敏的指零仪。从图 5-10 中可以证明

$$I_g = U \frac{R_2 R_4 - R_x R_3}{R_g(R_x + R_2)(R_3 + R_4) + R_x R_2(R_3 + R_4) + R_3 R_4(R_x + R_2)} \tag{5-25}$$

式中 　R_g——指零仪的内阻；

　　　U——电源电压。

按式（5-25）求出的 I_g，其符号代表通过指零仪的电流方向，利用式（5-25）还可以证明电桥灵敏度 $\dfrac{\Delta I_g}{\dfrac{\Delta R_x}{R_x}}$ 与电源电压有关。电源电压越高，灵敏度也越高。所谓**电桥灵敏度指桥臂电阻产生单位相对变化量时，在测量对角线上所引起的电流 I_g 的增量**，所以灵敏度越高，越容易判断平衡，为此总是尽量提高电源电压，但以不使桥臂电阻超载为原则。

3）直流单电桥也可以运用于不平衡状态，从式（5-25）还可以看出，当电压 U 及桥臂电阻 R_2、R_3、R_4 为定值时，R_x 与 I_g 成函数关系。如果用可以读出电流值的电流表做指零仪，那么就可以从 I_g 的大小推算出 R_x 的值。这种使用方法的电桥称为不平衡电桥，它在自动检测中应用十分广泛。

三、QJ23 型单电桥

下面以 QJ23 型单电桥为例，介绍有关单电桥的实际结构和操作方法。图 5-12 是它的原理图。

图中的比例臂由八个电阻组成,共有七个档位,分别为10^{-3}、10^{-2}、10^{-1}、1、10、10^2、10^3七种比率值,可通过调节读数盘将比率值置于任意一个档位。

比较臂由四组电阻箱组成,第一组为九个1Ω电阻,第二、三、四组分别为九个10Ω、九个100Ω、九个1000Ω的电阻。当全部电阻串联时,总电阻值为9999Ω,可以通过调节读数盘改变串联阻值。

选择不同的比例臂和比较臂,可以测量从$1\times10^{-3}\sim9999\times10^3\Omega$的电阻。实际上由于接线电阻的影响,只有在$10^2\sim99990\Omega$的基本量限内,其误差才不超过$\pm0.2\%$。

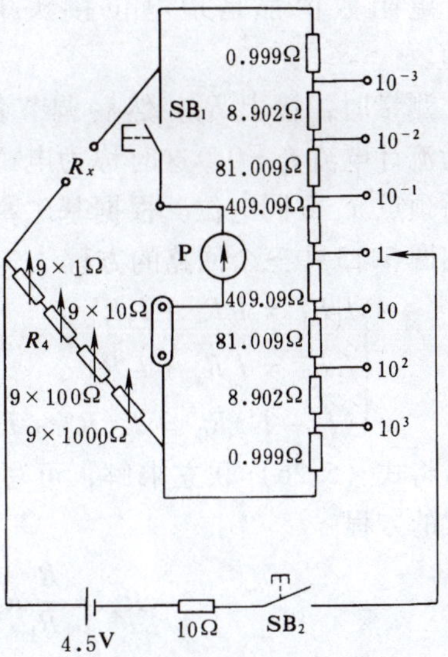

单电桥的使用步骤为:

1)使用前,先将检流计锁扣打开,并调节调零器使指针或光点指示器置于零位。

图 5-12 QJ23 型单电桥

2)若使用外接电源,其电压应按规定选择。太高会损害桥臂电阻,太低又会降低灵敏度。若使用外接检流计做指零仪,也应按规定选择其灵敏度和临界电阻。

3)接好被测电阻 R_x 后,应先估计一下它的大约数值,以选择合适的比率,保证比较臂的四组电阻能全部用上。例如被测电阻为几十欧,若选比率为10^{-2},则四组比较臂电阻都能用上,可读出小数点后两位。若选比率为 1,则千位、百位的比较臂电阻都应置于零位,只使用十位和个位,读数也只能读到整数位为止。

4)测量时,应先按"电源"按钮,再按"检流计"按钮,然后调节平衡。测量完毕,先打开"检流计"按钮,再松开"电源"按钮。特别是被测电阻具有电感时,一定要遵守上述操作次序,否则检流计回路在打开"电源"按钮时可能会产生很大自感电动势,使检流计损坏。

在调节过程,也不宜将检流计按钮按死,以免检流计通电时间太长。

5)测量结束并不再使用时,应将检流计锁扣锁上。

第三节 直流双电桥

一、直流双电桥的工作原理

直流双电桥又称为开尔文电桥,是用于测量小电阻的电桥,例如用于测量电流表的分流器、电动机或变压器的绕组电阻,以及其他不能用单电桥测量的小电阻。

一般测量时的引线电阻和接触电阻,其数量级为$10^{-4}\sim10^{-2}\Omega$。如果这个值与被测电阻相比已不能忽略,就应该用双电桥测量。

直流双电桥的原理电路如图 5-13 所示,图中 E 为电源,R_1、R_2、R_1'、R_2'、R_s 组成各桥臂,R_x 为被测电阻,其中 R_s、R_x 都需要两对接头,即电流接头 C_1、C_2 和电位接头 P_1、

P_2，电阻数值都是指电位接头 P_1、P_2 之间的值。

测量时，接上 R_x，然后调节各桥臂电阻，令检流计电流 $I_g = 0$，这时称为电桥平衡，说明电桥顶点 a、b 同电位。根据基尔霍夫定律，可写出图 5-13 中三个回路的方程

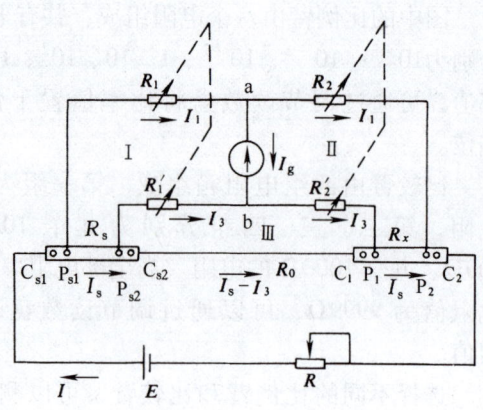

$$\begin{cases} I_1 R_1 = I_s R_s + I_3 R_1' \\ I_1 R_2 = I_s R_x + I_3 R_2' \\ (I_s - I_3) R_0 = I_3 (R_1' + R_2') \end{cases} \quad (5\text{-}26)$$

将式（5-26）联立求解，可写出两种不同形式的方程

图 5-13 直流双电桥原理图

$$R_x = \frac{R_2}{R_1} R_s + \left(\frac{R_0 R_2}{R_0 + R_1' + R_2'} \right) \left(\frac{R_1'}{R_1} - \frac{R_2'}{R_2} \right) \quad (5\text{-}27)$$

$$R_x = \frac{R_2}{R_1} R_s + \left(\frac{R_0 R_1'}{R_0 + R_1' + R_2'} \right) \left(\frac{R_2}{R_1} - \frac{R_2'}{R_1'} \right) \quad (5\text{-}27')$$

可见，用双电桥测电阻，R_x 值由两项组成，其中第一项与单电桥公式（5-24）相同，第二项称为更正项，是单电桥公式所没有的。为了使双电桥求 R_x 的公式能与单电桥一致，可以想办法让更正项等于零。为此，在制造双电桥时，令 $R_1' = R_1$、$R_2' = R_2$，也就是令 $\frac{R_1'}{R_1} = \frac{R_2'}{R_2}$ 或者是 $\frac{R_2}{R_1} = \frac{R_2'}{R_1'}$，更正项即可为零。同时在测量过程中，如果还需要调节 R_1、R_1' 和 R_2、R_2'，为保证调节过程中始终保持更正项为零，要把 R_1、R_1' 和 R_2、R_2' 做成一对同轴调节的电阻，使改变 R_1、R_2 的同时，R_1' 和 R_2' 会随之变化，并能保持同步，这样就能保持更正项为零。另外，对连接 R_s 和 R_x 电流接头的导线，尽可能采用导电性良好、线径较粗的母线制成，其电阻 R_0 接近于 0。这样，即使 $\frac{R_1'}{R_1}$ 与 $\frac{R_2'}{R_2}$ 不相等，但因为 R_0 值趋近于零，更正项仍然会等于零。式（5-27）就简化为

$$R_x = \frac{R_2}{R_1} R_s \quad (5\text{-}28)$$

从图 5-13 中可以看出，采用双电桥所以能够测量小电阻，关键在于以下两点：

1）单电桥之所以不能测量小电阻，是因为用单电桥测出的电阻值，包含了桥臂间的引线电阻和接触电阻。当它们与 R_x 相比不能忽略时，测量结果就会有很大的误差。而双电桥电位接头的引线电阻与接触电阻位于 R_1、R_2 和 R_1'、R_2' 的支路中，如果 R_1、R_2 和 R_1'、R_2' 本身不小于 10Ω，那么接触电阻的影响就可以略去不计。

2）双电桥电流接头的引线电阻和接触电阻，一端包含在电阻 R_0 里面，而 R_0 是存在于更正项中，所以对电桥平衡不发生影响；另一端则包含在电源电路之中，由于电源回路参数与求 R_x 的公式无关，所以也不影响测量结果。

二、QJ103 型双电桥

QJ103 型双电桥是一种测量范围为 0.001～11Ω、误差为 ±2% 的直流双电桥。图 5-14 是它的实际电路，图中用 12 个固定电阻组成比率臂，它相当于图 5-13 中的 R_1、R_2、R_1'、R_2'，但固定分为五档，分别为 0.01、0.1、1、10 和 100。R_s 作为比较电阻采用滑线结构，其阻值可以在 0.01～0.11Ω 间调节，调节时可根据转盘位置，直接从面板刻度盘上读数。

测量时，将被测电阻的电流接头和电位接头分别与 C_1、C_2、P_1、P_2 接线柱连接，接后适当选择比率档，再调节比较电阻使电桥平衡，当检流计电流 I_g 完全等于零时，可利用下式求得 R_x 值：

$$R_x = 比率臂比率 \times 刻度盘阻值$$

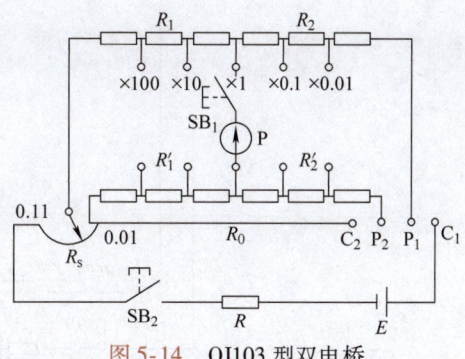

图 5-14　QJ103 型双电桥

三、QJ31 型直流单双臂电桥

为了使用上的方便，常常把电桥做成单双臂两用，QJ31 型就是其中一种。而且它采用晶体管指零仪代替检流计，既有较高灵敏度又能抗振，所以我们把它作为典型例子进行介绍。

QJ31 型作为单电桥使用时，测量范围为 10～11110000Ω，其中只有 10～11110Ω 的准确度等级达 0.1 级。作为双电桥使用时，测量范围为 10^{-4}～111.1Ω，准确度等级为 0.1 级。

图 5-15 是它的总电路图，图 5-16 和图 5-17 是根据开关 S_B 和 S_C 置于不同位置时，组成的单电桥和双电桥原理图。

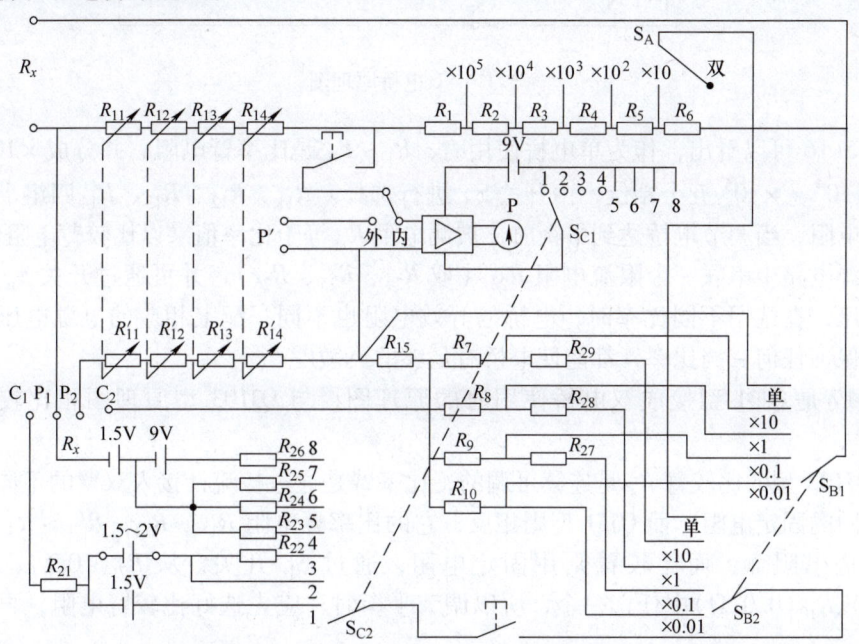

图 5-15　QJ31 型单双臂电桥总电路图

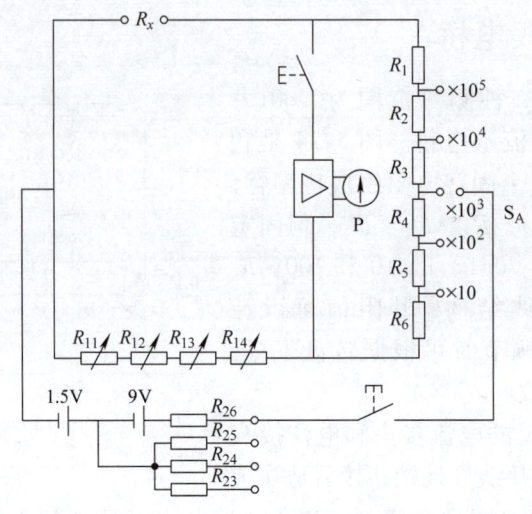

图 5-16 单电桥原理图

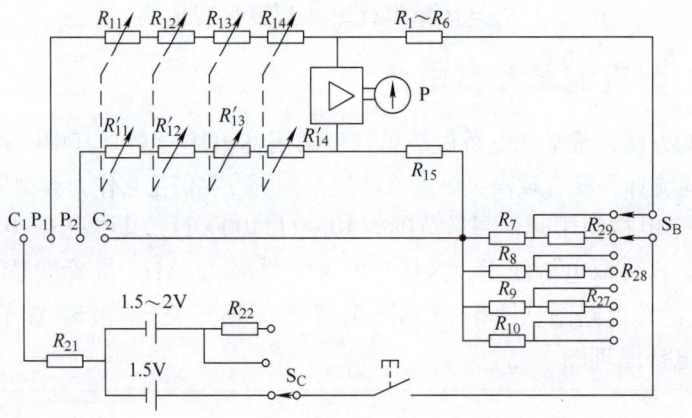

图 5-17 双电桥原理图

从图 5-16 可以看出，作为单电桥使用时，$R_1 \sim R_6$ 是比率臂电阻，并分成 $\times 10$、$\times 10^2$、$\times 10^3$、$\times 10^4$、$\times 10^5$ 五个档位，由开关 S_A 进行选择。R_{11}、R_{12}、R_{13}、R_{14} 四组十进电阻作为比较臂电阻，当调节电桥达到平衡时，被测电阻 R_x 等于比率值乘以比较臂电阻值。

在电源电路中串联一个限流电阻 R_{23}（或 R_{24}、R_{25}、R_{26}），并可通过开关 S_C 选用不同的电源电压，在选用不同比率时，电桥的等效电阻也不同，配上相应的电源电压和限流电阻，可以保证任何一档比率，都能使电桥有足够的灵敏度。

图 5-17 是 QJ31 型接成双电桥使用时的原理图，与 QJ103 型原理图相比较，有以下不同：

1) QJ103 型的比较臂 R_s 是连续可调的，比率臂是通过检流计接入双臂的不同抽头位置来选择不同的固定电阻，而 QJ31 型则相反，它的比率臂电阻 $R_{11} \sim R_{14}$、$R'_{11} \sim R'_{14}$ 是用连续可调的十进电阻盘，而比较臂则用固定电阻，通过 S_B 开关，从 R_7（10Ω）、R_8（1Ω）、R_9（0.1Ω）、R_{10}（0.01Ω）中任选一个，所以调节平衡时，应先选好比较臂电阻，再调节比率臂电阻。

第五章 电路参数的测量

2) QJ103 型是用指针式检流计指零，而 QJ31 型则用晶体管指零仪。由于这种指零仪是以 25μA 的磁电系表头作为指示，而且不平衡信号经过了放大，所以灵敏度也比较高。

四、使用双电桥的注意事项

1) 被测电阻的电位接头应与电桥的电位接线柱相连，如果被测电阻本身没有电位接头与电流接头之分，则可按图 5-18 自行引出，其中电位接头应比电流接头更靠近被测电阻，而且两对接头不能绞在一起，因为电流接头有很大的电流，绞在一起会影响电位接头的电压降。

2) 由于图 5-13 中 R_s、R_x、R_0 至 R 连接线的电阻都是小电阻，所以电桥的工作电流很大，相应要用大容量的电源。如果使用电池，则要求操作速度要快，测量结束要立即关闭电源开关，以免损耗电池。

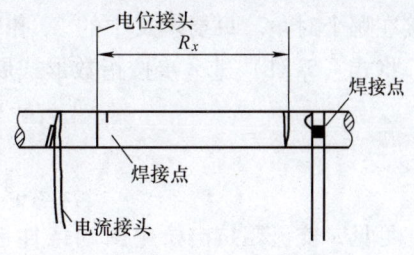

图 5-18 电位接头与电流接头示意图

第四节 交流阻抗电桥

交流电桥分为阻抗比率臂电桥和变压器比率臂电桥两大类，一般习惯上都把阻抗比率臂电桥称为交流阻抗电桥或交流电桥。和直流电桥一样，交流电桥也是通过被测参数与已知参数在电桥上比较之后，求出被测参数的数值，所以测量准确度比较高。

一、交流阻抗电桥的工作原理

交流阻抗电桥有四个桥臂，分别由交流阻抗元件组成。桥臂一条对角线接交流电源，另一条对角线接交流指零仪，具体电路如图 5-19 所示。

调节各桥臂参数，使指零仪读数为零，表示电桥两顶点 c、d 的电位相等，这种状态称为电桥平衡。当电桥平衡时必定满足下列两个条件

$$\begin{cases} I_1 Z_1 = I_4 Z_4 \\ I_2 Z_2 = I_3 Z_3 \end{cases} \quad (5\text{-}29)$$

将式（5-29）的两式相除，得

$$\frac{I_1 Z_1}{I_2 Z_2} = \frac{I_4 Z_4}{I_3 Z_3} \quad (5\text{-}30)$$

由于电桥处于平衡状态，$I_g = 0$，$I_1 = I_2$，$I_3 = I_4$，式（5-30）可简化为

$$\frac{Z_1}{Z_2} = \frac{Z_4}{Z_3} \quad \text{或} \quad Z_1 Z_3 = Z_2 Z_4 \quad (5\text{-}31)$$

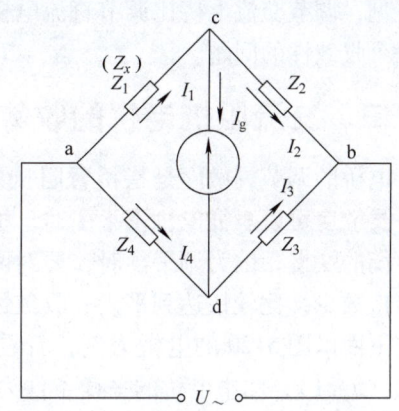

图 5-19 交流阻抗电桥原理图

设 Z_1 就是被测阻抗 Z_x，则电桥平衡之后被测阻抗可从其他三个桥臂阻抗求得。换句话说，如果桥臂阻抗满足式（5-31），则电桥必定平衡，所以式（5-31）也是交流阻抗电桥平

衡的条件。

在式（5-31）中，Z_1 和 Z_3 是可以对换位置的，对换后并不影响式中的恒等关系。同样，Z_2 和 Z_4 也是可以对换位置的。因此电桥的电源和指零仪接在哪个对角，是没有关系的，调换它们的位置并不影响平衡条件，所以在讨论平衡条件的时候，可以不管电源和指零仪接在哪个对角。只要求式中的 Z_1 和 Z_3 必须接在对角，同样，Z_2 和 Z_4 也必须接在对角。

将式（5-31）进一步按指数形式展开，并用 z 表示阻抗模，式（5-31）可写成

$$z_1 e^{j\varphi_1} z_3 e^{j\varphi_3} = z_2 e^{j\varphi_2} z_4 e^{j\varphi_4} \tag{5-32}$$

即

$$z_1 z_3 e^{j(\varphi_1+\varphi_3)} = z_2 z_4 e^{j(\varphi_2+\varphi_4)} \tag{5-33}$$

可见，**交流阻抗电桥平衡的条件包括两个部分：一是相对桥臂阻抗幅模的乘积必须相等；二是相对桥臂的阻抗幅角之和必须相等。** 或分开表示为

$$z_1 z_3 = z_2 z_4 \tag{5-34}$$

$$\varphi_1 + \varphi_3 = \varphi_2 + \varphi_4 \tag{5-35}$$

要同时满足上述两个条件，交流阻抗电桥的四个桥臂的阻抗大小和性质就要按一定条件配置。例如两个相邻桥臂阻抗 Z_2、Z_3 均为纯电阻时，由于 $\varphi_2 = \varphi_3 = 0$，按平衡条件式（5-35）辐角关系可知余下的两个桥臂 Z_1、Z_4 必须配置性质相同的阻抗，或者都是感抗、或者都是容抗，否则 $\varphi_1 = \varphi_4$ 的关系无法成立。又例如两个相对桥臂阻抗 Z_2、Z_4 都是纯电阻，则同样可推出余下的两个阻抗必须为性质相反的阻抗。例如一个是感抗，一个是容抗；或者也都是纯电阻。四个桥臂阻抗配置不当，电桥就不可能平衡。实际使用的交流电桥都是指能够平衡的电桥，不能平衡的电桥不在我们讨论的范围。

式（5-34）和式（5-35）是一组二元联立方程组，它表明要使两个等式都成立，至少要设置两个独立的可调元件，然后逐一反复调节这两个元件，使得两个等式能同时成立。由此可见，调节交流电桥比调节直流电桥麻烦得多。因此交流阻抗电桥，除了灵敏度之外，还有一个收敛性的问题。

二、交流阻抗电桥的收敛性

电桥的调节灵敏度是指桥臂阻抗发生单位相对变化时，在测量对角线上引起的电流变化，**灵敏度可以表征电桥不平衡时，检流计反应的灵敏程度。而收敛性则是评价交流电桥调节平衡的快慢**，因为调平衡时，要对两个独立的可调元件反复调节，收敛性好的电桥，反复调节次数少，比较快达到平衡；收敛性差，则需要多次反复调节，才能达到平衡。

下面以图 5-20 的电桥为例，看看收敛性对平衡的影响。根据式（5-31），图中电桥的平衡条件为

$$R_2(R_4 + jX_4) = R_3(R_1 + jX_1) \tag{5-36}$$

要使电桥平衡，实际上就是使上式的两端相等。为便于说明，引入 A、B、N 三个数，并令

$$R_2(R_4 + jX_4) = A \tag{5-37}$$

$$R_3(R_1 + jX_1) = B \tag{5-38}$$

$$R_2(R_4 + jX_4) - R_3(R_1 + jX_1) = N \tag{5-39}$$

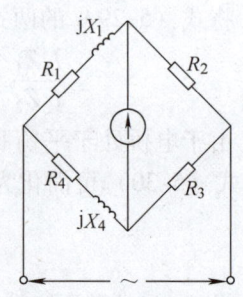

图 5-20　交流电桥实例

比较式（5-36）和式（5-39）可知，要使电桥平衡，就要

调节 A、B，使得 $N=0$。假如式中 R_4、L_4 是被测阻抗，R_1、L_1 是可调阻抗，可以调节 R_1、L_1，使 $N=0$。下面来看一下如何通过调节阻抗，达到 $N=0$ 的目的。由于 A、B 和 N 都是复数，可以用相量把它们画在复平面上，如图 5-21a 所示。

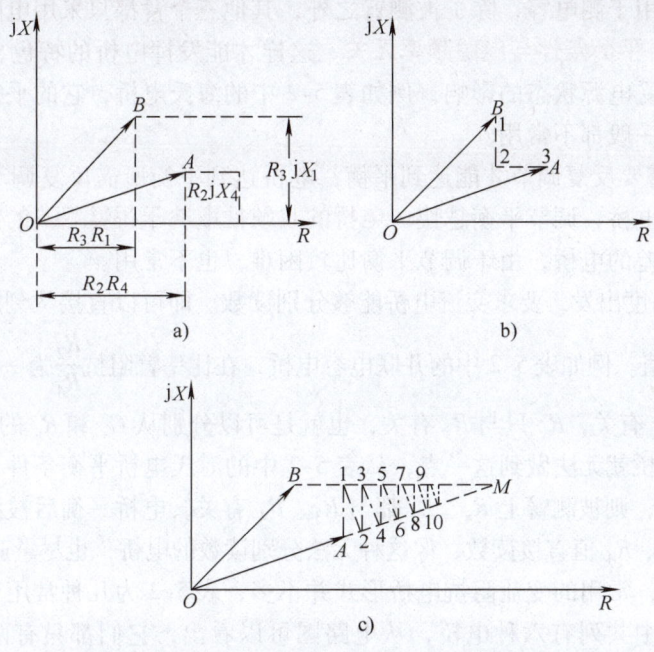

图 5-21 交流阻抗电桥的平衡过程

为了让相量 B 向相量 A 靠近，并使两者相等，可以先调节 L_1，使相量 B 的实部保持不变，改变其虚部，其末端从 1 移到 2，这时电桥指零仪的示值为最小，超过 2 点指零仪的示值会增大，如图 5-21b 所示。然后调节 R_1，使相量 B 的虚部保持不变，改变其实部，这样末端就从 2 移到 3，这时 $A=B$、$N=0$，电桥达到平衡。整个平衡过程总共只需要调节两步，说明这种设置的电桥其收敛性好。

如果不是选择 R_1、L_1 为调节元件，而是选择 R_1、R_2，则其平衡过程如图 5-21c 所示，现在不像上面调节 R_1、L_1 那样，只要移动一个相量，就可达到平衡，而是要调节两个相量，使之相互靠拢并相等。可以先调节 R_1，改变复数 B 的实部，而虚部不变，相量 B 将沿着 BM 方向移动至 1 点。这时指零仪的示值已经是最小，再往前移示值只会加大，而不会减小。所以接着要调节 R_2，从式（5-37）可知，改变 R_2 会同时改变相量 A 的实部和虚部，所以相量 A 的辐角不会改变，只会改变它的模。因此复数 A 将沿 AM 方向移动，要使两个相量靠拢并相等，必须反复调节，每次都使检流计指示值为最小，如图上需要调节多次，沿着 1、2、3、4、…，直至 M 才能到达平衡，可见这种设置的电桥，收敛性比较差。

当然我们希望电桥的收敛性要好，但选择 R_1、L_1 为调节元件，需要配置标准电感，而且是可调的，而选择 R_1、R_2 只需配置标准电阻。标准电感在制造上比较困难，所以有时宁可牺牲收敛性，选择收敛性比较差的 R_1、R_2 为调节元件。

三、交流阻抗电桥的种类

前面讲过，交流阻抗电桥的四个桥臂要按一定的条件配置，才有可能平衡。从理论上讲，配置方式可以有好多种，但实际上可用的配置类型并不多，这是因为：

1）**桥臂尽量不采用电感作为已知的度量器**，因为电感在制造上很难与电阻分开，而且受外磁场的影响也大，其准确度总不如标准电阻和标准电容，所以实用的交流阻抗电桥，不论用于测电感还是用于测电容，除了被测臂之外，其他三个臂都只采用电阻或电容。

2）**尽量使电桥平衡条件与电源频率无关**。这样才能发挥电桥的特色，使测量结果只与桥臂参数有关，不受电源状态的影响，例如表 5-2 中的海氏电桥，它的平衡条件与电源频率有关，这一类电桥一般都不常用。

3）交流电桥需要反复调节才能达到平衡，电桥达到平衡所需反复调节的次数叫作收敛性，收敛性越好的电桥，调节平衡越快。**电桥的收敛性取决于桥臂阻抗的性质及调节参数的选择**。所以收敛性差的电桥，由于调节平衡比较困难，也不常用。

4）从使用的角度出发，要求交流电桥能够分别读数。即可以直接从刻度盘上读出被测参数的电阻与电抗数值。例如表 5-2 中的并联电容电桥，在比率臂阻抗 $\frac{R_2}{R_4}$ 为一定值时，从平衡条件可知，C_x 只与 C_s 有关，R_x 只与 R_s 有关，也就是可以分别从 C_s 和 R_s 的值，直接读出 C_x、R_x 的值。但海氏电桥就无法做到这一点，从表 5-2 中的海氏电桥平衡条件可以看出，若选择 R_3、R_4 为调节参数，则被测臂上 R_x、L_x 都与 R_3、R_4 有关，电桥平衡后被测值要通过计算求出，而不能根据 R_3、R_4 值直接读数，像这种无法分别读数的电桥，也尽量避免使用。

基于以上原因，常用的变流阻抗电桥形式并不多，表 5-2 为几种常用交流阻抗电桥的电路及使用条件。表中共列有六种电桥，从电路图可以看出，它们都只有两个桥臂为复数阻抗，其余两个桥臂都只有一个元件，或是纯电阻，或者纯电容。这样配置的目的是简化求被测参数的公式，也便于分别读数，即能分别读出被测元件的电阻与电抗值。同时能使电桥的平衡条件与电源频率无关，不过海氏电桥的平衡条件仍与频率有关。电路中加箭头的元件为可调元件，测量时要反复调节至电桥完全平衡。表中平衡条件都是根据式（5-29）推导得出的，除第一个电桥列出原始公式外，其他电桥只列出最后结果。

表 5-2　常用交流阻抗电桥的电路及使用条件

桥型	原理电路	平衡方程	特　点
C/C		$\left(R_x + \dfrac{1}{j\omega C_x}\right)R_4 = \left(R_s + \dfrac{1}{j\omega C_s}\right)R_2$ $C_x = C_s \dfrac{R_4}{R_2}$ $R_x = R_s \dfrac{R_2}{R_4}$ $\tan\delta = \omega C_s R_s$	又称串联电容电桥或维恩电桥，适用测量损耗小的电容器，如被测电容 R_x 大，R_s 也大，电桥灵敏度低
C/C		$C_x = C_s \dfrac{R_4}{R_2}$ $R_x = R_s \dfrac{R_2}{R_4}$ $\tan\delta = \dfrac{1}{\omega C_s R_s}$	又称并联电容电桥，适用于测量损耗大的电容器

（续）

桥型	原理电路	平衡方程	特　点
C/C	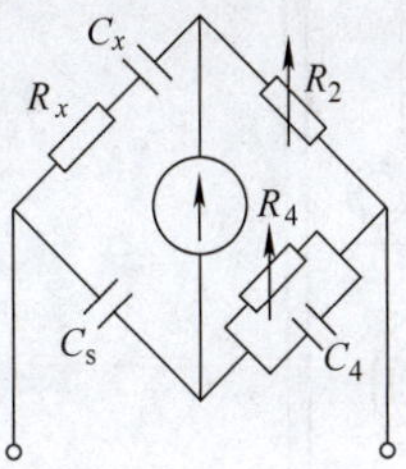	$C_x = C_s \dfrac{R_4}{R_2}$ $R_x = R_2 \dfrac{C_4}{C_s}$ $\tan\delta = \omega C_4 R_4$	又称西林电桥或高压电桥，R_2、R_4 连接点接地，适用于在高压条件下测量电容器 $\tan\delta$
L/C	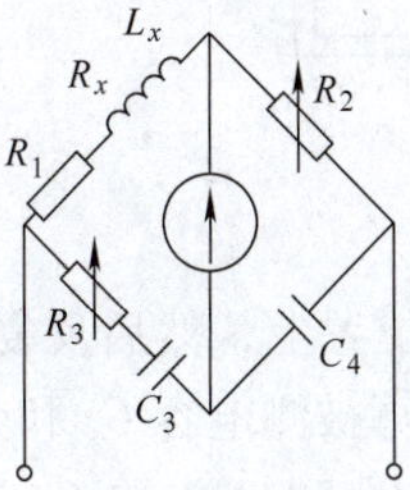	$L_x = R_2 R_3 C_4$ $R_x = R_2 \dfrac{C_4}{C_3} - R_1$	又称串联欧文电桥，适用于测量小值的电感
L/C	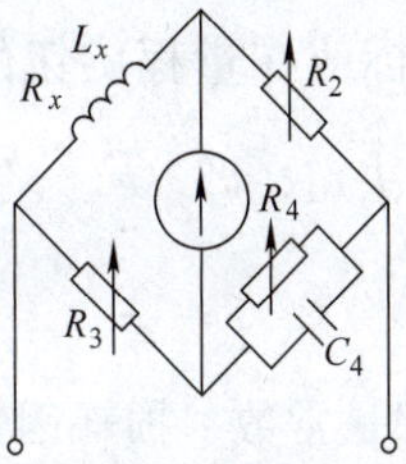	$L_x = R_2 R_3 C_4$ $R_x = \dfrac{R_2}{R_4} R_3$	又称马克斯威尔-维恩电桥，适用于测量 Q 值较小的电感
L/C	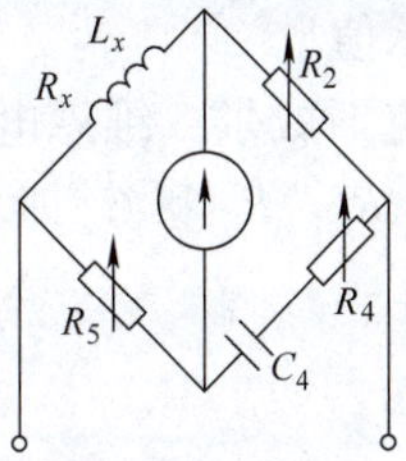	$L_x = \dfrac{R_2 R_3 C_4}{1+(\omega C_4 R_4)^2}$ $R_x = \dfrac{R_2 R_3 R_4 (\omega C_4)^2}{1+(\omega C_4 R_4)^2}$	又称海氏电桥，适用于测量 Q 值较大的电感，但平衡条件与 ω 有关

四、万用电桥

万用电桥实际上是一种多用途的阻抗电桥，它通过转换开关，把桥臂接成表 5-2 中的不同形式，用来测量不同的参数，下面以 QS18A 型万用电桥为例做一些简单介绍，图 5-24 是它的面板外形图，整个仪器包含三个部分。

1. 桥体

桥体由可调电阻 R_A、R_B、R_s 和固定电阻 R_C（100Ω）、固定标准电容 C_s（0.1μF）组成。R_A 为面板上的"量程"，R_B 为面板上的"读数"，R_s 为面板上的"损耗平衡"。

以测量选择开关置于测电容档位为例，电路接成表 5-2 中的维恩电桥形式，如图 5-23 所示，图中 R_A 即表 5-2 中的 R_2，R_B 即表 5-2 中的 R_4。

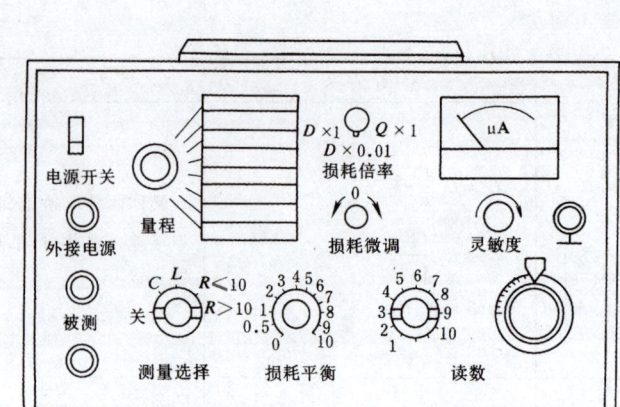

图 5-22 QS18A 型万用电桥面板外形图

接上被测电容之后,先旋动"量程"开关,把它旋在适当的位置上,然后反复调节 R_B 和 R_s 至电桥完全平衡为止。这时可根据表 5-2 中的平衡条件,计算被测电容 C_s 和介质损耗因数 $\tan\delta$(QS18A 型万用电桥面板上用 D 代替)的值。但是由于图 5-23 中的 C_s 是一个固定的数,选定量程后 R_A 也是固定的数,因此 $\dfrac{C_s}{R_A}$ 是一个定值,并标明在量程旋钮的刻度盘上。这样被测电容就由 R_B 数值决定,也就是说可以由读数盘的值决定,即

$$C_x = \frac{C_s}{R_A} R_B = 量程示值 \times 读数盘示值$$

同样,由于电桥使用的交流电源频率为 1kHz,因此 ω 和 C_s 都是常数,损耗因数可以从 R_s 值读出,即

$$\tan\delta = \omega C_s R_s = 损耗倍率示值 \times 损耗平衡盘示值$$

当测量选择开关置于测电感档位时,电路接成表 5-2 中的马克斯威尔-维恩电桥形式,如图 5-24 所示,只是图中 R_A 即表 5-2 中的 R_2、R_B 即表 5-2 中的 R_3、R_s 和 C_s 即表 5-2 中的 R_4 和 C_4。

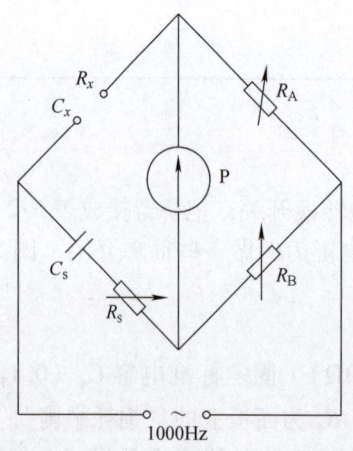

图 5-23 QS18A 型接成测电容电路电桥

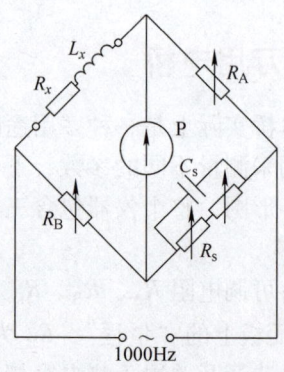

图 5-24 QS18A 型万用电桥接成测电感电桥

接上被测电感后，同样也是把"量程"开关旋在适当的位置上，然后反复调节 R_B 和 R_s 至电桥完全平衡为止，这时根据表 5-2 的平衡条件，计算被测电感 L_x 和品质因数 Q 值，即

$$L_x = C_s R_A R_B = 量程示值 \times 读数盘示值$$

$$Q = \omega C_s R_s = 损耗倍率示值 \times 损耗平衡盘示值$$

当测量选择开关置于测电阻档时，电路接成惠斯顿电桥形式，如图 5-25 所示。

接上被测电阻后，先旋动"量程"开关，把它置于适当档位，然后调节读数盘电阻 R_B，至电桥完全平衡，按平衡条件可求出被测电阻 R_x 值为

$$R_x = \frac{R_A}{R_C} R_B = 量程示值 \times 读数盘示值$$

式中　　R_C——定值电阻；

R_A——选定量程后也是一个固定的数，即 $\frac{R_A}{R_C}$ 为定值。

在电阻量程刻度盘上标明的值实际上就是 $\frac{R_A}{R_C}$ 的值。

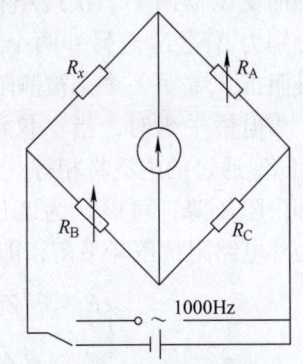

图 5-25　QS18A 型万用电桥接成测电阻电桥

2. 电源

QS18A 型万用电桥采用两种电源，在测量高值电阻时采用 9V 直流电源，防止高阻电阻的寄生电感影响电阻示值。其余测量都采用由晶体管组成的 1kHz 振荡器产生的交流电压做电源。所以测高阻时，实际上是作为直流电桥使用。

3. 指零仪

现在携带式电桥多数采用晶体管放大器配上磁电系仪表作为指零仪，QS18A 也是采用这种形式。由于电桥电源为固定的 1kHz 交流，所以可用双 T 形选频网络，提高 1kHz 信号的放大倍数和电路的抗干扰能力。

因为指零仪是交流的，当采用 9V 直流电压作电桥电源时，利用晶体管组成调制器将测量对角线上的直流不平衡电压转换为交流电压，然后再送放大器放大。

第五节　变压器比率臂电桥

变压器比率臂电桥简称变压器电桥，也是一种用比较法测量交流阻抗的仪器。

用交流阻抗电桥测量参数，因为有幅模和相角两个平衡条件，所以调节平衡的过程比较麻烦，如果收敛性较差，则更是费力费时。

变压器比率臂电桥则利用变压器两个绕组作为桥臂，在理想情况下两个臂的感应电动势只与匝数保持严格的正比关系，利用调节感应电动势的办法使电桥平衡，既容易，准确度又比较高。例如用变压器电桥测量电容，当电压比为 1:1 时，比率相差不会超过 1×10^{-6}，比一般电容电桥高一个数量级。而且其量程范围大、频带宽，便于实现自动测量，所以应用较广。

一、变压器比率臂电桥的基本原理

1. 变电压式

变电压式变压器电桥的电路如图 5-26 所示，图中的变压器两个二次绕组作为比率臂，绕组匝数分别为 N_1、N_2。另外两个桥臂，一个是已知的标准阻抗 Z_s，另一个是被测阻抗 Z_x。

当电桥平衡时，指零仪没有电流通过，阻抗 Z_s 和 Z_x 通过的电流将相等。略去变压器的漏抗压降和内阻压降，可以认为变压器绕组的感应电动势为外电路阻抗压降平衡，即

$$\begin{cases} \dot{E}_1 = \dot{I} Z_x \\ \dot{E}_2 = \dot{I} Z_s \end{cases} \quad (5\text{-}40)$$

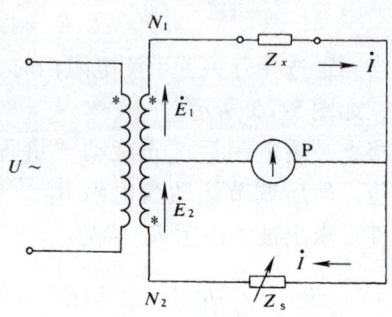

图 5-26 变电压式变压器电桥

将式（5-40）两式相除得

$$\frac{\dot{E}_1}{\dot{E}_2} = \frac{Z_x}{Z_s} \text{ 或 } \frac{E_1}{E_2} = \frac{Z_x}{Z_s} \quad (5\text{-}41)$$

将 $\dfrac{E_1}{E_2} = \dfrac{N_1}{N_2}$ 代入式（5-41）得

$$Z_x = \frac{N_1}{N_2} Z_s \quad (5\text{-}42)$$

式（5-42）中，匝数比可以做得比较准确，所以这种电桥的准确度也比较高。但是式（5-42）是在略去漏抗和内阻的条件下得出的，只适用于测量数值较大的阻抗。如果被测阻抗 Z_x 和 Z_s 比较小，漏抗和内阻相比之下不能忽略，按式（5-42）求出的值就不准确了，另外，在式（5-42）中，匝数比只能给出一个实数比，这就要求接在桥臂上的 Z_s 和 Z_x 必须是具有同一性质的阻抗，例如一个是电阻，另一个也必须是电阻；一个是电容，另一个也必须是电容。

2. 变电流式

变电流式变压器电桥如图 5-27 所示，图中比率臂由电流变压器的两个一次绕组构成，其匝数分别为 N_1、N_2。接上被测阻抗 Z_x 后，调节 Z_s 使电桥平衡，这时指零仪指零，也就是二次绕组的感应电动势为零，或者说铁心中的总磁通势为零。按图 5-27 中电流方向可得

$$\dot{I}_1 N_1 - \dot{I}_2 N_2 = 0 \quad (5\text{-}43)$$

由于磁通势为零，一次绕组也没有自感电动势，所以也没有电抗压降，如果 Z_s、Z_x 很小，漏磁通也可以略去不计，可得

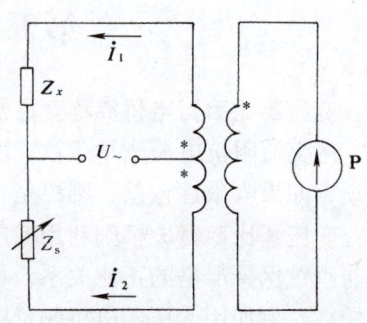

图 5-27 变电流式变压器电桥

$$\dot{I}_1 = \frac{\dot{E}}{Z_x} \tag{5-44}$$

$$\dot{I}_2 = \frac{\dot{E}}{Z_s} \tag{5-45}$$

代入式（5-43）中得

$$\frac{\dot{E}}{Z_x}N_1 - \frac{\dot{E}}{Z_s}N_2 = 0$$

$$Z_x = \frac{N_1}{N_2}Z_s \text{ 或 } z_x = \frac{N_1}{N_2}z_s \tag{5-46}$$

比较式（5-46）和式（5-42）可知，两种形式的变压器电桥，其平衡条件是相同的，但变压式的式（5-42）是在 Z_x 和 Z_s 较大的条件下得出的，而变流式的式（5-46）是在 Z_x 和 Z_s 较小的条件下得出的，所以变流式变压器电桥比较适合测量低值阻抗，特别是低值阻抗需要在高电压条件下测量的场合。

3. 双边式

图 5-28 为双边式变压器电桥的电路，这种电桥是前两种电路的结合，电桥平衡条件可将 $\frac{E_1}{E_2} = \frac{N_1}{N_2}$、$I_1 N'_1 = I_2 N'_2$ 代入式 $I_1 = \frac{E_1}{Z_x}$，$I_2 = \frac{E_2}{Z_s}$ 得出

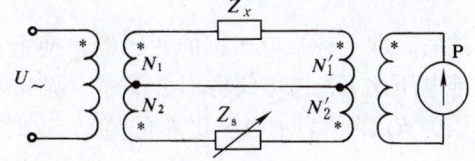

图 5-28 双边式变压器电桥

$$Z_x = \frac{N_1 N'_1}{N_2 N'_2}Z_s \tag{5-47}$$

二、变比电桥的工作原理

变比电桥也是一种变压器比率臂电桥，用于测量变压器电压比或电压比误差，但构成比率臂的变压器是被测对象本身。图 5-29 是电阻分压式变比电桥原理图，其中图 5-29a 用于测量变压器的电压比，图 b 用于测量电压比误差。

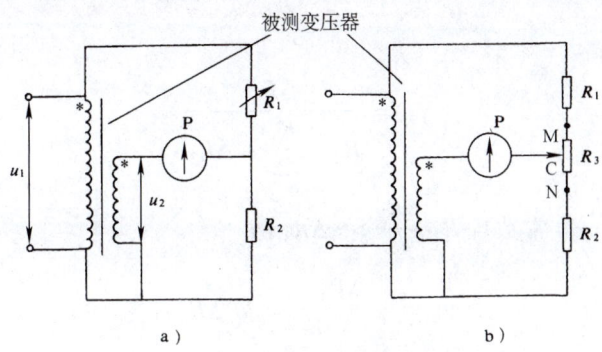

图 5-29 变比电桥
a）测量电压比　b）测量电压比误差

设在图 5-29a 的被测变压器绕组一次侧施加电压 u_1，则二次绕组感应电压为 u_2，调节电阻 R_1 使指零仪的示值为零，则被测变压器电压比可用下式计算

$$K = \frac{u_1}{u_2} = \frac{R_1 + R_2}{R_2} = \frac{R_1}{R_2} + 1 \tag{5-48}$$

式中　K——被测变压器的电压比；
R_1、R_2——电阻分压器的电阻值。

由式（5-48）可见，可以在 R_2 保持恒定的情况下，从 R_1 值算出 K 值；也可以直接在 R_1 电阻调节旋钮刻度盘上，直接刻出 K 值。

为了测量电压比误差，可在 R_1 与 R_2 之间串联一个可变电阻 R_3，在接上标准电压比的变压器时，令电阻 R_3 的滑动触点置于中间位置，调节 R_1 使指零仪指零，由于 R_3 滑动触点两边阻值相等并等于 $\frac{R_3}{2}$，可求得电压比 K 为

$$K = \frac{R_1 + R_2 + R_3}{R_2 + \frac{R_3}{2}} \tag{5-49}$$

然后，取下标准电压比的变压器，换上待测变压器，若被测变压器的电压比 K'，不等于标准电压比 K，指零仪将不再指零。调节 R_3 的滑动触点位置，使它重新指零（不要改变 R_1，因为 R_1 的值表示电压比 K 的值），这时被测变压器的实际电压比 K' 为

$$K' = \frac{R_1 + R_2 + R_3}{R_2 + \frac{R_3}{2} + \Delta R_3} \tag{5-50}$$

式中　ΔR_3——可变电阻 R_3 的滑动触点 C 偏离中间位置所产生的电阻增量。

被测变压器的电压比误差用相对误差表示为

$$\gamma_K = \frac{K' - K}{K} = \frac{K'}{K} - 1$$

$$= \frac{R_1 + R_2 + R_3}{R_2 + \frac{R_3}{2} + \Delta R_3} \cdot \frac{R_2 + \frac{R_3}{2}}{R_1 + R_2 + R_3} - 1$$

整理后得

$$\gamma_K = \frac{\Delta R_3}{R_2 + \frac{R_3}{2} + \Delta R_3} \tag{5-51}$$

在电桥中，$R_2 + \frac{R_3}{2} =$ 常数且 $R_2 + \frac{R_3}{2} \gg \Delta R_3$ 故

$$\gamma_K = \frac{\Delta R_3}{R_2 + \frac{R_3}{2}} = k(\Delta R_3) \tag{5-52}$$

式中　$k = \frac{1}{R_2 + \frac{R_3}{2}}$，可见 ΔR_3 能直接反映电压比误差的大小，也可以直接在调节 R_3 的刻度

盘上刻上 γ_K 的值，以实现电压比误差的直接测量。QJ35 型变比电桥就是按此原理制成的。

第六节　绝缘电阻表

绝缘电阻表又称兆欧表，俗称摇表，它是专用于检查和测量电气设备或供电线路的绝缘电阻的一种可携式仪表。

电气设备的绝缘性能是否良好，关系到设备能否正常运行，也关系到操作人员的人身安全。为了防止绝缘材料因发热、受潮、污染、老化等原因造成绝缘被破坏，也为了检查经过修复后的设备其绝缘性能是否符合规定的要求，检查测量设备的绝缘电阻是十分必要的。测量绝缘电阻为什么不能用万用表的电阻档测量呢？因为万用表测电阻所用的电源电压比较低，在低电压下呈现的绝缘电阻不能反映在高电压作用下的绝缘电阻的真正数值，因此绝缘电阻需要用带高电压电源的绝缘电阻表。

一、绝缘电阻表的结构

常用的绝缘电阻表由比率型的磁电系测量机构和手摇发电机两部分构成，图 5-30 是它的测量机构示意图，图 5-30a 为铁心带缺口的测量机构；图 5-30b 为椭圆铁心的测量机构。

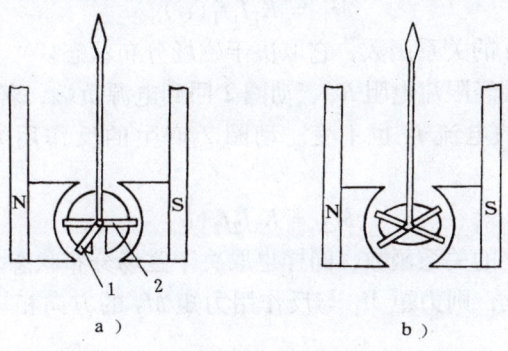

图 5-30　比率型的磁电系测量机构示意图
a）铁心带缺口的测量机构　b）椭圆铁心的测量机构
1、2—动圈

从图可以看出，可动部分有两个可动线圈，一个产生转动力矩，另一个产生反作用力矩。两个线圈装在同一转轴上。转轴上虽然也装有盘形导电丝，但这个导电丝只用于导电，不产生反作用力矩。固定部分包括永久磁铁、极掌、铁心等部件，但由于极掌与铁心几何形状的影响，使铁心与磁极间气隙不等，因此能形成不均匀磁场。当可动线圈在这种不均匀的磁场中转动时，一个线圈所受力矩随偏转角 α 增大而增大，而另一个线圈所受力矩增大的斜率比第一个大。设第一个线圈的作用力矩为 M_1，第二个线圈的力矩为 M_2，力矩 M_2 的方向与第一个线圈力矩 M_1 的方向相反，并作为反作用力矩，它们

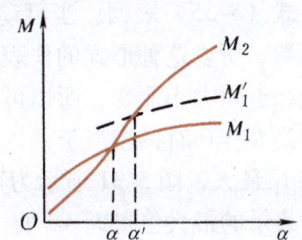

图 5-31　绝缘电阻表测量机构的力矩与偏转角 α 的关系

与偏转角 α 的关系如图 5-31 所示。

绝缘电阻表的手摇发电机多为永磁发电机，其电压有 500V、1000V、2000V、2500V 等几种。一般发电机还设置有离心调速装置，当手柄摇动速度过快时，也能保持转子恒速。

二、绝缘电阻表的工作原理

绝缘电阻表的测量机构与发电机的连接如图 5-32 所示。测量时，被测电阻接在图中标有"线"（或标以 L）和"地"（或标以 E）的两个端子上。图中形成两个回路：一个是电流回路，一个为电压回路。

电流回路从电源正端经被测绝缘电阻 R_x、限流电阻 R_A、动圈 1 回到电源负端。在电阻 R_A 和发电机电压 U 不变的情况下，流经电流回路的电流 I_1 随 R_x 增加而减少，因而动圈 1 的力矩 M_1 与电流 I_1 及指针所在位置即偏转角 α 的大小有关，即

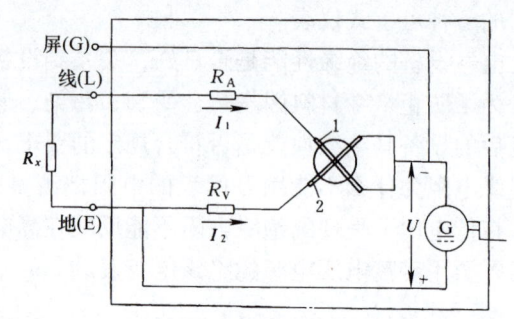

图 5-32　绝缘电阻表电路图

$$M_1 = K_1 I_1 f_1(\alpha) \tag{5-53}$$

式中　$f_1(\alpha)$——M_1 与 α 的关系函数，它取决于磁场分布状态。

电压回路从电源正端经限流电阻 R_V、动圈 2 回到电源负端，若电阻 R_V 和发电机电压 U 不变，则流经电压回路的电流 I_2 也不变。动圈 2 产生的反作用力矩与 I_2 和偏转角 α 有关，即

$$M_2 = K_2 I_2 f_2(\alpha) \tag{5-54}$$

式中　$f_2(\alpha)$——M_2 与 α 的关系函数，同样也取决于磁场分布状态。

设两个线圈绕向相反，则力矩 M_1 与反作用力矩 M_2 的方向相反，当 $M_1 = M_2$ 时，指针停在平衡位置，这时

$$K_1 I_1 f_1(\alpha) = K_2 I_2 f_2(\alpha)$$
$$\frac{I_2}{I_1} = \frac{K_1 f_1(\alpha)}{K_2 f_2(\alpha)} = F(\alpha) \tag{5-55}$$

式（5-55）表明，当可动部分处于平衡状态时，其偏转角 α 是两线圈电流 I_1、I_2 比值的函数。所以这种形式的仪表又叫作比率表。由于式中 I_2 的大小为恒定不变的值，I_1 随被测绝缘电阻大小而变，所以可动部分的偏转角能够直接反映绝缘电阻的大小。

当 $R_x = 0$ 时，相当于"地""线"两端短接，电流回路 I_1 最大，图 5-31 所示力矩特性曲线上移至图中虚线所表示的最大位置即 M_1' 处，M_1' 与 M_2 交点所对应的可动部分偏转角为 α'，对应指针位于标尺最右端。当 $R_x = \infty$ 时，相当于"地""线"两端开路，电流回路 $I_1 = 0$，可动部分在 I_2 作用下将转到最左端，可见绝缘电阻表的标尺为反向刻度，如图 5-33 所示。

图 5-33　绝缘电阻表的标尺

测量过程中，如果发电机电压 U 大小有波动，电流回路的电流 I_1 和电压回路的电流 I_2

将同时发生变化，但是只要 I_1、I_2 的比值保持不变，可动部分偏转角也就保持不变，这就保证了绝缘电阻表读数不会因手摇速度的快慢而不同。同时由于比率表没有产生反作用力矩的游丝，因此当发电机停转时，指针就停留在任意位置上，这是比率表的两个特点。

三、采用晶体管直流变换器的绝缘电阻表

为了消除手摇直流发电机转速不均匀所引起的电压波动并减轻测量过程的劳动强度，有的绝缘电阻表采用电池做电源，然后通过晶体管变换器转换为高压直流，如 ZC26 型和 ZC30 型绝缘电阻表。

图 5-34 是 ZC30 型绝缘电阻表的原理图，其测量机构连接方法和一般发电机式绝缘电阻表相似，只是将手摇发电机改为直流变换器。图中，VT_3、VT_4、VT_5 组成串联型直流稳压电路，将 15V 电池电压转换为比较稳定的 10V 直流电压，当电池因损耗而使输出电压下降时，稳压电路也能保证输出电压 10V 不变。晶体管振荡器 VT_1、VT_2 将 10V 直流电压转换成频率为 10kHz 的交流，经高频变压器 T 升压后经整流转换为直流高压供绝缘电阻表使用。图中，HL 为氖灯作为直流高压指示，二极管 VD_1 可在使用外接电源极性错误时防止损坏。

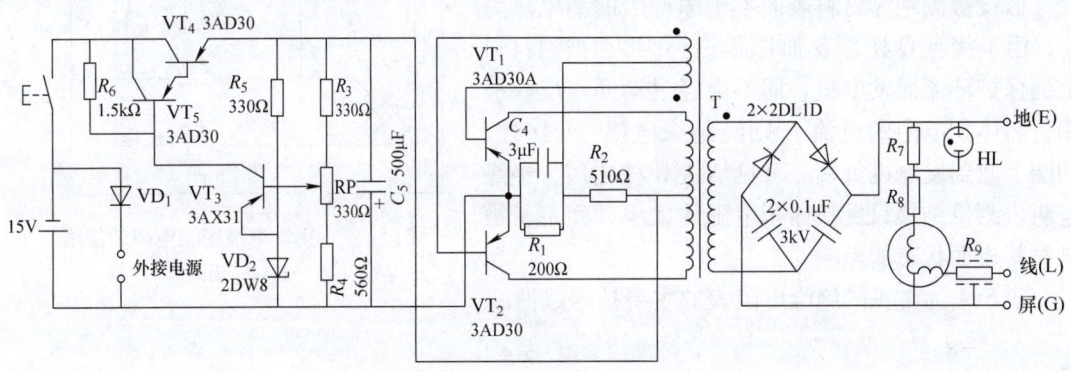

图 5-34 ZC30 型绝缘电阻表

四、绝缘电阻表的使用

1. 绝缘电阻表的选用

选用绝缘电阻表，其额定电压一定要与被测电气设备或线路的工作电压相对应，见表 5-3，如果测量高压设备的绝缘电阻用 500V 以下的绝缘电阻表，则测量结果不能正确反映在工作电压作用下的绝缘电阻；同样也不能用电压太高的绝缘电阻表测量低压设备的绝缘电阻，以防测量时损坏绝缘。

选用绝缘电阻表的量程也要与被测绝缘电阻的范围相配合。

表 5-3

被测对象	被测设备额定电压/V	绝缘电阻表额定电压/V
线圈绝缘电阻	500V 以下	500
	500V 以上	1000
电力变压器线圈绝缘电阻、电机线圈绝缘电阻	500V 以上	1000～2500

(续)

被测对象	被测设备额定电压/V	绝缘电阻表额定电压/V
发电机线圈绝缘电阻	500V 以下	1000
电气设备绝缘电阻	500V 以下	500~1000
	500V 以上	2500
瓷绝缘子		2500~5000

2. 绝缘电阻表接线柱的使用

绝缘电阻表接线柱有三个,即"线(L)""地(E)""屏(G)"。在进行一般测量时,只要把被测绝缘电阻接在 L 与 E 之间即可。对表面不干净或潮湿的对象进行测量时,为了准确测出绝缘材料的内部绝缘电阻(即体积电阻),就必须使用 G 接线柱,其接法如图 5-35 所示。

假设被测绝缘材料表面不干净产生的漏电流为 I_{js},由于接有 G 柱,表面电流将经过接在被测材料上的保护环流回发电机,而不会经过动圈。反映被测材料体积电阻的电流 I_{jv} 则经绝缘电阻、L 接柱、动圈 1 回到发电机负端。可见加接 G 柱之后,绝缘电阻表测量结果只反映体积电阻的大小,而不受被测材料表面状态的影响。

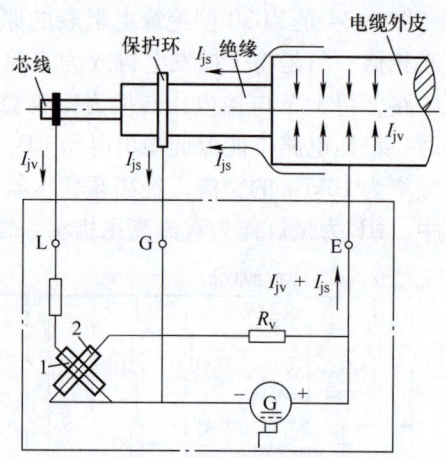

图 5-35 测量电缆绝缘电阻的接线
1、2—动圈

表 5-4 为常见的绝缘电阻表的主要技术数据。

表 5-4

型号	额定电压/V	测量范围/MΩ	准确度等级	备注
ZC-7	100	0~200	1.0	
	250	0~500	1.0	
	500	0~500	1.0	手摇发电机
	1000	2~2000	1.0	
	2500	5~5000	1.0	
ZC11-1	100	0~500	1.0	
ZC11-2	250	0~1000	1.0	
ZC11-3	500	0~2000	1.0	
ZC11-4	1000	0~5000	1.0	
ZC11-5	2500	0~10000	1.0	
ZC11-6	100	0~20	1.0	手摇发电机
ZC11-7	250	0~50	1.0	
ZC11-8	500	0~100	1.0	
ZC11-9	1000	0~200	1.0	
ZC11-10	250	0~2500	1.0	

第五章 电路参数的测量

（续）

型号	额定电压/V	测量范围/MΩ	准确度等级	备注
ZC25-1	100	0~100	1.0	
ZC25-2	250	0~250	1.0	手摇发电机
ZC25-3	500	0~500	1.0	
ZC25-4	1000	0~1000	1.0	
ZC17	250/500	50/100	1.5	晶体管变换器
	500/1000	1000/2000	1.5	
ZC30	5000	0~100000	1.5	晶体管变换器

3. 操作注意点

绝缘电阻的测量，必须在设备或线路停电状态下进行。对于含有电容的设备，如高压供电线路，停电后还不能马上测量，需待完全放电后再进行测量。用绝缘电阻表测过的设备，如含有电容，也要及时放电，防止发生触电。

虽然绝缘电阻表由于采用比率型测量机构，其测量结果与手摇发电机的电压无关，但因导流丝存有残余力矩，以及仪表本身的灵敏度有限，故要求绝缘电阻表的发电机必须有足够的电压，才能保证正常工作。为此测量时应使手摇发电机的转速保持在规定的范围，否则将带来很大的误差。通常规定绝缘电阻表的额定转速为120r/min。

第七节　接地电阻测量仪

电气设备运行时，为防止设备绝缘由于某种原因发生击穿或漏电使其外壳带电，危及人身安全，一般都要求将设备外壳接地。另外，为了防止大气雷电袭击，在高大建筑物或高压输电线上都装有避雷装置，而避雷针或避雷线也要可靠接地。接地目的是为了安全，如果接地电阻不符合要求，既不能保证安全，又会造成安全错觉。为此要求装好接地线之后，必须测量接地电阻。测量接地电阻是安全用电的一项重要措施。

接地电阻可以用伏安法、电桥法进行测量，但采用接地电阻测量仪是最常用的一种方法。

一、接地电阻测量仪的工作原理

专用的接地电阻测量仪是利用电位差计补偿原理做成的，其原理如图5-36所示。图中，E为被测的接地电极，P和C分别为电位和电流的辅助电极，被测的接地电阻R_x位于E和P之间，而不包括辅助电极C的接地电阻R_C。

交流发电机输出电流为I，流经互感器T的一次绕组、接地电极E、辅助电极C构成一个闭合回路，在接地电阻R_x上造成的压降为IR_x，压降IR_x的电位分布曲线在E极附近急剧下降，在辅助电极的接地电阻R_C处产生IR_C的压降，其电位分布也是在C极附近并急剧下降，E、C之间电位分布如图5-36所示。

电流互感器的二次绕组电流为KI，其中K为互感器的变比，该电流经电位器可动触点左边的电阻R时，产生压降为KIR，当检流计电流为零时，则

$$IR_x = KIR$$
$$R_x = KR \tag{5-56}$$

可见，被测接地极的接地电阻 R_x，可以由变比 K 和电位器可动触点左边部分的电阻 R 推出，而且与辅助电极的接地电阻大小无关。

二、ZC8 型接地电阻测量仪

图 5-37 是 ZC8 型接地电阻测量仪的实际电路图，图中 C_2、P_2 相连后作为 E 接线柱，用来连接被测接地极；C_1、P_1 作为辅助探针接线柱；S 为量程开关，共三档，分别为 $0\sim1\Omega$、$0\sim10\Omega$、$0\sim100\Omega$。设互感器一次绕组电流为 I_1、二次绕组电流通过电位器 RP 的部分为 I_2，则切换量程开关 S 时可改变 I_2 大小，相应改变 I_2 与 I_1 的比值，即变比。

接通 R_1 时　$I_2 = I_1$　$K = 1$（对应量程为 $0\sim1\Omega$ 档）

接通 R_2 时　$I_2 = \dfrac{I_1}{10}$　$K = \dfrac{1}{10}$（对应量程为 $0\sim10\Omega$ 档）

接通 R_3 时　$I_2 = \dfrac{I_1}{100}$　$K = \dfrac{1}{100}$（对应量程为 $0\sim100\Omega$ 档）

$R_5 \sim R_8$ 为检流计的分流电阻，当转换量程时，由开关 S 换接不同的分流电阻，以保持检流计的灵敏度不变。图 5-37 中的 U 为机械整流器。

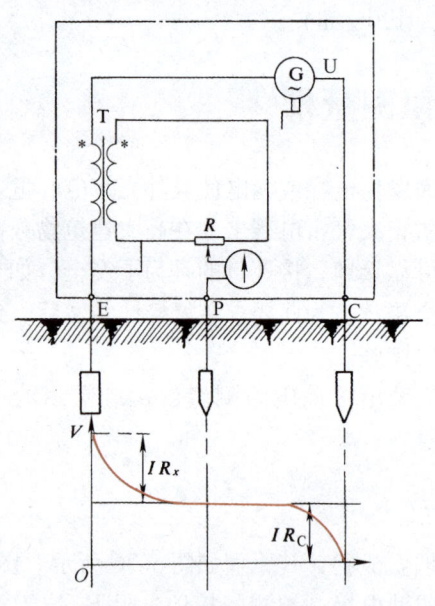

图 5-36　接地电阻测量仪

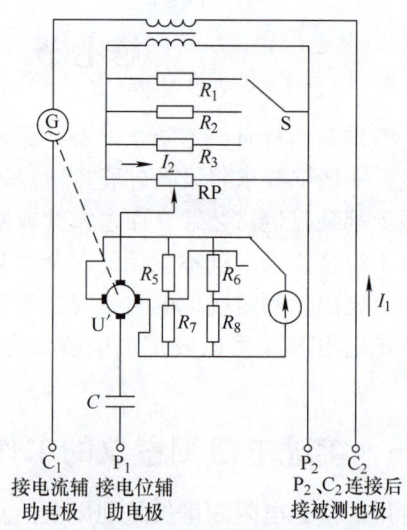

图 5-37　ZC8 型接地电阻测量仪

测量时可按以下步骤操作：

(1) **连接接地极和辅助探针**　先把电位辅助探针和电流辅助探针分别插在距接地极大约 20m 处，电位探针可靠近一些，两探针本身亦应保持一定距离，然后用导线将它们接在 P_1、C_1 接线柱，相当于图 5-36 中的 P、C。将 P_2、C_2 相连后接被测的接地极。

(2) **选择量程并调节标度盘**　检流计调零之后，先将量程开关置于 $0\sim100\Omega$ 档，缓缓摇动发电机手柄；调节"测量标度盘"改变 RP 可动触点的位置，使检流计电流趋近于零，若测量标度盘读数小于 1，应将量程置于较小一档重新测量。测量时可逐渐加快发电机手柄转速，使达到 120r/min 并调节测量标度盘使指针完全指零，这时

$$接地电阻 = 量程值 \times 测量标度盘读数$$

（3）测量一般电阻　若利用 ZC8 型接地电阻测量仪测量一般电阻，可将 C_1、P_1 短接（相当于图 5-36 中的 P、C 短接），再将 C_2、P_2 短接（接后相当于图 5-36 中的 E 点），然后将被测电阻接在 C_2、P_2 与 P_1、C_1 之间，测量步骤同前。

第六章

波形的测量

第一节 概 述

波形测量是指测量电压随时间变化的二维图像。测量波形可以用示波器，也可以用计算机采集。电子示波器与电压表相比，电压表只能显示被测值的一个参数，例如某交流电压的峰值或有效值，而示波器可以显示某一段时间内电压的整个变化图像，通过显示出来的波形图像，既可以对电路进行定性观察，例如估计电压通过某一种电路后波形失真的程度，调整电路参数会对波形产生什么影响等，也可以根据所显示的波形尺寸，对电压、频率、相位进行定量测量。特别是一些脉冲参数的测量，例如脉冲上冲量、上升时间等，都是用其他仪器很难实现的。

示波器本身虽然只能测量电压波形，但可以通过变换电路，实现对电流、功率或其他电量的测量，还可以通过各种传感器，测量机械、物理、医学等各种非电量，也可以用它作为比较仪器的指示装置，所以示波器是一种应用十分广泛的多功能仪器。

早期的示波器有机械示波器和电子示波器两大类，机械示波器主要是用于记录非周期性的缓变信号，现在这种示波器已逐渐被数字示波器所取代，所以现在所说的示波器，都是指电子示波器。

电子示波器分为模拟示波器和数字示波器两大类，其中模拟示波器又分为以下几种类型。

（1）通用示波器 指用由单束示波管构成的普通示波器和宽带示波器。产品型号有 SB、SD、SR 等。

（2）取样示波器 指利用取样技术观测频率数千兆赫以上的高频信号波形，它将高频周期性信号分段，在若干个周期中分别取样，取样点分布在不同位置，然后取其脉冲列的包络波形合成，模拟成低频信号，以便测量，产品型号有 SQ10 等。

（3）多踪示波器 指采用多束示波管或液晶构成的示波器，可同时观察比较两个信号。

（4）特殊示波器 指专用场合使用的示波器，具有专用电路装置，能实现特殊功能，如电视示波器、矢量示波器，以及测量晶体管特性的图示仪等。

模拟示波器基本电路如图 6-1 所示，各种示波器也是在这个基础上扩展而成。

图中，Y 通道的作用是将被测电压信号传送至显示器，控制显示器垂直方向的偏转，由

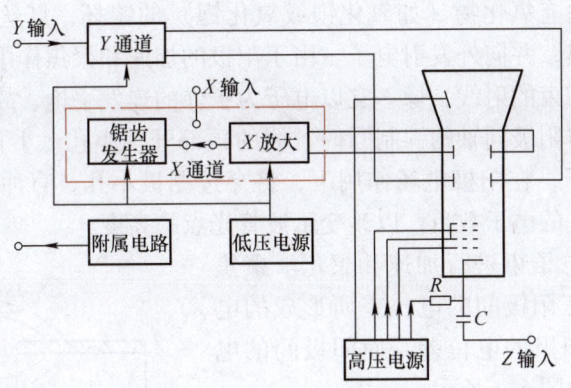

图 6-1　模拟示波器的基本电路

于输入信号的幅度不一定与 Y 偏转板的灵敏度相适应,故需要通过 Y 通道加以衰减或放大,使得到达 Y 偏转板后的电压数值能够满足偏转的需要,使显示的波形大小适中。

X 通道通常包括扫描发生器和 X 放大,它能产生一定幅度和确定频率的锯齿波,以控制电子束沿 X 轴做匀速扫描,使得 X 轴变成能代表时间的时间轴。

附属电路包括校准用的、频率和幅度都比较稳定的信号发生器,以及其他专用装置。

第二节　示　波　管

示波管又称为阴极射线管,简称 CRT。它是一种利用被测电压控制电子束,并通过电子束的偏转量反映被测电压变化波形的一种器件。由于电子束的质荷比(即电子质量与电子带电量之比)很小,因此它几乎没有惯性,即使被测电压变化速度很快,也能快速响应。而且电子束能够激发荧光屏发光,它的偏转位置可以直接显示在荧光屏上,所以它是一种观察快速变化波形的有力工具。**普通示波管由电子枪、偏转系统和荧光屏三部分组成。**整个结构密封在一个喇叭状的玻璃壳中,玻璃壳内部抽至高度真空,其结构如图 6-2 所示。

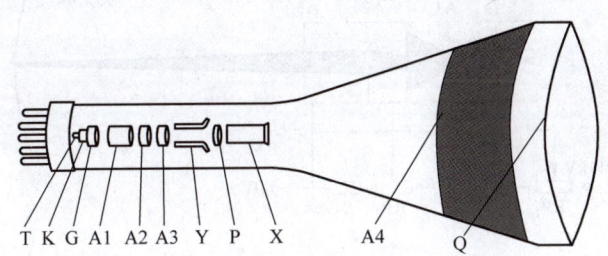

图 6-2　示波管结构

T—灯丝　K—阴极　G—控制栅极　A1—第一阳极　A2—第二阳极　A3—第三阳极
Y—Y 偏转板　P—屏蔽极　X—X 偏转板　A4—后加速阳极　Q—荧光屏

一、电子枪

普通示波管的电子枪由灯丝、阴极、控制栅极、第一阳极、第二阳极和第三阳极组成。这些电极做成同轴的圆环或圆筒,装在一个固定支架上,然后安放在管子的颈部。

阴极是一个端面涂有氧化物（如氧化钡或氧化锶）的镍杯，灯丝就装在镍杯内部，灯丝通电后能使阴极发热，并向外发射电子。由于阳极的加速和聚焦作用，发射出来的电子形成一条高速且聚集成细束的射线，像一支以电子为子弹的连发手枪，故称电子枪。

控制栅极是一个与阴极同轴的镍制圆筒，筒的顶部开一小孔，小孔对准阴极的发射面，从阴极发射出来的电子，在阳极电场作用下，将穿过栅极小孔，直冲荧光屏。改变栅极电压，可以控制穿过小孔的电子数目，以改变示波管光点的亮度。

阳极的作用是对电子束进行加速和聚焦。聚焦是利用第二阳极和第三阳极间的电位差所形成的电场来实现的，由于两阳极的电位差，使阳极间的电力线和等位线的分布如图6-3所示。

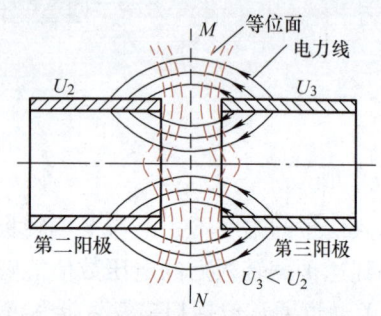

从图中的阳极区电场分布可以看出，在 MN 的左面等位面是向左凸出的，与等位面相垂直的电力线，则折向中心轴线，电子在电场中的受力方向总是与等位面垂直，或者说总是力图逆着电力线前进，因此在 MN 左面的电子束受到了折向中心轴线的作

图6-3 示波管阳极电力线与等位线的分布

用力。在 MN 的右面，等位面是向右凸出的，电力线折离中心轴线，电子束受到了折离中心轴线而向外发散的作用力。

电子束从 MN 左面向 MN 右面通过阳极区时，不断受到加速。在 MN 左面电子束速度较慢，通过的时间长，会聚的持续时间相对较久；在 MN 右面，电子束速度较快，通过的时间短，发散作用的持续时间也较短。从总的效果来看，会聚作用占优势，特别是在第二阳极附近，聚焦作用更加显著，所以第二阳极又叫聚焦阳极。第三阳极电压较高，对电子束的加速作用比较显著，所以又称加速阳极。阳极区的聚焦作用犹如一个光学透镜对光线的聚焦作用一样，所以阳极区又称为电子透镜。通常可以通过改变第二阳极电压的方法来调节聚焦，如图6-4a所示。

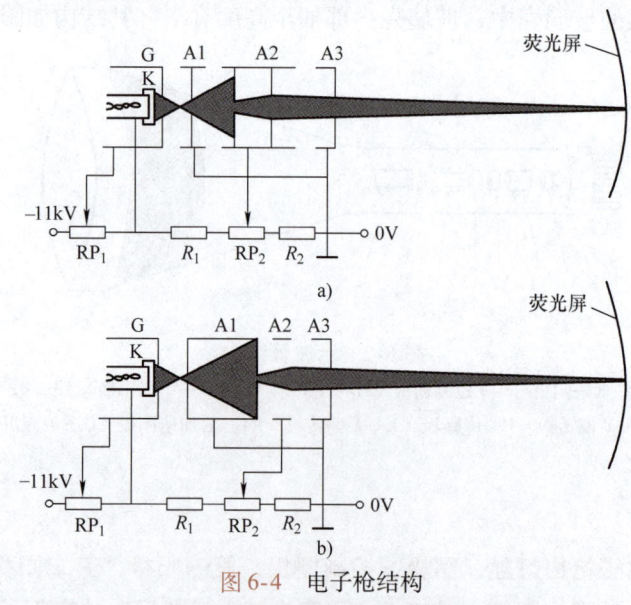

图6-4 电子枪结构

a) 三阳极电子枪 b) 第二阳极零电流电子枪

利用两个阳极的电场实现聚焦的最大问题是：调节聚焦可能会影响亮度，因为在改变第二阳极电压调节聚焦的同时，也会影响电子流的速度，从而影响亮度。反过来，调节亮度又会影响聚焦，因为改变栅极电压增加亮度的同时，会使电子流的密度增加，造成阳极电流增大，从而引起电源内压降增大和第二阳极电压的下降而影响聚焦。为消除亮度与聚焦的相互影响。现在多将圆筒式的第二阳极改为中心有孔的圆盘，使之不会切割电子束或少切割电子束，并用第一阳极将栅极与第二阳极隔离起来，减少第二阳极对电子速度的影响，形成所谓第二阳极零电流电子枪。这种电子枪亮度与聚焦的相互影响被削弱，其结构如图 6-4b 所示。

二、偏转系统

示波管大多采用静电偏转系统，它由两对相互垂直的偏转板构成，每对偏转板的两块极板相互平行，并对称于示波管的中心轴。一对装在离荧光屏较远的地方，作为垂直偏转板，又称为 Y 偏转板。另一对装在离荧光屏较近的地方，作为水平偏转板，又称为 X 偏转板，电子束从电子枪射出之后，依次从两对偏转板之间通过，偏转板加上不同电压，可使电子束产生不同的偏移。利用这个原理，可以把偏转板的电压转换为电子束的偏转位移，并通过荧光屏显示出来，如图 6-5 所示。

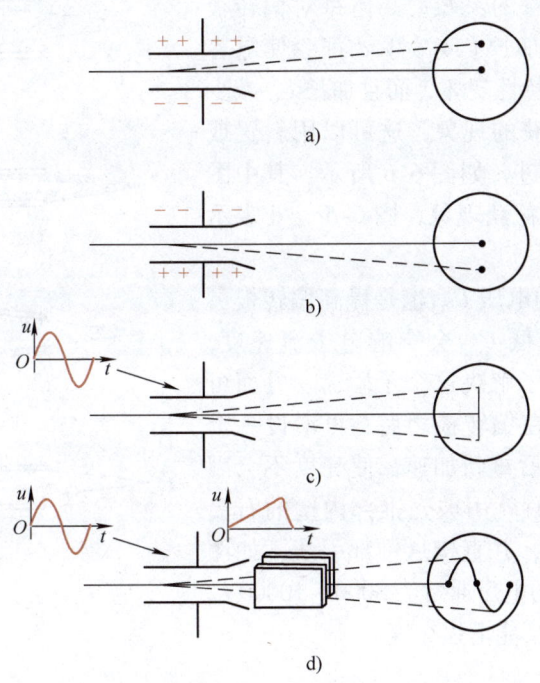

图 6-5 偏转原理

图 6-5 中如能使光点在水平方向的位置代表时间，光点在垂直方向的位置代表被测电压的大小，整个波形代表电压的变化。实验证明，电子束偏移量的大小 y，可由下式决定

$$y = \frac{L_0 l U_Y}{2 U_{A3} d} \tag{6-1}$$

式中　L_0——偏转板与荧光屏的距离；

l——偏转板的长度；

d——两块偏转板之间的距离;

U_{A3}——加速阳极(即第三阳极)电压(若示波管无前加速阳极,只有两个阳极,则第一阳极为聚焦阳极,第二阳极为加速阳极,U_{A3}为第二阳极电压);

U_Y——加到 Y 偏转板的电压。

从式(6-1)中可以看出:

1)电子束的偏移量与加到偏转板上的被测电压成正比,可以通过测量偏移量大小求出被测电压值,如将单位电压所产生的偏移量称为偏转灵敏度,按式(6-1)可得

$$S_Y = \frac{y}{U_Y} = \frac{L_0 l}{2U_{A3} d} \tag{6-2}$$

式中 S_Y——Y 偏转板的偏转灵敏度。

灵敏度倒数称为偏转常数 C_Y,它表示偏转 1cm 所需要的电压。

2)偏转板与荧光屏的距离 L_0 越大,偏转灵敏度就越高,为此总是把示波管做成长喇叭状,并把离荧光屏较远的一对板。作为垂直偏转板。因为垂直偏转板加的是被测电压,需要有较高的灵敏度。

3)加长偏转板的长度 l,缩短两个偏转之间的距离 d,都能提高示波管的灵敏度。但每对偏转板都相当于一个电容器,加长 l 或减少 d 都会使电容量增大,使通道的频率特性变坏,而且加长 l、减少 d 还会造成电子束被截获的现象,这可以用斜置或一端张开的办法予以改进,如图 6-6 所示。其中图 6-6b 表示电子束被部分截获现象,图 6-6c、d 表示改进后的情况。

4)降低第三阳极的电压 U_{A3} 也是提高偏转板灵敏度的有效方法。但降低 U_{A3} 会影响电子流速度,而使光点亮度下降。为了解决这个矛盾,一方面可以降低 U_{A3},另一方面在偏转板之后,再增设一个后加速阳极,利用偏转后重新加速,使亮度不会因为降低 U_{A3} 而减弱。有时就用玻壳锥部内壁的石墨导电层作为后加速阳极,并直接从锥部引线,如图 6-7 所示,后加速阳极的电压通常为 3000 ~ 10000V。这样既提高了灵敏度,又能增强亮度。

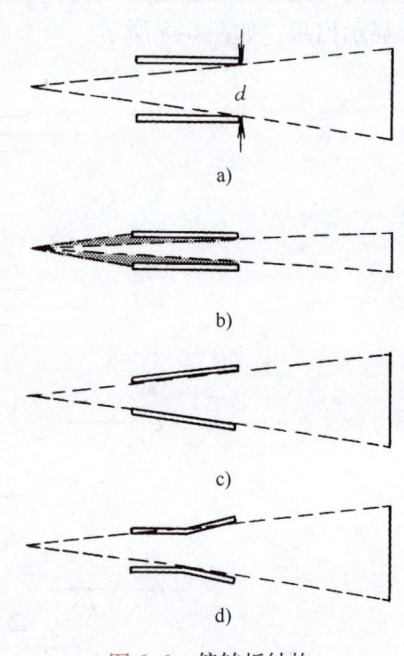

图 6-6 偏转板结构

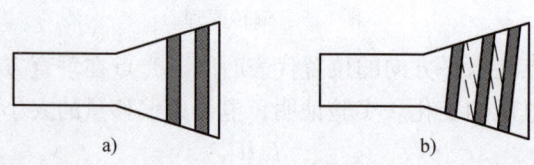

图 6-7 后加速阳极

三、荧光屏

荧光屏位于示波管喇叭口的端面，端面内壁涂上一层荧光质，电子束轰击荧光质时，能够激发荧光质发出亮光，荧光的亮度与电子束的密度、速度以及荧光屏所用的荧光材料有关。要调节亮度时，可以改变栅极电压从而调节电子束的密度以达到调节亮度的目的。

为了提高荧光屏的发光效率，常用硫化物掺入少量金属激活剂，但这种材料容易衰老，因此使用示波器应注意勿使光点长期过亮地停留在一个固定点上，以免荧光质衰老或荧光材料烧毁。

荧光屏的另一重要特征是余辉时间，所谓余辉指电子射线停止轰击，荧光屏上的荧光材料还能持续发光，其持续发光的时间称为余辉时间。示波管的余辉时间分为长、中、短三种，长余辉发光时间为 1~2s，中余辉为 1ms~1s，短余辉仅为 1μs~1ms。

荧光所用的玻壳端面，有圆形和矩形两种，端面可做成平面或球面，平面的线性较好，但中心与边缘聚焦会有差别，应采取补偿校正措施，端面为矩形的示波管，由于偏转板在装配时可能产生某些误差，因此电子束在偏转板作用下沿水平或垂直方向移动时，其扫线可能与荧光屏的轴线不能重合，表现为图形发生倾斜。如果是圆形管，遇到这种情况，只要把管子旋转，倾斜图形即可扭到正确位置。但如果是矩形管，安装后无法旋转，则只能通过绕在示波管上的旋转线圈，通以电流使所显示的图像旋转，改变电流的方向使磁场方向改变，可以使图像沿相反方向旋转，如图 6-8 所示。

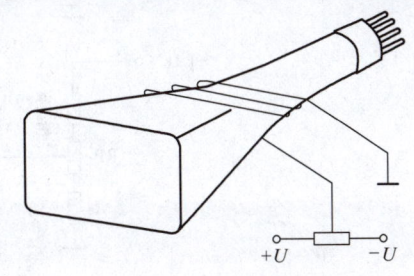

图 6-8　旋转线圈

示波管型号由四个部分组成，第一部分为数字，表示荧光屏尺寸，对于圆形荧光屏，表示圆形直径，对于矩形荧光屏，则表示对角线；第二部分为两个字母，第一个字母定为 S，表示示波管，第二字母如为 J，表示为静电偏转，如为 C，表示磁偏转；第三部分为数字，用来表示类型序号；第四部分也是字母，代表余辉类型，A 为短余辉、蓝光；J 中余辉、绿光；D 为长余辉、黄光。例如示波管型号为 12SJ102J，表示该型为静电偏转、中余辉、平底的示波管，对角线为 12cm，有效使用面积为 10cm×6cm。从产品目录中可查得该管的荧光屏为矩形。

四、示波管各电极的电压

示波管各电极的电压如图 6-9 所示。它们之间的关系，首先从偏转板电压开始考虑。一般的示波管在 X、Y 偏转板之间装有屏蔽极 P，通过屏蔽可避免 X、Y 偏转板间相互影响。由于示波管的偏转板接信号电路，它的平均电位等于地电位，而第三阳极 A3 和屏蔽极 P 靠近偏转板，为了避免形成附加的电子透镜，保持一个等电位空间，所以这两个电极原则上也应该接地。但考虑到偏转板的电位变化时会影响聚焦，所以有时需要通过电位器 RP_3 对第三阳极 A3 的电位进行微调，以补偿偏转板电位变化的影响，RP_3 称为辅助聚焦。又考虑到偏转板边沿杂散电场对电子束的影响会引起图像变形，通过电位器 RP_4 对屏蔽极 P 的电位进行微调，以改善失真程度，RP_4 称为几何图像校正。

第三阳极 A3 和屏蔽极 P 的电位确定为地电位后，显然阴极就必须加 -1000V 左右的负电压，因为只有阳极电位高于阴极电位，才能保证电子束得到足够的加速和良好的聚焦。

栅极电压要比阴极略低，阴极电压定为 -1000V，故图中栅极电压通过 RP_1 调节在 -1100V 左右，调节 RP_1 可改变光点亮度。

第一阳极的电位必须高于阴极，一般选择与第三阳极同电位，才能完成加速和屏蔽的功能，电压经 RP_2 调节，大约控制在 -700V，比第三阳极略低，比阴极约高出 300V。

后加速阳极电压如果高于第三阳极太多，会对不同偏转角的电子束产生不同的会聚，使波形发生畸变。为此，规定后加速阳极电压不得大于第三阳极电压的两倍，一般在 2000～4000V，也有高达 10000V 的。

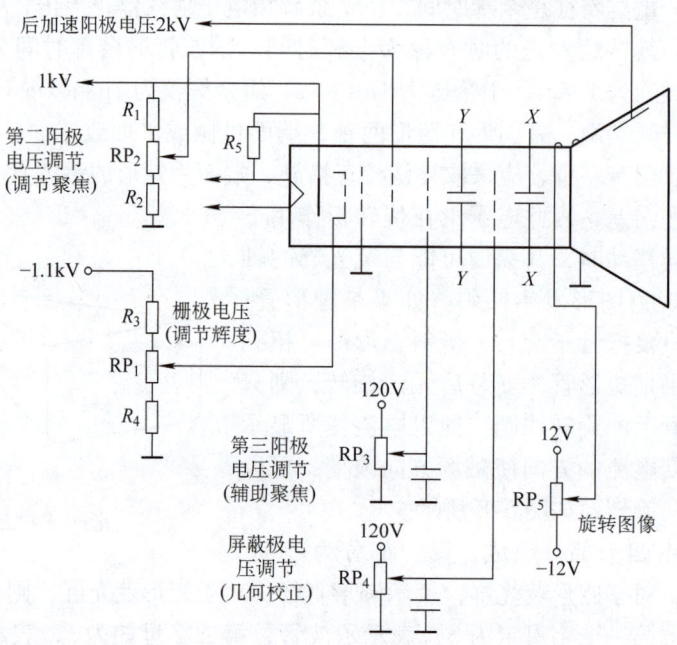

图 6-9　示波管各电极的电压

第三节　示波器电源

示波器各部分的电路需要各种不同的高低压电源，电源质量与示波器电路的工作稳定性有很大关系，如电源的纹波和不稳定会给电路造成干扰或者通过电源的耦合牵连造成自激等，所以示波器的电源电路一般都要采取稳压、去耦、滤波等措施。

一、示波管的灯丝电源

普通示波管的灯丝要求用低压交流供电，如 5V 或 6V 交流。这种低压交流可以用电网的 220V 交流直接降压，也可以通过交流—直流—交流变换器，先转换为高频交流，然后再降压取得。

示波管灯丝是低压供电，变压器提供灯丝电压的绕组是一组低压绕组，但由于灯丝靠阴极很近，而阴极要接负高压，所以灯丝通常也要经电阻与阴极相连，以免击穿。这样灯丝绕组实际上是带负高压的，如果绝缘不好，高压就可能通过它对地击穿，所以灯丝低压绕组的绝缘等级必须按高压等级考虑。灯丝一端接负高压，或灯丝绕组两端并联一个电位器，将其中点接负高压，如图 6-10 所示，还可以防止交流绕组对阴极电路的干扰。图中虚线表示灯丝绕组左右两半电压对示波管阴极的干扰，沿着相反方向而相互抵消。

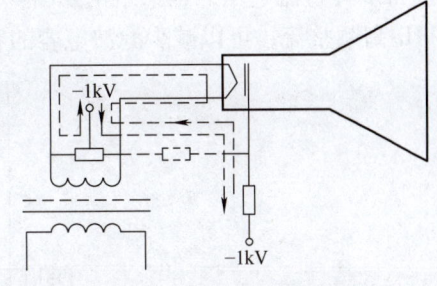

图 6-10　示波管的灯丝电源

二、直流低压电源

现代示波器电路都采用固体器件，不同的固体器件所需的电压、电流也不相同，所以示波器需要有几组电压等级不同的直流电源以满足不同固体器件的需要，由于电压在 500V 以下，多数不超过 50V，所以称为直流低压电源。其电路形式有如下几种。

1. 整流滤波稳压型

整流滤波稳压型直流低压电源的结构如图 6-11 所示，稳压环节可以采用串联调整型电路，也可以采用三端稳压组件。例如采用图 6-12a 所示具有的正输出的三端稳压组件 7805、7812、7824，或采用图 6-12b 所示负输入负输出的三端稳压组件 7905、7912、7924 等。在一台示波器中，如果需要有几种电压等级，一般每种电压都需要单独配置一套稳压电路，如果电压等级较多，整机稳压电路就显得十分庞大，例如在 SR-8 型示波器中，就配有 -36V、12V、-12V 和 120V 四组整流滤波稳压电路。

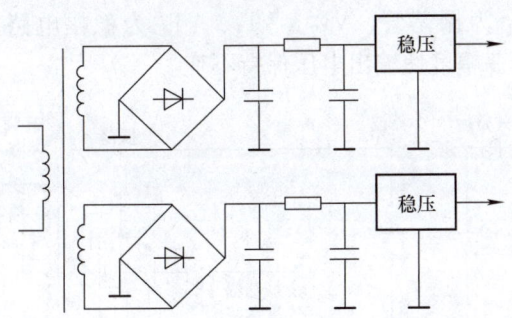

图 6-11　整流滤波稳压型直流低压电源电路

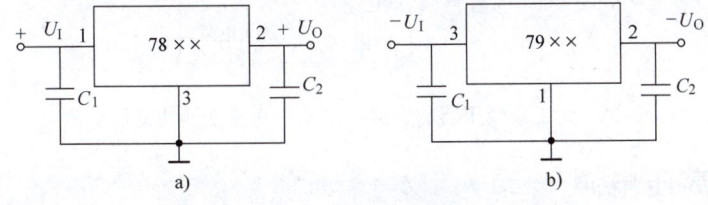

图 6-12　采用三端稳压组件的稳压电源
a) 正输出　b) 负输出

2. 直流—交流—直流变换型

这种电路适用于需要提供多种电压的示波器，以 SBM-10 型示波器为例，全机需要 11 种电压，采用直流—交流—直流变换型之后，用一个公用的整流滤波稳压电路，产生一个稳定的 18V 直流，然后用大功率振荡器将 18V 直流转换为 10kHz 的高频交流，再经降压整流，以获得多种直流电压，整个结构如图 6-13 所示。这种结构不但可以简化稳压电路，而且用 10kHz 高频整流，可以减少滤波电容的容量，使整机体积更加紧凑。

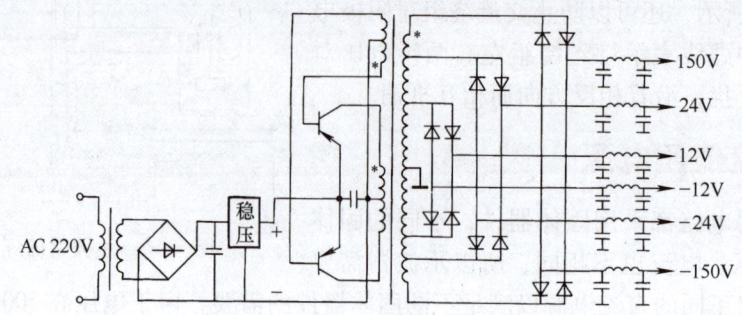

图 6-13　直流—交流—直流变换型

在图 6-13 中，18V 直流稳压电路仍需要一个工频变压器，将 220V 的交流电压降到 25V，以供整流电路使用。为了减轻示波器重量，有的示波器如 XJ4241 型，采用一种称为无工频变压器的直流—交流—直流变换结构。这种结构不用变压器，直接将 220V 电网交流经整流后转换为 220V 左右的直流，然后通过大功率振荡器转换为高频交流，经高频变压器降压，得到各种不同低压后再经整流滤波，获得所需要的直流低压。这种电路的主要特点是用轻巧的高频变压器代替笨重的工频电源变压器，使整机重量体积大为缩小。电网电压整流后无须稳压，只要在大功率振荡器中，采取一些稳幅措施，就能保证输出电压的稳定性，如图 6-14 所示。图中，VT_1 为振荡管，VT_2、VT_3、VT_4 为稳幅电路，输出电压波动会改变 VT_3 的电流，相应调整振荡幅度使输出电压保持不变。

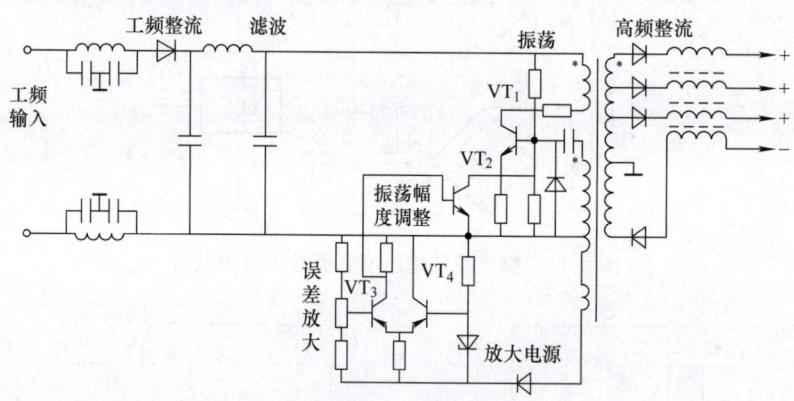

图 6-14　无工频变压器的直流—交流—直流变换式低压电源

三、直流高压电源

直流高压电源是专为示波管的阴极、栅极和阳极提供的电源，过去示波管没有后加速阳极，所需高压为 1~2kV，往往通过工频升压法取得。这种方法是将 220V 的电网交流电压，直接通过工频变压器升压，然后经整流滤波得到所需要的直流高压。虽然这种方法电路简单，但变压器和高压滤波电容质量大、占地多，使示波器显得十分笨重。现在示波管有了后加速阳极，电压达 15kV 以上，用工频变压器升压，困难更大。考虑到高压所需电流比较小，阴极电流大约为3mA，聚焦阳极电流在20μA以内甚至为零，后加速阳极电流小于100μA，控制栅极电流几近于零，根据这个特点，现在示波器几乎都采用高频高压法以得到直流高压。

高频高压法与直流低压电源所用的直流—交流—直流变换器基本相同，不同的是在转换为交流之后，低压电源是通过降压整流转换为直流低压，而高压电源是通过升压整流转换为直流高压，其电路如图6-15所示。

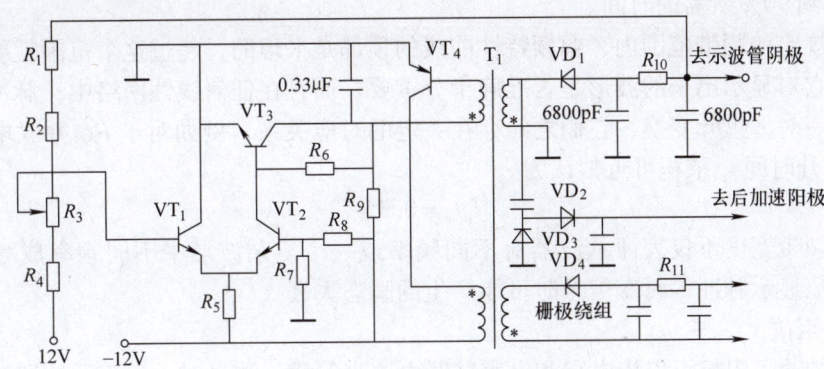

图6-15 高频高压直流电源

图中，高频发生器由$VT_1 \sim VT_4$和高频高压变压器T_1组成，VT_1、VT_2作为差动放大器，VT_3作为放大推动管，VT_4作为振荡管。

设检测点-1000V电压因负载加重而下降时，在取样分压电阻上产生一个趋正的误差信号，经VT_1、VT_2放大，在VT_2的集电极输出一个趋正的电压，经VT_3倒相放大后，控制VT_4的振荡强度，使VT_4的振荡强度加大，维持原来的-1000V电压不变。

变压器的二次绕组有两个，一个绕组经半波整流后，输出电压为-1100V，供示波管栅极；另一个绕组分两路，其中一路经半波整流后输出电压为-1000V，接示波管阴极，另一路接成倍压整流，输出电压为2000V，供后加速阳极使用。

高频高压法与工频升压法相比，主要优点是：

1）因为转换为高频交流后升压，所以升压变压器可用高导磁材料铁淦氧做磁心，绕组匝数少，升压变压器的质量轻、体积小。

2）高频交流整流后的纹波脉动频率高，可以减少滤波电容的容量，一般50Hz工频整流后所用的滤波电容总需要几百到几千μF，而对10kHz高频整流，其滤波电容只需0.01~0.1pF，对于工作于高压下的滤波电容来讲，减小容量意味着体积可以大幅度减小。

3）高频高压接上重负载之后，高频振荡器将会立即停振，高压就会自动下降，这有利于使用和维修时的安全。

第四节　示波器的Y通道

一、示波器Y通道的技术性能

示波器Y通道的任务是将被测电压加以适当放大或衰减，使它加到示波管的偏转板之后，能控制电子束的偏转量达到可辨认的程度。Y 通道的性能直接影响测量的准确度，所以通常都是把 Y 通道的性能作为判断示波器水平的依据，Y 通道技术性能主要包括以下几方面。

1. 频带宽度和上升时间

频带宽度是指通道的上限频率至下限频率的宽度，这个宽度也是示波器正常工作的频率范围。上升时间指在 Y 通道输入端加上一个理想的阶跃脉冲，荧光屏显示波形的稳态幅度从 10% 上升到 90% 所需的时间。

只有在规定的频带范围内、幅频特性曲线的顶部是平坦的，超过这个范围就要产生频率失真，所以它对显示出来的波形是否准确十分重要。而且在任何线性网络中，脉冲响应和频率特性互为一对傅里叶变换，它们之间存在一定的对应关系，例如对于 RC 并联电路：上限频率 f_h 和上升时间 t_r 乘积可近似认为

$$f_h t_r = 0.35 \tag{6-3}$$

可见，频带宽度不仅表征示波器对不同频率或一个复杂波形中不同频率成分的响应程度，还能表征显示脉冲等瞬变信号时可能产生的瞬态失真。

2. 输入阻抗

示波器的输入阻抗可以用电阻和电容并联电路来等效。测量时，由于示波器输入阻抗直接与被测电路并联，因此不论其中的电阻分量还是电容分量都会影响被测电路的原有工作状态。电容分量除了影响被测电路的工作状态外，还会影响示波器本身的频带宽度。例如输入电容为 40pF 时，示波器的上限频率约为 5MHz。电容越大，上限频率越低，因此示波器的输入阻抗常要求将输入电阻和输入电容分别列出，例如对于上限频率为 100MHz 的示波器，要求输入电阻为 1MΩ，输入电容应小于 22pF；上限频率为 5MHz，则输入电阻为 1MΩ，输入电容应小于 40pF。有的高频示波器，为了便于与被测高频电路匹配，除 1MΩ 的输入端外，还带有低阻输入端，其阻抗一般为 50Ω。

3. 灵敏度

示波器灵敏度指输入单位电压引起荧光屏上光点的偏移量，其单位可用 cm/μV 或 cm/mV 表示。现代示波器最高灵敏度可达到 0.1cm/μV，工业测量所使用的通用示波器，灵敏度能达到 0.1cm/mV 就已经足够了。

4. 非线性失真

除了通道频率特性所造成的频率失真和瞬态失真外，由 Y 通道放大器产生的非线性失真也会影响被测波形的准确度。一般要求 Y 通道的非线性失真小于 10%。但若要对波形进行定量测量，则需要选用非线性失真小于 3% 的示波器。

5. 漂移、干扰和噪声

现代示波器的下限频率要求扩展到直流，所以一般 Y 通道需要采用直流放大器。直流放大器总存在漂移，加上示波器灵敏度高，对外部干扰比较敏感，这样就会造成 Y 通道的假象输出。而人眼又无法把荧光屏上有用信号形成的偏移和属于漂移、干扰、噪声所造成的偏移区分开来，结果就造成从荧光屏上所观察到的波形不是真正的信号波形，可见**示波器的抗漂移和抗干扰是一项重要的性能指标**。

二、Y 通道的结构

示波器的 Y 通道的结构如图 6-16 所示，其中最主要部分是放大器，所以有时就将 Y 通

道称为 Y 放大器。电子开关只有在多踪示波器中才有，延迟线则用于触发扫描的示波器，一些简易示波器采用连续扫描，也没有必要增设延迟线。现将 Y 通道的各个部分分别予以介绍。

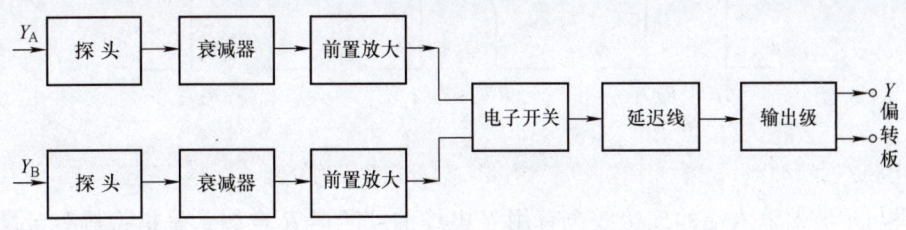

图 6-16 Y 通道的结构

1. 探头

简易示波器可用简单的两根引线将被测电压引进 Y 通道的输入端，但这会引起两个问题：第一，引线暴露在空间，会感应出干扰信号，灵敏度越高，干扰对示波器的影响越严重。轻则所显示的波形线条变粗变模糊，重则完全无法观察。第二，引线与机壳间的寄生电容，会使被测信号产生高频失真。例如被测信号为矩形脉冲，则显示出来的波形前沿上升时间和后沿下降时间都要增大。因此示波器要用探头，作为引入被测信号的连接线，图 6-17 是它的结构，它和示波器输入端连接之后，与输入阻抗共同组成如图 6-18 所示的 RC 衰减器。

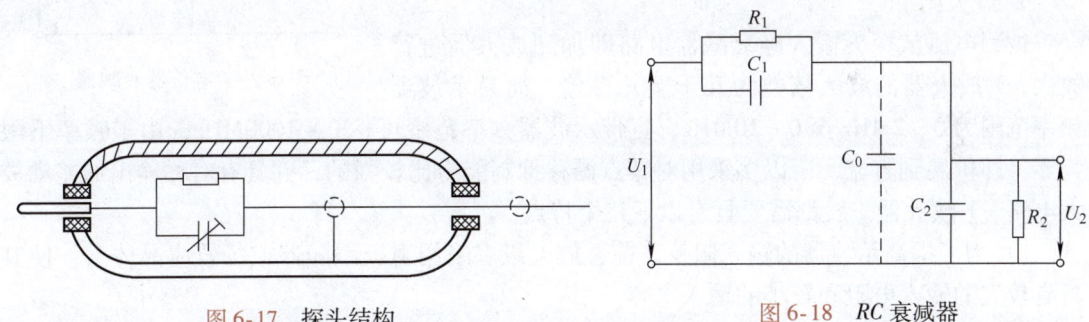

图 6-17 探头结构 　　　　　　　图 6-18 RC 衰减器

由于探头至示波器输入端，采用具有金属防波套的电缆，因此当防波套接地之后，芯线就因防波套的屏蔽作用，而能有效防止干扰信号进入输入端。

探头也能补偿由输入电容和寄生电容所造成的高频失真。在图 6-18 中，输入电容 C_2 和寄生电容 C_0 之和用 C_2' 表示，调节探头中的微调电容 C_1，使满足

$$R_1 C_1 = R_2 C_2' = R_2(C_2 + C_0) \tag{6-4}$$

可以证明，如果式（6-4）成立，则探头电路输出的电压 U_2 与从探头电路输入的电压 U_1 之比为 $\dfrac{U_1}{U_2} = \dfrac{z_1}{z_1 + z_2} = \dfrac{R_1}{R_1 + R_2}$，也就是比值与被测电压的频率无关，这就消除了引线寄生电容与输入电容所造成的高频失真。

为了使式（6-4）的条件得到满足，可从探头输入方波信号，调节电容 C_1、C_2，若 $R_1 C_1 > R_2(C_2 + C_0)$，荧光屏上显示出来的波形会有一个上冲的前沿，如图 6-19a 所示；若 $R_1 C_1 < R_2(C_2 + C_0)$，则荧光屏显示的波形，前沿变钝，如图 6-19b 所示。前者称为过补

偿，后者称为欠补偿。只有调节电容 C_1，使 $R_1C_1 = R_2(C_2 + C_0)$ 成立，荧光屏上的波形才是方波，才能算是正确补偿，如图 6-19c 所示。

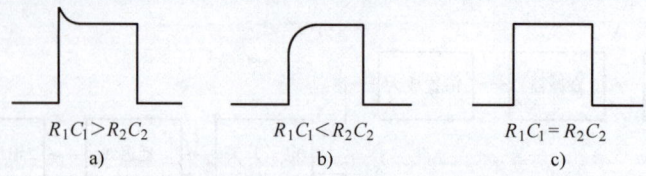

图 6-19　欠补偿、过补偿和正确补偿

探头与示波器输入端的连接线也有用 R 电缆的。**所谓 R 电缆，是指将具有金属防波套的电缆抽出芯线，换上电阻线作为芯线。**假如被测电路的输出阻抗与示波器的输入阻抗不匹配，高频脉冲就会在电缆中多次反射造成失真，如果改用电阻线作为芯线，则反射波很快被衰减，可以减少失真。

2. 衰减器

为了适应对强信号的测量，和电子电压表一样，可以采用衰减器分压。示波器使用的衰减器，多数为 RC 电路，如图 6-18 所示，它能保证输出电压与输入电压之比与频率无关。简易示波器也有用电位器做衰减器的，如图 6-20 所示。这种电路结构简单，但频率特性差。

3. 放大器

被测电压从探头输入经衰减器电路即加到放大器进行放大，Y 放大器的放大倍数为几十至几百倍，简易示波器

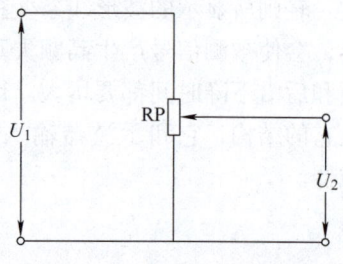

图 6-20　电位器衰减器

频率范围为 $0 \sim 2MHz$ 至 $0 \sim 10MHz$，宽带示波器频率范围可达 $0 \sim 1000MHz$，由于频率下限为零，即扩展到直流，所以多采用对零点漂移抑制能力比较强的，并具有对称输出的差动放大电路。Y 放大器一般都需要具有以下几个特点：

1) 为了提高示波器的输入阻抗，前置放大级多采用射极跟随器或场效应晶体管，使其具有较大的输入电阻和较小的输入电容。

2) 为了保证 Y 通道有足够的频带宽度，放大电路要有补偿措施。例如采用共射共基组合电路或共射共集组合电路，或在集电极电路上增加电感串联或并联补偿，或在射极电路串联一个 RC 并联电路作为高频补偿。

3) Y 放大器的末级负载是示波管的偏转板，按理它不消耗功率，就不必要使用功率放大，但考虑到示波管 Y 偏转灵敏度为 $0.1 \sim 1cm/V$，如要得到 6cm 左右的偏转量，就要有 $6 \sim 60V$ 的电压变化量。由于末级输出电压等于集电极电流与集电极电阻的乘积，要取得这样大的电压变化量就要有足够的电流变化量才行。特别是宽带示波器，频带越宽，集电极负载电阻越小，要求电流的变化量越大。所以在 Y 放大器的末级要采用大电流的功率管，其目的并不是为了输出大功率，而是为了取得较大的末级负载电流以便得到较大的电压变化量。

4) Y 放大器的末级还要求采用平衡对称输出，使加到示波管两块偏转板上的对地电压总是数值相等，极性相反，即一块偏转板上的电压增大时，另一块板上的电压一定为反向增大，使沿着示波管中心轴线的平均电位保持不变，并等于第二阳极的电位，以防止偏转板平

均电位变化之后,形成附加电子透镜作用,造成荧光屏上图形畸变与散焦。

4. 延迟线

在触发扫描的示波器中,都要增设延迟线。因为这种示波器的扫描是由被测信号前沿启动的,扫描开始时刻总要比前沿到来时刻稍迟一些。如果被测信号的前沿上升速度很快,即前沿时间很短,就有可能出现这样的情况:前沿已经过去了,扫描才开始,开始扫描前的这段时间的前沿变化波形无法在荧光屏上看出。为此,要在 Y 通道中增设延迟线,延迟线可以设在送给 X 通道作为触发信号的引出点之后,也可设在末级与偏转板连接电路之间,使被测信号延迟一段时间到达偏转板,保证被测信号的前沿到达偏转板时扫描一定已经开始。由于扫描发生器从启动到开始扫描约需 100ns,所以 Y 通道延迟线的延迟时间 t_d 要大于 100ns,一般取 200ns 左右。

延迟线的结构有两种形式,一种是具有集中参数的 LC 网络,另一种是具有分布参数的延迟线电缆。

图 6-21 是具有集中参数的 LC 网络电路图,其延迟时间 t_d 约为

$$t_d = \sqrt{L_k C_k} \tag{6-5}$$

式中　L_k——用漆包线绕制在有机玻璃棒上的电感;
　　　C_k——可调瓷介电容器的电容。

调节 C_k 可使延迟线的瞬态响应好,波形不发生畸变。

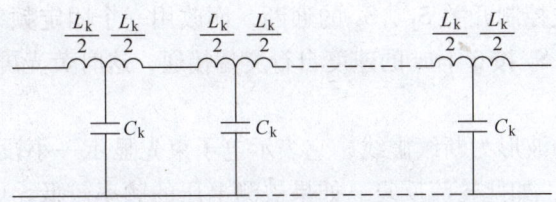

图 6-21　集中参数延迟线

图 6-22 是具有分布参数的延迟电缆,其延迟时间可近似用下式计算

$$t_d = l\sqrt{L_0 C_0} \tag{6-6}$$

式中　L_0——单位长度电缆的分布电感;
　　　C_0——单位长度电缆的分布电容;
　　　l——电缆长度。

一般延迟电缆的单位长度(指 1m)的延迟时间为 20~500ns。

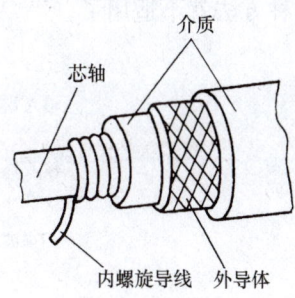

图 6-22　分布参数延迟线

5. 双踪电子开关

为了便于观察比较两个不同的电压波形,可以设法让两个波形同时显示在同一荧光屏上,即所谓双踪显示。要实现双踪显示,可以采用双束示波管,也可以用单束示波管外加电子开关。

双束示波管是在一个玻璃管壳内装设两套电子枪,两套偏转板,被测电压 u_A、u_B 分别经过各自的 Y 放大器送到各自的偏转板,分别控制两个电子束,使电子束扫描出来的波形同时显示在一个荧光屏上。这种示波管结构复杂、价格较贵。

利用单束示波管实现双踪显示的方法，如图 6-23 所示。图中被测电压 u_A、u_B 分别通过电子开关 S_1、S_2 与地相接。S_1、S_2 可以用扫描锯齿波控制，例如第一次扫描时 S_1 接通，S_2 断开；第二次扫描时则 S_2 接通，S_1 断开，以后按序轮换，荧光屏就会交替出现 u_A、u_B 两个波形。

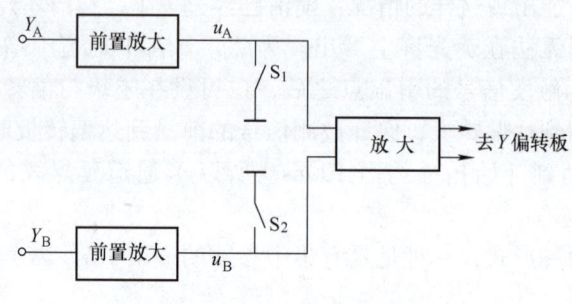

图 6-23　双踪显示的电子开关

只要开关 S_1、S_2 交替接通的速度足够快，由于荧光屏的余辉效应，屏上就可以看到两个稳定的波形，如图 6-24a 所示。当然，如果被测信号为低频信号，扫描速度较慢，交替速度不够快，屏上两个波形就会闪烁，甚至可看出两个波形是先后交替出现。遇到这种情况可以采用断续法。

断续法不用扫描波控制开关 S_1、S_2 的通断，而改用一个固定频率的方波，通常方波的频率为 10kHz，让 S_1、S_2 按 0.1ms 的速度自行交替接通，这时荧光屏上就会出现如图6-24b 所示的波形。

断续法显示出来的波形为断续虚线，它表示电子束先显示一小段 u_A 的波形，立即转到显示另一段 u_B 的波形，如此轮流反复。如果被测电压的频率较低，虚线间距离较小，可以想象为一条实线。如果被测电压频率高，虚线间距离太大，虚线显得支离破碎，残缺太多，这种方法就不适用了。

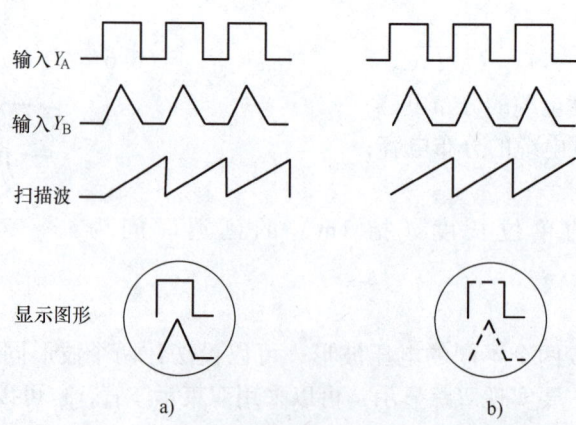

图 6-24　交替法和断续法实现双踪显示

第五节 示波器的 X 通道

一、示波器 X 通道的技术性能

利用示波器观察各种波形，必须在 X 偏转板加入一个与时间呈线性关系的锯齿波电压，使示波管的电子束能够沿着水平方向匀速移动，水平轴上每一个单位距离对应于一定的时间间隔，即形成所谓时间基线。显示出来的波形，就是一个以时间为横坐标，以被测量大小为纵坐标的函数图形。X 偏转板所需要的线性锯齿波就由 X 通道负责提供，因此 X 通道的技术性能为以下几项：

1. 锯齿波幅度

为保证示波器扫描线具有一定的长度，要求 X 通道产生一个幅度足够的锯齿波，用 U_{xp} 表示锯齿波电压的幅度，则要求

$$U_{xp} \geqslant 1.2 \frac{x_m}{S_X} \tag{6-7}$$

式中　x_m——示波管水平方向满偏转的距离；

　　　S_X——示波管 X 偏转板的灵敏度。

常用示波管的水平方向满偏距离为 10cm，灵敏度大约为 0.03cm/V，可见，一般示波器 X 通道要求能输出 300V 以上的锯齿电压。

2. 锯齿波的线性

X 通道输出的锯齿波必须有良好的线性，否则一定的 X 轴距离就不能代表一定的时间。所谓线性良好，就是要求锯齿波的正程斜率 $\frac{du}{dt}$ 为常数，通常把正程斜率的相对差值称为非线性系数 γ，即

$$\gamma = \frac{\left(\frac{du}{dt}\right)_{max} - \left(\frac{du}{dt}\right)_{min}}{\left(\frac{du}{dt}\right)_{max}} \tag{6-8}$$

式中　$\left(\frac{du}{dt}\right)_{max}$——锯齿波正程的最大斜率，一般位于锯齿波起点，或写成 $\left(\frac{du}{dt}\right)_{t=0}$；

　　　$\left(\frac{du}{dt}\right)_{min}$——锯齿波正程的最小斜率，一般位于锯齿波终点，或写成 $\left(\frac{du}{dt}\right)_{t=t_1}$。

一般示波器要求 γ 小于 10%，高精度示波器要求 γ 小于 3%。

3. 扫描速度的调节范围

扫描速度指单位时间光点沿荧光屏的水平方向所移动的距离，它与加到偏转板的锯齿波幅度 U_{xp}、正程时间 t_f 有关，即

$$v_x = \frac{U_{xp} S_X}{t_f} \tag{6-9}$$

式中　v_x——扫描速度即光点沿荧光屏水平方向的移动速度；

　　　S_X——示波管 X 偏转板的灵敏度。

示波器的扫描速度要与被测波形的变化周期相配合，测量不同频率的电压波形要用不同的扫描速度，在锯齿电压幅度 U_{xp} 不变的情况下，一般通过调节正程时间 t_f 来改变扫描速度，因此示波器的 X 通道必须有调节扫描正程时间的装置。

在连续扫描方式的示波器中，所产生的锯齿波是连续的，因此锯齿波频率改变了，正程时间也随之改变，如图 6-25a 所示，可以用扫描波的频率表征扫描速度。

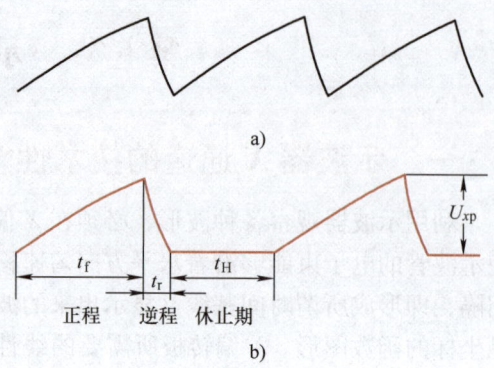

图 6-25　扫描锯齿波的频率与正程时间 t_f 的关系

但在触发扫描方式的示波器中，扫描波不连续，锯齿波频率与正程时间 t_f 不存在直接连系，如图 6-25b 所示，所以**不能用扫描波的频率表征扫描速度，必须直接用扫描速度或扫描时间。**

二、X 通道的结构

X 通道有两种结构，其框图如图 6-26 所示，图 6-26a 为连续扫描方式，图 6-26b 为触发扫描方式。

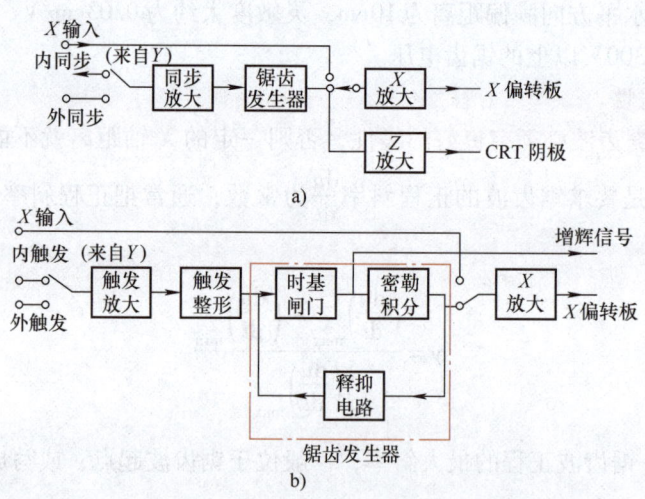

图 6-26　X 通道结构框图
a) 连续扫描方式　b) 触发扫描方式

连续扫描方式不适用于测量周期长而脉冲宽度又比较窄的脉冲，例如脉冲重复周期为 400μs，脉冲宽度为 10μs，如果调节扫描频率令扫描线长度为 400μs，则显示出来的脉宽只有扫描线的 1/40，又尖又窄，无法观察到前后沿的细节。如果调节扫描频率令扫描线长度为 40μs，脉冲波形宽度为扫描线的 1/4，宽度虽然被拉大了，但却因为在扫描 10 次中，只有一次有波形，故又出现基线过亮、脉冲波形暗淡的毛病，如图 6-27 所示。

同时，**连续扫描示波器的扫描周期必须是被测周期的整数倍，才能保证波形稳定。**因此被测电压频率改变时，必须相应调节扫描速度，扫描速度无法固定就很难进行周期的定量

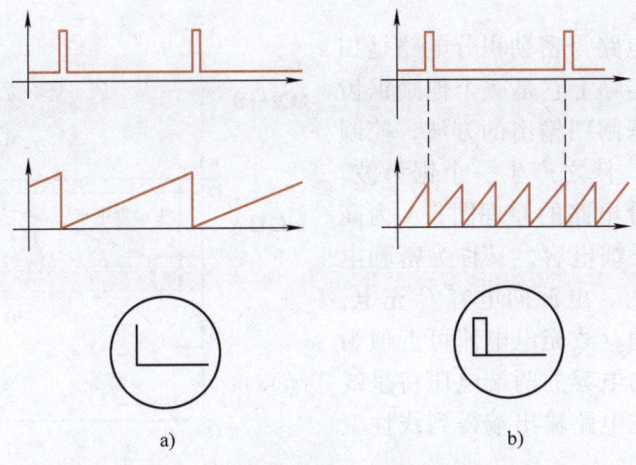

图 6-27 用连续扫描方式显示的脉冲波形

测量。

触发扫描方式不存在以上两个缺点，首先它的扫描是由被测电压所激发，不存在空扫，也就是不存在基线过亮、波形暗淡的问题，而且每一次扫描的起点总是与激发它的被测电压起点相对应，在测量过程中不必改变扫描速度也能保持波形稳定，这有利于对波形的定量测量，显示波形如图 6-28 所示。

由于以上原因，现代示波器已经不采用连续扫描方式，下面仅对触发扫描方式进行介绍。从图 6-26b 中可以看出，触发扫描方式的 X 通道结构包括扫描发生器、X 放大器两大部分。

1. 扫描发生器

扫描发生器的任务是在触发信号作用下产生一个正程时间可调的锯齿波电压，它由以下几个环节组成。

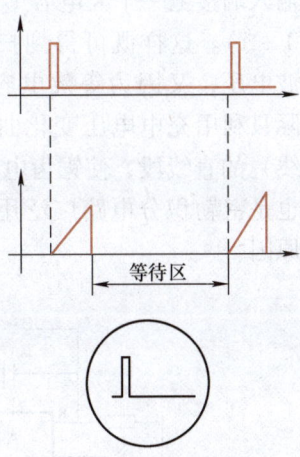

图 6-28 触发扫描方式显示的脉冲波形

(1) 触发信号的放大与整形　触发扫描发生器所用的触发信号，可以是被测信号本身，也可以从外部引入，前者称为内触发，后者称为外触发。不论是"内"还是"外"，触发信号的原始波形可能是各式各样的。为保证触发信号的一致性和精确性，要求把原始波形一律转换为一定幅度前沿陡峭的方波，放大与整形电路就是用来完成这种转换的，一般使用施密特电路，它能在原始波形的作用下，输出一个比较理想的方波。

(2) 时基闸门　时基闸门一般由双稳电路构成，电路具有两种状态，当未加触发信号之前，电路输出高电平，这种状态称为闸门关闭状态或等待状态。当触发信号使闸门输入超过它的下触发电平，闸门翻转（图 6-29 的 A 点），翻转后输出低电平，这种状态称为闸门开启状态，开启之后，启动扫描触发，扫描发生器产生锯齿波。当锯齿波峰值超过上触发电平时（图 6-29 的 B 点），通过释抑电路，反馈到闸门输入端，使闸门再次翻转，恢复为关闭状态，等待下一次触发。时基闸门从关闭到开启到重新关闭，输出一个负向方波。方波的下跳变对应于锯齿波的起点，方波的上跳变对应于锯齿波正程的终点，闸门输出波形如图

6-29c 所示。

（3）密勒积分电路　密勒积分电路是扫描发生器的核心，实际上它是一个他励锯齿波发生器，利用时基闸门输出的方波，控制密勒电容的充放电，使之产生一个锯齿波。图 6-30a 是密勒积分电路的原理图，A 为高增益放大器，C 为反馈电容，又称为密勒电容。当开关 S 断开时，电源向电容 C 充电，由于 a 点可视为虚地，故充电电流可近似为常数，恒流充电时的电容的两端电压将呈线性上升，因此就能在电路输出端得到线性变化的锯齿电压。

图 6-30a 可以用图 6-30b 等效，当放大器增益足够大时，接上反馈电容 C，等效于在输入端接上一个大电容 C'，可以证明 $C' = C(1+A)$。这样既可得到扫描周期较长的锯齿波电压，又因为等效电容 C' 电容量很大，实际只利用充电电压变化曲线（相当于指数曲线）的直线段，使锯齿电压有较好的线性，这也是密勒积分电路广泛用于锯齿波发生器的原因。

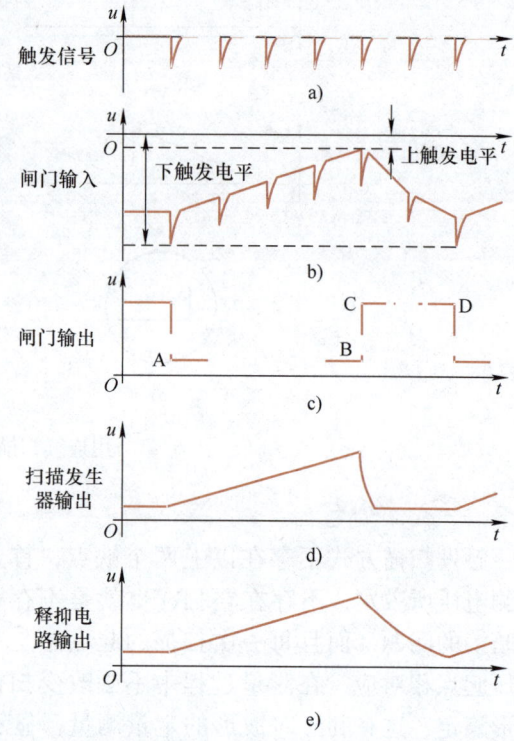

图 6-29　扫描发生器的各部分波形

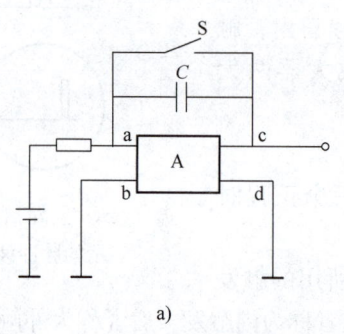
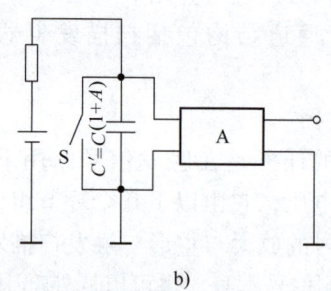

图 6-30　密勒积分电路原理图

（4）释抑电路　从图 6-26 中可以看到，释抑电路接在密勒积分电路与时基闸门之间，它将密勒积分电路输出的锯齿波电压反馈给时基闸门，因此，当锯齿波电压上升到一定幅值时，可使闸门翻转，恢复到关闭状态，准备接收下一次的触发信号。

但闸门翻转之后，利用释抑电容，使得时基闸门输入电压不会很快下降，也就是抑制时基闸门不让过早触发，把时基闸门抑制在关闭状态以等待锯齿波电压下降到零位，即等待扫描回程结束。当扫描回程未结束之前，不得解除或释放这种抑制，防止闸门过早被触发。

我们知道，在扫描回程中，时基电容放电的速度固然相当快，但从回程一开始，时基闸门就有可能接收新的触发信号，使闸门翻转，因此也就可能在时基电容放电尚未结束之时，又要开始新的一轮充电。我们要求时基电容每一次充电开始的时候，端电压应为零，也就是让荧光屏上的光点每一次都要从零位开始扫描，如果现在时基电容于放电结束之前，又开始新的充电，这在荧光屏上就相当于扫描光点没有返回到零点，又要进行新的扫描，这种现象称为**起点不稳定**。

克服起点不稳定的办法是在密勒积分电路反馈到时基闸门的电路中，加上释抑电容，利用释抑电容 C 容量大、放电慢的特点，使图 6-31 中的输出电压保持一段时间，并加到闸门输入端，禁止闸门接收新的触发信号，其波形对应关系可参看图 6-29。

2. X 放大器

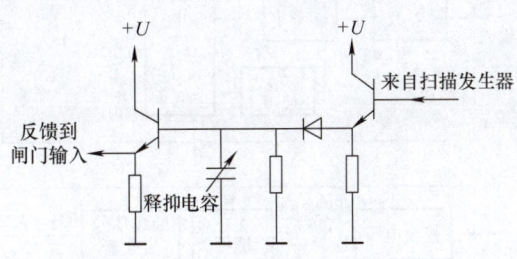

图 6-31　释抑电路原理图

X 放大器主要用于放大扫描发生器输出的锯齿波，由于锯齿周期大约为被测周期的 10 倍；所以 X 放大器的频带宽度大约为 Y 放大器的 1/10，而且频率下限不一定要扩展到直流，可以采用交流放大器电路。

考虑到 X 偏转板需要 200~300V 的锯齿电压，扫描发生器输出锯齿波幅度为几伏，所以 X 放大器的增益为几百倍。

当然，有时示波器并不用于测量随时间变化的波形，例如用于测量李沙育图形，这时锯齿波发生器停止工作，外接信号直接加到 X 放大器，使用时应考虑到 X 放大器的频带宽度与增益是否足够。

第六节　通用示波器实例

上面介绍了示波器的电源、Y 通道、X 通道的一般结构和原理，但每一种具体的示波器其电路形式还是有一些差别。在使用之前，最好能对其性能和电路做一些了解，以便充分掌握它的特点，调节其工作状态，以做到正确使用。下面以 BS-601 型双踪示波器为例，对其线路特点做一些简要分析。

BS-601 型双踪示波器是 AARON 公司生产的通用示波器。由于采用晶体管和集成电路的混合结构，所以整机比较紧凑，性能也比较稳定。Y 通道的频率范围为 0~20MHz，灵敏度为 0.2cm/mV，输入阻抗大于 1MΩ。时基采用触发扫描方式，扫速范围 0.2~0.5μs/div，并可通过 ×5 开关扩展 5 倍。机内附有 1kHz、峰-峰值为 0.5V 的矩形波校准信号，供调试使用。

整机由三个部分组成，图 6-32 是它的框图，图 6-33 是它的外形图，下面对各部分原理与特性做简要介绍。

一、Y 通道

1. 衰减器与前置放大

Y 通道衰减器由两级衰减电路构成，第一级衰减器有四组 RC 分压电路，其分压比分别为 1:1、1:10、1:100、1:1000；第二级衰减器由 IC10 内的差动放大器外接射极电阻进行调节，其衰减比（相当于 RC 分压电路的分压比）为 1:1、1:2 和 1:4。两级衰减器组合成 12

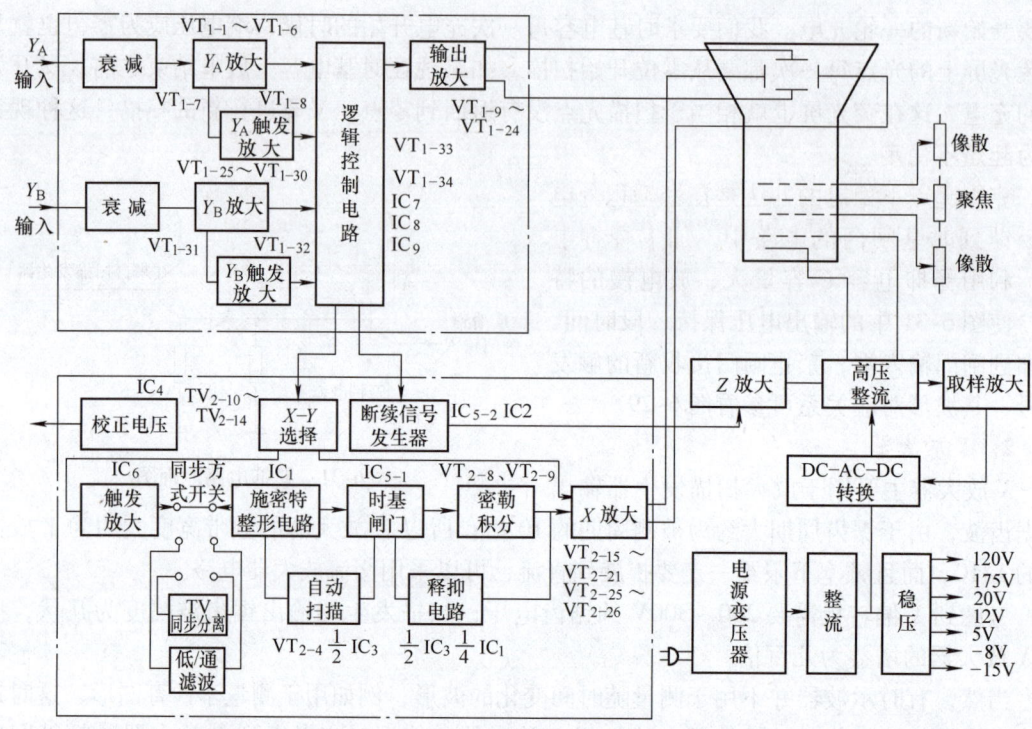

图 6-32 BS-601 型双踪示波器的框图

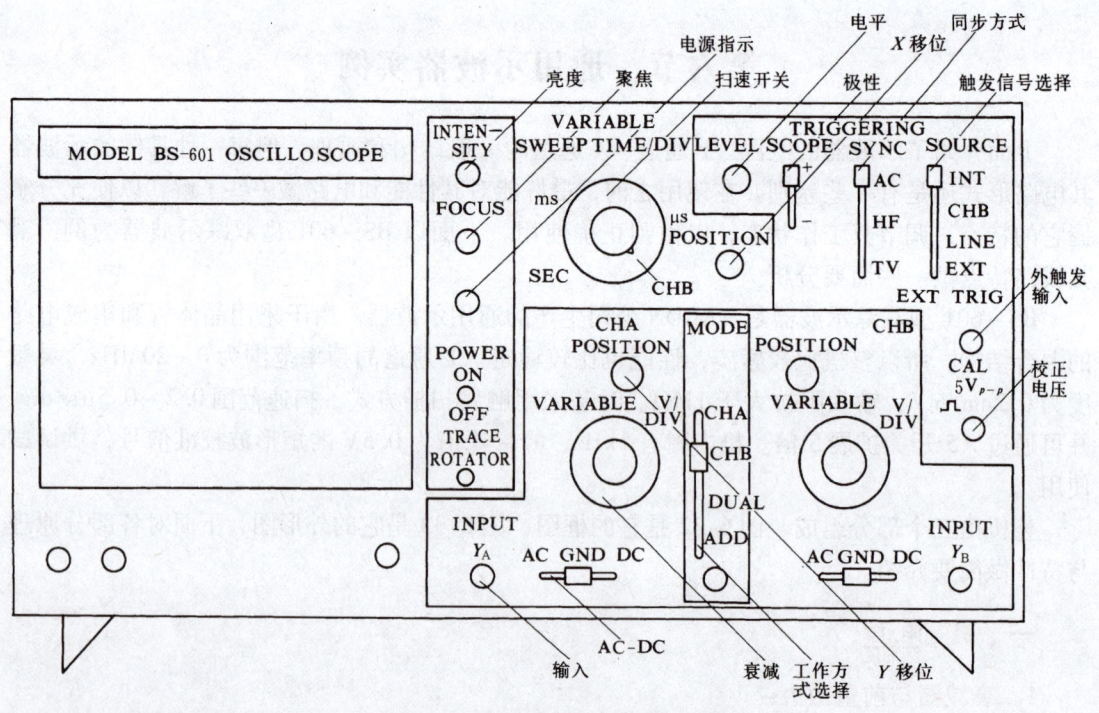

图 6-33 BS-601 型双踪示波器外形图

档的衰减电路,最小的衰减量为 1:1,最大的衰减量为 1:4000,如果衰减量最小时的整机灵敏度为 0.2cm/mV，则衰减量最大时的灵敏度为 0.05cm/V，即相差 4000 倍，衰减电路的结构如图 6-34a 所示，第一级衰减电阻为 $R_{1-1} \sim R_{1-7}$，第二级衰减电阻为 $R_{1-21} \sim R_{1-27}$。

前置放大级包括 VT_{1-2a}、VT_{1-2b}、VT_{1-3}、VT_{1-4}、VT_{1-5}、VT_{1-6} 和 IC10。为了提高 Y 通道的输入阻抗，前置放大的第一级 VT_{1-2a}、VT_{1-2b} 采用场效应晶体管，并在其栅极并联另一个场效应晶体管 VT_{1-1} 作为过电压保护。为了防止直接耦合的直流放大器所产生的漂移造成 Y 轴偏移，也就是保证整个 Y 通道在零输入时能保证零输出，电路装有 RP_{1-1}、RP_{1-3}、RP_{1-4} 调节直流平衡。

在前置放大的 VT_{1-5}、VT_{1-6} 之后，Y 信号实际上分为两路：一路经电子开关进入混合级、输出级控制 Y 向偏转；另一路则经 VT_{1-7}、VT_{1-8} 进入 X 通道，以便在内触发时作为触发信号，或在 $X-Y$ 工作方式时，选择 Y_B 信号作为 X 向信号，这时 Y_B 进入 X 通道。

2. 混合放大和输出级

图 6-35 是 BS-601 型示波器 Y 通道的混合放大级和输出级的电路图。输入信号来自前置放大，输出信号通向 Y 偏转板。对 Y_A、Y_B 两个输入信号，需要有两套独立的衰减器和前置放大，一套供 Y_A 使用，一套供 Y_B 使用。

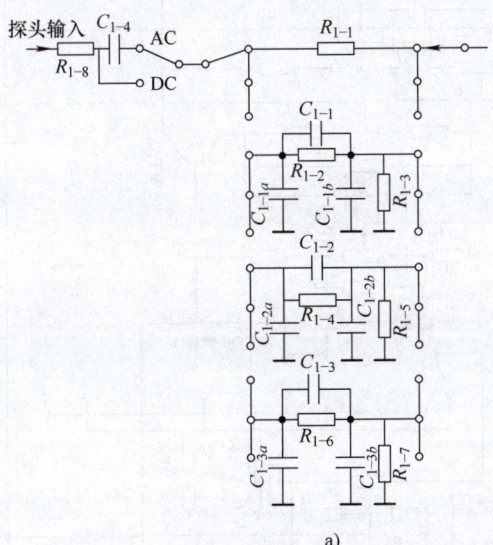

a)

图 6-34 BS-601 型示波器的衰减器和前置放大（Y_A、Y_B 各一套，电路相同）

a) 衰减器

$R_{1-1} = 22\Omega$ $R_{1-2} = 900\text{k}\Omega$ $R_{1-3} = 111\text{k}\Omega$ $R_{1-4} = 990\text{k}\Omega$ $R_{1-5} = 10.1\text{k}\Omega$ $R_{1-6} = 999\text{k}\Omega$ $R_{1-7} = 1\text{k}\Omega$ $R_{1-8} = 22\text{k}\Omega$
$R_{1-9} = 100\text{k}\Omega$ R_{1-10}、$R_{1-11} = 47\text{k}\Omega$ R_{1-12}、$R_{1-13} = 6.8\text{k}\Omega$ $R_{1-14} = 1\text{k}\Omega$ $R_{1-15} = 10\text{k}\Omega$ $R_{1-16} = 11\text{k}\Omega$ R_{1-17}、R_{1-18}
R_{1-19}、$R_{1-20} = 47\Omega$ R_{1-21}、$R_{1-22} = 8.2\text{k}\Omega$ $R_{1-23} = 1\text{k}\Omega$ $R_{1-24} = 820\text{k}\Omega$ $R_{1-25} = 10\Omega$ $R_{1-26} = 220\Omega$ $R_{1-27} = 15\Omega$
$R_{1-28} = 270\text{k}\Omega$ R_{1-29}、R_{1-30}、$R_{1-31} = 470\Omega$ $R_{1-32} = 1.5\text{k}\Omega$ R_{1-33}、$R_{1-34} = 47\Omega$ $R_{1-35} = 330\Omega$ $R_{1-36} = 12\text{k}\Omega$
$R_{1-37} = 12\text{k}\Omega$ $R_{1-38} = 3.9\text{k}\Omega$ R_{1-39}、$R_{1-40} = 680\Omega$ R_{1-41}、$R_{1-43} = 47\Omega$ $R_{1-42} = 3.9\text{k}\Omega$ R_{1-44}、$R_{1-45} = 3\text{k}\Omega$
$R_{1-46} = 82\Omega$ R_{1-47}、$R_{1-50} = 22\Omega$ R_{1-48}、$R_{1-49} = 47\Omega$ $R_{1-51} = 120\Omega$ R_{1-52}、$R_{1-53} = 33\text{k}\Omega$ $R_{1-184} = 3.3\text{k}\Omega$
$R_{1-185} = 1\text{k}\Omega$ $C_{1-1} = 4\text{pF}$ $C_{1-1a} = 10\text{pF}$ $C_{1-1b} = 33\text{pF}$ $C_{1-2} = 4\text{pF}$ $C_{1-2a} = 10\text{pF}$ $C_{1-2b} = 220\text{pF}$ $C_{1-3} = 2\text{pF}$
$C_{1-3a} = 10\text{pF}$ $C_{1-3b} = 1500\text{pF}$ $C_{1-4} = 0.022\text{F}$ $C_{1-5} = 0.01\mu\text{F}$ $C_{1-6} = 0.1\mu\text{F}$ $C_{1-7} = 4.7\mu\text{F}$ $C_{1-8} = 5\mu\text{F}$ $C_{1-9} = 22\mu\text{F}$
$C_{1-10} = 22\mu\text{F}$ $C_{1-11} = 20\text{pF}$ $C_{1-13} = 220\text{pF}$ $C_{1-59} = 4.7\mu\text{F}$ $C_{1-61} = 56\text{pF}$ $C_{1-65} = 100\text{pF}$ $C_{1-66} = 18\text{pF}$ $RR_{1-1}:1\text{k}\Omega$
$RP_{1-2}:5\text{k}\Omega$ $RP_{1-3}:100\Omega$ $RP_{1-4}:680\Omega$ $RP_{1-5}:120\Omega$ $RP_{1-6}:1\text{k}\Omega$ $L_{1-4} = 47\mu\text{H}$ $L_{1-7} = 470\mu\text{H}$

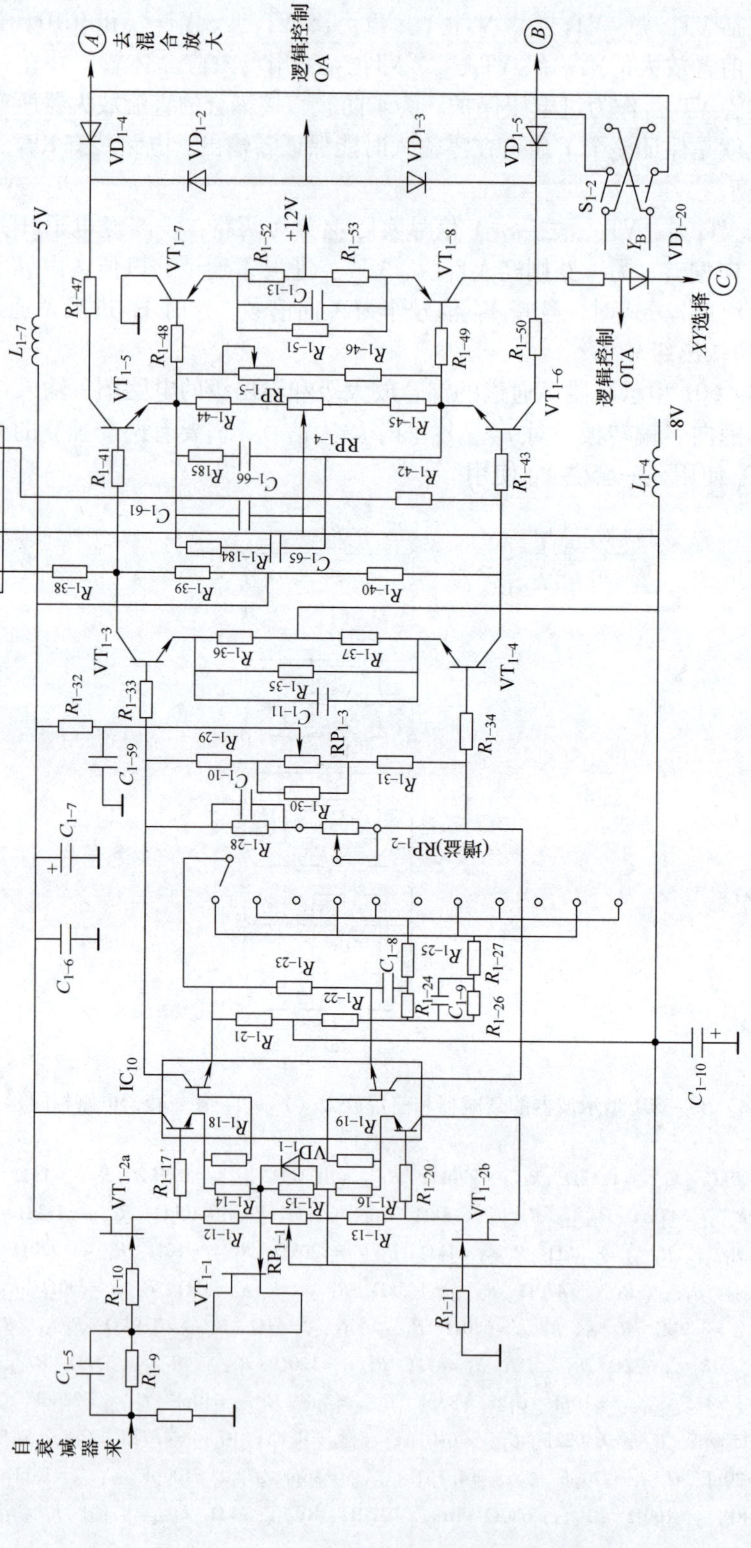

图 6-34 BS-601 型示波器的衰减器和前置放大（Y_A、Y_B 各一套，电路相同）（续）
b) 前置放大

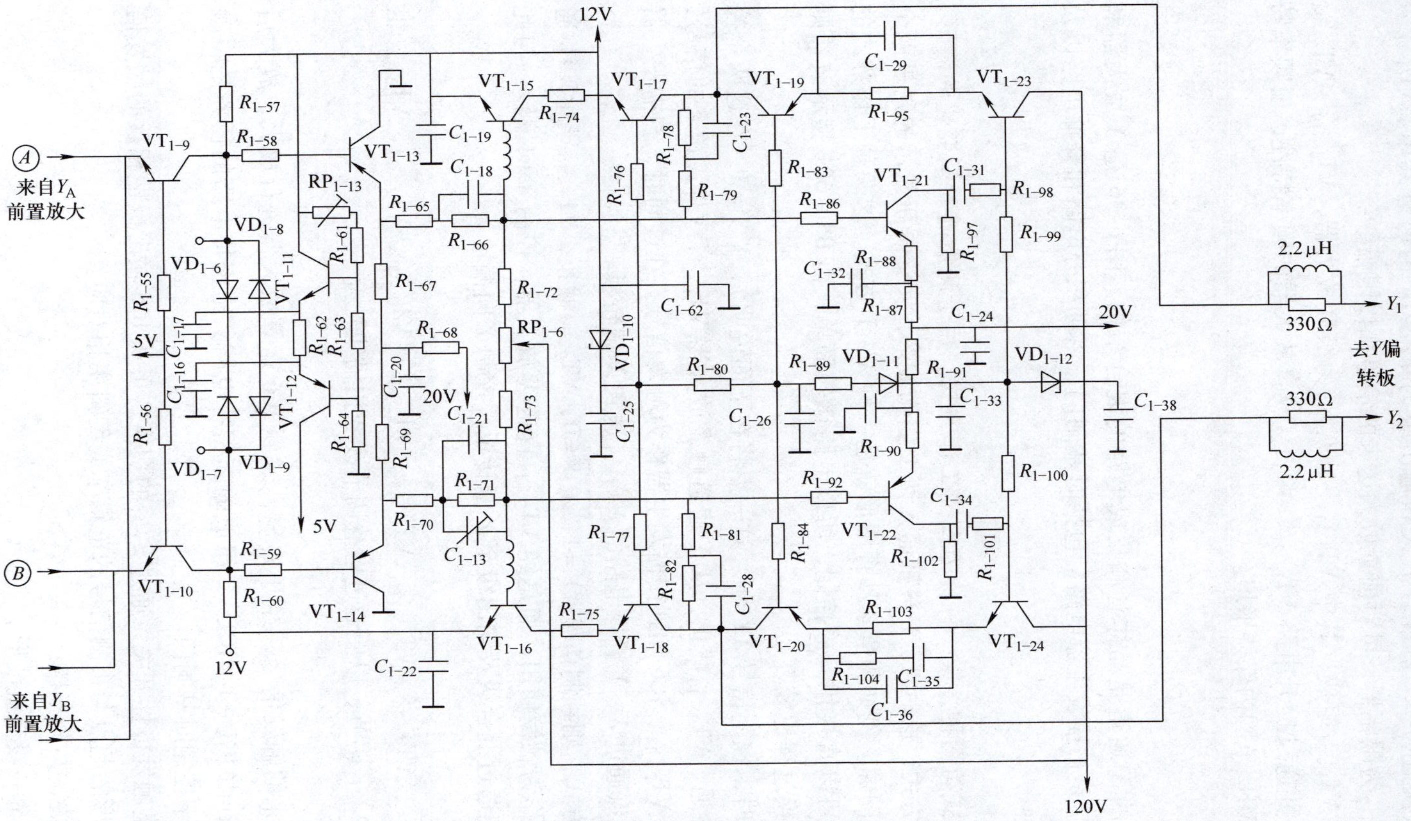

图 6-35 BS-601 型示波器的 Y 通道混合放大级和输出级

R_{1-55}、$R_{1-56}=47\Omega$ $R_{1-57}=1k\Omega$ R_{1-58}、$R_{1-59}=47\Omega$ $R_{1-60}=1k\Omega$ $R_{1-61}=270\Omega$ $R_{1-62}=1k\Omega$ $R_{1-63}=3.3k\Omega$ $R_{1-64}=4.7k\Omega$ R_{1-65}、$R_{1-70}=22\Omega$ R_{1-66}、$R_{1-71}=4.7k\Omega$ R_{1-67}、$R_{1-69}=2.2k\Omega$ $R_{1-68}=47\Omega$ R_{1-72}、$R_{1-73}=470k\Omega$ $R_{1-74}=33\Omega$ $R_{1-75}=22\Omega$ R_{1-76}、$R_{1-79}=22\Omega$ $R_{1-78}=100k\Omega$ $R_{1-80}=4.3k\Omega$ $R_{1-81}=22\Omega$ $R_{1-82}=100k\Omega$ R_{1-83}、$R_{1-84}=22\Omega$ R_{1-86}、$R_{1-92}=22\Omega$ $R_{1-87}=1.5k\Omega$ $R_{1-88}=47\Omega$ $R_{1-89}=1k\Omega$ $R_{1-90}=47\Omega$ $R_{1-91}=1.5k\Omega$ R_{1-95}、$R_{1-103}=100\Omega$ R_{1-97}、$R_{1-102}=680\Omega$ R_{1-98}、$R_{1-101}=22\Omega$ R_{1-99}、$R_{1-100}=4.7k\Omega$ $R_{1-104}=220\Omega$ $C_{1-13}=10pF$ C_{1-16}、$C_{1-17}=1\mu F$ $C_{1-18}=22pF$ $C_{1-19}=4.7\mu F$ $C_{1-20}=1\mu F$ $C_{1-21}=15pF$ $C_{1-22}=4.7\mu F$ $C_{1-23}=1pF$ $C_{1-25}=1\mu F$ $C_{1-26}=0.01\mu F$ $C_{1-28}=1pF$ $C_{1-29}=100pF$ $C_{1-31}=0.01\mu F$ $C_{1-32}=0.01\mu F$ $C_{1-33}=0.01\mu F$ $C_{1-34}=0.01\mu F$ $C_{1-35}=20pF$ $C_{1-36}=56pF$ $C_{1-38}=0.01\mu F$ $C_{1-62}=0.1\mu F$ RP_{1-6}：470kΩ RP_{1-13}：1kΩ

Y_A、Y_B 信号经前置放大器放大之后，通过电子开关的门管进入混合放大级，电子开关的门管由 VD_{1-2}、VD_{1-3}、VD_{1-4}、VD_{1-5} 组成（见图 6-34），VT_{1-9}、VT_{1-10}、VT_{1-13}、VT_{1-14} 作为混合放大（见图 6-35）。混合放大和输出级为 Y_A、Y_B 两通道共用。$VD_{1-6} \sim VD_{1-9}$ 和 VT_{1-11}、VT_{1-12} 为限幅器，可对前置放大送来的信号加以限幅。

输出级由 $VT_{1-15} \sim VT_{1-24}$ 组成，其中 $VT_{1-15} \sim VT_{1-18}$ 为级联放大器，$VT_{1-19} \sim VT_{1-24}$ 作为放大管的恒流源，并通过提升电路 VT_{1-21}、VT_{1-22} 改善放大器的频率特性，使频率特性曲线的顶部在 0～20MHz 范围内保持平坦。

二、X 通道

BS-601 型示波器的 X 通道是晶体管和集成电路的混合结构。图 6-36 是 X 放大器和 $X-Y$ 选择电路。图 6-37 是扫描发生器电路，包括时基闸门、密勒积分电路和释抑电路以及触发信号的放大与整形。

1. $X-Y$ 选择电路

示波器常用工作方式有两种，第一种称为扫描工作方式，用于测量随时间变化的波形；第二种称为 $X-Y$ 工作方式，这时 X、Y 分别通入两个变化波形，荧光屏所显示的则是两个波形的对应函数关系的图像。例如测量李沙育图形就是一种 $X-Y$ 方式。这两种工作方式的转换，在一般示波器中可以直接用开关控制，所以电路比较简单，而 BS-601 型示波器则利用逻辑控制电路，切换过程比较复杂。

当工作于扫描方式时，控制信号 $XY=0$（这一点将在下面说明），$\overline{X}\ \overline{Y}=1$，在这两个控制信号作用下 VT_{2-13} 导通、VT_{2-10} 截止，从 Y 通道触发放大器 VT_{1-7}、VT_{1-8} 送来的信号，通过 C 点，经 VT_{2-13}、VT_{2-14}、IC6 加到扫描发生器作为触发信号。在这同时，扫描发生器送来的锯齿波，将从 G 点通过 $X-Y$ 选择电路的 VT_{2-11} 送到 X 偏转板。

如果工作于 $X-Y$ 方式，则控制信号 $XY=1$，$\overline{X}\ \overline{Y}=0$，$VT_{2-13}$ 截止，VT_{2-10} 导通，Y_B 通道送来的触发信号不再作为触发使用，而是经 VT_{2-12} 直送 X 放大器，控制 X 向偏转。与此同时，Y_A 通道的信号则通过混合级及输出级至 Y 偏转板，控制 Y 向偏转。

2. X 放大器

X 放大器由 VT_{2-15}、VT_{2-16}、VT_{2-17}、VT_{2-18}、VT_{2-19}、VT_{2-20}、VT_{2-25}、VT_{2-26} 组成，X 放大增益可由 RP_{2-12} 调节，以便通过增益调节改变扫描线长度。

3. 触发放大整形

从 Y 通道或从外部来的触发信号，经开关 S_{2-3} 送到 IC6 运算放大器进行放大，放大后的触发信号经 VT_{2-3} 送到由 IC1-1、IC1-2 组成的施密特电路。施密特电路的任务是将触发信号整形，其输出用于控制时基闸门。

图 6-37 中的 S_{2-1} 是触发极性开关，通过 S_{2-1} 的切换，可从 IC6 输出极性相反的触发信号，以控制显示出的波形的起点与被测信号的正斜率或负斜率相对应。

S_{2-2} 为同步方式开关，共分三档：

1）AC 档：用于测量一般交流波形。

2）HF 档：当 S_{2-2} 位于 HF 档时，触发信号将通过由 C_{2-6} 和 R_{2-15} 组成的滤波器，以便抑制被测信号中的高频成分。当被测信号中含有高频干扰成分时，使用 HF 档。

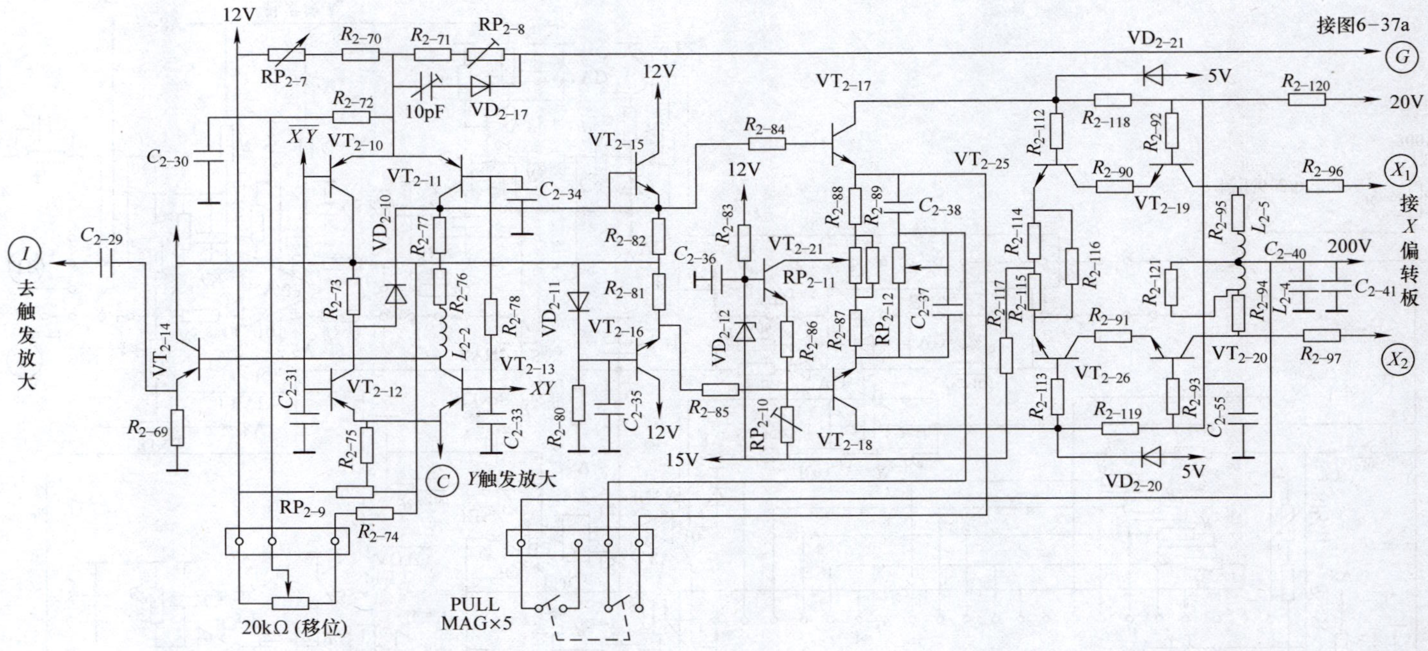

第六章 波形的测量

图 6-36 BS-601 型示波器的 X 放大器和 X-Y 选择电路

$R_{2-69} = 10\text{k}\Omega$　$R_{2-70} = 18\text{k}\Omega$　$R_{2-71}、R_{2-72} = 27\text{k}\Omega$　$R_{2-73} = 18\text{k}\Omega$　$R_{2-74} = 100\Omega$　$R_{2-75} = 4.7\Omega$　$R_{2-76} = 820\Omega$　$R_{2-77} = 8.2\text{k}\Omega$　$R_{2-78} = 22\text{k}\Omega$　$R_{2-80} = 1\text{k}\Omega$
$R_{2-81}、R_{2-82} = 4.7\text{k}\Omega$　$R_{2-83} = 8.2\text{k}\Omega$　$R_{2-84}、R_{2-85} = 22\Omega$　$R_{2-86} = 470\Omega$　$R_{2-87}、R_{2-88} = 560\Omega$　$R_{2-89} = 120\Omega$　$R_{2-90}、R_{2-91} = 22\Omega$　$R_{2-92}、R_{2-93} = 22\text{k}\Omega$
$R_{2-94}、R_{2-95} = 6.8\text{k}\Omega$　$R_{2-96}、R_{2-97} = 100\Omega$　$R_{2-112}、R_{2-113} = 22\Omega$　$R_{2-114}、R_{2-115} = 1\text{k}\Omega$　$R_{2-116} = 33\text{k}\Omega$　$R_{2-117} = 750\Omega$　$R_{2-118}、R_{2-119} = 3.9\text{k}\Omega$　$R_{2-120} = 47\text{k}\Omega$
$R_{2-120} = 47\Omega$　$C_{2-29} = 1\mu\text{F}$　$C_{2-30} = 0.1\mu\text{F}$　$C_{2-31} = 0.1\mu\text{F}$　$C_{2-33} = 0.1\mu\text{F}$　$C_{2-34} = 1\mu\text{F}$　$C_{2-35} = 0.01\mu\text{F}$　$C_{2-36} = 1000\text{pF}$　$L_{2-4}、L_{2-5} = 820\mu\text{H}$
$RP_{2-7}：47\text{k}\Omega$　$RP_{2-8}：4.7\text{k}\Omega$　$RP_{2-9}：22\text{k}\Omega$　$RP_{2-10}：1\text{k}\Omega$　$RP_{2-11}：220\Omega$　$L_{2-2} = 2.2\mu\text{H}$

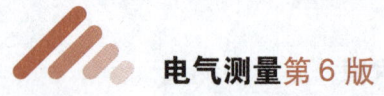

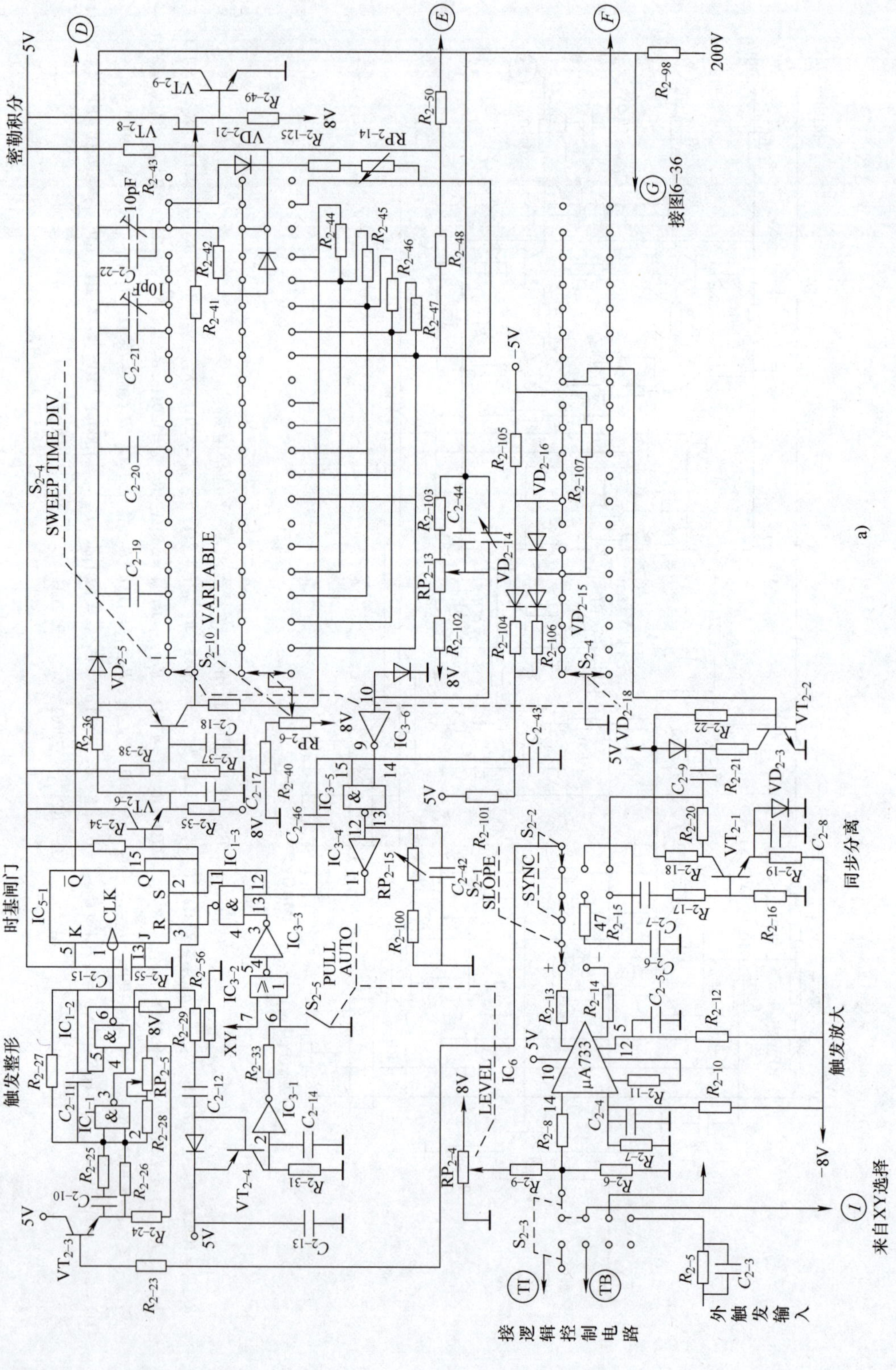
触发整形
时基闸门
密勒积分
SWEEP TIME DIV
VARIABLE
SLOPE
SYNC
LEVEL
PULL
AUTO
μA733
接逻辑控制电路
外触发输入
来自XY选择
触发放大
同步分离
接图6-36
200V
5V
8V
-8V
-5V

a)

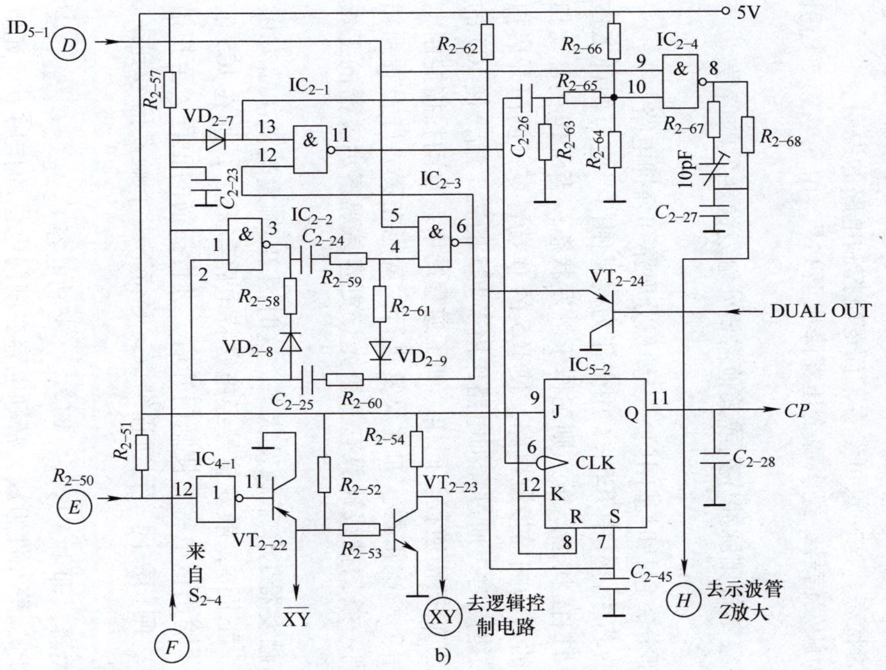

第六章 波形的测量

图 6-37 BS-601 型示波器的扫描电路
a) 扫描发生器 b) 控制信号发生器

$R_{2-5} = 100\text{k}\Omega$ $R_{2-6} = 22\text{k}\Omega$ $R_{2-7} = 33\text{k}\Omega$ $R_{2-8} = 100\text{k}\Omega$ $R_{2-9} = 68\text{k}\Omega$ $R_{2-10} = 12\text{k}\Omega$ $R_{2-11} = 22\text{k}\Omega$ $R_{2-12} = 560\Omega$ $R_{2-13} = 150\Omega$ $R_{2-14} = 150\Omega$ $R_{2-15} = 47\Omega$ $R_{2-16} = 100\text{k}\Omega$

$R_{2-17} = 100\Omega$ $R_{2-18} = 10\text{k}\Omega$ $R_{2-19} = 33\text{k}\Omega$ $R_{2-20} = 47\text{k}\Omega$ $R_{2-21} = 10\text{k}\Omega$ $R_{2-22} = 100\text{k}\Omega$ $R_{2-23} = 100\Omega$ $R_{2-24} = 47\text{k}\Omega$ $R_{2-25} = 1\text{k}\Omega$ $R_{2-26} = 4.7\text{k}\Omega$ $R_{2-27} = 56\text{k}\Omega$ $R_{2-28} = 12\text{k}\Omega$

$R_{2-29} = 1\text{k}\Omega$ $R_{2-31} = 100\text{k}\Omega$ $R_{2-33} = 10\text{k}\Omega$ $R_{2-34} = 4.7\text{k}\Omega$ $R_{2-35} = 10\text{k}\Omega$ $R_{2-36} = 2.2\text{k}\Omega$ $R_{2-37} = 3.3\text{k}\Omega$ $R_{2-38} = 6.8\text{k}\Omega$ $R_{2-39} = 100\text{k}\Omega$ $R_{2-40} = 5.6\text{k}\Omega$ $R_{2-41} = 100\Omega$ $R_{2-42} = 100\text{k}\Omega$

$R_{2-43} = 100\text{k}\Omega$ $R_{2-44} = 100\text{k}\Omega$ $R_{2-45} = 300\text{k}\Omega$ $R_{2-46} = 500\text{k}\Omega$ $R_{2-47} = 1\text{M}\Omega$ $R_{2-48} = 3\text{M}\Omega$ $R_{2-49} = 22\text{k}\Omega$ $R_{2-50} = 100\text{k}\Omega$ $R_{2-51} = 220\text{k}\Omega$ $R_{2-52} = 10\text{k}\Omega$ $R_{2-53} = 100\text{k}\Omega$ $R_{2-54} = 10\text{k}\Omega$

$R_{2-57} = 100\text{k}\Omega$ $R_{2-58} = 1.5\text{k}\Omega$ $R_{2-59} = 100\Omega$ $R_{2-60} = 100\Omega$ $R_{2-61} = 1.5\text{k}\Omega$ $R_{2-62} = 10\text{k}\Omega$ $R_{2-63} = 4.7\text{k}\Omega$ $R_{2-64} = 3.9\text{k}\Omega$ $R_{2-65} = 1.8\text{k}\Omega$ $R_{2-66} = 15\text{k}\Omega$ $R_{2-67} = 22\text{k}\Omega$ $R_{2-68} = 8.2\text{k}\Omega$

$R_{2-98} = 100\text{k}\Omega$ $R_{2-100} = 33\text{k}\Omega$ $R_{2-101} = 2.2\text{M}\Omega$ $R_{2-102} = 75\text{k}\Omega$ $R_{2-103} = 68\text{k}\Omega$ $R_{2-104} = 6.8\text{k}\Omega$ $R_{2-105} = 1\text{k}\Omega$ $R_{2-106} = 100\text{k}\Omega$ $R_{2-107} = 1\text{k}\Omega$ $R_{2-125} = 1\mu\text{F}$

$C_{2-5} = 0.1\mu\text{F}$ $C_{2-6} = 0.1\mu\text{F}$ $C_{2-7} = 1\mu\text{F}$ $C_{2-8} = 47\mu\text{F}$ $C_{2-9} = 2200\text{pF}$ $C_{2-10} = 220\text{pF}$ $C_{2-11} = 110\text{pF}$ $C_{2-12} = 0.1\mu\text{F}$ $C_{2-13} = 0.1\mu\text{F}$ $C_{2-14} = 1\mu\text{F}$ $C_{2-15} = 0.1\mu\text{F}$ $C_{2-17} = 47\text{pF}$

$C_{2-18} = 0.01\mu\text{F}$ $C_{2-19} = 0./47\mu\text{F}$ $C_{2-20} = 0.0047\mu\text{F}$ $C_{2-21} = 39\text{pF}$ $C_{2-22} = 15\text{pF}$ $C_{2-23} = 0.1\mu\text{F}$ $C_{2-24} = 560\text{pF}$ $C_{2-25} = 560\text{pF}$ $C_{2-26} = 220\text{pF}$ $C_{2-27} = 47\text{pF}$ $C_{2-28} = 150\text{pF}$

$C_{2-42} = 220\text{pF}$ $C_{2-43} = 150\text{pF}$ $C_{2-44} = 12\text{pF}$ $C_{2-45} = 0.1\mu\text{F}$ $\text{RP}_{2-4} = 20\text{k}\Omega$ $\text{RP}_{2-5} = 47\text{k}\Omega$ $\text{RP}_{2-6} = 10\text{k}\Omega$ $\text{RP}_{2-13} = 100\text{k}\Omega$ $\text{RP}_{2-14} = 100\text{k}\Omega$ RP_{2-15}: 4.7kΩ

3）TV 档：测试电视信号时专用。当 S_{2-2} 位于 TV 档时，触发信号（全电视信号）将通过由 VT_{2-1}、VT_{2-2} 组成的同步分离电路，并从中分离出行同步和场同步脉冲作为触发信号，用来观测行波形和场波形。

S_{2-3} 为触发信号选择开关，也称为触发源开关，共分四档：

1）INT 档：表示内触发，即以被测信号作为触发信号。由于被测信号有两个通道，即 Y_A 与 Y_B，所以采用哪个通道做触发源，还要看工作方式开关 S_{1-1} 的位置。如果工作方式开关置于双踪方式，这时采用 Y_A、Y_B 信号相加后作为触发源。

2）CHB 档：选用 Y_B 作为触发信号，但工作方式开关仍处于优先级，也就是说当工作方式开关置于 CHA 单踪时，触发信号肯定来自 Y_A 通道，这时 S_{2-3} 不论放在哪个档位，总是以工作方式开关为准而不顾 S_{2-3} 的状态，这一点可参看下面逻辑控制电路的说明。

3）LINE 档：选用电网电压作为触发信号，经电源变压器降压至 14V，由 S_{2-3} 第三档引入，用于观察 50Hz 信号。

4）EXT 档：外触发档，用于观察不规则脉冲序列或其他需要外触发源触发的信号。

4. 锯齿波发生器

锯齿波发生器是 X 通道的核心部分，包括时基闸门、密勒积分电路和释抑电路。

IC5 是一块具有两组 JK 触发器的芯片，其中 IC5 – 1 用来作为时基闸门，它有两种工作方式，当 S_{2-5} 开关拉出时工作于自动扫描状态，压入则工作于触发状态；当工作在自动扫描状态时，利用 VT_{2-4} 和 IC_{3-1} 组成的自动扫描控制电路，使 IC5 的 Q 端置零，闸门开启扫描正程开始，到锯齿电压上升到扫描终点时，通过释抑电路作用于 IC5 的置 1 端，使 IC5 的 Q 端置 1，输出高电平，闸门关闭，开始扫描逆程。同样，到了逆程结束，自动扫描控制电路将再次将 IC5 的 Q 端置零，又开始下一次正程。如此反复进行，就能在荧光屏上看到扫描线，特别是在无信号输入时，看到一条扫描线比只有一个光点更容易观察示波器的工作状况。

有信号时可将 S_{2-5} 压入，使 JK 触发器工作于触发状态，这时因 JK 触发器的 J 端为 0，K 端为 1（0 指低电位，1 指高电位，下同），触发信号经施密特电路整形后，加在 IC5 的 CP 端，只有触发信号到来时，Q 端才输出低电平，使闸门开启，进行扫描的正程。至扫描终点，仍然通过释抑电路将 IC5 置 1，闸门关闭，到逆程结束，等待下一个触发信号到来。这就是闸门电路两种工作状态的情况。

密勒积分电路由一个高增益放大器，即由 VT_{2-8}、VT_{2-9}、密勒电容 $C_{2-19} \sim C_{2-22}$、密勒电容充放电电阻 $R_{2-44} \sim R_{2-47}$、RP_{2-6} 等元件组成，密勒电容在闸门电位的作用下，充电代表正程，放电代表逆程。在触发状态下工作时，一次扫描时间应包括正程、逆程和休止期（见图 6-25）。

释抑电路由 IC3 – 4、IC3 – 5、IC3 – 6 以及 R_{2-103}、RP_{2-13} 等元件组成，释抑作用主要由 C_{2-42} 放电快慢来决定，当 C_{2-42} 放电未结束前，能将闸门电路 IC5 抑制住，不使其过早翻转，以保证扫描起点的一致。

三、工作方式逻辑控制电路

一般示波器不同工作方式的控制，多利用转换开关直接作用于电子开关和触发电路达到控制的目的。而 BS – 601 型则利用逻辑控制电路，所以属于无触点控制方式。当然面板上仍然有一个工作方式开关 S_{1-1}（见图 6-38），但内部控制则完全由逻辑电路完成。

逻辑控制电路是一个 4 输入端和 5 输出端的组合逻辑电路，逻辑图如图 6-38 所示，有关输入端和输出端的定义如下。

1. 输入端

（1）XY 端　接 X 通道 VT_{2-23} 的集电极，只要扫描速度开关不是放在最后一档，总是 XY = 0，放在最后一档则 XY = 1。

（2）TI 端（TRIG INT）　当触发信号选择开关 S_{2-3} 置于 INT 档时，TI = 0，其余各档皆为 1。

（3）TB 端（TBIG CHB）　当触发信号选择开关 S_{2-3} 置于 CHB 档时，TB = 0，其余各档皆为 1。

（4）CP 端　由图 6-37b 的 IC5-2 的 Q 端决定，选单踪工作方式时，由于逻辑控制电路 DO 端输出为 0，通过 VT_{2-24} 使 IC5-2 的 Q 端为 1，故 CP = 1。选双踪工作时，DO 输出为 1，IC_{5-2} 触发器因 J = 1、K = 1，故 Q 端状态与扫描速度开关位置有关。CP 值要看扫描速度开关的位置状态（见下面双踪工作方式说明）。

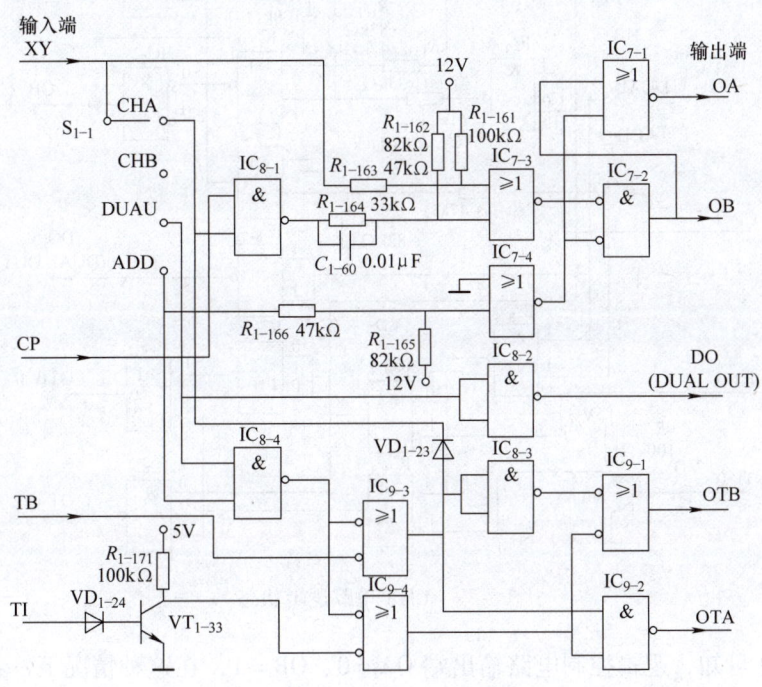

图 6-38　逻辑控制电路

2. 输出端

（1）OA 端　OA 输出低电位，Y_A 门管 VD_{1-2}、VD_{1-3} 截止，允许 Y_A 通道信号进入混合放大器，故又称为开 A 信号。

（2）OB 端　OB 输出低电位，Y_B 门管 VD_{1-16}、VD_{1-17} 截止，允许 Y_B 通道信号进入混合放大器，故又称为开 B 信号。（注：OB 位于 Y_B 前置放大对应 Y_A 前置放大的 OA 位置。）

（3）OTA 端　OTA 输出高电位时，Y_A 通道触发放大器的输出，使之经开关二极管

VD_{1-20} 进入 X 通道，称为开 A 通道触发端。

(4) OTB 端　OTB 输出高电位时，Y_B 通道触发放大器的输出，使之经开关二极管 VD_{1-21} 进入 X 通道（注：对应 Y_A 放大的 OTA 位置），称为开 B 通道触发端。

(5) DO 端　DO 端在单踪工作方式时，输出为 0；双踪工作方式时，输出为 1。

3. 单踪工作方式时的输出端状态

单踪迹工作方式，首先将 S_{1-1} 开关置于单踪工作状态，即置于 CHA 或 CHB。扫描速度开关根据被测信号频率置于相应的扫描速度档位，下面先以 CHA 为例，说明当工作方式为 CHA 时各输入端状态。

只要扫描速度不在最后一档，VT_{2-22} 截止，VT_{2-23} 导通，故图 6-37b 中的 XY = 0，设触发信号选择开关 S_{2-3} 置于内触发，故 TI = 0，S_{1-1} 置 CHA，TB = 1，单踪工作则 CP = 1。

根据 4 个输入端的逻辑状态，可推出各输出端状态，如图 6-39 所示。

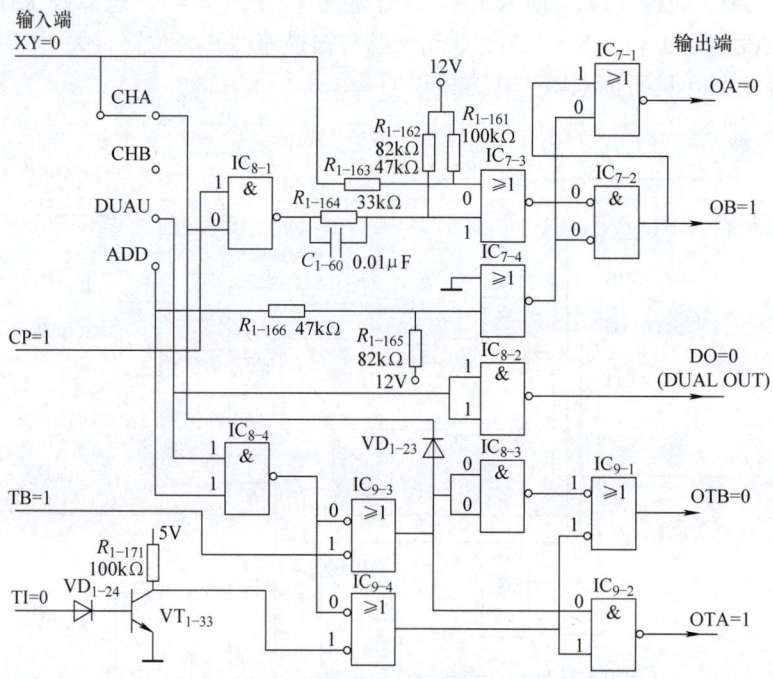

图 6-39　CHA 单踪逻辑状态

从图 6-39 可知，逻辑控制电路输出端 OA = 0、OB = 1，在这种情况下，在 Y 前置放大电路中将接通 Y_A 通道，断开 Y_B 通道。OTA = 1，OTB = 0，VD_{1-20} 导通，VD_{1-21} 截止，Y_A 通道的信号将经 VD_{1-20} 进入 X 通道，作为观察 Y_A 波形的触发信号。

如果将 S_{1-1} 置于 CHB 位置，则逻辑控制电路的输出端状态跟置于 CHA 时相反，即 OA = 1、OB = 0，接通 Y_B 通道。OTA = 0，OTB = 1，VD_{1-21} 导通，触发信号改为 Y_B 通道的信号（注：VD_{1-21} 位于 Y_B 前置放大，图 6-3 只画出 Y_A 前置放大，没有画出 Y_B 前置放大，Y_B 前置放大中的 VD_{1-21}，相当于 Y_A 前置放大的 VD_{1-20}）。

应该注意，在单踪工作状态时，工作方式开关 S_{1-1} 比触发信号选择开关 S_{2-3} 优先，也就是当工作方式选择 CHA 时，不论 S_{2-3} 处在什么位置，总是以 Y_A 通道信号作为触发源。

从图 6-38 也可以看出，开关 S_{1-1} 的位置可优先决定 OTA 和 OTB 输出端状态，而置 TI、TB 输入端状态而不顾。不论 S_{2-3} 开关如何改变 TI、TB 状态，输出端 OTA、OTB 总是先由 S_{1-1} 的位置来决定。

4. 双踪工作方式的输出端状态

双踪工作方式与单踪工作方式的主要区别是开关 S_{1-1} 置于双踪（DUAL）档，输入端 XY=0、TI=0、TB=1，CP 状态则与扫描速度开关位置有关。

若扫描速度并关 S_{2-4} 位于前 9 档（0.5s/div～1ms/div），IC_{2-2} 的第 1 脚为高电平，IC_{2-1}～IC_{2-3} 组成自激振荡器，CP 端可获得 200kHz 的方波，使 Y_A、Y_B 按 200kHz 频率断续接通，得到断续双踪显示方式。

若扫描速度开关 S_{2-4} 位于后 9 档（0.5ms/div～0.5μs/div），IC_{2-2} 的第 1 脚为低电平，自激振荡器不工作，闸门输出将作用于 IC_{5-2} 的 CLK 端，每扫描一次，IC_{5-2} 翻转一次，CP 状态变化一次，使 OA、OB 输出端每扫描一次，交换接通一次，即所谓交替双踪显示方式，第一次扫描显示 Y_A 信号，第二次则转换为 Y_B 信号，第三次又是 Y_A，反复交替进行。

双踪工作方式的输入、输出端状态如图 6-40 所示，这时触发信号为 $Y_A + Y_B$ 信号。

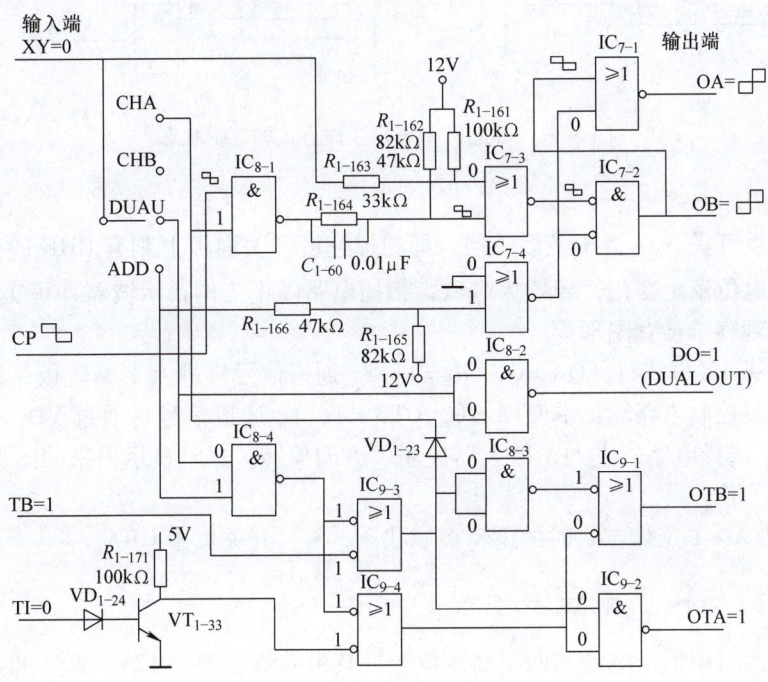

图 6-40 双踪工作方式逻辑状态

5. 叠加工作方式

叠加工作方式的输入、输出状态如图 6-41 所示。由于 OA、OB 两个输出端都是低电平，Y_A、Y_B 两通道将同时接通，两通道信号将在混合放大级中相加，显示出来的波形也就等于 Y_A、Y_B 两通道信号相加的波形。也可以改变极性开关 S_{1-2}，改变一个通道的相位，则可变相加为相减。

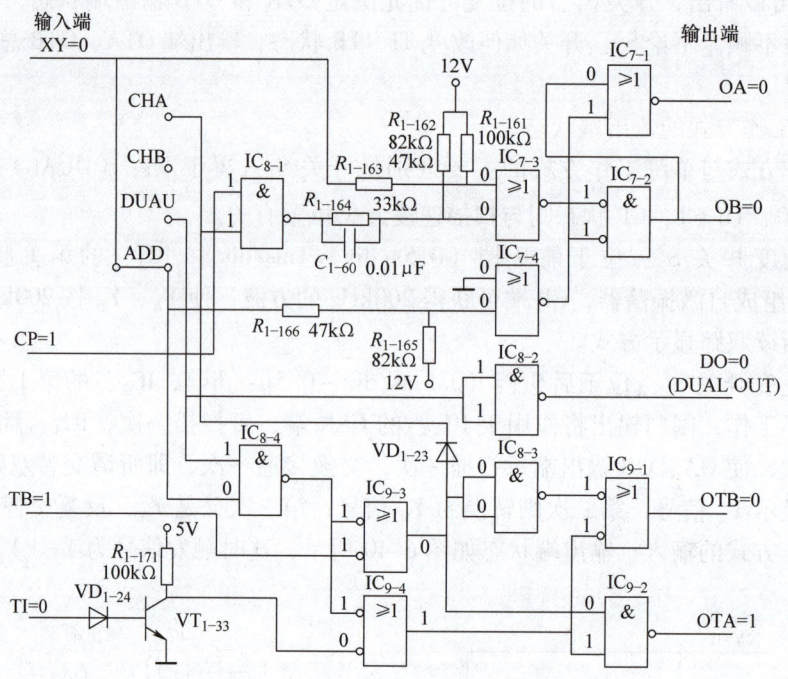

图 6-41 叠加 (ADD) 工作方式的逻辑状态

6. $X-Y$ 工作方式

将扫描速度开关 S_{2-4} 置于最后一档,即扫描速度开关面板上刻有 CHB 的档位处,这时 VT_{2-22} 输入端电位发生变化,导致 $XY=1$,扫描电路停止工作,示波器即可工作于 $X-Y$ 方式;例如用于观察李沙育图形等。

当工作于 $X-Y$ 方式时,$OA=0$,$OB=1$,Y_A 通道信号将进入 Y 偏转板,作为 Y 向控制信号。同时逻辑控制电路输出端 $OTA=0$,$OTB=1$,Y_B 通道信号将通过 VD_{1-21} 开关管进入 X 通道的 $X-Y$ 选择电路,进入 X 放大器控制 X 方向偏转。这时显示出来的图形实际上是 X、Y 信号的函数图形。

图 6-42 为 $X-Y$ 工作方式时的逻辑控制状态,S_{1-1} 开关置于 CHA。

四、电源与校正电压发生器

整机设有六组中低压电源和两组高压电源,其中 $-8V$、$5V$、$12V$、$20V$ 四组低压电源采用三端稳压集成电路作为稳压元件。220V 和 120V 电源则用晶体管作为串联稳压电路的调整管。2000V 和 $-1900V$ 高压电源采用交流—直流—交流变换器。

对电源电路这里不做详细分析。

整机还设有一些辅助电路,即:

(1) $-8\sim12V$ 可调节直流电源 供扫描轨迹校正线圈使用,以纠正因电子枪安装位置偏差或地磁场干扰造成的扫描线倾斜。

(2) 1kHz 矩形波振荡器 提供一个频率、幅度较稳定的方波,供示波器校正。

(3) Z 信号放大器 由 IC_{2-4} 输出的增辉信号加到示波器的栅板,以增强正程辉度,并

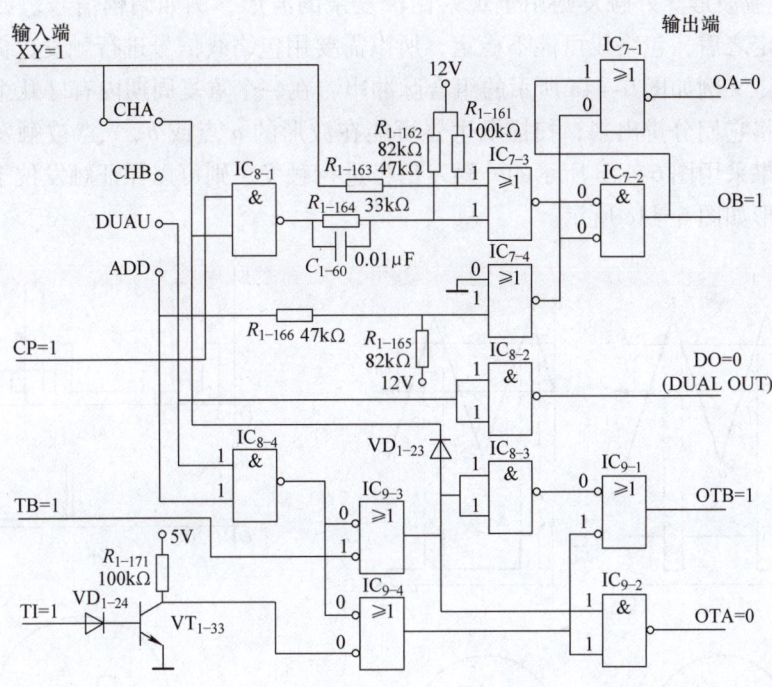

图 6-42 X-Y 工作方式的逻辑状态

使逆程辉度得到消隐。

第七节 示波器的应用

一、应用示波器观测波形

示波器的最主要应用是观测波形，虽然示波器本身只能用来观测电压波形，但其他电量或物理量可以通过变换器转换为电压，所以实际上示波器可以用来观测各种物理量的变化波形。

观测波形时的操作步骤如下：一般应先调节辉度、聚焦，然后调节移位，使荧光屏上的波形居中间位置，再调节 Y 通道衰减量，使波形幅度适中，最后调节波形使之稳定。

对连续扫描工作方式的示波器，要使波形稳定，可以调节扫描频率。对于触发扫描示波器，可调节"扫描速度""稳定度"和"触发电平"三个旋钮。一般先选好适当的扫描速度（如果扫描速度有微调旋钮，为了使扫描速度值与面板标尺一致，以便进行定量测量，可将微调置于校正位置，测量过程不要旋动），然后调节稳定度旋钮，先使它产生一条扫描线，再逆向转动稳定度旋钮，使扫描处于刚"停止触发"的临界状态，接着将触发电平旋钮从小向增大方向旋动，至扫描发生器能被触发，得到一个稳定的波形为止。如果电平继续旋动，则波形的起点电平将沿前沿移动，显示出来的波形情况可参看图 6-43。

触发信号都有专用开关进行选择，通常可选用内、外或电源。内触发指用被测信号本身进行触发，这也是观察波形的最常用触发方式。选择电源作触发源，一般是为了观察与电网

50Hz有关的交流波形。外触发则用于观察比较复杂的波形,例如调幅信号,如用内触发则在载波信号稳定之后,包络线可能不稳定,所以需要用包络线信号进行触发,保证可以看到稳定的包络线。又例如图6-44a所示的组合脉冲串,在一个重复周期内有好几个前沿,触发放大电路无法将它们分辨出来,扫描发生器可能在波形的a点或b、c点被触发,结果造成波形不稳。如果采用图6-44b所示的外触发信号进行触发,则可以保证触发位于波形的同一位置,显示波形如图6-44c所示。

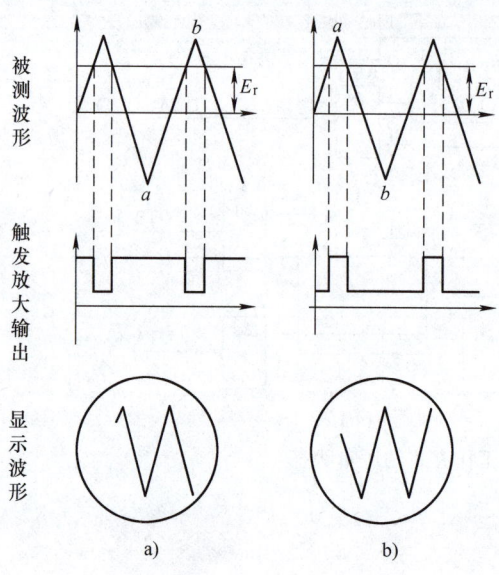

图6-43 触发电平与触发斜率的调节

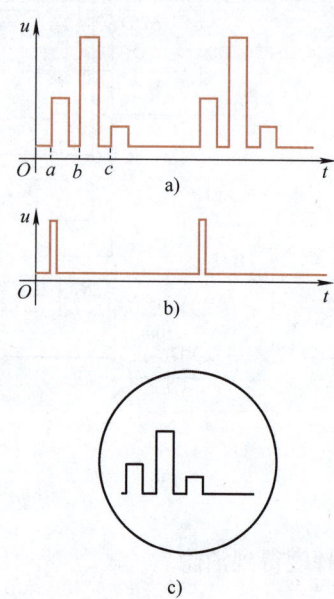

图6-44 外触发信号的使用

如果要对波形进行定量测量(包括测量幅度、频率、周期、脉冲上升时间、下降时间等),可以采用两种方法。

1)比较法。测量时用一个具有标准幅值或标准频率的脉冲与被测信号同时或先后显示在荧光屏上,然后根据两者的尺寸算出电压与频率值。

2)直读法。现在通用示波器的面板上都注有扫描速度值和Y轴灵敏度值,测量时可以根据荧光屏上的尺寸直接算出电压与频率值。

$$电压值 = 波形在Y轴上的格数(cm) \times Y轴偏转因数(V/cm)$$

式中 偏转因数 $= \dfrac{1}{S_y}$ (S_y为灵敏度)。

$$周期 = 波形在X轴上的格数(cm) \times X轴单位格数扫描时间(s/cm)$$

式中 单位格数扫描时间 = 扫描速度的倒数。一般示波器扫描速度旋钮刻度是每格扫描时间而不是扫描速度,波形在X、Y轴所占格数,可从荧光屏标尺上读出,如图6-45和图6-46所示。

为保证定量测量的准确,测量前应对示波器的灵敏度和直流平衡进行校正。

校正灵敏度可向Y轴输入标准幅度的信号,调节Y轴增益,使显示幅度符合灵敏度刻度所标注的值。

调整直流平衡利用直流平衡电位器，要求改变移位旋钮时，不得伴随波形幅度的变化，同时旋动衰减微调时，不得伴随波形移位。

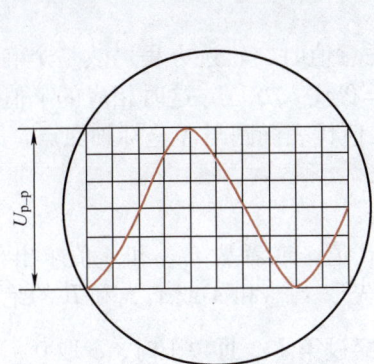

图 6-45　用示波器测量幅度

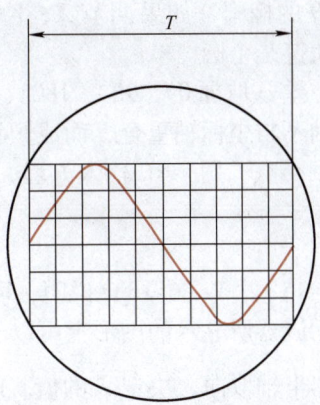

图 6-46　用示波器测量周期

二、应用示波器观测李沙育图形

观测李沙育图形属于 $X-Y$ 工作方式，当示波器的 Y 输入端和 X 输入端分别加入电压 u_1、u_2（这时应将锯齿发生器断开）时，由于两电压幅度、频率和相位的不同，荧光屏上就会出现各种不同的图形，这种图形就称为李沙育图形。

1. 用李沙育图形比较相位

设示波器 X、Y 输入端分别加入同频率但幅度、相位不同的电压。两电压表示式为

$$u_1 = U_{1m}\sin\omega t \tag{6-10}$$

$$u_2 = U_{2m}\sin(\omega t + \varphi) \tag{6-11}$$

示波管电子束在 u_1、u_2 作用下，将沿着水平和垂直方向偏转，其偏转量分别为

$$x = K_x U_{1m}\sin\omega t = A\sin\omega t \tag{6-12}$$

$$y = K_y U_{2m}\sin(\omega t + \varphi) = B\sin(\omega t + \varphi) \tag{6-13}$$

式中　x——荧光屏上光点沿水平方向偏转值；

　　　K_x——示波器 X 轴灵敏度；

　　　A——水平方向偏转最大值；

　　　y——荧光屏上光点沿垂直方向偏转值；

　　　K_y——示波器 Y 轴灵敏度；

　　　B——垂直方向偏转最大值。

将式（6-12）和式（6-13）联立，可求得 xy 图形的轨迹方程为

$$y = \frac{B}{A}(x\cos\varphi + \sin\varphi\sqrt{A^2 - x^2}) \tag{6-14}$$

式中　φ——u_1、u_2 相位差。

当两电压相位差不同时，对应的图形也不同。当 $\varphi = 0$ 和 $\varphi = 180°$时，式（6-14）可写成 $y = \pm\frac{B}{A}x$，也就是说图形轨迹是一条直线；当 $\varphi = 0$ 时，直线穿过第Ⅰ、Ⅲ象限；当 $\varphi = 180°$时直线穿过第Ⅱ、Ⅳ象限。

当 $\varphi=90°$ 和 $\varphi=270°$ 时,式(6-14)可写成 $\dfrac{x^2}{A^2}+\dfrac{y^2}{B^2}=1$,也就是说图形轨迹是两个半轴各为 A 和 B 的椭圆,如果调节 X、Y 轴灵敏度,令 $A=B$,则式(6-14)写成 $x^2+y^2=A^2$,这时图形轨迹是个圆。

当相位差 φ 取加 $0°$、$90°$、$180°$、$270°$ 以外的任意值时,轨迹方程仍然是个椭圆,只是椭圆两半轴不与坐标轴重合,而成倾斜状,如用 $x=0$ 代入方程,这时相应的 y 值代表椭圆与 Y 坐标轴交点,用 $y=0$ 代入方程,这时相应的 x 值代表椭圆与 X 坐标轴交点,即

$$y_{x=0}=B\sin\varphi \tag{6-15}$$
$$x_{y=0}=A\sin\varphi \tag{6-16}$$

式(6-15)、式(6-16)说明,可以从 $y_{x=0}$ 和 B 值,或者从 $x_{y=0}$ 和 A 值求出相位差 φ。通常,在示波器所显示的图形上可以不考虑符号,先取 $x_{y=0}$ 和 A 或 $y_{x=0}$ 和 B 的绝对值,然后根据椭圆半轴取向,决定 φ 的值。即椭圆长半轴穿过第 Ⅰ、Ⅲ 象限时,φ 取 $0\sim\dfrac{\pi}{2}$ 或 $\dfrac{3\pi}{2}\sim 2\pi$ 之间的值;椭圆长半轴穿过第 Ⅱ、Ⅳ 象限时,φ 取 $\dfrac{\pi}{2}\sim\pi$ 或 $\pi\sim\dfrac{3\pi}{2}$ 之间的值。

例如,从荧光屏上得到李沙育图形如图 6-47 所示,将图形通过移位旋钮移到正中央,可求得偏转幅值 $2B=6\text{cm}$。椭圆与 Y 坐标轴交点 $2y_{x=0}=3\text{cm}$,代入式(6-15)可得

$$\sin\varphi=\dfrac{3}{6}$$

因为 $y_{x=0}$ 和 B 没有考虑符号,使 φ 可能取四个值,即 $\varphi=30°$、$\varphi=150°$、$\varphi=210°$、$\varphi=330°$。由于图中椭圆长半轴穿过 Ⅰ、Ⅲ 象限,所以只能取 $30°$ 或 $330°$。到底应取 $30°$,还是 $330°$,还要根据图形扫描方向决定。

根据图 6-47 的情况,将 u_1 加在 X 轴,u_2 加在 Y 轴,若 u_1 比 u_2 滞后 $30°$,李沙育图形沿顺时针方向扫描;若 u_1 比 u_2 滞后 $330°$(即超前 $30°$),则李沙育图形将沿逆时针方向扫描,如图 6-48 所示,为了判断李沙育图形的扫描方向,可以将图 6-49 的梯形脉冲加在示波器的 Z 轴输入,然后按明暗出现的先后判断扫描方向。

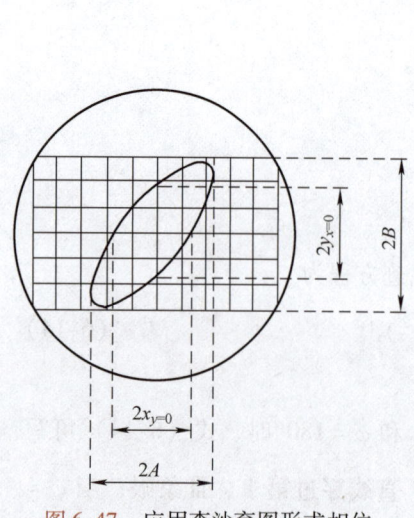

图 6-47 应用李沙育图形求相位

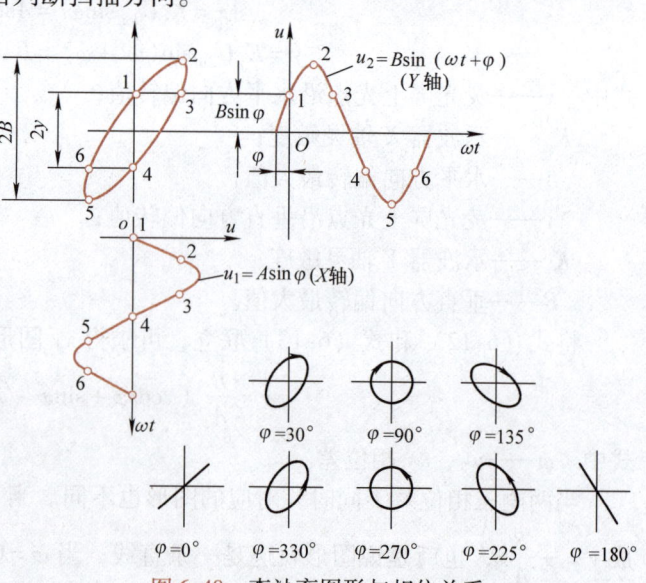

图 6-48 李沙育图形与相位关系
(图中 φ 角是指 u_1 比 u_2 滞后角)

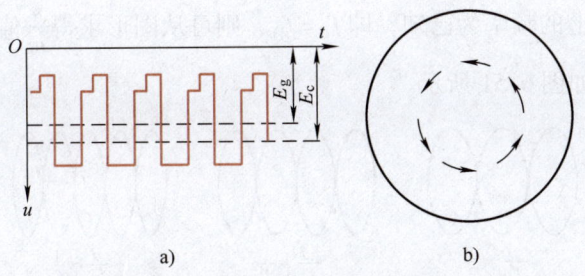

图 6-49 用梯形脉冲判断扫描方向
E_c—示波管栅极截止电压 E_g—未加梯形脉冲前示波管的栅极电压

2. 用李沙育图形比较频率

设在示波器 X 输入端加入频率为 f_x 的电压 u_x，在示波器 Y 输入端加入频率为 f_y 的电压 u_y，f_x 与 f_y 的比值不同，所出现的图形也不同，例如 $\dfrac{f_x}{f_y} = \dfrac{1}{2}$ 时，根据两电压相位不同，可能出现图 6-50b 所示的不同形状。

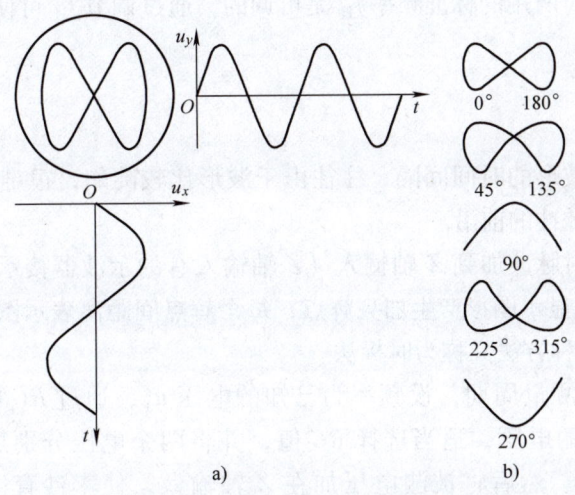

图 6-50 频率比为 1∶2 的李沙育图形
a) $\varphi = 0$ b) 不同相位差的图形

可见，能够从李沙育图形判断两电压的频率比，假如两个电压中一个频率为已知，从频率比和已知频率即可求出另一个频率。

求两电压的频率比可以在李沙育图形上引进一条水平线和一条垂直线，但应注意不要通过图形的交点，也不要与图形相切，应力使引进的水平和垂直线与李沙育图形交点最多。设水平引线与李沙育图形交点数为 m，垂直引线与李沙育图形交点数为 n，可得出

$$\frac{f_x}{f_y} = \frac{n}{m} \tag{6-17}$$

式中 f_x——加到 X 偏转板的电压频率；
      f_y——加到 Y 偏转板的电压频率。

如加到 Y 偏转板上的频率为已知，即 $f_y = f_H$，则可从图形求得 $\dfrac{n}{m}$ 值，然后求出 X 偏转板上电压的待测频率，如图 6-51 所示。

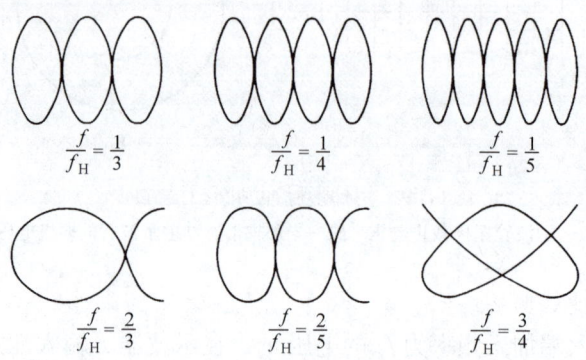

图 6-51　不同频率比的李沙育图形

上面所讲的方法，要求李沙育图形稳定不动。但如果频率比不是整数，李沙育图形将不断翻滚，所以最好测量时所用的标准频率 f_H 是可调的，通过调节 f_H 可使图形稳定，然后求得待测频率。

三、调辉法

用示波器测量脉冲波形的时间间隔，往往由于波形比较陡峭，很难通过 X 方向的长度计算时间，特别是方波脉冲的前沿。

调辉法就是利用定时脉冲加到 Z 轴输入（Z 轴输入有的示波器接示波管阴极，有的示波器接示波管栅极），使显示图形产生加亮辉点，每个辉点间距离表示图形轨迹所经历的时间，如图 6-52 所示。这种方法又称为时标法。

也可以利用调辉法测量周期，设频率为已知的电压 u_1，通过 RC 串联移相电路，形成两个互为 90°相位差的电压，适当选择 RC 值，并将两个电压分别加在 X、Y 偏转板，使荧光屏出现一个圆形。然后将被测电压加在 Z 轴输入，使李沙育图形出现明暗交替的图形，可以从明暗交替个数，算出被测电压的周期，如图 6-53 所示，这个方法又称为圆扫描法。同样，要使明暗交替图形稳定，可以调节已知电压的周期，使它等于待测周期的整数倍。

四、方波测试技术

将波形良好的方波送入被测网络，然后用示波器观察输出端的波形，可以求得被测网络的瞬态响应特性。由于线性网络的瞬态响应与频率特性互为傅里叶变换，所以从瞬态响应可以判断网络的频率特性。

方波具有丰富的谐波，用方波检查频率特性，比用正弦波更加方便，如图 6-54 表示方波失真与频率特性的关系。

第六章 波形的测量

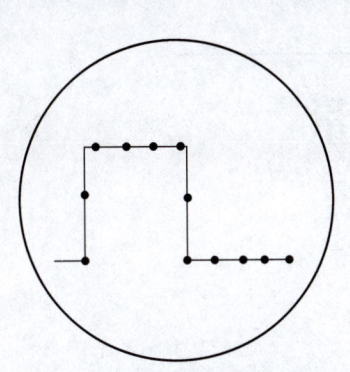

图 6-52 用加亮时标测量时间间隔

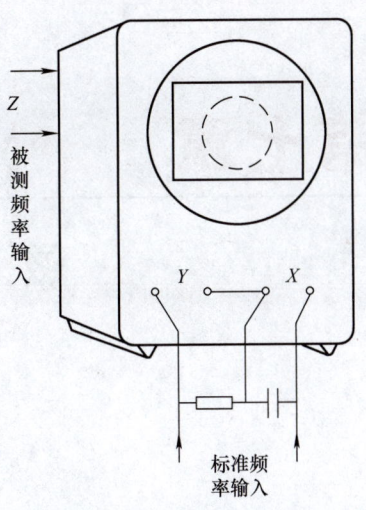

图 6-53 圆扫描调辉

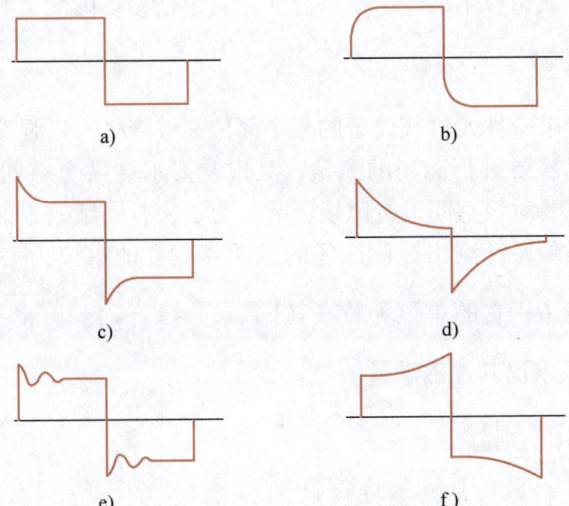

图 6-54 方波失真与频率特性关系

a) 正常无失真　b) 高频增益太低　c) 高频增益太大　d) 低频增益太小　e) 有谐振元件　f) 低频增益太大

第七章

磁 的 测 量

第一节 概 述

磁的测量也是电工测量技术的一个重要方面,它包括磁场的测量和磁性材料的测量。

一、磁场的测量

在技术上,常常要求磁性元件或设备的某个部位能够产生一定强度的磁场,为了检查其强度是否符合要求,就需要进行磁场的测量;又常常要求在某个空间范围内对磁场进行隔离,要达到这个目的就要对该空间进行磁场屏蔽,为了检查屏蔽效果如何,也要进行磁场的测量。测量磁场可以用磁通计测出被测磁场的磁通 Φ,它的单位为韦伯(Wb),也可以用高斯计测量磁感应强度 B,它的单位为特斯拉 $\left(T, 1T = 1\dfrac{Wb}{m^2}\right)$。测出 B 或 Φ 之后,可以按 $\Phi = BS$ 和 $B = \mu H$ 的关系求出其他磁学量。

二、磁性材料的测量

为了合理选用磁性材料或检验磁性材料的磁性能,就需要对材料进行磁性能的测量。磁性材料的磁性能参数都是被动参数,要测量就要将材料制成试样,然后外加磁场进行磁化,材料的磁性能只有在被磁化后才能测出。

对于硬磁材料,主要的磁性能参数是剩磁 B_r、矫顽力 H_c 以及最大磁能积等。我们知道,磁性材料在交变磁化时,可得到一条磁滞回线,由于最大磁感应强度不同,对应有许多条大小不同的磁滞回线,将这些磁滞回线顶点连接起来,就称为基本磁化曲线。如图 7-1 所示,图中的 B_r 就称为剩磁,H_c 称为

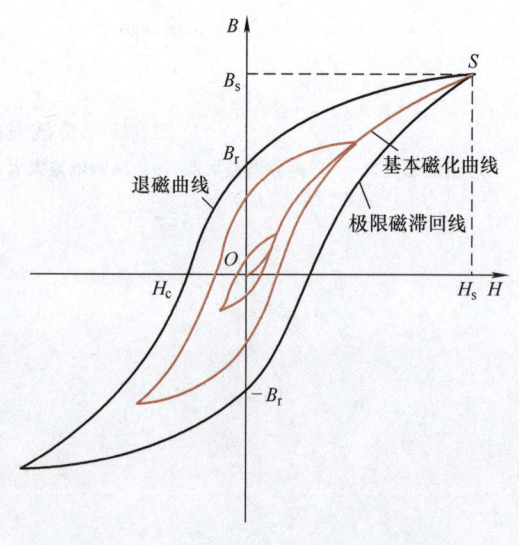

图 7-1 磁滞回线和基本磁化曲线

矫顽力，磁化曲线在第Ⅱ象限的部分，称为退磁曲线。退磁曲线上各点 B 与相应 H 的乘积最大值，称为最大磁能积 $(BH)_m$。

对于软磁材料，主要的磁性能参数是磁导率 μ 和损耗 P。软磁材料主要用作电机、变压器以及其他电器的铁心，因此要求它有较高的磁导率，即在较小 H 的激励下，能产生较大的 B，并尽可能具有较低的矫顽力和损耗。在交流条件下工作的材料，由于涡流的影响，使磁滞回线的形状发生畸变，所以在交流条件下工作的材料也要用交流电源测出其在交流状态下的磁化曲线和磁滞回线，即所谓动态磁化曲线、动态磁滞回线，并从中求出相应的磁特性参数。

根据磁性材料的测量要求，测量材料磁性能的仪器也有硬磁和软磁或动态和静态之分，但是磁性材料的品种很多，需测量的磁特性又各有侧重，因此最方便的方法是制成各种专用的测量仪器，下面仅介绍一些通用的仪器及其线路。

第二节　磁场的测量

测量磁场的方法很多，有的利用电磁感应原理，先将磁场的强弱转换成测试线圈感应的电动势，然后通过测量电动势求出磁场的强弱；有的利用载流导体在磁场中受电磁力作用的原理，将磁场强弱转换为机械力进行测量；也有的利用物质在磁场中所表现的特性不同，将磁场强弱转变成电参量进行测量，代表性的有霍尔元件、磁敏元件和核磁共振法等。

工业上常用的测量磁场方法有以下几种。

一、用冲击检流计测量磁通

冲击检流计是一种特殊结构的磁电系检流计，它的基本原理和第二章所介绍的磁电系检流计的原理基本相同，只是在结构上有些差别。冲击检流计的动圈框架做得比较宽，质量也比较大，因此它具有较大的惯性。可动部分用悬丝吊挂，因此它的反作用力矩小，自然振荡周期比较大。脉冲电流一瞬即过，一般检流计因摆停过快无法测量。而冲击检流计正可以利用它惯性大的特点，能在脉冲电流过去之后，缓慢地摆动到最大位置，又能缓慢退回，可以从它摆动到最大位置测出脉冲电流的幅值大小。

如果有一脉冲电流通过检流计的可动线圈，假设脉冲电流的延续时间较短，则在脉冲电流已经结束之后，可动部分才开始运动其角位移与时间的关系如图 7-2 所示。

从图中可以看出，可动部分偏移到某一最大角位移 α_m 之后，周期性地返回零位。如果改变可动部分的阻尼系数，也可以使可动部分非周期返回零位。

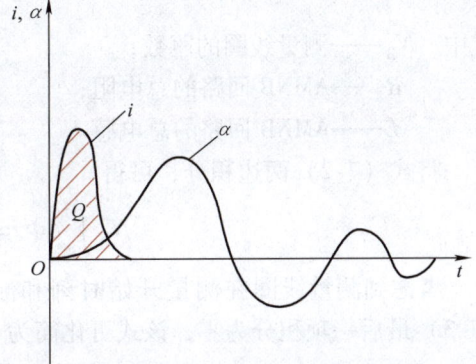

图 7-2　冲击检流计的脉冲电流及其偏转曲线

从冲击检流计的运动方程式可以证明，检流计可动部分的最大偏转量 α_m 与脉冲电荷量 q 成正比，即

$$\alpha_m = Sq = \frac{1}{C_q}q \tag{7-1}$$

式中　q——在电流脉冲持续时间内，通过可动线圈的总电荷量（等于图7-2中面积 Q）；
　　　S——冲击检流计的冲击灵敏度；
　　　C_q——冲击检流计的冲击常数。

式（7-1）表明，冲击检流计是一个测量脉冲电荷量 q 的仪表。如果能将磁通的变化量转换为脉冲电荷量，显然就能利用冲击检流计测量磁通。图7-3就是用冲击检流计测量磁通的原理图。

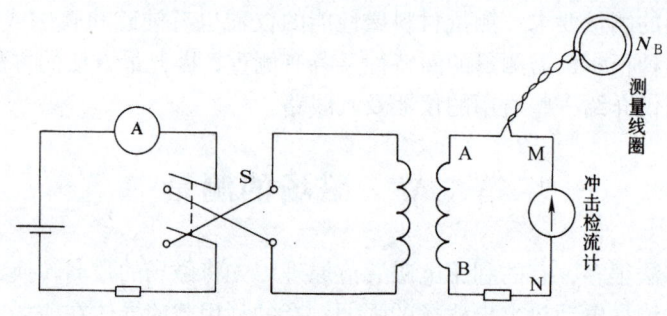

图7-3　用冲击检流计测量磁通

图中的测量线圈，是一个用 N_B 匝导线绕成的闭合线圈。测量磁通时，可将测量线圈从 $B=0$ 处移向被测磁场，也可从被测磁场移到 $B=0$ 处或是将测量线圈旋转180°。根据电磁感应原理，测量线圈在移动时必将感应一个电动势 e，在 e 的作用下，线圈回路得到一个脉冲电流。由于检流计可动线圈也接在这个回路之中，脉冲电流就使可动线圈产生偏移，其最大偏转角为 α_m。为求出 α_m 与磁通 Φ 的关系，可从 AMNB 的闭合回路中，写出回路电压平衡方程式，即

$$-N_B\frac{d\Phi}{dt} = iR + L\frac{di}{dt} \tag{7-2}$$

式中　N_B——测量线圈的匝数；
　　　R——AMNB 回路的总电阻；
　　　L——AMNB 回路的总电感。

将式（7-2）两边积分，可得

$$-N_B\int_{t_1}^{t_2}d\Phi = R\int_{t_1}^{t_2}idt + L\int_{t_1}^{t_2}\frac{di}{dt}dt \tag{7-3}$$

考虑到测量线圈在测量开始时刻和测量终了时刻，通过线圈的电流皆为零，所以式（7-3）最后一项积分为零，该式可化简为

$$-N_B\Delta\Phi = Rq \tag{7-4}$$

式中　$\Delta\Phi$——测量线圈所包围的磁通变化量；
　　　q——$t_1 \sim t_2$ 通过回路总电荷量。

将式（7-4）代入式（7-1），可得

$$\alpha_m = \frac{N_B}{C_qR}\Delta\Phi \tag{7-5}$$

或者写成

$$\Delta\Phi = \frac{C_q R}{N_B}\alpha_m \tag{7-6}$$

可见，冲击检流计的最大偏转角 α_m 与测量线圈的磁通变化量 $\Delta\Phi$ 成正比。如果测量线圈从磁场内移到磁场外，其磁通变化量就是测量线圈所包围区域的磁通总数。如果测量线圈在磁场内翻转 180°，其磁通变化量就是测量线圈所包围区域磁通总数的两倍。

从式（7-6）中还可以看出，冲击检流计的最大偏转角 α_m 与测量线圈的移动速度无关，这是因为线圈移动速度变慢，感应的脉冲电流固然变小，但是由于持续时间长，在 $t_1 \sim t_2$ 时间内，通过回路总电荷量 q 总是保持不变。当然，如果移动的速度太慢，感应的脉冲电流太小，以至小于检流计的灵敏度，必然就会造成误差。所以虽说 α_m 与线圈的移动速度无关，但实际上仍要求线圈以一定的速度移进或移出磁场。

式（7-6）中的常数 C_q 可以从产品说明书上找到，也可以利用图 7-3 中的冲击常数测量电路取得。测量 C_q 的电路包括互感线圈、开关 S 和电流表 A。当接通开关 S 之后；设一次绕组的电流变化量为 ΔI_1，则二次绕组的磁链变化量 $\Delta\psi_2 = N_2\Delta\Phi_2 = M\Delta I_1$，在 $\Delta\psi_2$ 的作用下，二次绕组也会感应一电动势，可以利用式（7-5），求出互感线圈二次绕组磁通链变化与检流计最大偏转角的关系，若不考虑正负号可改写为

$$|\alpha_{m0}| = \frac{1}{C_q R}M\Delta I_1 \tag{7-7}$$

互感 M 是一个确定的数，ΔI_1 可以从电流表读出，若开关 S 从正向投向反向，则 ΔI_1 等于电流表读数的两倍。因此可以根据接通开关 S 时，检流计的最大偏转角 α_m 测出 $C_q R$，通常把 $C_q R = C_\Phi$ 称为磁通冲击常数。有了 $C_q R$ 就可以求出式（7-6）中的 $\Delta\Phi$。

二、磁通计

磁通计是由测量线圈和一个无反作用力矩的磁电系测量机构组成。所谓无反作用力矩指的是这种测量机构的可动部分不装游丝，用一个柔软的薄金属皮作为可动线圈的电流引线，指针偏转后不会返回到零点。之所以要用这种无反作用力矩的磁电系测量机构，是因为测量磁通时，测量线圈感应的是脉冲电流，测量机构在脉冲电流作用下会产生一个偏转量 $\Delta\alpha$。由于没有反作用力矩，脉冲电流消失之后，指针仍会停在 $\Delta\alpha$ 处，以便于观察与记录。为了便于指针复位，在表内另装有电池，通过复位按钮、限流电阻向磁电系测量机构输出一个小电流，控制指针正向或反向偏转，让指针回到机械零点。磁通计的结构如图 7-4 所示。

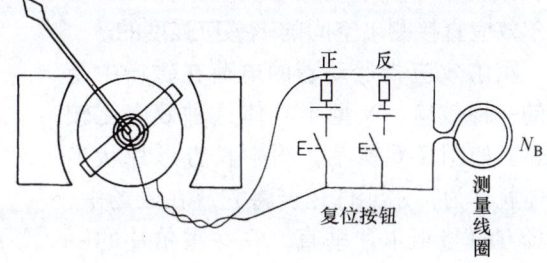

图 7-4 磁通计

测量时，将测量线圈移向被测磁场或从被测磁场移出，通过测量线圈的磁通就会发生变化。根据电磁感应原理，线圈中感应的电动势为

$$e_L = -N_B \frac{d\Phi}{dt} \tag{7-8}$$

式中　　N_B——测量线圈的匝数；
　　　　Φ——测量线圈闭合面所包围的磁通。

测量线圈与测量机构已连成回路，在 e_L 的作用下，测量机构的可动线圈将产生偏转，设测量机构是采用磁电系仪表，并假设其气隙的磁通分布为辐射形的均匀磁场，可动线圈在气隙中转动也会同样感应出电动势，其数值为

$$e_c = -2BlrN_c \frac{d\alpha}{dt} = -BSN_c \frac{d\alpha}{dt} \tag{7-9}$$

式中　　B——测量机构气隙的磁感应强度；
　　　　l——测量机构可动线圈的有效边长度；
　　　　r——测量机构可动线圈的转轴半径；
　　　　S——测量机构可动线圈的框架截面积；
　　　　N_c——测量机构可动线圈的匝数。

如果忽略回路电阻，可认为磁通计回路中 $e_L = e_c$，忽略符号后得

$$\Delta \Phi = \frac{BSN_c}{N_B} \Delta \alpha \tag{7-10}$$

因此，<u>可以从磁通计的偏转角 $\Delta \alpha$，判定测量线圈的磁通变化量 $\Delta \Phi$</u>。为测量方便，通常将测量线圈从被测磁场内移到磁场外，使磁通变化量等于测量线圈所包围的总磁通。

如果测量线圈与可动线圈的电阻 r_c 不能忽略，$e_L = e_c + ir_c$，则按式（7-10）算出的结果将产生误差。磁通计的测量线圈一般随磁通计配套使用，如图 7-5 所示，并在测量线圈上标好 $\frac{BSN_c}{N_B}$ 的值，或者磁通计直接按该值计算后刻度，所以用起来比较方便。加上磁通计机械性能好，不像冲击检流计那样易受机械振动力破坏，使用比较可靠。

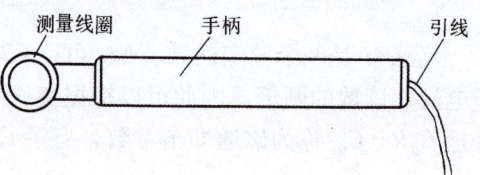

图 7-5　磁通计测量线圈

三、高斯计

我国生产的高斯计，如 CT-2、CT-3、CT-5、CT-6 型都是利用半导体在磁场中的霍尔效应直接测出空间的磁感应强度的。

霍尔效应指运动着的电荷在磁场中受力的一种效应，N 型半导体这种效应比较明显。如图 7-6 所示，图中长方形片状半导体就称为霍尔元件；若将它放在磁场中，磁场方向与霍尔片垂直，并在霍尔片的一个对边通入电流，则在另一个对边就会出现电压 U_H。

设半导体每单位体积内的载流子数目为 N，每个载流子的电荷量为 q，霍尔元件通入的电流为 I，通过电流的横截面积为

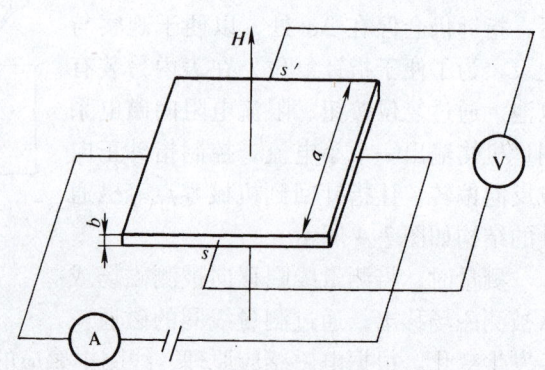

图 7-6　用霍尔效应测量磁场

ab，则半导体内载流子的速度 v 为

$$v = \frac{I}{Nqab} \quad (7-11)$$

载流子在磁场内所受的电磁力为

$$F = Bqv \quad (7-12)$$

运动着的载流子在磁场力的作用下，必然要向侧面聚积，聚积起来的载流子电荷将产生一个与式（7-12）方向相反的电场力，即

$$Bqv = Eq \quad (7-13)$$

式中 E——由聚积的载流子电荷产生的电场强度。

可见霍尔片的两个侧面通入电流，另外两个侧面（即图 7-6 中的 s、s'）将会呈现出电压，且 $U_H = Ea$，其中 E 是由于载流子积累在 s、s' 两个侧面所产生的电场强度，a 是 s、s' 两个侧面间的距离，将式（7-13）和式（7-11）代入，并考虑 $q = It$ 可得

$$U_H = Ea = \frac{Bqv}{q}a = \frac{Bq\frac{I}{Nqab}}{q}a = \frac{IB}{Nqb} \quad (7-14)$$

式中 N——霍尔片的单位体积载流子数目；

q——每个载流子的电荷量；

b——霍尔片的厚度。

N、q——常数。

式（7-14）表示当霍尔片的厚度 b、电流 I 确定之后，<u>霍尔电压 U_H 就与霍尔元件所处的磁场强弱即磁感应强度 B 成正比。</u>

高斯计正是利用这个原理制成的。先将霍尔元件装在图 7-7 所示的霍尔探头上，然后将霍尔元件放置在被测磁场中，保持 I 不变，用电压表测出霍尔电压 U_H 的数值，按式（7-14）即可从 U_H 值求得磁感应强度 B。实际上高斯计的电压表已经按高斯单位进行刻度，所以测量时可以直接读出高斯值，无须进行计算。磁感应强度 B 的单位为特斯拉（T），但高斯计仍按习惯标以高斯（Gs，$1\text{Gs} = 10^{-4}\text{Wb/m}^2$）。

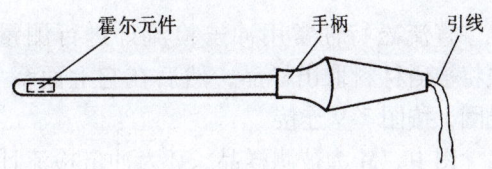

图 7-7 高斯计探头

可以选用氧化铟、砷化铟、砷铟磷、铋、锗等半导体作为霍尔元件，这些材料的 Nq 乘积值大约为 10^4 的数量级，所以高斯元件测出的 U_H 值比较小，需要加以放大。又由于交流电压易于放大，所以测出的 U_H 值最好是交流电压。式（7-14）中的电流 I 可以用交流也可以用直流，被测磁场可以是恒定磁场也可以是交变磁场。如果被测磁场是恒定的，也就是 B 为恒定值，则加到霍尔元件的电流可以用交变电流，使之测出的 U_H 值为交流电压。如果被测磁场是一个交变磁场时，加到霍尔元件的电流不必用交变电流，只要用恒定电流，由于 B 的交变所产生的电压 U_H 也必定是交流电压。

第三节　磁性材料的测量

磁性材料的磁性能表现在它的磁化曲线和磁滞回线上。所以要测量磁性材料的磁性能，

主要通过测量磁化曲线和磁滞回线取得。**测量磁滞回线时要注意两个问题，第一，材料的磁性能与工作条件有关**。例如是在直流条件下工作和在交流条件下工作，其特性就不完全相同。同样在交流条件下工作，如果交流电的频率不同，其动态特性也有差异。所以测量磁性能要使材料工作在实际工作条件下，然后进行测定。例如硬磁材料一般可以只测直流静态特性即直流磁化曲线，软磁材料则需要测动态特性即交流磁化曲线等。**第二，磁性材料需要取出样品进行测量**。而测量时要求样品全部工作在同一工作条件下，也就是说要求测试样品内部有一个均匀的磁场。否则样品各点的 B 与 H 值不相同，测出的只是一种平均状态。测试时样品可以做成环形闭合试样，如图 7-8a 所示。如果做不到这一点，可以做成条形或棒形试样，放在磁轭空隙中通过磁轭构成闭合磁路，如图 7-8b 所示。若为片状样品，如硅钢片等，可以做成条片，然后搭接成方形环，如图 7-8c 所示。

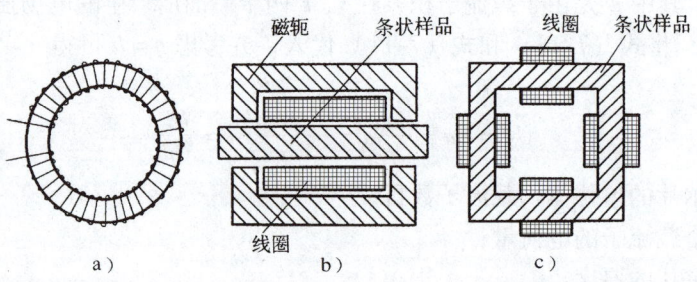

图 7-8 磁性材料试样

一、直流磁特性的测量

直流磁特性常用冲击检流计进行测量，先将被测材料取出样品，然后在它上面绕上线圈，按图 7-9 连接。

图中，M 为被测样品，P 为冲击检流计，S_4 为检流计短路开关。调整时，先将 S_4 闭合，待调整结束需要正式测量时再将 S_4 打开。S_2 用来改变样品的磁化方向，S_3、R_1、R_2 用于调节磁化电流大小。

测量步骤为：

1）开关 S_1 置于右边，用互感线圈测定冲击检流计的磁通冲击常数 $C_\Phi = C_q R$。其原理同本章第二节，可参看式 (7-7)。

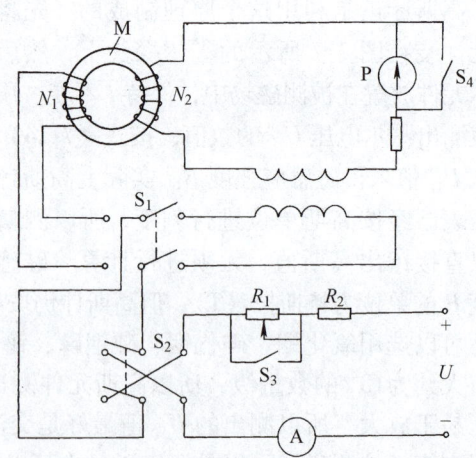

图 7-9 用冲击检流计测定磁性材料的磁性能

2）将开关 S_1 置于左边，先进行退磁，退磁时调节电阻 R_1、R_2 使磁化绕组 N_1 的电流与匝数的乘积大于被测材料矫顽力的 10 倍左右，然后扳动 S_2 反复改变电流方向；与此同时，逐渐加大 R_1、R_2 使电流逐渐减小，最后减到零，即退磁完毕。退磁之后，静放几分钟，再继续进行以下步骤。

3）测量基本磁化曲线。先从最大磁感应强度较小值开始，或称为最小磁滞回线开始，即调节 R_1、R_2 使电流为最小，利用开关 S_2 将磁化电流方向改变若干次，目的是对被测材料进行老炼，老炼8、9次之后，即可根据安培环路定律和本章第二节式（7-5）测出 B、H 值：

$$H = \frac{N_1 I_1}{\pi D} \tag{7-15}$$

$$\Delta B = \frac{C_q R}{N_2 S} \Delta \alpha \tag{7-16}$$

式中　I_1——电流表读数；
　　　S——被测样品的横截面积；
　　　D——被测环形样品的平均直径；
　　　N_1——被测环形样品磁化绕组的一次绕组匝数；
　　　N_2——被测环形样品磁化绕组的二次绕组匝数；
　　　C_q——冲击检流计电荷冲击常数；
　　　$C_q R$——冲击检流计磁通冲击常数。

当开关 S_2 从 I_1 倒向 $-I_1$ 时，$\Delta B = 2B$，所以样品中实际磁感应强度 B 可由下式求得

$$B = \frac{C_q R}{2 N_2 S} \Delta \alpha \tag{7-17}$$

逐渐增加磁化电流，重复上述步骤，每一次记下一个 B 和一个 H 的值，一直到饱和为止，即可从得出的各次的 B、H 值，画出基本磁化曲线。

4）测定磁滞回线。由于磁滞回线是对称的，只要测出半边，另一半边可按对称原则画出，测定磁滞回线，样品的磁化电流可从 $I_m \to I_1 \to 0 \to -I_1 \to -I_m$ 的次序分别测出 B、H 值。在 $I_m \to 0$ 和 $0 \to -I_m$ 之间也可以选测若干点。

用冲击检流计测量磁性能，主要是费时太多、步骤太繁。为了提高测量速度，现在生产的直流磁性测量仪都采用自动测量自动记录的方法，测量结果在 $X-Y$ 记录仪上直接显示出来。例如国产 CL-1、CL-6 型都是自动记录的直流磁性测量仪。

二、交流磁特性的测量

交流磁特性测量的对象主要是各种软磁材料，测量内容主要是在各工作磁通密度及给定工作频率下的磁导率和损耗。

磁导率可以从磁滞回线中求得，但软磁材料在交变磁场中反复磁化时，由于同时存在磁滞效应和涡流效应，交流磁滞回线的形状介于磁滞回线和椭圆之间。磁化场幅度越小、频率越高，磁滞回线越接近椭圆，而且与样品形状、尺寸；磁化电流波形都有关系。为了使测量结果有统一的依据，要求被测材料必须按标准要求的尺寸做出测试样品。测量时磁感应强度 B 必须按正弦变化（相应的磁化电流一定为非正弦），并在规定的频率条件下测出交流的磁化曲线和磁滞回线。

测量损耗也一样，由于损耗与频率、波形、磁感应强度大小都有关系，测量时应尽量创造和材料实际工作时相同的条件。例如现在测量硅钢片损耗，分别在 50Hz 和 400Hz 两种频率下进行，测量时磁感应强度应按正弦变化，其峰值分别为 1T（1T = 10^4Gs）、1.5T、1.7T。测出的损耗下标分别标以磁感应强度峰值和频率值，如 $P_{10/50}$、$P_{15/50}$、$P_{17/50}$ 或 $P_{10/400}$、$P_{15/400}$、$P_{17/400}$ 表示该损耗是在什么样的感应强度和频率条件下测出的。

测量交流磁特性的最简单方法是用指示仪表。

1. 用指示仪表测量交流磁化曲线

交流磁化曲线和交流磁滞回线又称为动态磁化曲线和动态磁滞回线，它是铁磁材料在交变磁场中反复磁化时所测出的 $H-B$ 关系曲线。在不同的交变磁场 H_m（峰值）作用下，所形成的不同动态磁滞回线顶点，用几何连线联起来，就称为动态磁化曲线，或交流磁化曲线。可见交流磁化曲线是在交变磁场作用下，不同的峰值 H_m 和它在磁性材料内部所产生的相应磁感应强度峰值 B_m 的关系曲线。从交流磁化曲线上求得的磁导率，则称为振幅磁导率，即

$$\mu_m = \frac{B_m}{H_m} \tag{7-18}$$

动态磁滞回线要用示波法测量，但交流磁化曲线可以用指示仪表测量，如将被测材料做成环形或框形的试样后，绕上两组绕组 N_1 和 N_2，按图 7-10 连接。调节自耦变压器改变磁化电流的大小，一般调节 H_m 等于 10A/m、25A/m、50A/m、100A/m、300A/m，分别测出对应的 B_m 值，就能求得交流磁化曲线。现在关键是如何用指示仪表测量出相应的 B_m 和 H_m。

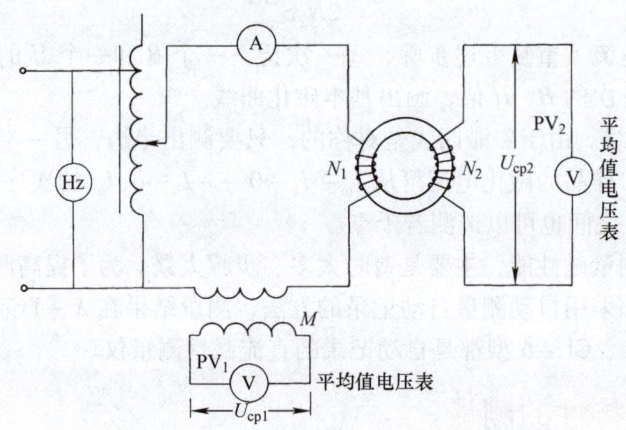

图 7-10 指示仪表法测量交流磁化曲线

测量 B_m 值可以在 N_2 线圈的端点接一个平均值电压表，如果保证电源电压按正弦变化，那么被测磁芯内的磁通也将按正弦变化，N_2 感应电动势的平均值可以从式 $e_{n2} = -n_2 \dfrac{d\Phi}{dt}$ 推出，即

$$U_{cp2} = 4fn_2 SB_m \tag{7-19}$$

可求得

$$B_m = \frac{U_{cp2}}{4fn_2 S} \tag{7-20}$$

式中　U_{cp2}——绕组 N_2 感应电动势的平均值；
　　　f——交流电源的频率；
　　　n_2——绕组 N_2 的匝数；
　　　S——被测材料试样铁心的有效截面积。

测量 H_m 可以根据全电流定律，即

$$H_m = \frac{I_m n_1}{l} \tag{7-21}$$

但式中的电流最大值 I_m 不能直接用电流表读数乘以 $\sqrt{2}$，因为要保证被测磁芯内的磁通为正弦波，就要保证电源电压为正弦，这样通过 N_1 的电流可能不是正弦波，因此就不能直接用有效值乘以 $\sqrt{2}$，而要按图 7-10，在磁化电流的电路中接入一个互感器，用平均值电压表测出互感器二次绕组的感应电压平均值 U_{cp1}，然后用式（7-22）求出 I_m，因为电压平均值与磁化电流最大值 I_m 的关系为

$$U_{cp1} = 4fMI_m \tag{7-22}$$

式中　M——互感器的互感值。

将测出的 U_{cp1} 值代入式（7-23），就可以求出 H_m。

$$H_m = \frac{U_{cp1} n_1}{4fMl} \tag{7-23}$$

式中　l——被测材料试样铁心平均磁路长度；
　　　n_1——绕组 N_1 的匝数。

如果没有测量平均值的电压表，而用整流系的有效值刻度的电压表时，应将读数除以正弦波波形因数 1.11，即得出任意波形被测电压平均值。

逐点测出 H_m 和相应的磁感应强度峰值 B_m，即可绘制出交流磁化曲线。

2. 用指示仪表测量损耗

用功率表测量磁性材料在交变磁场中所消耗的功率，是测量损耗的重要方法。以硅钢片为例，可将硅钢片剪成片状，叠成方圈结构，剪时半数样品沿轧制方向，半数垂直于轧制方向，分别放入方圈相对螺旋管内，四角采用对接方式。方圈四个边放四个螺旋管，每个螺旋管都绕有一次、二次绕组，然后分别串联，按图 7-11 接成测量电路。

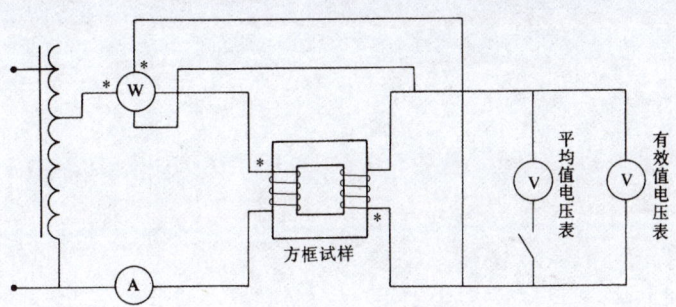

图 7-11　指示仪表测量损耗

通电后，功率表测得的总损耗功率 P_Σ 包括试样铁损耗、电压表功率表损耗和方圈绕组的铜损耗，即

$$P_\Sigma = P + \frac{U^2}{R_i} + I^2 R \tag{7-24}$$

式中　R_i——电压表和功率表电路的等效电阻；
　　　R——方圈绕组电阻。

图 7-11 中，一次绕组匝数 n_1 等于二次绕组匝数 n_2，所以功率表的电压线圈接在二次绕

组上，和接在一次绕组上的效果相同，只是这时功率表所测出的功率已经不包括方圈绕组的铜损耗。即

$$P_\Sigma = P + \frac{U^2}{R_i} \tag{7-25}$$

现在只要将功率表读数扣除表耗功率 $\frac{U^2}{R_i}$，即可求得试样损耗 P。

图中电压表有两个，一个测有效值，用来计算表损耗。另一个测平均值，用来监视 B 的波形，因为测量中要求 B 的波形为正弦，即有效值除以平均值应为 1.11。利用两表读数即可判定 B 的波形。和测量直流磁特性一样，近代都采用自动记录和自动测量的仪器。例如国产 CL-2 型交流磁性自动测量仪。这类仪器有的还可以不需要事先制作试样。例如硅钢片整张的检验装置，可以在硅钢片生产过程中连续检测，无须将其剪切。

第二篇　数字式电工仪器与测量

　　把被测电磁量转化为数字量并以数字形式显示出来的仪表称为数字式仪器，上一篇所介绍的模拟式电工仪表，其测量结果多是通过指针位置，读出被测量的数值。虽然也有采用字轮的，例如电能表，但驱动电能表字轮转动的动力，仍然是模拟量，它是通过电压和电流驱动铝盘，再通过装在铝盘上的蜗杆蜗轮，推动字轮显示，蜗杆蜗轮转动是连续的，字轮转动也是连续的，所以还是属于模拟式仪表。

　　数字式仪器的主要特点如下：

　　1）**测量结果直接用数字形式显示**，读数明确，不会产生视差，也不会因为操作者读数时所站的位置不同，以及注意力是否集中，而影响测量结果。数字显示不需要机械转动机构，不存在摩擦误差，所以准确度比较高。

　　2）**数字量在传送过程中抗干扰能力强**，便于远程传输、存储和运算，也便于与计算机或自动控制系统相结合。虽然模拟量也可以传输，但传输过程容易失真。模拟量也可以存储，例如用磁带录音机与磁带录像机，但磁带的体积、存储量、可保存的时间，都远不如数字存储器。更何况磁带机结构复杂，使用不便。

　　3）**数字电路容易集成化**，过去复杂的电路，现在用一片或几片集成电路就能取代，既提高了仪器的可靠性，又简化了整机装配与调试工艺，集成化之后，仪表变的小巧价廉。像数字万用表、数字频率计、数字电容测试仪等一类仪器，过去结构复杂体积庞大，现在用一块集成电路即可组成，可以做成袖珍式、便携式，使得价格成百倍地降低。

　　4）在数字技术的支持下，**仪器的结构也发生了变革**，例如以按键代替旋钮，以数字键代替波段开关等。

　　对于配电柜或控制屏这类要经常读数和记录的电气设备，更倾向于使用数字式仪表。因为数字式可以直接读数和记录，当然，模拟式电压表也有它可取之处，因为模拟式可以从指针的摆动状态，判定出电压的变化趋势，在远处，也可以从指针位置，大体判定电压的数值，而数字式电压表无法判定变化趋势，而且数字显示不像指针那样，可以根据其位置大体判断它的示值。数字不能估计，看不清就无法读出，所以在某些场合却倾向于使用模拟式仪表。

第八章

数字电压表

第一节 数字电压表的性能指标

电压和频率是数字测量中的两个基本量,其他电工量往往都转换成电压或频率进行测量,所以数字式电压表的技术性能,实际上反映数字测量的水平。

一、显示位数

数字式电压表的显示位数通常用一个整数和一个分数表示,例如 $3\frac{1}{2}$ 位、$3\frac{3}{4}$ 位、$4\frac{1}{2}$ 位、$4\frac{3}{4}$ 位等,其中整数部分表示能显示 0~9 全部数字的位数有几位,分数部分用于表示最高位的显示性能,分子表示最高位数字可能显示的最大数值,分母表示满程时应该显示的数值。例如 $3\frac{1}{2}$ 位,其整数为 3,所以个位、十位至百位等 3 个位都可以显示 0~9 的任意值。分数为 1/2,分子为 1,表示千位最大只能显示到 1。分母为 2 表示满量程时千位为 2,但因为分子只能为 1,所以最大显示值只能为 1999,尽管满程值为 2000,但到 2000 时千位无法显示,仍为 1 并闪烁,其余各位消隐不显示。以此表示满程或超过满程的溢出状态。可见分数分母只能比分子大 1,例如 1/2、2/3 或 3/4,分子为 3,满程最高位不能超过 4,超过都算溢出。现在数字式电压表显示位数最少为 4 位,最多可达 10 位。

二、灵敏度

数字式电压表可以通过电子放大器对被测电压进行放大,所以数字电压表的灵敏度也可以做得比较高,模拟指示电压表的灵敏度是指电压表读数变化量(如指针摆动格数)与被测电压的比值,例如某电压表的灵敏度是 $\frac{1\text{div}}{1\text{mV}}$,表示指针为 1mV 摆动一格,这也是该表可以测量的最小电压,但数字电压表没有刻度盘,所以它的灵敏度不用 $\frac{\text{div}}{\text{mV}}$,而用分辨力或分辨率表示。分辨力是指最低量程时末位 1 个字所对应的电压,分辨率是指能测出的电压最小变化量与最大数字之比的百分数表示。例如 $3\frac{1}{2}$ 位的数字电压表，如果最低量程时末位为 1，代表 $1\mu V$，则其分辨力为 $1\mu V$，或者说灵敏度为 $1\mu V$。测出的电压最小变化量为 1，最大数字为 1999，则分辨率为 $\frac{1}{1999}=0.05\%$。现在的数字电压表分辨力可达 $1nV$，常用分辨率为 $\frac{1}{1999}$（$=0.05\%$）～$\frac{1}{99999999}$。

三、量程范围

量程范围指电压表测量电压时，从 0 到满度的显示值。例如 0～19999V，若有正负号，则表示从 0 到 ±满度的显示值，例如 0～±19999V。如果有量程转换开关，则开关置不同档位时，会有不同的量程范围。其中最小的量程范围，具有最大的分辨力。当然，量程范围越大越好，但在位数不变的条件下，量程范围越大，分辨力就越低。另外，为安全起见，一般上限也不允许太高，都在千伏以下。有的数字电压表量程可达几千伏，但那是专门供测量电视机或其他具有高内阻的高压电源时使用，不能用来测量一般的低内阻高压电源。要测量低内阻高压电源，需要通过互感器隔离，不宜直接使用电压表，否则将危及性命。

还要注意，**数字式电压表的位数和量程范围，必须根据所用的 A－D 转换器字长来定**，量程越大，它的 A－D 转换器字长一定要越长，因为分辨力是指最低量程时末位 1 个字所对应的电压 U，如果 A－D 转换器的字长为 n 位，则 A－D 转换器的允许输入的最大为 $U_m = 2^n \times U$，例如 A－D 转换器的字长为 8 位，分辨力为 $1\mu V$，则 A－D 转换器的允许输入的最大只能为 $U_m = 2^8 \times 1\mu V = 256\mu V$。可见显示位数越多的电压表，要求 A－D 转换器的字长越长。

四、准确度

数字电压表的测量结果是用数字显示，所以不存在视觉误差，而且仪表内部没有可动部件，所以也不存在机械摩擦、变形等问题，它的准确度主要决定于 A－D 转换器和其他电子元器件的质量，控制电子元器件的质量比控制机械元件容易，所以数字仪表是比较容易制成高准确度的仪表，一般机械类指示仪表准确度达 0.1%（0.1 级）已很不容易，而数字仪表可以达到 0.05%，有些数字仪表可以达到 0.01%。要注意数字电压表的分辨率不等于准确度，分辨率为 $\frac{1}{1999}=0.05\%$ 的电压表，并不代表它的准确率为 0.05%。

在第一章已说过，直接测量时可能出现的最大绝对误差与仪表的准确度 K 有关，即 $\Delta_m = \pm K\% A_m$，对应的相对误差为 $\gamma = \frac{\pm K\% A_m}{A_x} \times 100\%$。可见对准确度为 0.01% 的数字电压表，直接测量时可能出现的最小相对误差为 0.01%。

五、输入阻抗

电压表要求有较高的输入阻抗。因为电压表要与被测电路并联，如果输入阻抗太小，并联后会向被测电路吸取功率，改变了被测电压值。

例如图 8-1 所示被测电压源的内阻为 R_S，电压表输入阻抗为 R_i，电压源的电压为 U_x，

可求得电压表测出的值为

$$U'_x = \frac{R_i}{R_S + R_i} U_x \tag{8-1}$$

测量的相对误差（考虑 $R_i \gg R_S$）

$$\gamma = \frac{U'_x - U_x}{U_x} = -\frac{R_S}{R_S + R_i} \approx -\frac{R_S}{R_i} \tag{8-2}$$

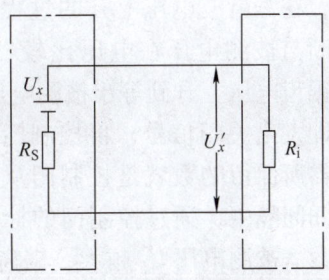

图 8-1　内阻对测量结果的影响

可见输入阻抗 R_i 越大，引起的误差越小，此外输入阻抗还会导致被测回路失谐等，使得所测数值已经不是原来的数值。数字式电压表和电子式电压表的输入电路，可以采用场效应晶体管提高输入阻抗，使得输入电阻达到 20000～25000MΩ，输入电容小于 40pF。

但应注意，数字电压表是个有源电路，其输入端可能向外输出一个微小的恒定电流 I_0，这个电流流过被测电压源的内阻产生压降为 I_0R_S，也会造成误差。其相对误差为

$$\gamma = \frac{I_0 R_S}{U_x} \tag{8-3}$$

六、频率范围

数字式电压表可以利用电子整流电路扩大频率宽度，其应用范围，可以扩展到高频、超高频。但常用的数字电压表多数用于直流和低频。

七、测量速度

测量速度指单位时间，以规定的准确度完成的最大测量次数。它取决于 A-D 转换的变换速率和前置放大的响应时间，因为 A-D 转换需经过准备、复位、取样、测量、极性判别等过程，一般的测量速度可从 10s/次到每秒几十次。模拟式电压表由于指针的惯性，刚接入线路进行测量时，需要几秒的摆动才能稳定，相比起来，数字式的速度可以快得多，但在测量过程每次都需要复位、采样、再显示，速度优势不是很明显。

第二节　数字电压表的结构类型

数字式电压表的结构通常由输入通道、检波（测量对象为交流时）、模-数转换（A-D 转换）、与显示等部分组成，如按模-数转换的原理进行分类，则可分成以下几种类型。

一、电压-时间变换型

所谓电压-时间变换型是指测量时将被测电压值转换为时间间隔 Δt，电压越大，Δt 越大，然后按 Δt 大小控制定时脉冲进行计数，其计数值即为电压值。电压-时间变换型又称为 V-T 型或斜坡电压式。其原理框图如图 8-2 所示。

图中，控制器 ST 是电压表的指挥部，它每隔一定时间（例如每隔 2s）就发出一个起动脉冲，一方面利用起动脉冲打开控制门 T，让等间隔的标准时间脉冲序列能通过控制门进入十进计数器；另一方面起动脉冲触发锯齿波发生器，使它开始产生一个直线上升的锯齿电

压，在锯齿波电压上升的过程中，锯齿电压不断与被测电压在电压比较器上进行比较，当锯齿电压上升到等于被测电压 U_x 时，比较器即发出关门信号，将控制门关闭。这时计数器所保留的数就是控制门从开启到关闭的时间间隔中，通过控制门的标准时间脉冲的个数。被测电压 U_x 越大，锯齿波从零上升到被测电压 U_x 值所需要的时间就越长，控制门开启时间也越长，进入计数器的脉冲数也越多，利用数码显示器将进入计数器的脉冲数

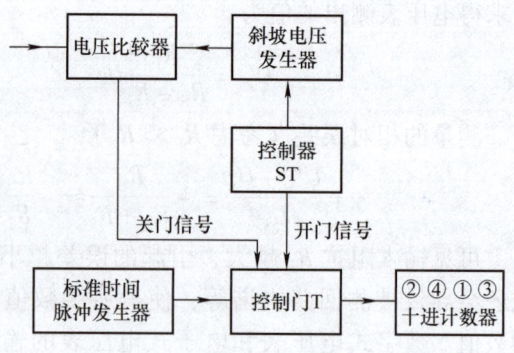

图 8-2　V-T 型数字式电压表原理框图

显示出来，所计的数就是通过控制门的脉冲个数。适当选择标准脉冲发生器的重复频率和锯齿波斜率，就能使通过控制门脉冲个数与被测电压值相等，显示器上可以直接显示出被测电压值。例如标准时间脉冲的频率为 100kHz，锯齿波上升斜率为 100V/s，若被测电压为 10V，则控制门从开启到关闭的时间间隔为 10V/（100V/s）=0.1s，通过控制门的脉冲个数为 0.1×100000=10000，即显示器显示的数字为 10000，若标上单位为 mV，即可直接读出被测电压值为 10000mV。

图 8-3 表示 V-T 型数字电压表的工作过程，起动脉冲位于锯齿波起点，关门信号位于锯齿波与被测电压 U_x 的交点，图 8-3d 表示在这个时间间隔内通过控制门的标准时间脉冲个数。V-T 型电压表的准确度首先取决于标准时间脉冲发生器所发脉冲频率的稳定度，因为单位时间发出的脉冲个数发生波动，必然影响读数；其次取决于锯齿上升的线性，保证电压上升值与时间间隔成正比。目前这两方面的技术都比较成熟，所以 V-T 型电压表准确度也比较高。现在常用的电压时间变换型多是用积分电路或双积分电路。

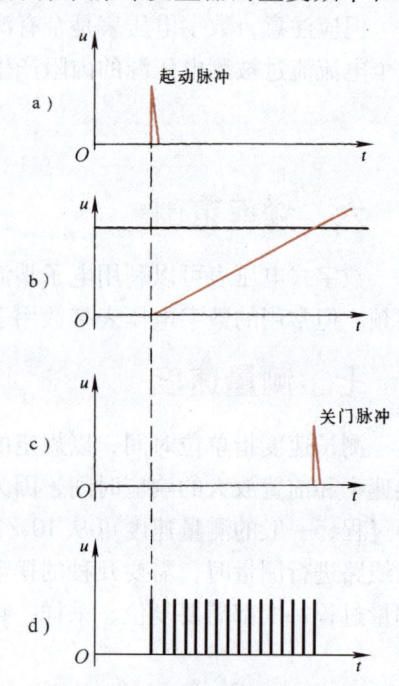

图 8-3　V-T 型数字式电压表工作过程波形图

二、电压-频率变换型

所谓电压-频率变换型是指测量时将被测电压值转换为频率值，然后用频率表显示出频率值，即能反映被测电压值的大小。 这种表又称为 V-F 型，图 8-4 为 V-F 型的原理框图。

图 8-4 中有两个振荡器，HO 为固定频率振荡器，其输出频率为 f_{HO}，AO 为可控频率振荡器，其频率受被测电压控制，当被测电压为 0 时，输出频率为 f_{AO}，被测电压增大时，输出电压的频率随之增大，并等于 $f_{AO}+\Delta f$，固定频率振荡器的输出频率 f_{HO} 与可控频率输出频率 $f_{AO}+\Delta f$ 经混频器混频后，可输出一频率为 $f_0=f_{HO}-(f_{AO}+\Delta f)$ 的电压。如果使 $f_{AO}=f_{HO}$，则混频器的输出频率 f_0 将等于受控振荡器的频率增量 Δf，因此可以用混频器的输出频

第八章 数字电压表

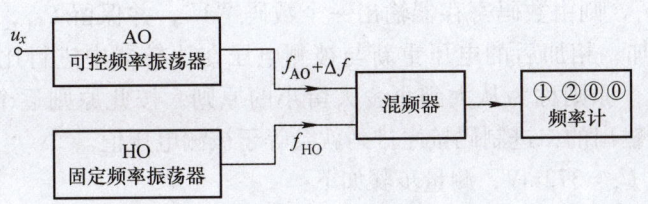

图 8-4 V-F 型数字式电压表原理框图

率 f_0 反映被测电压,并通过计数显示。只要适当选择 AO 和 HO 的振荡频率,就能够使显示器读数直接等于被测电压值。

采用混频的目的是为了提高输出频率的变化范围,并取得零点。因为受控振荡器改变频率的方法一般是用改变变容管电容 C 的方法,已知振荡器频率 $f = \dfrac{1}{2\pi\sqrt{LC}}$,当变容管受控时,它的电容值可以在一定范围内变化,例如静态时为 100pF,通过控制可以使它在 100～120pF 内变化,因此被测电压为零时,受控振荡器的频率并不为零。采用混频法之后,由于输出频率 $f_0 = f_{HO} - (f_{AO} + \Delta f)$,只要取 $f_{HO} = f_{AO}$,可以做到输出频率 $f_0 = \Delta f$,当被测电压为零时,可以使输出频率 $f_0 = 0$。

三、逐次逼近比较型

逐次逼近比较型电压表是利用被测电压与不断递减的基准电压进行比较,通过比较最终获得被测电压值,然后送显示器显示。虽然逐次比较需要一定时间,要经过若干个节拍才能完成,但只要加快节拍的速度,一次测量还是能在瞬间完成的。

图 8-5 是逐次逼近比较型数字电压表的原理框图。

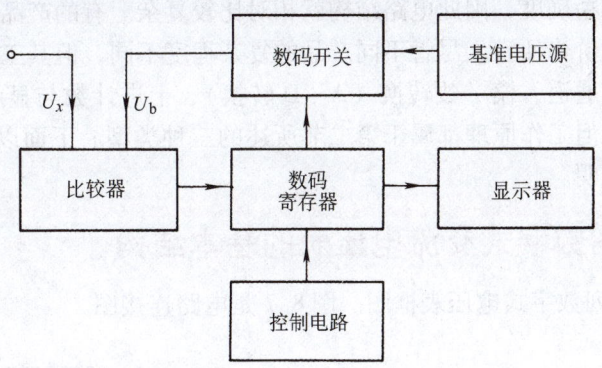

图 8-5 逐次逼近比较型数字电压表的原理框图

图中,数码开关可把由基准电压源输出的高稳定度电压 U_b,分成若干个步进小电压 U_{b1}、U_{b2}、U_{b3}、…。而且这些步进电压的前一个值比后一个大一倍,或者用二进制表示刚好增加一位。例如取基准电压 U_b 为 1024mV,并分成若干个步进小电压分别为 512mV、256mV、128mV、64mV、32mV、16mV、8mV、4mV、2mV、1mV 等,然后通过控制器将 U_b 逐个取到比较器与被测电压进行比较,所取出的 U_b 应按从大到小原则顺序取出,也就是先取最大的电压 U_{b1} 与 U_x 进行比较,若 $U_{b1} > U_x$,就由数码寄存器输出一个数码"0",并舍

去 U_{b1}；若 $U_{b1} \leq U_x$，则由数码寄存器输出一个数码"1"，并保留 U_{b1}，以便与下一个取出的步进电压 U_{b2} 相加，相加后的电压重新与被测电压在比较器中进行比较，并重新输出数码，决定取舍。这个原则称为从大到小舍大留小的原则，按此原则逐个取出 U_b 进行比较后，将数码寄存器输出的二进制码按序排列就会等于被测电压值。

例如被测电压 $U_x = 372\mathrm{mV}$，测量步骤如下：

1）先取 $U_{b1} = 512\mathrm{mV}$，在比较器中进行比较，由于 $U_{b1} > U_x$，舍去 U_{b1}，输出 0。

2）取 $U_{b2} = 256\mathrm{mV}$，$U_{b2} < U_x$，保留 U_{b2} 并输出数码 1。

3）取 $U_{b3} = 128\mathrm{mV}$，并与上次保留的 U_{b2} 相加得 $U_{b2} + U_{b3} = 384\mathrm{mV}$，由于 $U_{b2} + U_{b3} > U_x$，故舍去 U_{b3}，仅保留原来的 U_{b2}，并输出数码 0。

4）取 $U_{b4} = 64\mathrm{mV}$，与上次保留的 U_{b2} 相加得 $U_{b2} + U_{b4} = 320\mathrm{mV}$，由于 $U_{b2} + U_{b4} < U_x$，故保留 $U_{b2} + U_{b4}$ 值，并输出数码 1。

5）取 $U_{b5} = 32\mathrm{mV}$，与上次保留的 $U_{b2} + U_{b4}$ 的值相加得 $U_{b2} + U_{b4} + U_{b5} = 352\mathrm{mV}$，继续与 U_x 进行比较并输出数码。

如此连续下去，数码开关保留的数将为 $U_{b2} + U_{b4} + U_{b5} + U_{b6} + U_{b8} = (256 + 64 + 32 + 16 + 4)\mathrm{mV} = 372\mathrm{mV}$，数码寄存器输出数码为 0101110100，这个码就等于十进制数 372。

上面三种方法中，前两种是通过脉冲计数方法，测出被测电压值，后一种是通过数码运算，以达到测量的目的，现在多数的 A-D 转换集成电路，也是采用数码运算完成模-数转换任务。

第三节　数字电压表实例

数字式电压表的产品类型较多，有的产品可能着重于提高性能，如要求有较宽的频率范围、较高的灵敏度和精确度，因此电路结构就相对比较复杂。有的产品可能降低一些性能要求，但其结构简单、价格便宜。尽管不同产品的复杂程度不同，但其工作原理和组成原则基本相同，都是由输入通道、模-数转换（A-D 转换）、十进计数与显示等几部分组成。可能所用的芯片不同，但工作原理都属于第二节所述的三种类型。下面以 CL 系列数字式电压表作为实例做一些说明。

一、CL 系列数字式交流电压表的基本结构

图 8-6 是 CL 系列数字式电压表框图。图 8-7 是电路连接图。

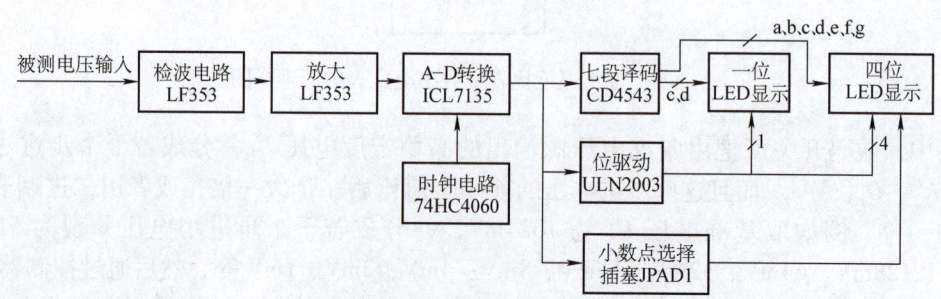

图 8-6　CL 系列数字式交流电压表的框图

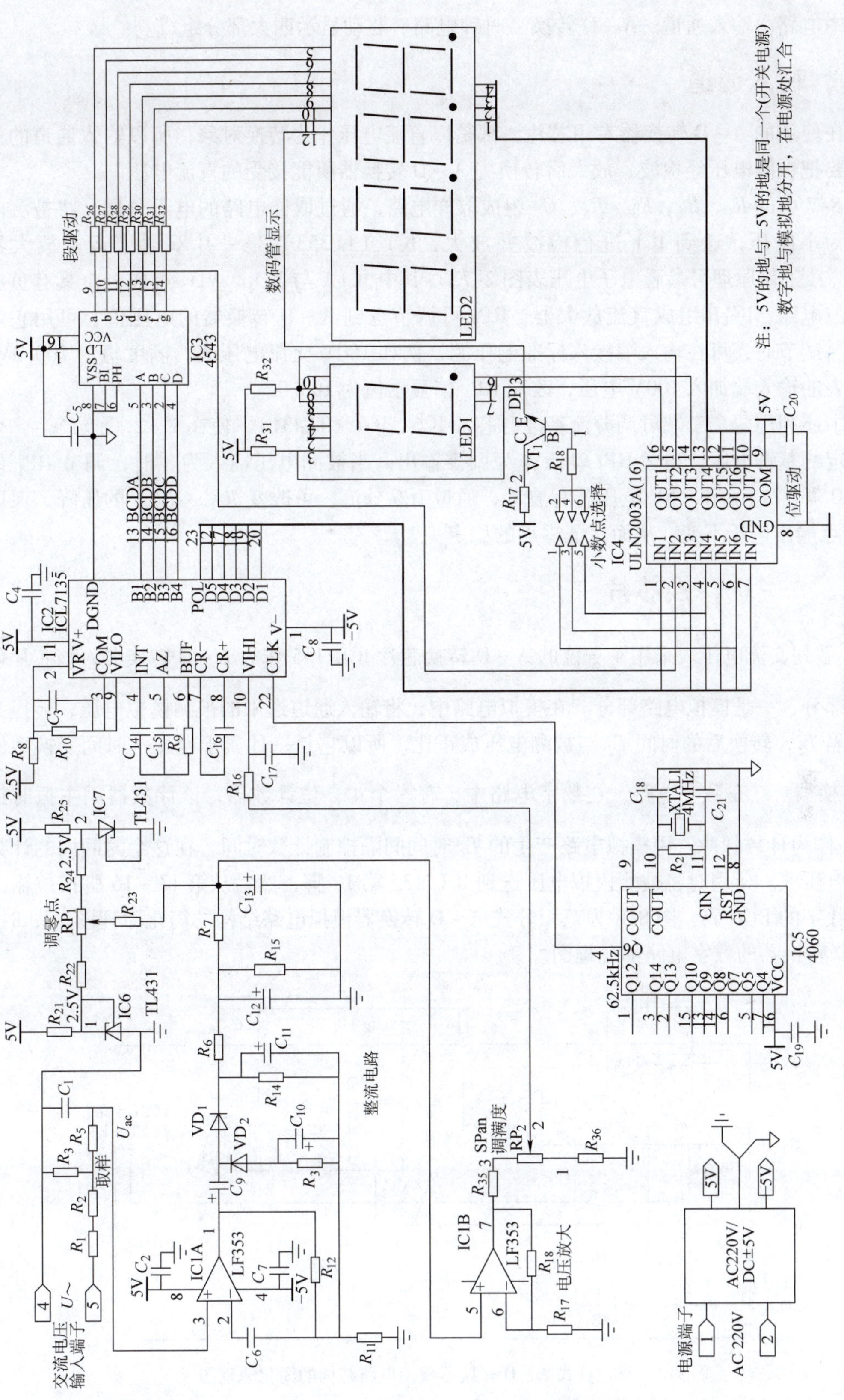

第八章 数字电压表

图 8-7 CL 系列数字式交流电压表的电路图

图中电路由输入通道、A-D 转换、时钟电路、驱动显示四大部分组成。

二、输入通道

现在使用的 A-D 转换器专用芯片，都是以直流电压作为转换对象，所以输入通道的任务就是要把被测电压经检波、放大后转换为 A-D 转换器所能接受的直流电压。

图 8-7 中的 R_1、R_2、R_3、R_5、C_1 组成取样电路，通过取样电路的电阻分压，将被测电压转换为小电压，送到 IC1 进行检波并放大，IC1（LF353）是一片双通道运算放大器（JFET），（工作原理可参看电子电压表图 2-72）其中 IC1A 与 VD_1、VD_2 组成一个具有负反馈的检波电路，IC1B 组成直流放大器，RP_2 可调节送到 A-D 转换器的电压值，可用它调节满度。调节时，可在输入端接入标准电压源，例如 100V 交流电压表，满度值为 100.0V，从电压表的输入端加入 100V 电压，改变 RP_2 使显示值为 100.0。

图中还利用两个三端可调分流基准源芯片 IC6、IC7（TL431），使在 1、2 两点产生一个比较稳定的基准电压，通过 RP_1 动点作为调零输出。当被测电压输入为零时，调节 RP_1 使显示为 0。电源 5V 和 -5V 电压若有波动，通过 IC6 分流，可改变 R_{21}、R_{25} 上的压降，保证 1、2 两点输出电压不变，从而保证零点的稳定。

三、A-D 转换芯片

CL 系列交流电压表采用 $4\frac{1}{2}$ 位的 A-D 转换芯片 ICL7135 作为 A-D 转换器，该芯片包括两个部分，一是模拟电路部分。在模拟电路中，将输入通道送来的被测模拟电压，转换为时间间隔 T_2，转换后的时间 T_2 与被测电压成正比，所以它是一种属于电压—时间变换型的 A-D 转换器。二是数字电路。在数字电路中，有一个 $4\frac{1}{2}$ 位计数器，该计数器用主振时钟频率 T_0 作为计数脉冲。用模拟电路产生的 T_2 时间间隔控制计数时间，在这个时间内的计数值就是电压值。使用时将被测模拟电压送到 ICL7135 第 10 脚，然后从第 13~16 脚按位输出转换成数字的 BCD 码。图 8-8 为双积分式 A-D 转换器模拟电路结构的简化原理图。图 8-9 是 A-D 转换器的数字电路部分框图。

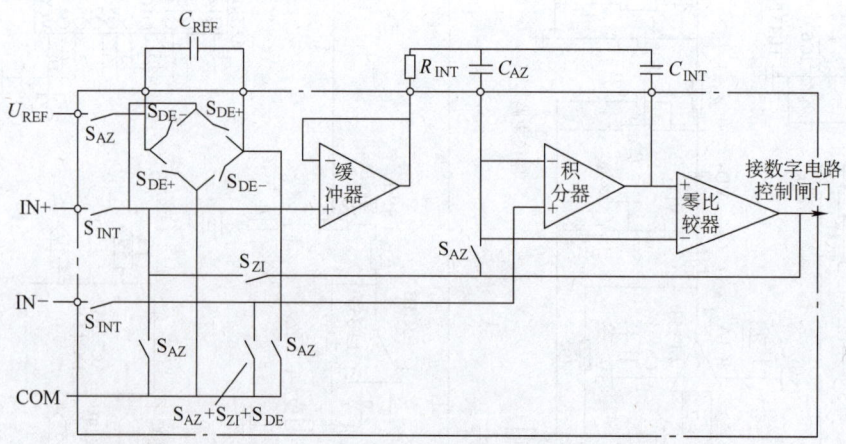

图 8-8 双积分式 A-D 转换器模拟电路结构的简化原理图

第八章 数字电压表

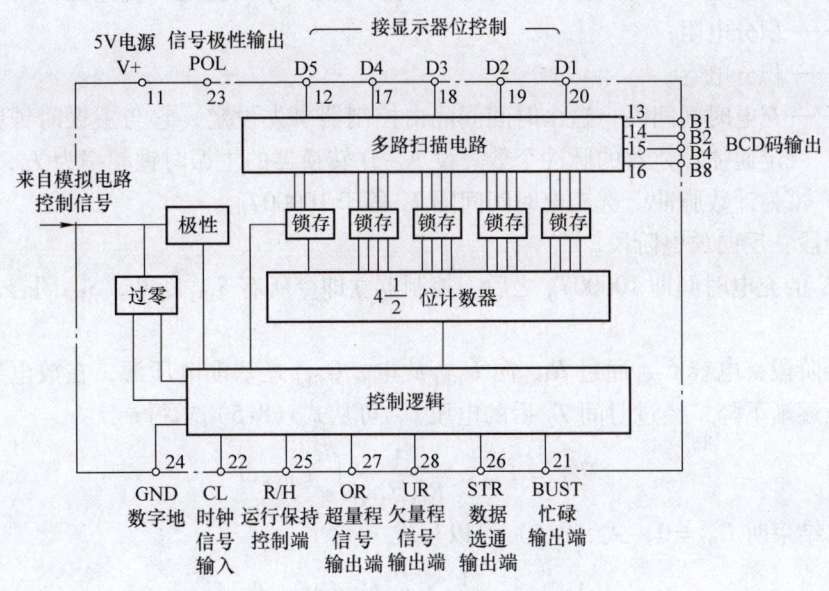

图 8-9 A-D 转换器的数字电路框图

在图 8-8 中,包括由运放单元组成的缓冲器、积分器、比较器以及四组模拟开关,这四组模拟开关由一个控制器所产生的控制逻辑所控制,在外围(点画线之外)接有基准电容 C_{ref}、积分电容 C_{INT}、积分电阻 R_{INT} 和自动调零补偿电容 C_{AZ}。

双积分电路的工作过程分成四个阶段,每个阶段由控制逻辑四组模拟开关的通断进行控制,四组开关中下标为 AZ 者,属于自动调零阶段接通的开关;下标为 INT 者,属于正向积分阶段接通的开关;下标为 DE 者,属于反向积分阶段接通的开关;下标为 ZI 者,属于零积分阶段接通的开关。

第一阶段:自动调零阶段。

上电时内部控制逻辑令所有 S_{AZ} 闭合,其余开关断开,这时输入端 IN+、IN- 断开,积分器外部电压无法输入,按理反映到比较器电路输出端的电压也应为零,如不为零则该电压就称为失调电压。可以利用这个失调电压通过 S_{AZ} 对 C_{AZ} 充电,使之产生电压 U_{AZ}。正式测量时,由于 C_{AZ} 两端的电压 U_{AZ} 与外部被测电压反向,正好用来补偿测量时电路产生的失调电压。C_{AZ} 称为自动调零补偿电容。

第一阶段基准电压源 U_{REF} 还通过模拟开关向 C_{REF} 充电,充到等于 U_{REF} 为止,以供第三阶段使用。

第二阶段:正向积分阶段或称为取样阶段。

在取样阶段,由控制器发出的取样命令,让所有 S_{INT} 闭合,S_{AZ} 断开。这时被测电压 U_x 通过缓冲器、积分电阻 R_{INT} 对电容 C_{INT} 进行充电,经控制器设定的时间间隔 T_1 后,断开 S_{INT},这时电容 C_{INT} 上所充的电压为

$$U_{01} = \frac{1}{R_{INT}C_{INT}} \int_0^{T_1} u_x dt = \frac{T_1}{R_{INT}C_{INT}} U_{xcp} \tag{8-4}$$

式中 U_{01}——电容 C_{INT} 经时间间隔 T_1 后所充的电压,方向为正;

U_{xcp}——被测电压 u_x 在时间 T_1 内的平均值，如果 u_x 为稳定直流电压，则 $u_x = U_{xcp}$；

R_{INT}——积分电阻；

C_{INT}——积分电容；

T_1——充电时间间隔，这个时间间隔由控制器事先设定，它与主振时钟频率共同决定通往计数器的脉冲个数。设 A–D 转换器的主振时钟频率为 T_0，并以 T_0 作为计数脉冲。选充电时间间隔 T_1 等于 $10000T_0$。

第三阶段：反向放电阶段。

经过 T_1 的充电时间即 $10000T_0$ 之后，控制器立即令所有 S_{INT} 断开，S_{DE} 闭合，进入放电阶段。

在这个阶段，电容 C_{INT} 通过 R_{INT} 向 U_{REF} 放电，U_{REF} 是基准电压源，在放电期间，积分电容上电压逐渐下降，经过时间 T_2 后的电压 U_{02} 可从式（8-5）求得：

$$U_{02} = U_{01} - \frac{1}{R_{INT}C_{INT}}\int_0^{T_2} U_{REF}\mathrm{d}t \tag{8-5}$$

当放电结束时 $U_{02}=0$，式（8-5）可以写成

$$U_{01} - \frac{1}{R_{INT}C_{INT}}\int_0^{T_2} U_{REF}\mathrm{d}t = 0 \tag{8-6}$$

将式（8-4）求得的 U_{01} 代入并积分，得

$$\frac{T_1}{R_{INT}C_{INT}}U_{xcp} = \frac{T_2}{R_{INT}C_{INT}}U_{REF} \tag{8-7}$$

$$T_2 = \frac{T_1}{U_{REF}}U_{xcp} \tag{8-8}$$

式（8-8）就是双积分电路要达到最终目的，即产生一个等于 T_2 的时间间隔。

由于 T_1、U_{REF} 是常数，可见被测电压 U_{xcp} 与放电时间间隔 T_2 成正比，在这个放电时间间隔，比较器将输出一个脉冲，在 S_{DE} 接通时刻输出的脉冲为高电平，当放电结束，即 $U_{02}=0$ 时，输出的脉冲为低电平，T_2 为脉冲宽度，用来开通主振脉冲通往计数器的闸门。

选择常数 T_1、U_{REF} 的数值，取决于电压表对显示位数、分辨力等要求。CL 系列交流电压表取 $U_{REF}=1V$，$T_1=10000T_0$（T_0 为主振脉冲的周期），并以 T_0 作为计数脉冲，已知充电时间间隔 $T_1=10000T_0$，可推出 T_2 时间间隔有多少个 T_0。

$$T_2 = NT_0 = \frac{10000T_0}{1}U_{xcp}$$

$$N = 10000U_{xcp} \tag{8-9}$$

式中 N——在 T_2 时间内送往数字电路控制闸门的脉冲数。

式（8-9）表示 N 与被测电压 U_{xcp} 的关系，如果转换器输入电压为 1.9V，通过闸门的时钟脉冲数 $N=19000$，显示值为 19000，选择小数点位置，就可以使显示值为 1.9000V。

第四阶段：零积分阶段。

如果超量程，经过以上三个阶段之后，积分电容上电压可能尚未回零，为保证积分电容的快速回零，控制器令 S_{ZI} 将 IN– 与 COM 短接，IN+ 与输出端短接，保证积分电路迅速回零。

图 8-8 仅是一个示意电路，图中的所有模拟开关，包括 S_{AZ}、S_{DE}、S_{INT} 实际上是由

第八章 数字电压表

CMOS 电路构成，其结构如图 8-10 所示。

图中，当 $V_c=1$、$\overline{V_c}=0$ 时，模拟开关导通，电压信号可以从 V_i 端通向 V_o 端。而当 $V_c=0$、$\overline{V_c}=1$ 时，模拟开关断开，V_i 与 V_o 间呈高阻状态，相当于一个可以由控制器的控制电压，令其通断的无触点的开关，其截止电阻与导通电阻之比大于 10^3，完全可看成是一个可通断的触点。

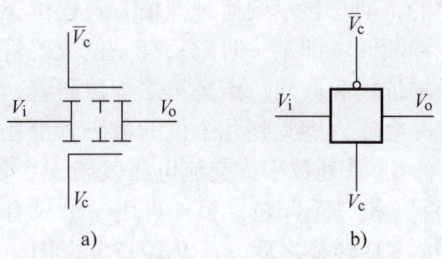

图 8-10 CMOS 电路组成的模拟开关

转换器的数字电路部分包括计数器、锁存器和多路扫描电路。来自模拟部分的控制信号作为时间控制信号，时钟信号作为计数脉冲，通过计数器对 T_2 时间间隔通过的计数脉冲进行计数，计数结果通过多路扫描电路用 BCD 码形式从 B1、B2、B3、B4 四支引脚依次输出，位码则从 D1、D2、D3、D4、D5、POL 依次输出。

四、时钟电路

ICL7135 型转换芯片需要外接时钟信号，图 8-7 中选用 74HC4060（IC3）作为时钟振荡器，振荡器部分通过外接 4MHz 的晶振，产生 4MHz 的时钟脉冲，经 64 分频，从 IC3 的 Q6 接到 A-D 转换芯片 ICL7135 的引脚 CLK。作为 ICL7135 的外接时钟。

五、显示电路

数字电压表一般用 LED（发光二极管）或 LCD（液晶显示器）作为显示器件。常用的数码管有 8 个字段，由 8 个发光二极管组成，如图 8-11a、b、c 所示，其中图 8-11b 为共阴极结构，图 8-11c 为共阳极结构。a~g 及 dp 各极接 A-D 转换器的段码输出，公共端则接 5V 电源或接地。如果 A-D 转换输出的是 BCD 码，送数码管之前还需要通过译码转换为七段码，简称段码。

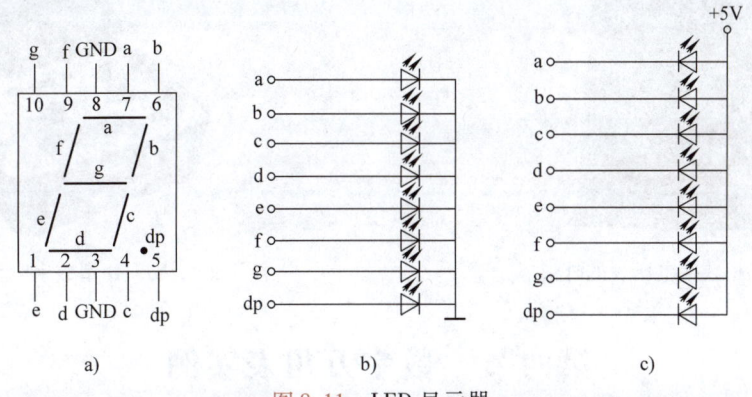

图 8-11 LED 显示器
a) 外形与引脚　b) 共阳极结构　c) 共阴极结构

一个 LED 数码管只能显示一位的字符，如果字符位数不止一位，可以用几个数码管组成，但要控制多位，还需要通过位控制码，简称位码，用于控制数码管的公共电极，以便决定哪一位点亮。

控制数码管发光有静态和动态两种方式，静态显示时，各数码管的字符段电极是分别驱动的,动态显示则通过扫描方式逐位驱动。某一时刻只让一个字位处于选通状态,其他字位一律断开,即某一时刻只有一位数码管被点亮,并显示出相应的字符。下一个时刻改变所显示的位码和段码,点亮第二个数码管,然后依次扫描,只要扫描速度快,人眼的视觉残留效应,会使人感觉到几个位的数码管都在稳定地显示。

CL 系列数字式交流电压表属于 5 位表,选用一组四位数码管,分别显示"个""十""百"和"千"位。另外再用一个只有一位的数码管显示"万"位,总共五位。被测电压经 A – D 转换之后,从 ICL7135 的 B1、B2、B3、B4 四支引脚依次输出五位的 BCD 码。所以还要经 CD4543 (IC3) 译码转换成段码,然后接数码管各段引脚。其中万位因只显示数码 1 或符号,所以译码后只要接数码管的 b、c 两个引脚。另外由于 CL 系列数字式交流电压表选用动态显示方式,所以还要从 D1、D2、D3、D4、D5 依次输出的位码,控制数码管的公共端,当 D1 = 1 时,输出的 BCD 码对应于个位;当 D2 = 1 时,输出的 BCD 码对应于十位,以此类推。考虑到公共端的电流较大,所以图中用一片达林顿晶体管阵列 ULN2003 (IC4) 作为驱动,将 D1、D2、D3、D4、D5、POL 经 ULN2003 后接数码显示管的公共端。

虽然现在市场上工业用的数字电压表和数字电流表型号众多,但电路原理及结构和以上介绍的 CL 系列基本类同,有些安装式配电盘将三相电压表或电压、电流、功率表装在一个表壳内。图 8-12 是一个表壳装三相数字电压表的外形。

由于数字电压表没有可动部件,耐振动,可显示多位读数,无视觉误差,所以许多原来使用模拟指示仪表的测量仪器,也开始改用数字电压表。例如,UJ33D 数字电位差计就是在原来 UJ31 直流电位差计的基础上,改用数字电压表,代替原来用于补偿调零的检流计和电压读数盘。电位差计多用于冶金部门,通过测量热电偶的电压以测定温度。这些地方环境条件恶劣,温度测量又要求有较高的精度,采用数字电位差计不论在性能上,还是使用条件上,都超过原来的直流电位差计。图 8-13 是 YJ33D 型数字电位差计的外形。

图 8-12　三相数字电压表的外形

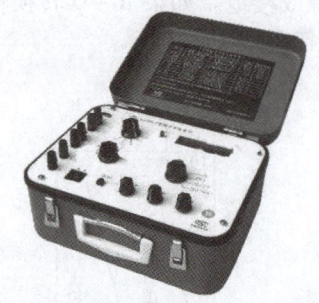

图 8-13　YJ33D 型数字电位差计外形图

第四节　数字万用表实例

万用表是一种便携式的维修工具。数字万用表由于体积小,过载能力强,无可动部件,耐振动,比起模拟式万用表更便于携带。**数字万用表的基本功能是测量直流电压(DCV)**,然后在电压表电路的基础上加上某些扩展,使之可用于测量其他电磁量,例如交流电压(ACV)、直流电流(DCA)、交流电流(ACA)、电阻(R)、低功率法测量电阻(LΩ)、电导(NS)、三极管共射电路的电流放大倍数(H_{FE})、电容(C)等。有的数字万用表还可以用于测量频率(f)、温度(T),可以检查线路通断的蜂鸣器(BZ)、50Hz 的方波输出等。

第八章 数字电压表

低功率法测电阻是指测量时表笔电压小于 0.3V，即小于 PN 结正向导电电压，在测量 PN 结电阻时，不会使 PN 结短路。测量温度则必须外配热电偶或半导体传感器。

有的数字万用表还设置保持（Hold）功能、逻辑测试（Logic）功能、自动关机功能。 保持功能是指按下保持功能按钮时，能在读入一个数据后，保持读数不变，不因被测电压变化而刷新。逻辑测试功能是指测量时只显示逻辑电路的高低电平，而不计其具体数值。为此，测试时可以不经 A–D 转换，所以测量速度快。自动关机功能指用户忘记关闭电源开关时，能实现自动关机。由于万用表的量程范围广，难免会在使用时把转换开关放置在错误档位，导致测量时损坏仪表，所以<u>一般数字万用表都装有过载和过电压保护装置</u>，例如用快速熔丝管、双向限幅二极管等进行保护。

一般 $3\frac{1}{2}$ 位万用表测量直流电压时分辨力可达到 μV 级，准确度在 0.5% ±1 字左右；工作频率范围为 40~400Hz，个别可达 1kHz；直流电压测量范围可达 0.01mV~1000V，交流电压测量范围为 0.01mV~700V，直流电流测量范围为 0.1μA~20A，交流电流测量范围为 1μA~20A，电阻测量范围为 0.01Ω~200MΩ，电容测量范围为 0.1pF~20μF，频率测量范围为 10Hz~200kHz。不同型号的测量范围略有差异。一般输入电阻约为 10MΩ，输入电容在 10~150pF 之间。

现在生产的数字万用表虽然品种繁多，型号不一，但它们的基本性能和工作原理却相差不大，所使用的芯片有三种类型。第一种为单片 A–D 转换器和数字显示集成电路，是一般低、中档数字万用表使用的芯片，典型产品有 ICL7106、ICL7116、ICL7126、ICL7136 以及 MC14433 等。它们的基本原理相同，只有某些结构有差异，例如 ICL7106 采用静态驱动显示，MC14433 采用动态驱动显示，测量速度也不相等。第二种为数字万用表专用集成电路，除含有 A–D 转换器和数字显示外，还包括某些附属电路，如自动量程转换电路等，虽然同属单片，但专用集成电路的单片中包含有部分外围电路，典型产品有 TCL7139、TSC815 等。第三种为多重显示专用集成电路，这种芯片的驱动部分除了能驱动 LCD 的数字显示外，还能驱动液晶条图，像模拟电表的指针一样能从条图变化中看到被测量大小及其变化趋势。这三种都是以 A–D 转换和数字显示为基础，后两种只是在 A–D 转换器和数字显示外另外增些专用电路而已。为此选择结构比较典型，线路比较简单，使用 ICL7106 作为主芯片的 DT–830 型数字万用表作为实例进行介绍，目的是为了便于讲解。DT–830 型数字万用表的外形如图 8-14 所示。图中 1 为 LCD，2 为电源开关，3 为量程转换开关，共计 28 个档位，6 和 7 为测量电压和电阻时使用的 "V/Ω" 和 "COM" 两个端子，4 和 5 为测量电流 "mA" 或 "20A" 的端子，8 为测量晶体管 H_{FE} 的插座。图 8-15 是它的总电路图。

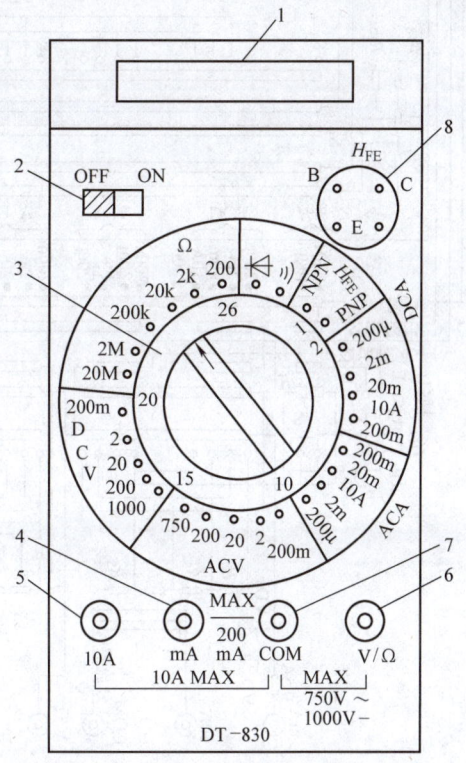

图 8-14 DT–830 型数字万用表外形

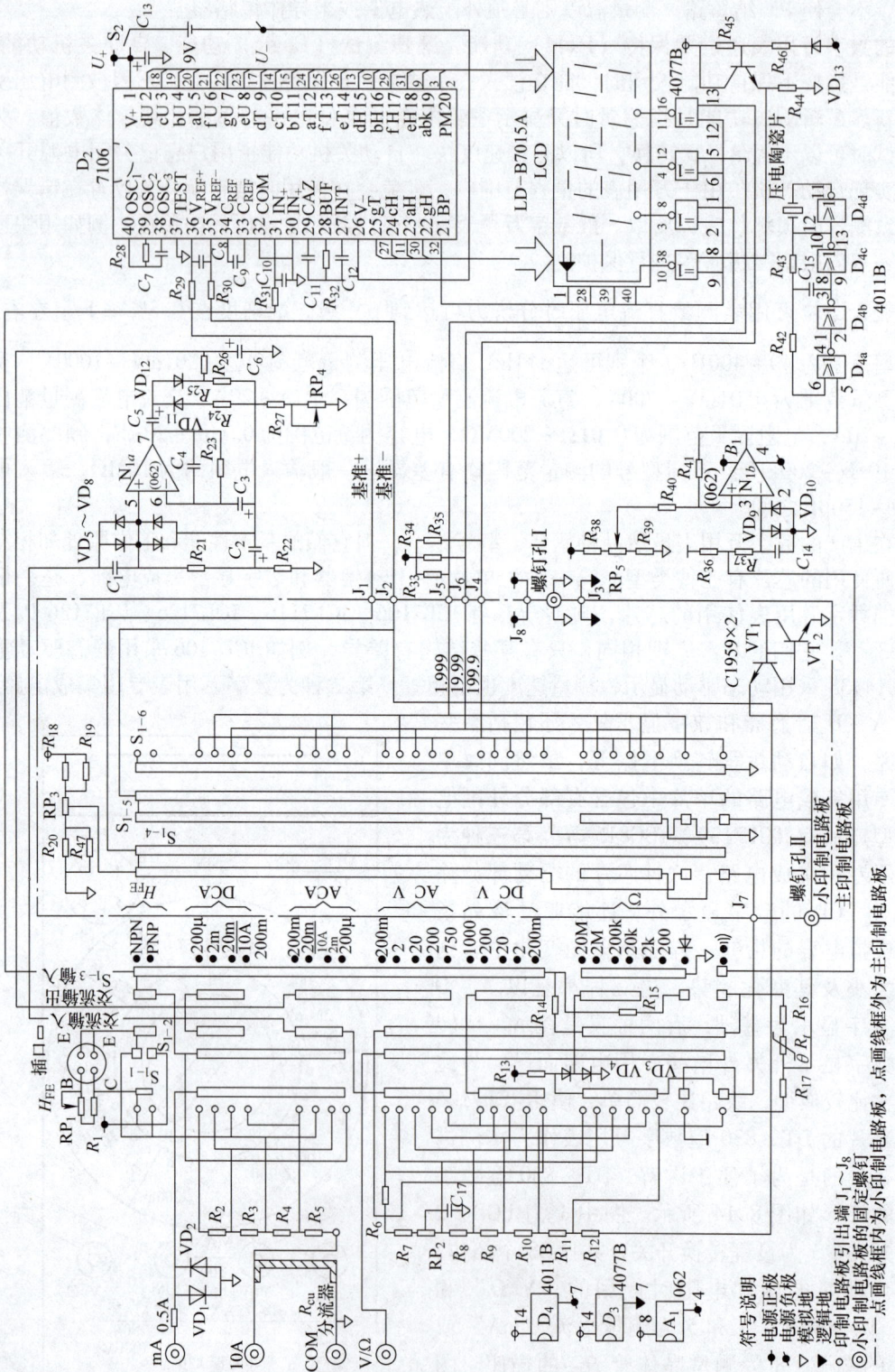

图 8-15 DT-830 型数字万用表总电路图

一、ICL7106 的内部结构

在总电路图中可以看到，DT-830 型数字万用表采用 ICL7106 型 $3\frac{1}{2}$ 位 A-D 转换器作为主芯片，ICL7106 跟上一节介绍的 ICL7135 类似，内部结构也是由模拟电路和数字电路两部分构成。

1. 模拟电路部分

模拟电路的任务是将输入的模拟电压转换为时间间隔。它的工作过程与上节介绍的 ICL7135 相似，两者都属于双积分型，但位数不同，ICL7135 为 $4\frac{1}{2}$ 位，ICL7106 为 $3\frac{1}{2}$ 位，因此在选择式（8-8）的常数 U_{REF} 和 T_1 时，要取不同值。对于 ICL7106 要取 $T_1 = 1000T_0$，$U_{REF} = 100\text{mV}$，代入式（8-8），当输入电压为 199.9mV 时，送到计数器的脉冲个数 N 刚好等于 1999，选择小数点位置，可显示 199.9（单位 mV）。由于最高位只能为 1，所以 ICL7106 的量程范围只能为 0~200mV。

2. 数字电路部分

ICL7106 内部的数字电路如图 8-16 所示，也是用时钟作为计数脉冲，用双积分电路产生的 T_2 作为时间间隔控制通过闸门进入计数器的脉冲个数，经译码后以数字形式显示于 LCD。但与 ICL7135 不同的是，ICL7135 转换后为 BCD 码，显示时要外加译码器。而 ICL7106 在芯片内部已有译码器，已经转换成七段码，可直接带动液晶显示器，无须外接译码电路。另外 ICL7106 采用静态显示方式，无须位码扫描，因此线路更加简单，更适用于携带式仪表，整个数字电路包括以下部分。

（1）**时钟振荡器** 时钟振荡器由两个非门 F_1、F_2 和外部阻容元件 R、C 组成，产生的主频为 40kHz，经 4 分频后得到频率为 10kHz，$T_0 = 100\mu s$，即利用它作为计数信号。如上所述，当选用 $U_{REF} = 100\text{mV}$、$T_1 = 1000T_0 = 100\text{ms}$，被测电压 = 100mV 时，送到计数器的脉冲个数刚好等于 100.0。

另外，时钟振荡器主频经 800 分频，可得到频率为 50Hz 的方波，这个方波用来作为显示器背电极的驱动电压。背电极原理将在下面说明。

（2）**计数器** 计数器用来对脉冲信号进行计数，由于显示器显示的是十进制数码，所以计数器也必须由 4 位二-十进制的计数器组成。控制逻辑先令控制计数器复位，然后利用比较器输出的脉冲开通计数器，在 T_2 的时间内，送到计数器的脉冲个数等于被测电压值。

（3）**锁存器** 锁存器用来对计数器的脉冲信号进行锁存。如果计数器在计数过程直接将数据送到显示器，会造成显示器不断跳数，引起视感疲劳，也不便于观察和记录。因此计数器输出需经锁存器电路再送译码显示电路，如果计数器正处于计数过程，锁存器的内容将保持不变，只有在双积分电路放电结束，$U_{02} = 0$，比较器输出低电平时，控制逻辑才发出选通信号，允许把计数器当时的内容存入锁存器，然后再送译码显示电路。

（4）**译码器** 锁存器输出的是 BCD 码，驱动 LCD 需要字段码，译码器的任务即将 BCD 码转换为字段码。译码器的结构可参阅有关数字电路的参考书。

（5）**相位驱动器** 数字万用表通常使用液晶显示器（LCD），液晶显示器由段电极和背电极构成，两极之间加上电位差，液晶就会发光，但这个电位差一般不用直流，因为直流极

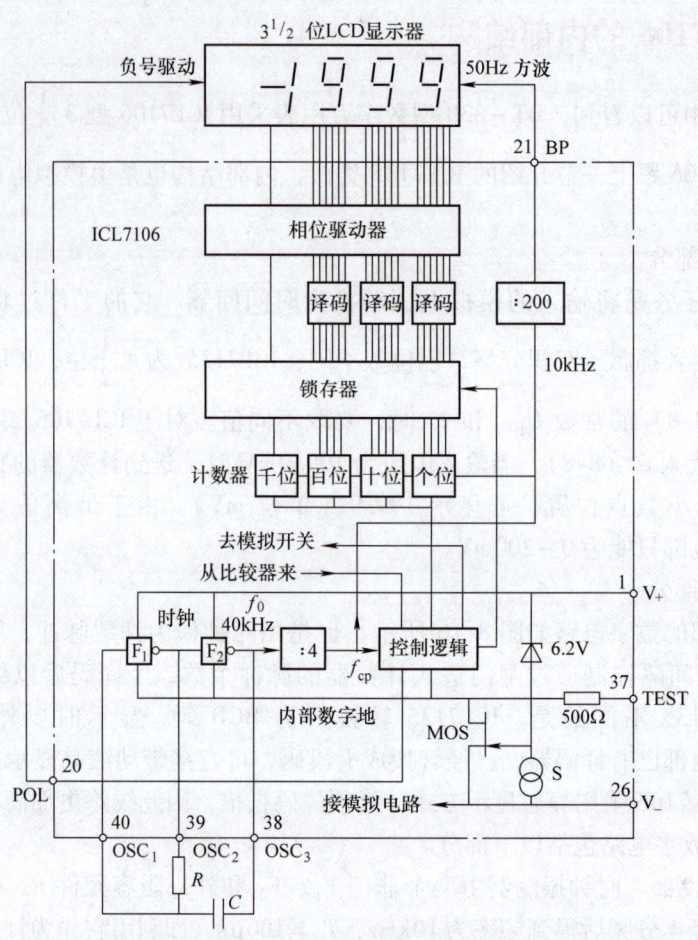

图 8-16 ICL7106 数字显示电路的结构框图

性不变，会导致液晶材料电解，使液晶产生气泡或变质，影响它的使用寿命。通常使用两个频率与幅度相同、相位相反、占空比为 50% 的方波电压作为驱动电压分别接两个电极，则两极反相时液晶发光，同相时液晶消隐。

反相方波通过异或门电路产生，如图 8-17 所示。异或门一个输入端 B 接 50Hz 的方波，另一个输入端 A 接控制信号，当控制信号为 0 时，输出的方波与输入端方波同相，当控制信号为 1 时，输出方波与输入端方波反相，以此得到频率与幅度相

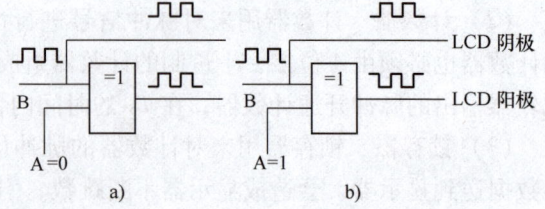

图 8-17 产生反相方波的异或门电路图

同、相位相反、占空比为 50% 的方波，作为液晶显示器的驱动信号。字段和负号的异或门相位驱动器集成在芯片内部，并通过 TCL7106 的段电极输出端（a～g）输出，小数点和"电池电压不足"提示图形的异或门相位驱动器，则由芯片外部电路提供。

（6）**控制逻辑** 控制逻辑用于识别积分电路工作状态，使模拟电路中的模拟开关按规定顺序接通；同时控制送到计数器的计数脉冲个数，用它作为显示值；还要识别被测电压的

极性正负，决定是否显示负号；并当输入电压超量程时，发出溢出信号，使千位显示"1"，其余位均消隐。

在电源配置方面，ICL7135 需要 5V 和 -5V 两种电源，而 ICL7106 只要 9V 一种电源，并以 TEST 端作为公共地，双积分电路是以 COM 端为公共地，要注意二者不能短接，否则 TCL7106 不能工作。

3. 引脚设置

TCL7106 的引脚排列如图 8-18 所示。

各引脚的作用如下：

V_+、V_-：外接电源的正、负端。

COM：模拟地，使用时模拟电压输入负端及基准电压负端短接。

TEST：数字地。

OSC1、OSC2、OSC3：需外接阻容元件作为时钟振荡器。

V_{REF+}、V_{REF-}：基准电压的正、负端。

C_{REF+}、C_{REF-}：外接基准电容的正、负端。

IN_+、IN_-：被测模拟电压正、负输入端。

CAZ、BUF、INT：分别为自动调零电容、积分电阻、积分电容的连接端。

BP：背电极信号（50Hz 方波）输出端。

POL：负极性驱动端。

a1、b1、c1、d1、e1、f1、g1：个位段驱动端。

a2、b2、c2、d2、e2、f2、g2：十位段驱动端。

a3、b3、c3、d3、e3、f3、g3：百位段驱动端。

bc4：千位段驱动端，千位仅显示 1，所以只有两个段驱动端，都接在 bc4。

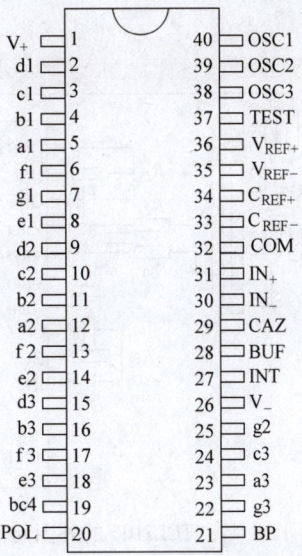

图 8-18　TCL7106 的引脚图

二、TCL7106 的外围元件

DT-830 型数字万用表采用 TCL7106 作主芯片后，所需要的外围元件很少，包括时钟振荡器用的阻容元件 R_{28}、C_7 和 A-D 转换用的积分电容 C_{12}、积分电阻 R_{12} 和自动调零电容 C_{11}，使电表结构变得简单。

V_{REF+} 和 V_{REF-} 是 TCL7106 的基准电压输入端，DT-830 型数字万用表需要的基准电压为 100mV，它来自电池电源，在使用 9V 叠层电池时，TCL7106 内部置 COM 为地电位，V_+ 对 V_- 为 9V，V_+ 对 COM 为 2.8V，V_- 对 COM 为 -6.2V。就利用 V_+ 对 COM 的 2.8V 作为基础电源，经 R_{18}、R_{19}、RP_3、R_{20}、R_{47} 组成的电阻分压器分压后，从 RP_3 中点取得对 COM 为 100mV 的电压，将此电压接在 V_{REF+} 端，就是万用表的基准电压。基准电压是万用表的重要参数，万用表若发生故障，应先测量基准电压是否正确。外围元件的连接如图 8-19 所示。

三、显示电路

TCL7106 内部已集成了数码的异或门电路，它的段电极输出端（a~g）可以直接驱动液晶显示器的段电极。PM 为负号输出端，可以直接驱动显示器的负号。背电极 BP 输出为 50Hz 方波。当段电极输出端（a~g）与背电极 BP 输出的方波反相时，点亮显示器；当段电极输出端（a~g）与背电极 BP 输出的方波同相时，数码消隐。

TCL7106 内部没有小数点显示和"电池电压不足"显示的异或门电路驱动端，为了显示小数点和"电池电压不足"提示图形，必须另加外围电路，如图 8-20 所示。

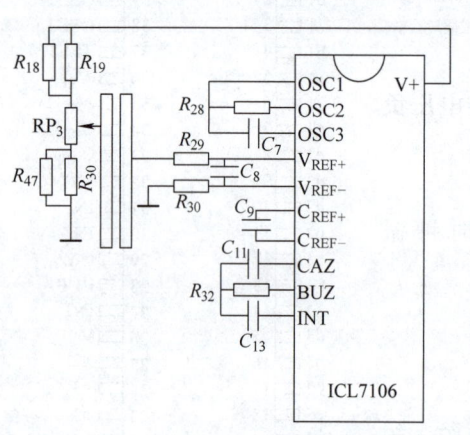

图 8-19　TCL7106 的外围元件连接

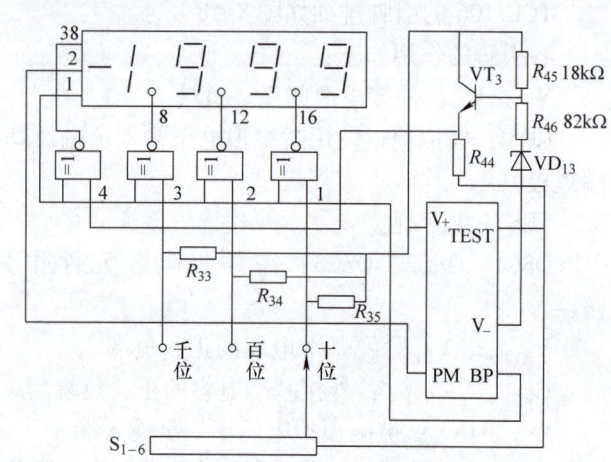

图 8-20　小数点显示驱动电路

图 8-20 中，将 TCL7106 的 BP 方波信号接在异或非门的一个输入端，异或非门的输出与 LCD 的小数点或"电池电压不足"提示图形的电极相连。上面说过，只有在异或门的控制端为高电位时，才能在输出端得到与 BP 反相的方波，使对应的小数点发亮，如果异或门的控制端为低电位，则对应的小数点不亮。但 DT-830 型数字万用表采用异或非门，所以正好与上面相反，在异或非门的控制端为低电位时，输出端可输出与 BP 反相的方波点亮该位，控制端是通过 S_{1-6} 接 TEST，只有与刀开关接触的控制端才能获得低电位，才能使相应位的小数点发亮。而在电池电压不足时，R_{44} 一端输出低电位，可以显示出"电池电压不足"的提示图形。

四、DT-830 型数字万用表的使用

1. 测量直流电压

当量程转换开关置于 DCV200mV 档位时，从图 8-21 可看出，这时被测电压直接送 ICL7106 的 IN_+ 端，按照上面介绍的 ICL7106 工作原理，这时万用表可作为 200mV 直流电压表使用。量程开关在 DCV 的其他档位时，则通过相应的分压电路 $R_7 \sim R_{12}$，把被测电压转换为 0~200mV 的直流电压，然后再送 TCL7106 的 IN_+ 端进行测量与显示。直流电压测量共 5 档，每档量程扩大 10 倍，考虑到使用安全，最后一档量程虽然也是扩大 10 倍，但规定最大只允许测量 1000V。

2. 测量直流电流

测量直流电流如图 8-22 所示，测量直流电流时先将被测电流通过分流器 R_2、R_3、R_4、

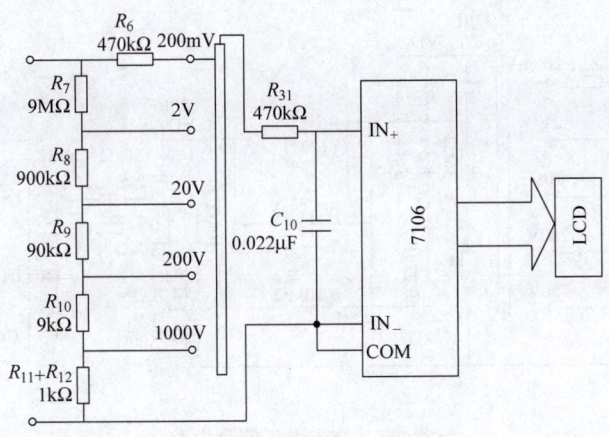

图 8-21 直流电压测量电路

R_5、R_{cu},转换为 0~200mV 的直流电压,然后送 IN_+ 端测量并显示。由于 IN_+ 端是测量 200mV 直流电压的输入端,分流器的最大阻值为 1000Ω,可求得测量直流电流的基本档应为 200μA。当量程开关置于 DCA 的其他档位时,改变分流器数值,也相应改变电流的量程。量程转换共 5 档,分别为 200μA、2mA、20mA、200mA、10A,每档量程扩大 10 倍,最后一档分流器为 0.02Ω,量程扩大为 50 倍即 10A,由于最后一档使用专用端子输入,所以量程开关可置任意档。为了保护 TCL7106,不使输入过大,利用 VD_1、VD_2 进行双向限幅。

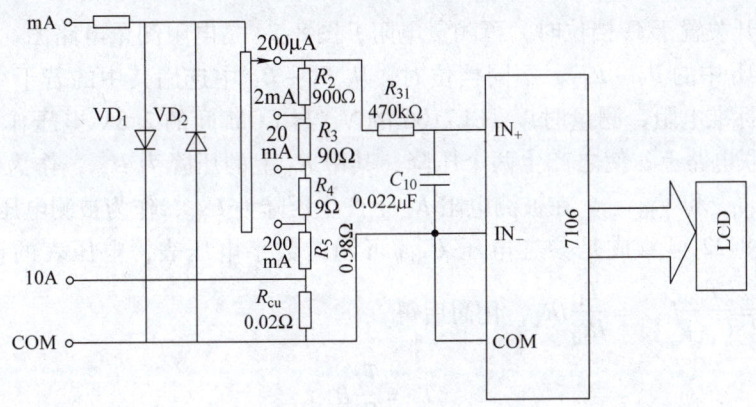

图 8-22 直流电流测量电路

3. 测量交流电压

量程转换开关置于 ACV 档位时,可测量交流电压,ACV 共五档,测量电路如图 8-23 所示,图中由 VD_{11}、VD_{12} 和运算放大器 062 组成线性的均值检波电路(简称 AD/DC 转换,注意不要与模 - 数转换的简称 A - D 转换混淆起来),$R_7 \sim R_{11}$ 是与测量直流电压共用的分压电阻,通过分压电阻将被测电压转换为 200mV 以下的交流电压。然后经线性的均值检波转换为直流电压,最后送 TCL7106 的 IN_+ 端进行测量与显示。VD_5、VD_6、VD_7、VD_8 是双向过压保护,R_{26}、C_4、R_{31}、C_{10} 都是整流器的滤波环节,RP_4 可以调节交流电压测量的灵敏度。

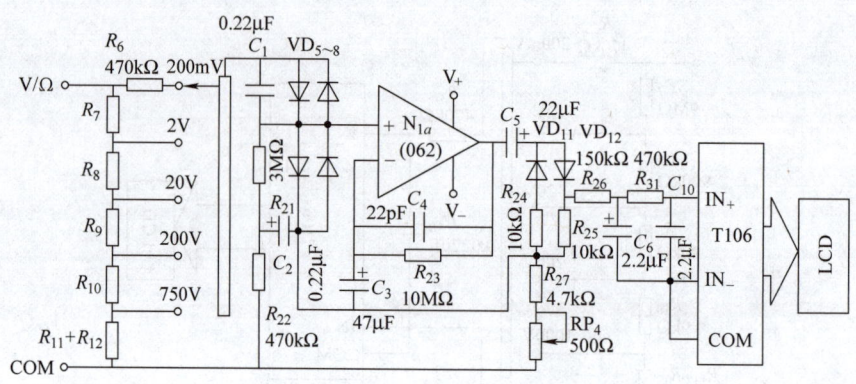

图 8-23 交流电压测量电路

4. 测量交流电流

量程转换开关置于 ACA 档位时，可测量交流电流，ACA 共五档，测量时也是先利用图 8-20 中 $R_2 \sim R_5$ 组成的分流器，把交流电流转换为交流电压，然后再利用图 8-23 中的线性均值检波电路，将 AC 电压转换为 $0 \sim 200 \text{mV}$ 的 DC 电压，送 TCL7106 的 IN_+ 端进行测量与显示。I/U 转换过程和测量直流电压转换过程相同，AC/DC 转换过程和测量交流电压的转换过程相同。

5. 测量电阻

量程转换开关置于 Ω 档位时，可测量电阻，图 8-24 是电阻测量电路图，图 8-24a 中的 R_0 就是图 8-24b 中的 $R_7 \sim R_{12}$，不同档位时，从 $R_7 \sim R_{12}$ 中选用其中的若干个作为 R_0，R_0 在测量中作为标准电阻，测量时以 TCL7106 的 V_+ 与 COM 间的 2.8V 电压作为电源，接在 R_0 和 R_x 的串联电路上，使之产生两个压降，其中 R_0 上的压降为 U_{R0}，作为 TCL7106 的参考电压，接 V_{REF+} 和 V_{REF-}。在被测电阻 R_x 上产生压降为 U_{Rx}，作为被测电压，接 TCL7106 的 IN_+ 端。图 8-22 可看成是参考电压 U_{REF} 可调的数字电压表，电压表的读数可利用式 (8-8)，即 $T_2 = \dfrac{T_1}{U_{REF}} U_{xcp} = \dfrac{T_1}{IR_0} IR_x$，化简后得

$$T_2 = \frac{T_1}{R_0} R_x \tag{8-10}$$

CL7106 是 $3\dfrac{1}{2}$ 位，式中取 $T_1 = 1000 T_0$。R_0 由电阻量程开关进行转换。以量程开关置于 200Ω 档为例，$R_0 = 100Ω$，若待测电阻 R_x 也等于 100Ω 时，按式 (8-10)，若 $T_1 = 1000 T_0$，$T_2 = NT_0 = \dfrac{1000 T_0}{R_0} R_x$，则显示的数码 $N = \dfrac{1000}{R_0} R_x = 100.0$。同样，若量程开关置于 2kΩ 档，$R_0 = 1\text{k}Ω$，待测电阻 R_x 也等于 1kΩ 时，显示的数码 $N = \dfrac{1000}{R_0} R_x = 1000$，若 $R_x = 1999Ω$，则显示板上数码为 1999，若 $R_x = 2\text{k}Ω$，则溢出，溢出时显示板只能显示一个"1"字。可见不同的待测电阻 R_x，对应不同的 T_2，送到计数器的计数脉冲 N 就等于电阻值。

若被测电阻过小，电路可能过电流，R_1 作为过电流保护，VD_1 和 VD_2 可用来保护过电压。

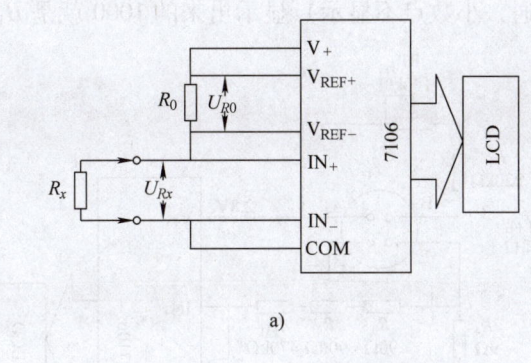

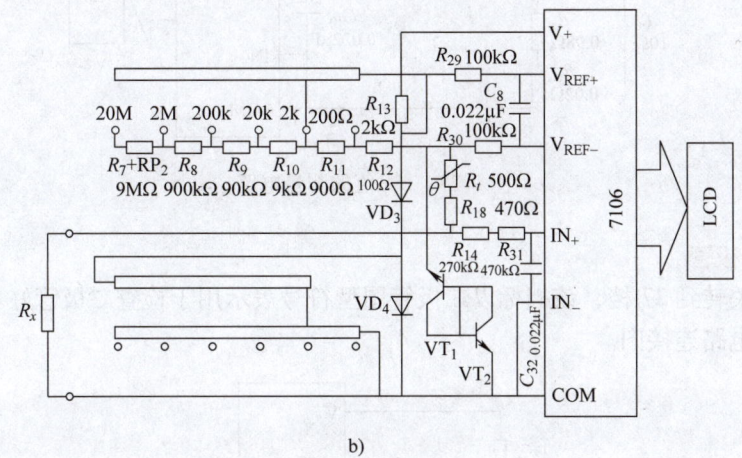

图 8-24 电阻测量电路

6. 测量晶体管 H_{FE}

量程转换开关置于 H_{FE} 档位时,可测量晶体管的放大倍数 H_{FE}。测量 H_{FE} 有两档,分别测量 NPN 和 PNP 两种管型。图 8-25 为测量 H_{FE} 时的对应电路,当晶体管插在插座之后,其集电极电流将通过电路 $R_4 + R_5 + R_{cu}$。上面已经讲过,DT - 830 型数字万用表的基准电压为 100mV 时,TCL7106 的 IN_+ 端相当于一个 0~200mV 的电压表,因此按图 8-24 的接法,显示器上所显示的值正好是 $R_4 + R_5 + R_{cu}$ 的压降(单位为 mV)。按 H_{FE} 定义可知

$$H_{FE} = \frac{I_c}{I_b} = \frac{\dfrac{U_{R0}}{R_4 + R_5 + R_{cu}}}{I_b} \tag{8-11}$$

从图中可知 $R_4 + R_5 + R_{cu} = 10\Omega$,可通过调节 RP_1 使 $I_b = 10\mu A$,代入式(8-11)得

$$H_{FE} = \frac{\dfrac{U_{R0}}{R_4 + R_5 + R_{cu}}}{I_b} = \frac{\dfrac{U_{R0}}{10}}{10 \times 10^{-6}} = U_{R0} \times 10^4 \tag{8-12}$$

式中,U_{R0} 的单位为 V,如果单位为 mV,可改写为

$$H_{FE} = U_{R0}(\text{以 V 为单位}) \times 10 \tag{8-13}$$

现在式中的 U_{R0} 是显示器上所显示的电压值,单位为 mV。可见,可以将显示出的读数乘 10,可直接得出 H_{FE} 值,例如测出 U_{R0} 值为 100.0(单位为 mV)时,利用开关 S_1 消去小

数点（在 H_{FE} 档位 S_{1-6} 不通，小数点不显示）显示出来的 1000 就是 H_{FE} 值。

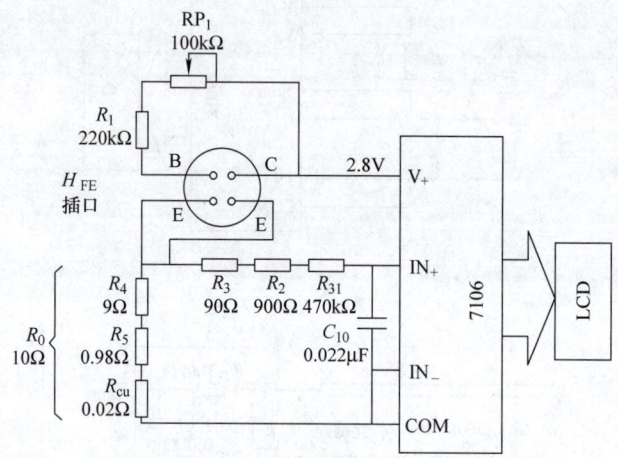

图 8-25　H_{FE} 值的测量电路

7. 检查二极管

当量程开关转到 27 档，该档标以二极管图型符号表示用于检查二极管好坏，图 8-26 是检查二极管的电路连接图。

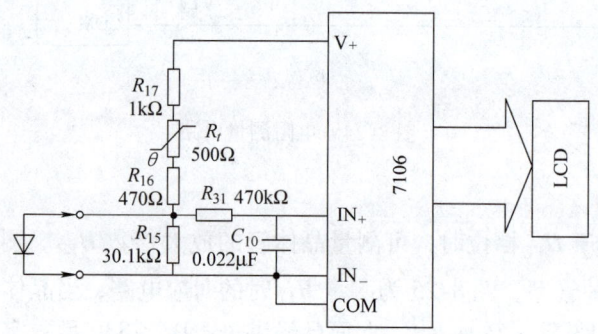

图 8-26　二极管检查电路

当二极管正接时，TCL7106 作为 200mV 电压表可以测出其正向压降，如显示板显示数为 0.000，则表示管子短路；若显示 1，表示溢出，说明管子已断路。正常的二极管所显示的正向压降应为 0.550~0.700V（硅管）或 0.150~0.300V（锗管）。当二极管反接时，显示板应显示 1，表示开路，若为 0.000，表示管子已短路。

8. 使用蜂鸣器

当量程开关转到 28 档，该档标以声波的图型符号表示可以使用蜂鸣器，如果使用蜂鸣器在检查线路通断或二极管好坏时，除数字显示外，还可以提供声音输出。图 8-27 为蜂鸣器档的电路，由 4 个与非门 D_{4a}、D_{4b}、D_{4c}、D_{4d} 和 R_{42}、R_{43}、C_{15}，组成了 RC 振荡器，振荡与否由运算放大器 N_{1b} 触发。

整个电路由测量电阻的 200Ω 档电路扩展而成，若被测电阻 R_x 为通路，运算放大器 N_{1b} 的反相输入端为低电位，输出端为高电位，该高电位通过集成电路 4011B 的第 5 脚，触发振

第八章 数字电压表

荡电路起振,并驱动压电陶瓷片发出蜂鸣响声。如果 R_x 处于断路状态,运算放大器输入端为高电位,输出端为低电位,振荡电路就不会起振,压电陶瓷片也就无声。这样检查通路时,一方面可以把注意力放在被测电路上,另一方面可以通过声音判别被测电路是通路还是断路,无须对电表读数。

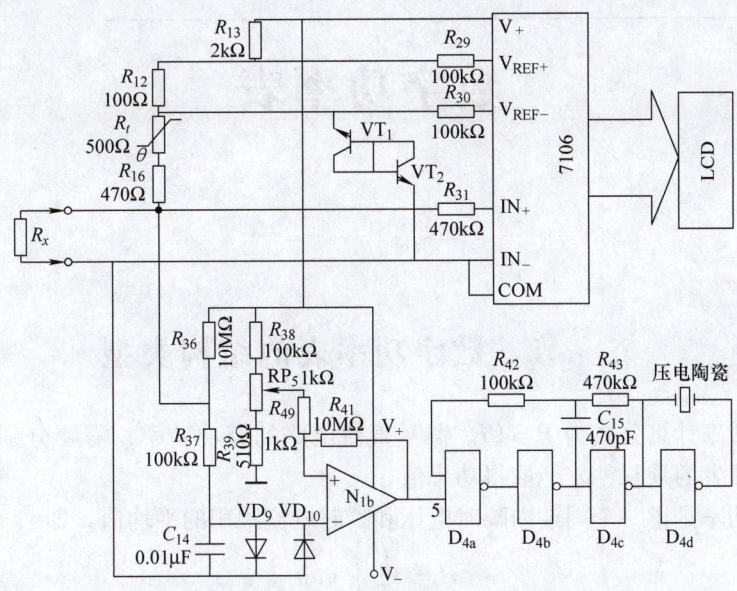

图 8-27　蜂鸣器电路

第九章

数字功率表

第一节 数字功率表的结构类型

直流电路功率计算公式为 $P = UI$。测量直流电路的有功功率,需要分别测量电压与电流,然后求得两者的乘积,才能取得功率值。

交流电路功率是指一个周期内瞬时电压和瞬时电流乘积的平均值,即

$$P = \frac{1}{T}\int_0^T uidt$$

对于正弦交流电路,则可按上式推出有功功率 $P = UI\cos\varphi$、无功功率 $Q = UI\sin\varphi$ 和视在功率 $S = UI$。所以测量交流电路功率,同样需要分别测量瞬时电压与瞬时电流值,然后通过运算或某种专用机构或电路,求得一个周期的瞬时电压与瞬时电流乘积的平均值,才能取得功率值。当然也可以从 UI 有效值和功率因数 $\cos\varphi$,通过运算求得功率。

过去模拟式的功率表,都是通过能反映瞬时电压与瞬时电流的乘积的专用测量机构,如电动系仪表或变换式电路,将瞬时电压与瞬时电流的乘积,转换为指针的偏移量。数字功率表要用数字显示,所以要用乘法器,以便从被测电路取得电压与电流的瞬时值,通过乘法器求得其乘积。并通过运算求得功率后显示。乘法器有两种,一种是模拟乘法器,乘积为模拟量,然后通过 A-D 变换转换为数字量并进行显示。另一种是数字乘法器,要先将电压与电流的瞬时值,通过 A-D 变换,转换为数字量,再通过单片机或微处理器进行运算,求得功率后直接显示。

图 9-1 是采用模拟乘法器的结构示意图,图 9-2 是采用数字乘法器的结构示意图。

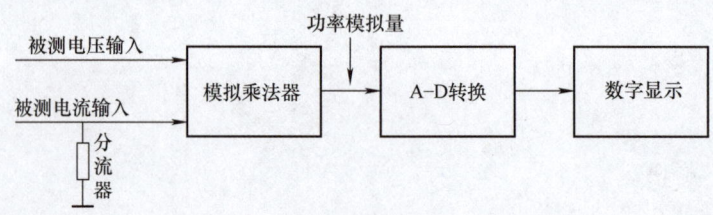

图 9-1 模拟乘法器构成的数字功率表

第九章 数字功率表

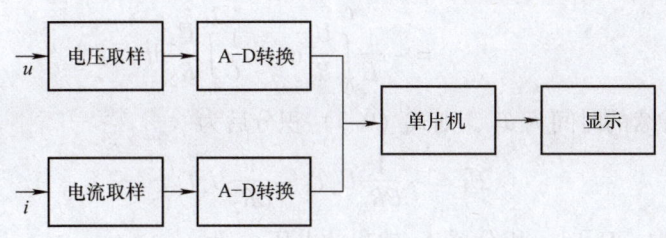

图 9-2 数字乘法器构成的数字功率表

第二节 模拟乘法器构成的数字功率表

求两个模拟量的乘积可以用时分割式的乘法器，它的结构如图 9-3 所示。

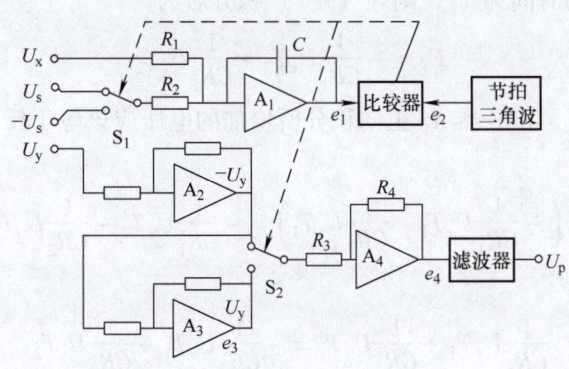

图 9-3 时分割式的乘法器

设开始时刻，开关 S_1（包括与它联动的 S_2）投向 U_s，积分器 A_1 输出为逐渐下降的电压 e_1（见图 9-4），通过比较器，将积分器输出的 e_1 与节拍发生器输出的三角波 e_2 相比较，当 $e_1 = e_2$ 时，比较器翻转，由比较器控制的开关 S_1 改投 $-U_s$，积分器输出电压 e_1 由原来的逐渐下降改变成逐渐上升，当 e_1 上升到等于 e_2 时，比较器再次翻转，S_1 又投向 U_s，积分器 A_1 输出电压又改为逐渐下降，图中 e_1 逐渐下降的时间为 T_1，e_1 逐渐上升的时间为 T_2。也就是开关 S_1 和 S_2 的转换时间分别为 T_1 和 T_2，相当于把时间分割成 T_1 和 T_2 两个阶段。

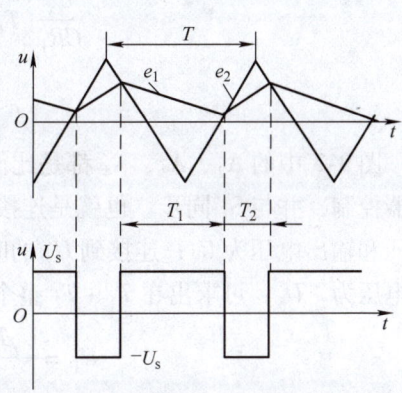

图 9-4 时分割式乘法器的电压变化波形

当开关 S_1 投向 U_s 时，积分器 A_1 输出的电压 e_1 为

$$e_1 = -\frac{1}{C}\int_0^{T_1}\left(\frac{U_x}{R_1} + \frac{U_s}{R_2}\right)\mathrm{d}t$$

233

$$= -\frac{1}{C}\int_0^{T_1}\frac{U_x}{R_1}dt - \frac{1}{C}\int_0^{T_1}\frac{U_s}{R_2}dt \tag{9-1}$$

设这一阶段持续的时间为 T_1，则式 (9-1) 积分后为

$$E_1 = -\frac{1}{CR_1}U_x T_1 - \frac{1}{CR_2}U_s T_1 \tag{9-2}$$

当开关 S_1 投向 $-U_s$ 时，积分器 A_1 输出的电压 e_1 为

$$e_1 = -\frac{1}{C}\int_0^{T_2}(\frac{U_x}{R_1} - \frac{U_s}{R_2})dt$$

$$= -\frac{1}{C}\int_0^{T_2}\frac{U_x}{R_1}dt + \frac{1}{C}\int_0^{T_2}\frac{U_s}{R_2}dt \tag{9-3}$$

设这一阶段持续的时间为 T_2，则式 (9-3) 积分后为

$$E_1 = -\frac{1}{CR_1}U_x T_2 + \frac{1}{CR_2}U_s T_2 \tag{9-4}$$

从图 9-4 可以看出，积分器 A_1 正向积分所增加的电压应该等于反向积分所减小的电压，即

$$-\left(-\frac{1}{CR_1}U_x T_1 - \frac{1}{CR_2}U_s T_1\right) = -\frac{1}{CR_1}U_x T_2 + \frac{1}{CR_2}U_s T_2$$

整理后得

$$\frac{1}{CR_1}U_x T_1 + \frac{1}{CR_1}U_x T_2 = -\frac{1}{CR_2}U_s T_1 + \frac{1}{CR_2}U_s T_2$$

$$\frac{1}{CR_1}U_x T_1 + \frac{1}{CR_1}U_x T_2 = -\left(\frac{1}{CR_2}U_s T_1 - \frac{1}{CR_2}U_s T_2\right)$$

$$\frac{U_x}{CR_1}(T_1 + T_2) = -\frac{U_s}{CR_2}(T_1 - T_2)$$

$$\frac{T_1 - T_2}{T_1 + T_2} = -\frac{U_x}{U_s}\frac{R_2}{R_1} \tag{9-5}$$

图 9-3 中的 A_2、A_3、A_4 都是比例系数等于 1 的比例放大器，A_4 的输入开关 S_2 是受比较器控制，并与 S_1 同步。也就是连接 $-U_y$ 的时间为 T_1，在 T_1 期间，比例放大器 A_4 的输入电压和输出电压为 U_y；连接到 U_y 的时间为 T_2，在 T_2 期间，比例放大器 A_4 的输入电压和输出电压为 $-U_y$，可求出在 $T_1 + T_2$ 整个周期，A_4 的输出电压平均值为

$$U_P = \frac{U_y T_1 + (-U_y T_2)}{T_1 + T_2} = U_y \frac{T_1 - T_2}{T_1 + T_2} \tag{9-6}$$

将式 (9-5) 代入式 (9-6) 得

$$U_P = U_y \frac{U_x}{U_s}\frac{R_2}{R_1} \tag{9-7}$$

式 (9-7) 表明，可以用时分割式的乘法器求得被测电路的功率，如果 U_x 来自与被测电路的分压器，它的大小与被测电压成正比，U_y 来自被测电路上的分流器，电流在分流器电阻上的压降与被测电流成正比，U_s、R_1、R_2 为已知常量，从式 (9-7) 可以推出，U_P 与

U_x、U_y 的乘积成正比，也就是与电压、电流的乘积成正比。

如果被测电路是直流电路，U_x 与 U_y 反映被测电路的电压和电流，其乘积正比于电路的功率。如果将电压 U_P 通过滤波、A－D 转换之后，用数字电压表测出它的数值，并用功率刻度，就可以构成数字功率表，如图 9-1 所示。

如果被测电路是交流电路，只要节拍发生器输出的三角波频率足够高，在每一个节拍中，式（9-7）中的 U_x 可以代表被测电路上的电压瞬时值，U_y 代表被测电路上的电流瞬时值，U_x 与 U_y 的乘积代表被测电路上每个节拍的功率瞬时值的平均值，在交流电路中瞬时功率的平均值就是有功功率，所以由模拟乘法器构成的数字功率表，既可以测量直流电路的功率，也可以测量交流电路的功率。

第三节　数字乘法器构成的数字功率表

用数字乘法器构成的数字功率表，首先要将电压模拟量和电流模拟量转换为数字量（A－D 转换），然后用数字乘法器求其乘积，如图 9-2 所示。

数字乘法器可以选用数字乘法器芯片，例如 74LS274、74LS275。但这些数字乘法器芯片位数有限，因此现在的产品多选用单片机，特别是带有 A－D 转换接口的单片机，例如 Philips 的 P87L767、P87L768，Gygnal 的 C8051F005、C8051F020 等，其内部都带有 A－D 转换接口，可直接输入电压与电流的模拟量，通过内带的 A－D 转换器，将电压与电流的模拟量，转换为电压与电流的数字量，再通过软件求得功率值，然后从单片机的并行接口，直接驱动数码显示器。这类功率表，因为利用单片机，既可以组成功率表，也可以根据需要，组成多功能的智能仪器。例如可以测有功功率，也可以测量无功功率或功率因数。这类产品如 PZ 系列、YN 系列等，其中 PZ 系列结构如图 9-5 所示。

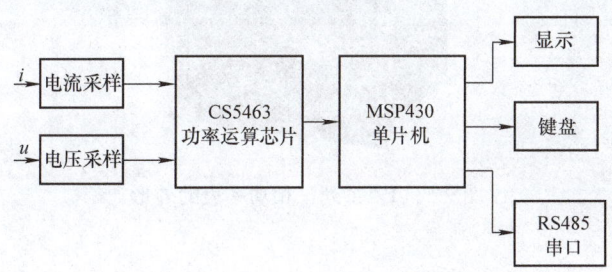

图 9-5　PZ 系列数字功率表结构图

从图 9-5 中可看出，PZ 系列功率表由功率运算芯片 CS5463 和单片机 MSP430 构成，CS5463 运算芯片可实现功率运算，单片机 MSP430 只用于管理显示和键盘操作。

图中，电流采样电路是为了对被测电路的电流进行变换。CS5463 芯片的电流通道要求输入量为电压，其额定值为 0～50mV，所以要求将被测电路的电流，通过电流互感器或分流器，转换为 0～50mV 的额定值，然后才能输入。电压采样电路也一样，也是根据 CS5463 芯片的电压通道额定输入值为 0～250mV 的要求，通过电阻分压，将被测电压转换为 CS5463 芯片所能接受的额定值，然后输入。被测电路的电流与电压经采样电路后，送到

CS5463 芯片做功率运算，并将运算结果送单片机 MSP430。

CS5463 是功率运算芯片，其内部结构如图 9-6 所示，从图中可以看出，它能通过运算同时输出有功功率 P、无功功率 Q 和视在功率 S。所以这个系列中有的型号专用于测量单相功率，有的型号就利用 CS5463 芯片这个特点，制成多功能功率表，既可以测量有功功率，也可以测电压、电流、无功功率、视在功率、功率因数 $\cos\varphi$，可以通过按键随意改变测量对象，使用时更加灵活。

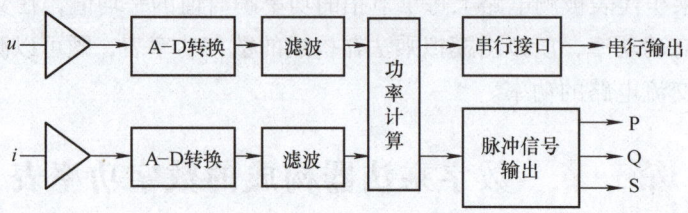

图 9-6　PZ 系列数字功率表结构图

单片机 MSP430 在这里不做乘法运算，只通过内置程序驱动按键、显示和 RS485 串口，使用时可选择被测对象，也可选择输出方式，可以从表盘显示，也可以从 RS485 串口输出。图 9-7 为 PZ 系列三相功率表的外形。

如果直接用单片机做乘法器，无须使用功率运算芯片，则可以组成更加简易的数字功率表。

图 9-7　PZ 系列三相功率表的外形

第十章

数字频率表

第一节 数字频率表的测量原理

虽然测量频率有很多种方法,但现在除精密测量外,不论是工频还是高频,基本上都使用数字频率表,数字频率表的测量速度快、读数方便,而且近年来发展了许多专用的集成电路,价格便宜,生产工艺简单,使得整机的体积缩小。过去一台高频频率表可能需要用十几块印制电路板,现在只要一片集成电路就可以替代。一些袖珍式或者安装板式的数字频率表迅速取代了过去的模拟式频率表或晶体管式的数字频率表。数字频率表的测量范围可达1GHz。

测量频率多用计数器,所以数字频率表实际上就是数字计数器,它的工作原理就是通过硬件或软件对被测信号的变化频率进行计数,测出单位时间内被测电压的变化次数,并以数字形式显示。所以这种频率表有时也称为计数器。根据它的计数方式,有以下两种结构。

一、硬件计数的数字频率表

通过硬件进行计数的频率表通常也叫作通用计数器,其结构如图10-1所示,由以下四个部分组成。

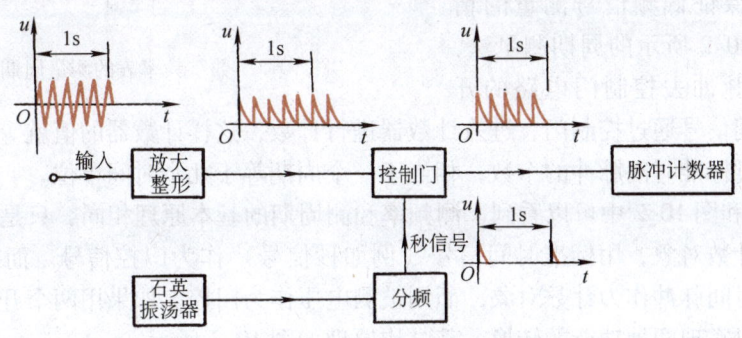

图 10-1 数字频率表的结构

1. 放大整形部分

放大整形的任务,是将不同波形的被测电压,一律转换为前沿陡峭的尖脉冲,以便能够可靠地触发计数器，进行准确计数。转换方法可以利用单稳触发器，将被测电压作为触发信号源，被测电压每变化一次，单稳就翻转一次，产生一个方波，经 RC 电路微分后，形成一个前沿陡峭的尖脉冲，这样由整形电路输出的脉冲个数就等于被测电压的频率。

2. 秒信号发生器

秒信号发生器实际上是一个标准时间信号发生器，由一个石英晶体振荡器和一组分频电路组成。例如石英振荡器产生一个稳定的频率为 1MHz 的标准信号电压，然后经过若干次分频，转换为 1Hz 的秒信号，即每秒产生一个脉冲，分频后的秒信号仍然保持原来信号的准确度。

3. 控制门电路

控制门有两个输入端，其中一个输入端由秒信号控制作为控制端，另一个输入端作为信号输入端。当第一个秒信号到来时，打开控制门，让被测信号的脉冲通过控制门进入计数器，下一个秒信号到来时，即把控制门关闭，两个秒信号间隔时间为 1s，在此时间内通过控制门的脉冲数就等于频率值。

4. 计数显示部分

当控制门送来的脉冲进入计数器后，由计数器对脉冲进行累加，并把累加结果通过译码控制数码管，将计数器中的数值用数字形式显示出来。

数字频率表的整个测量过程，可分为计数、显示、清零复位三个阶段，每个阶段的起始和终了都由秒信号控制，例如第一个秒信号打开控制门，第二个秒信号关闭控制门并将计数器最后累计数显示出来，第三个秒信号保持显示，第四个秒信号对各电路清零复位，第五个秒信号重新打开控制门，进行第二次测量，一次测量时间为 4s。

采用这种方法测量低频信号时，可能会产生较大的误差，因为第一个秒信号产生的时刻是随机的，计数器从开启到关闭可能多计一个或少计一个数。对高频信号来讲，在 1s 内多计一个或少计一个数可能微不足道，但低频来讲，1s 内多计一个或少计一个数产生的误差就很大。为了保证低频信号测量的精度，可采用图 10-2 所示的周期测量法，即用被测信号脉冲去控制门电路的开

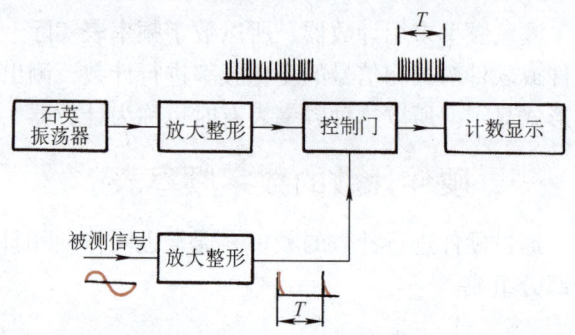

图 10-2 数字频率表的测量周期原理

启，让标准时间信号通过控制门，进入计数器进行计数，这样计数器的值就等于一个被测电压的周期内通过标准时间脉冲的个数，相当于一个周期等于几个时间单位。

从图 10-1 和图 10-2 中可以看到，测频率和测周期的基本原理相同，只是测频率时，以被测电压作为计数对象，用标准时间信号（例如秒信号）作为门控信号。而在测周期时则相反，用标准时间脉冲作为计数对象，而用被测电压作为门控。如果用两个开关来变换两者的位置，就可以实现两种功能的转换，其结构原理如图 10-3 所示。

图中的各个功能块，可以选用中规模的集成电路，其中整形放大环节可以选用施密特电路，例如 74LS14 一类芯片，以便把被测波形转换为方波，如图 10-4 所示。

转换后的方波，通过闸门送到计数器进行计数。闸门电路是一个双输入的与门，例如

第十章 数字频率表

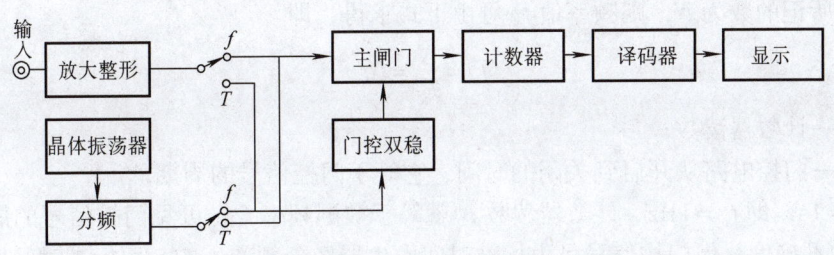

图 10-3 数字频率表测量频率与测量周期的转换

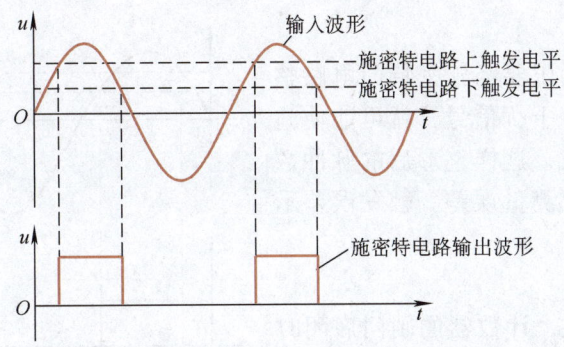

图 10-4 施密特电路对被测信号进行整形

74LS01 或 4011 一类集成电路。测频率时,一个输入端接被测方波,另一个输入端接门控信号,当门控信号为高电平时,开通闸门进行计数,门控信号为低电平时关闭闸门。为了可靠开闭闸门,标准时间信号还要通过一个门控双稳电路,如 74LS107,产生相应的时基方波进行控制。

对方波或脉冲进行计数可以用十进制 BCD 码计数器,如果所选用的计数器只能计及一位,可以将几个十进计数器串接,组成多位计数器。也可以选用多位的十进制计数器。计数后输出给译码器转换为七段码,直接推动数码管。计数器和译码电路都有现成的集成电路可供选择。

由于大规模集成电路的发展,现在已经有了单片频率表集成电路。

二、软件计数的数字频率表

软件计数的频率表是利用单片机及软件进行计数,并把计数结果通过它的输出接口直接推动数码管,显示所测的数值。与硬件计数的频率表相比,可以省去许多硬件电路,如控制逻辑和显示译码电路等。单片机的体积小,价格便宜,用它做成的频率表,结构简单,便于携带,最适合一般工程上使用。电路结构可参看第三节。

三、计数器的测量误差

用计数器测量频率,主要存在三种误差。

1. 标准时间引起的误差

从计数器的工作原理可知,如果门控电路从开启到关闭的时间为 T_c,门控信号频率为

f_c，计数器所记的数为 N，则频率值 f_x 可由下式求得，即

$$f_x = \frac{N}{T_c} = N f_c \tag{10-1}$$

式中　N——计数器读数；

　　　T_c——门控电路从开启到关闭的时间，它等于门控信号的周期。

取 $T_c = 1s$，即 $f_c = 1Hz$，计数器读数 N 就等于被测频率 f_x，可见门控信号的周期，直接影响测量的准确度。但门控信号是由标准时间发生器经分频产生的，而标准时间发生器又都采用晶振稳频，所以有较高的稳定度，在计数器中的这种误差与量化误差相比，可以略而不计。

2. 触发误差

在计数器中被测电压要经施密特门电路整形，如果被测电压混有干扰信号，就可能使施密特门电路产生误触发，这样整形后的脉冲数就不等于频率数，造成测量误差。触发误差示意图如图 10-5 所示。

3. 量化误差

在测量频率的时候，计数器的闸门启闭时刻与计数脉冲前沿到达时刻，两者的时间关系并不相关。也就是说，门控信号和被测电压在时间轴上的相对位置是随机的，而且闸门启闭时间不一定是被测周期的整数倍。因此就可能在相同的开启时间内，计数器所计的数值会有 ±1 的误差。这种**转化为数字量过程所产生的误差称为量化误差**。

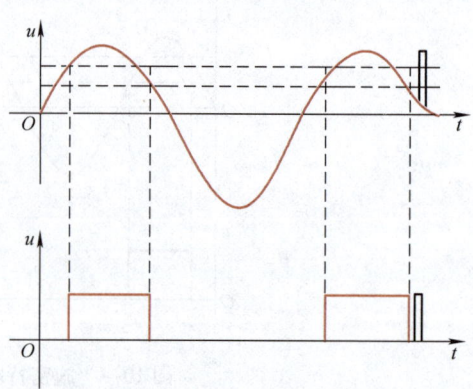

图 10-5　触发误差示意图

我们先考虑闸门开启时间不是被测信号的整数倍，假设被测信号的周期为 T_x，计数器的闸门开通时间也就是门控信号周期为 T_c，如果 $T_c = 6.4 T_x$，这时通过闸门的脉冲数可能是 7 个，也可能是 6 个，如图 10-6 所示，也就是说可能有一个计数误差。

如果闸门开启时间刚好是被测信号的整数倍，假设被测信号的周期为 T_x，计数器的闸门开通时间也就是门控信号周期为 T_c，且 $T_c = 6 T_x$，这时计数器的正确读数应该是 $N = 6$，但在闸门开启的时间内，第一个脉冲和最后一个脉冲可能都进入计数器，使得计数器读数为 $N + 1 = 7$；也可能在闸门开启时间，第一个脉冲和最后一个脉冲都被剔除，使得计数器读数为 $N - 1 = 5$，如图 10-7 所示。可见用计数方式测频率的最大绝对误差为

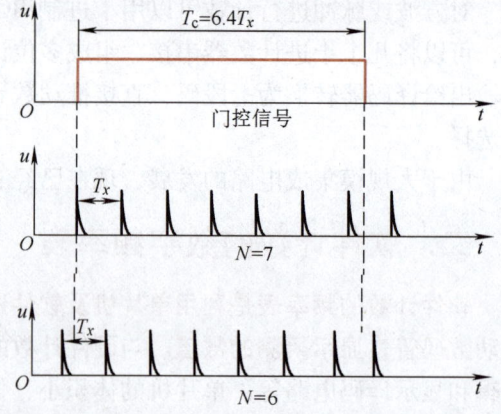

图 10-6　量化误差示意图

$$\Delta N = \pm 1 \tag{10-2}$$

在测量频率时，门控信号是标准时间信号，所以计数值

$$N = \frac{T_c}{T_x} \tag{10-3}$$

若 $\Delta N = \pm 1$，则最大的相对误差为

$$\frac{\Delta N}{N} = \pm \frac{1}{N} = \pm \frac{f_c}{f_x} \tag{10-4}$$

如果被测频率 f_x 越小，$\Delta N = \pm 1$ 所造成的相对误差就越大，为了减少这种误差可改用测周期的方法。虽说频率和周期互为倒数，随便测哪一个都能求出另外一个，但量化误差所造成的影响却不同。在测周期时，是用被测周期作为门控信号，计数器的计数值为

$$N = \frac{T_x}{T_c} \tag{10-5}$$

若 $\Delta N = \pm 1$，则最大的相对误差应为

$$\frac{\Delta N}{N} = \pm \frac{1}{N} = \pm \frac{f_x}{f_c} \tag{10-6}$$

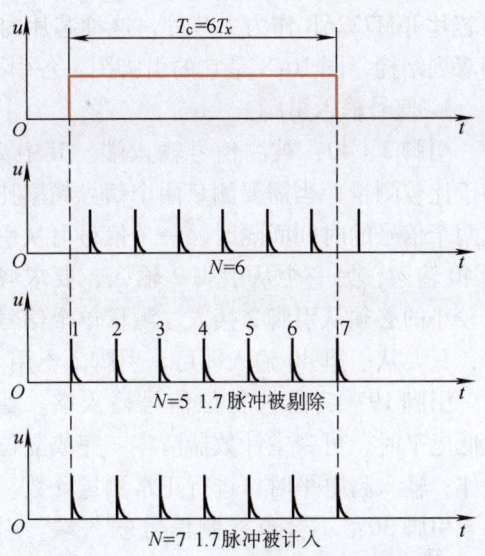

图 10-7 $T_c = NT_x$ 时量化误差示意图

可见，被测频率 f_x 越小，$\Delta N = \pm 1$ 所造成的相对误差就越小，选择测量周期时的准确度就比较高。

例 10-1 利用计数器测量频率，计数器控制门的一个输入端接秒信号，另一个输入端接被测的电网信号，计算被测频率为 50Hz 和 1Hz 时可能产生的量化误差。如果利用计数器测量周期，计数器控制门的一个输入端接被测信号，另一个输入端接时标脉冲，时标频率为 1000Hz，计算被测周期为 0.02s（$f = 50$Hz）和 1s（$f = 1$Hz）时可能产生的量化误差。

解：
若用秒信号测量频率时，产生的量化误差按式（10-4）可分别得

$$\frac{\Delta N}{N} = \pm \frac{1}{N} = \pm \frac{f_c}{f_x} = \pm \frac{1}{50} = \pm 2\%$$

$$\frac{\Delta N}{N} = \pm \frac{1}{N} = \pm \frac{f_c}{f_x} = \pm \frac{1}{1} = \pm 100\%$$

若用频率为 1000Hz 信号作为时标，测量周期时产生的量化误差按式（10-5）可分别得

$$\frac{\Delta N}{N} = \pm \frac{1}{N} = \pm \frac{f_x}{f_c} = \pm \frac{50}{1000} = \pm 0.05\%$$

$$\frac{\Delta N}{N} = \pm \frac{1}{N} = \pm \frac{f_x}{f_c} = \pm \frac{1}{1000} = \pm 0.001\%$$

第二节　E312 系列数字频率表

一、集成电路 ICM7226B 和它的引脚

E312 系列数字频率表是一种通过硬件进行计数的频率表，有的型号使用八位的频率计

数芯片 ICM7226B 作为主芯片，这种芯片内部集成了全部计数、控制、译码等电路，采用 40 脚双列结构，图 10-8 是它的引脚图，各引脚分别为：

1. 信号输入引脚

引脚 2、40：被测信号输入端。其中 2 用于比较测量，当需要测量两个信号频率比或两个信号的时间间隔时，一个信号可从引脚 40 输入，另一个从引脚 2 输入，要求频率较小的必须从引脚 2 接入。测量单个信号时，只要从引脚 40 输入即可，引脚 2 不用。

引脚 19：为芯片复位信号输入端。输入低电平时，可令主计数器清零，完成复位动作；输入高电平时，进行正常测量计数。

引脚 30：小数点控制信号输入端。引脚 30 悬空时，随着闸门时间的改变，小数点位置可自动转换。当 D1～D7 中的某一位与引脚 30 短接，则该位的小数点常亮。

引脚 31：外量程控制信号输入引脚。所谓量程实际上就是闸门开启时间，如果闸门开启时间增加 10 倍，同样一个被测频率，主计数器的读数也增加 10 倍，这等于把量程缩小为 1/10，ICM7226B 本身有四档量程，如无法满足需要，从引脚 31 输入确定宽度的低电平脉冲，即可改变量程。

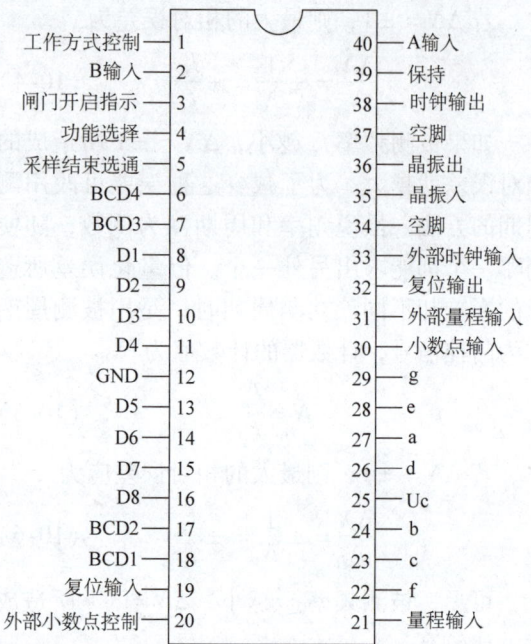

图 10-8　ICM7226B 的引脚图

引脚 33：外部时钟信号输入端。当需要使用外部时钟时，可从该脚引入。

2. 信号输出引脚

ICM7226B 是 8 位的频率计数器芯片，计数结果采用数码管以动态方式显示。所谓动态就是要一位一位地轮流点亮数码管，数码管显示所需的七段码由译码器输出。在输出某一位七段码数值的时候，同时输出一个低电平的位控制信号，以点亮该位的数码管，略作延时后（250ms）再点亮下一位，这样逐位依次显示。虽然数码管是逐位地扫描点亮，但由于扫描的速度很快，加上人的视觉暂留效应，看起来就像几个数码管同时显示一样。ICM7226B 除提供给数码管的信号外，还直接从计数器输出 BCD 码，便于与计算机或打印设备联机。

引脚 22、23、24、26、27、28、29：显示用的七段码输出引脚，用于驱动 LED 阳极。LED 显示是根据位选择脚输出的位码信号和由七段码输出引脚输出的段码信号，共同决定 LED 各个位应显示的数码。

引脚 20：小数点输出引脚，接液晶显示器的 DP 端。

引脚 8、9、10、11、13、14、15、16：选择显示位的输出端。各引脚分别输出位码控制信号，并以扫描方式驱动 LED 管的阴极（ICM7226B 要求使用共阴极的 LED）。八个引脚分别称为 D1～D8，每一引脚控制一个 LED，一共控制八位。每一位引脚依次输出宽 244μs 的驱动脉冲，但脉冲位置不同，第一位发出 244μs 的驱动脉冲后，相隔 6μs，由第二位发出，依此类推。对于一个引脚来讲，发出一个脉冲后，必须等待 $7\times(244+6)\mu s = 1.75ms$

第十章 数字频率表

才能再发第二个；可以算出位码控制信号的周期是 $8×(244+6)\mu s=2ms$，频率 500Hz，占空比为 $(244+6)\mu s/2ms=12.5\%$。

引脚 38：可向外部输出时钟信号，通常不用。

引脚 6、7、17、18：BCD 码输出端，轮流输出计数器各位的 BCD 码，需要时可以与计算机相连。

引脚 32：复位电平输出。

3. 控制引脚

ICM7226B 有三组控制引脚，用于选择工作方式、功能模式和内部量程设定，分别由 1、4、21 三个引脚进行选择，其中引脚 1 选择工作方式，引脚 4 选择功能模式，引脚 21 选择内部量程设定。使用时，可通过开关将 1、4、21 中的一个引脚，分别与 D1~D8 即 8~11、13、16 中的一个引脚短接，通过内部逻辑完成相应的设定，具体连接方法及相应的功能见表 10-1。

表 10-1 不同控制端与不同位控制端短接时产生的不同操作指令

控制引脚	与位控制引脚短接	功 能
方式选择：引脚 1	引脚 8	允许使用外部时钟
	引脚 10	选用 1MHz 时钟工作
	引脚 9	允许外部小数点输入
	引脚 11	禁止显示，LED 全暗
	引脚 13	测试，厂家专用
	引脚 16	全亮显示测 LED 是否缺笔画
功能选择：引脚 4	引脚 8	测频率 f_a
	引脚 16	测周期 T_a
	引脚 10	测频率比 f_a/f_b
	引脚 13	测时间间隔 T_{a-b}
	引脚 11	累加计数
	引脚 9	测时钟频率
量程选择：引脚 21	引脚 8	闸门时间 0.01s，时标 1Hz
	引脚 10	闸门时间 0.1s，时标 10Hz
	引脚 9	闸门时间 1s，时标 100Hz
	引脚 11	闸门时间 10s，时标 1000Hz
	引脚 13	允许外量程输入

4. 指示仪器工作状态的引脚及电源引脚

引脚 3：采样指示信号输出端。当闸门开启主计数器进行计数时，引脚 3 输出低电平。使用中可以用它驱动一个 LED 指示灯，灯亮表示闸门开启，灯暗表示闸门关闭。灯亮的时间就是测量一次数据的时间。

引脚 5：被测数据的选通输出，当被测频率从主计数器进入 8 位锁存器后，经 40ms 延时，从此引脚输出一个脉冲宽度为 40ms 的低电平选通信号，供需要选通输出时使用。

引脚 39：存储器保持信号输入端。当输入高电平时，主双稳置零，停止计数，但八位锁存器的数据不变，仍可通过显示器显示出来。直到引脚 39 为低电平时，主控双稳继续工作。

引脚 12：电源地。

引脚 25：接电源正端，电源电压范围为 4.75~6V。

引脚 35、36：外接 10MHz 晶体，以便在芯片内部产生时钟信号。所接的晶体两端，通常还要接两个小电容，电容另一端接地。

引脚 34、37：空引脚，不用。

二、集成电路 ICM7226B 的逻辑功能

图 10-9 是 ICM7226B 的内部逻辑框图。

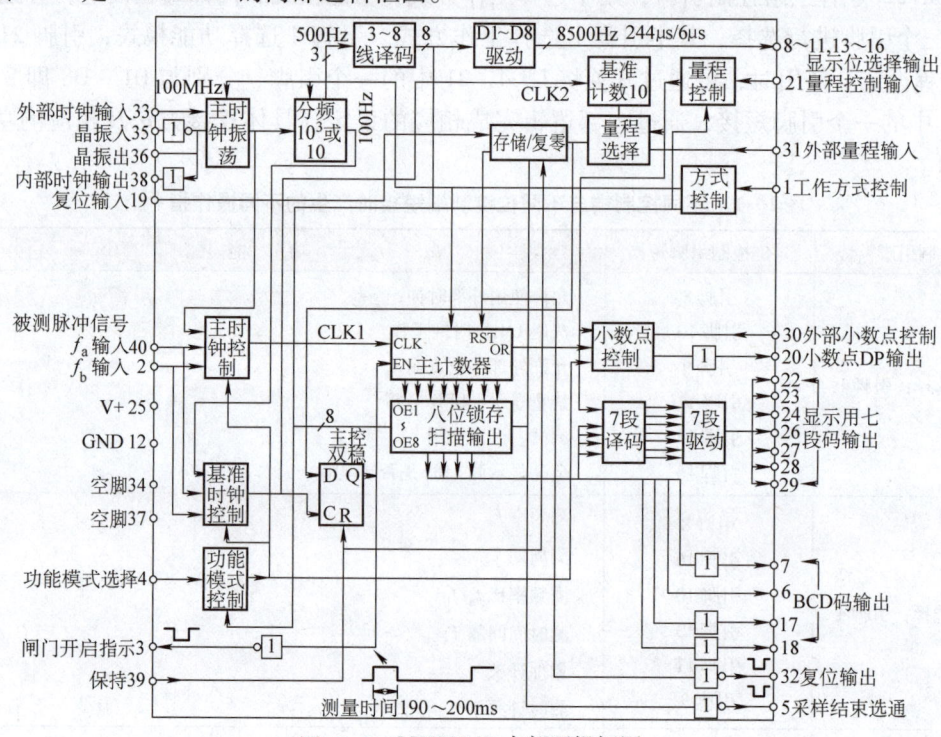

图 10-9　ICM7226B 内部逻辑框图

从图 10-9 中可以看到，主计数器有两个输入端，即 CLK 端和 EN 端。测量频率时，CLK 端输入被测信号，EN 端输入闸门控制信号。被测信号从引脚 40 经主时钟控制电路，加到 CLK 端，这时主计数器所读的值就是被测信号频率值。门控信号由时钟振荡所产生的时钟脉冲经分频后送基准时钟控制，其输出分为两路，一路去主控双稳的 C 端，另一路经基准计数，形成采样时间，再经量程选择，加到主控双稳的 D 端，主控双稳在 C、D 端控制下，输出的开、闭门信号，也就是采样时间为 T 的脉冲信号（简称时基）加到主计数器的 EN 端（允许计数端），以便打开闸门对被测频率进行计数。设闸门信号采样时间为 T，这时进入主计数器的 CLK 端的脉冲数为 N，则被测频率 $f = \dfrac{N}{T}$。在 T 值确定的情况下，例如 $T=1s$，主计数器读出的 N 就等于被测信号频率。测量频率时的量程调节，实际上就是调节闸门时间 T。改变读数 N 与被测频率 f 的对应关系，应注意到以下几个问题：

1）如闸门时间 $T=1s$，按式 $f = \dfrac{N}{T}$ 则进入主计数器的 CLK 端的脉冲个数 N 就等于频率

值，若被测频率为 1kHz 时，数码管显示的数就应为 1000，小数点应在末位。如果闸门时间置 10s，被测频率同样为 1kHz，则进入主计数器的 CLK 端的脉冲个数 N 将不是 1000 而是 10000，数码管显示的数也是 10000，这时必须通过控制电路将小数点向前移一位，即显示的数为 1000.0。可见用计数器测量频率，在改变量程开关的同时，要自动改变数码显示的小数点位置。

2）频率计数器所用的数码显示管的位数，要与被测频率及量程值相匹配，例如最大量程的闸门开启时间为 10s，被测频率为 1MHz 时，显示值应为 10000000，至少必须配上八位数码显示管，如果数码显示管位数不够，显示时将失去高位。

测量周期时与测量频率相反，时钟振荡器发出的时钟脉冲，直接经基准时钟控制电路加在主计数器 CLK 端，作为计数脉冲。从引脚 40 输入的被测信号，则通过基准时钟控制电路及主控双稳作为主计数器的门控信号。加到主计数器的 EN 端（允许计数端）。所以，主计数器的计数值等于被测信号的周期内对基准时钟周期的计数值。该值等于被测信号的周期。测量周期的量程调节，实际上就是调节时钟脉冲的分频系数，改变它所对应的时间。

测量频率比时，一个被测信号 a 从引脚 40 输入，加到主时钟控制电路，进入主计数器的 CLK 端，并作为计数脉冲；另一个信号 b 从引脚 2 输入，送到基准时间控制电路，然后经基准计数、量程选择，加到主控双稳的 D 端，形成闸门时间 T，控制主计数器的 EN 端（允许计数端），根据闸门打开时间 T 期间累计的被测信号 a 脉冲个数即可求得频率比。

三、通用八位频率计数器 E312A、E312B、E312C

E312A、E312B、E312C 是通用计数器，可以测量频率、周期，也可以作为通用的计数器。E312B、E312C 是 E312A 的改进型，三种型号的基本结构相同，但用的器件有些差别，有的用 ICM7226B 作为主芯片，有的用 89C52 作为主芯片，性能和面板结构也略有区别。E312A 的测量频率范围为 1Hz~10MHz，测量周期为 0.4μs~10s。E312B 的测量频率范围 0.1Hz~100MHz（另加通道 C 可扩展到 500MHz），测量周期为 100ns~10s。E312C 的测量频率范围为 0.1Hz~100MHz（另加通道 C 可扩展到 1.5GHz），测量周期为 100ns~10s。三种型号的外形和面板虽略有不同，但测量原理基本相同。图 10-10 为 E312B 的外形。图 10-11 是 E312 系列中采用 ICM7226B 作为主芯片时的基本电路示意图。下面对图 10-11 的电路结构做一些说明。

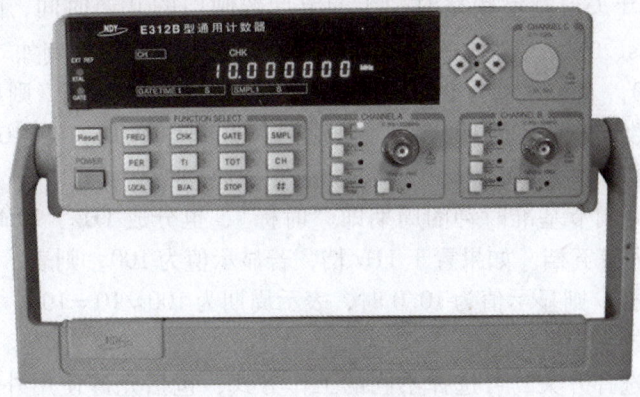

图 10-10　E312B 外形图

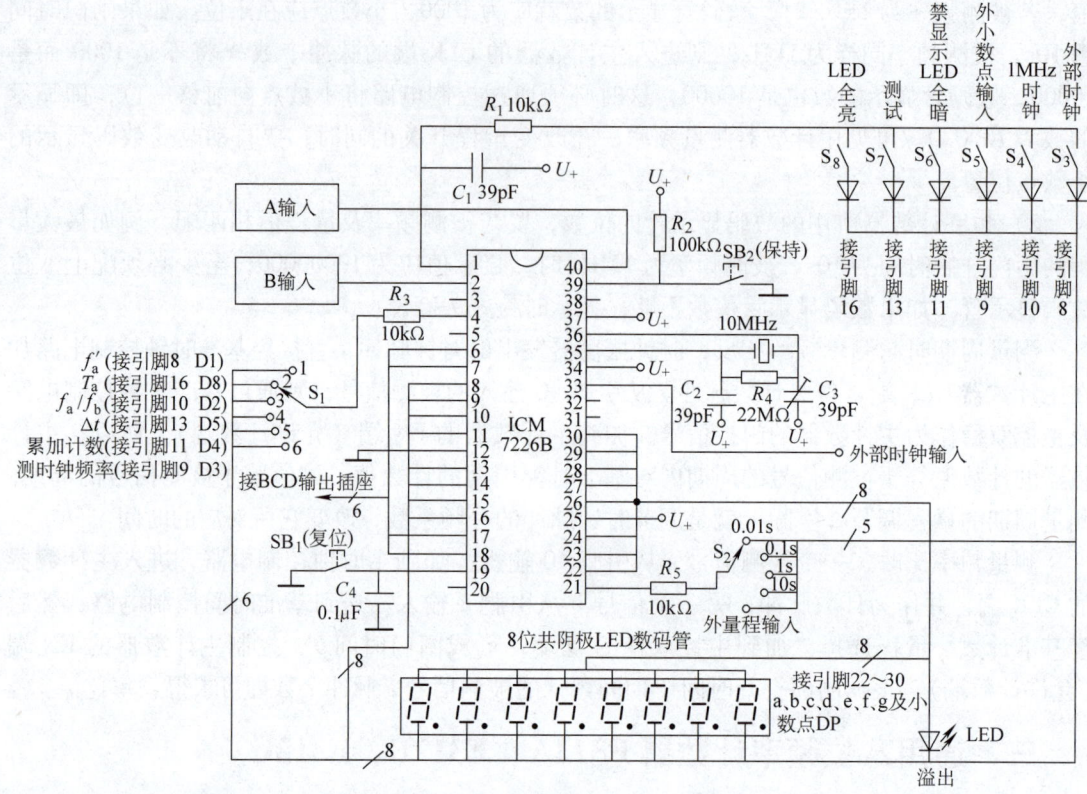

图 10-11 E312 系列基本电路结构示意图

从图中可以看到，ICM7226B 是整机的核心，也是整机的控制单元、计数逻辑单元。使用时通过三组控制按键进行选择。

1. 控制功能选择

S_1 为控制功能选择开关，可选择测量频率，测量周期，测量从 A、B 两个通道输入的频率比，测量 A、B 两个通道输入信号的时间间隔，测量限定的时间内输入信号的累计数，以及检查内部时钟的频率等六项功能。

2. 量程选择

S_2 为量程选择开关，测量频率时用于调节计数闸门的开通时间，闸门的开通时间即"时基"，分成 0.01s、0.1s、1s、10s 以及采用外量程输入等五档。例如"时基"置于 1s 档时，若显示值为 100，表示频率为 100Hz；如果"时基"置于 10s 档，则显示值将是 10 秒内通过闸门的脉冲个数，若示值为 100，表示被测频率实际为 100Hz/10 = 10Hz。为此自动在第二位显示小数点使显示值为 10.0。

测量周期时，可调节基准时钟的周期即"时标"，也分成 1Hz、10Hz、100Hz、1000Hz 以及采用外量程输入等五档。如果置于 1Hz 档，若显示值为 100，则表示周期为 100s；如果"时基"置于 10Hz 档，则显示值为 10.0 时，表示周期为 100s/10 = 10s。

3. 工作方式选择

S_3 为工作方式选择开关，可选择不同的工作方式，包括允许使用外部时钟方式、使用内部 1MHz 时钟方式、使用外部小数点输入方式、禁止显示 LED 全暗方式、全显示 LED 全亮方式，以及自检等工作方式。

除 ICM7226B 组成的控制、计数逻辑单元外，整机电路还设有输入通道、晶振电路及若干输出插座。

E312B 计数器除 A、B 两个通道外，还有扩展的 C 通道。每个通道都包含由开关二极管和稳压管组成的输入保护电路、由场效应晶体管组成的阻抗变换器、宽频带运算放大器，以及用施密特电路组成的信号整形。如果要扩展测量频率的范围，要另加扩展插件，在输入通道中对信号进行分频。

内部时钟为 5MHz 带恒温槽的石英振荡器，并经放大阻抗变换后输出。机内还备有若干输出插座，可输出 BCD 码、时钟振荡等信号，以满足用户不同测量的需要。

第三节　简易型数字频率表

简易型数字频率表多数是利用单片机，通过软件进行计数。图 10-12 是利用 PIC16C54 单片机组成的四位显示的频率表电路。PIC16C54 有 18 个引脚，12 个 I/O 接口，图中利用 RB0～RB6 这七个 I/O 口作为段码的输出接口，输出信号经驱动晶体管 VT1～VT7 与数码显示管的七个字段阳极相连，用来点亮数码管的对应字段，并称为段码口。将 RA0～RA3 四个 I/O 口作为位输出接口，其输出信号经驱动晶体管 VT8～VT11 分别与四个数码管的公共阴极相连，用来控制四位数码管中的哪一位需要点亮，这四个口就称为位口。位口数必须等于数码管个数，但四个数码管却共用一套段码口，并采用动态法进行显示。

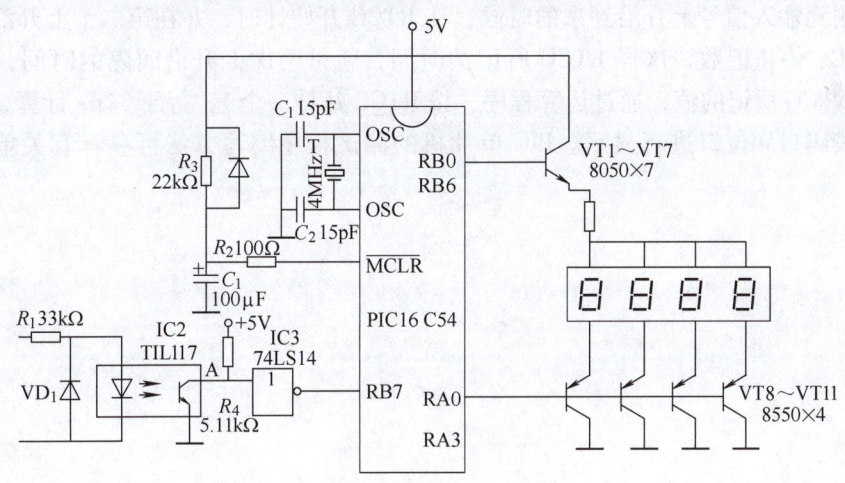

图 10-12　软件计数频率表的电路原理图

图中，IC2 和 IC3 作为被测电压的隔离与整形，IC2 是光耦合器，采用 TIL117 集成电路，当被测电压在正半周时，TIL117 内的红外发光二极管导通并发光，使得光耦合器的光敏管部分被导通，A 点输出电压为 0。负半周时，TIL117 内的红外发光二极管因截止而熄灭，使得光耦合器的光敏管部分截止，A 点输出电压为 5V。由于从熄灭至发光的过程，亮度只能逐渐增强，从发光至熄灭亮度也只能逐渐减弱，所以光耦合器输出的波形，也就是施密特门电路输入的波形，如图 10-13 所示。从图中可以看出，A 点输出的方波其上升沿和下降沿有一个过渡时间,它会影响计数的准确性,所以还要用一只 74LS14 的施密特门电路,对输入方波进行整形。最后送向 RB7 输入口的是与被测电压同频率的方波。图中的二极管 VD_1 作为 IC2 的反向保护。

晶振 T 和电容 C_1、C_2 构成单片机时钟振荡器的外部电路,产生 4MHz 的时钟信号,作为单片机运行的时钟控制信号。PIC16C54 内部有 0.5KB 程序存储器,用来存放测量程序,还有 32 个八位数据存储器,用于存放运行中的数据。可以设定其中一组数据存储器用于存储计数值,每当单片机检测到输入电压上升沿开始的时候,表示被测电压交变一次,就将计数值加 1。在 1s 时间所计的值就是频率值。

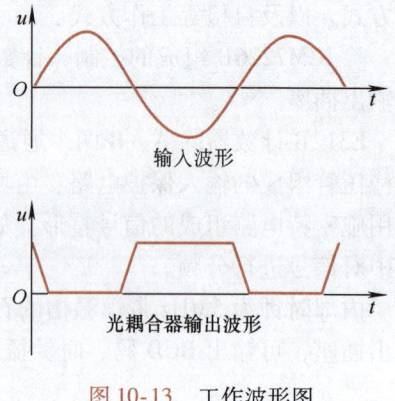

图 10-13　工作波形图

单片机内部有一个称为 RTCC 的定时器,其定时时间取决于单片机的主振时钟频率。当主振频率为 4MHz 时,RTCC 每计一个数的时间为 32μs,可以通过测量程序查询 RTCC 的数值,当查到 RTCC 计数达到 1ms(用于高频测量)或 1s 时(用于低频测量)即停止计数,并将计数值即所测的频率值向段码口和位口发送。如果 RTCC 计数时间为 1s,则数码管所显示的值就等于频率。其测试程序可以用 PIC 汇编语言的指令系统编写。

这个线路同样可以用来测量周期,而且测周期时,不需要改变硬件结构,只要改变单片机的程序即可。被测电压仍然从 74LS14 输入,但单片机不是对被测电压的上升沿进行计数,而是在检测到输入信号上升沿到来的时候,让 RTCC 开始计时,并在第二个上升沿到来的时候,让 RTCC 停止记数,这样 RTCC 所记的时间,就是两次上升沿间隔的时间,也就是周期。读入 RTCC 所记的值,通过运算程序,按 RTCC 每计一个 1,等于 32μs 计算,求出周期值并送到段码口和位口进行显示。PIC 单片机的测试程序编写方法可参看有关单片机的参考书。

第十一章

数字参数测量仪

第一节 数字电阻测量仪

数字参数测量仪体积小、重量轻、便于携带。**测量电路参数有电桥法或直读法两种类型**。实际上采用了单片机之后,数字电桥也可以直读。前面已介绍过直读法有电流型和电压型两种形式。电流型是把被测电阻值转换为电流值,然后用电流表读数。电压型是将被测电阻值转换为电压值,然后用电压表读数。要组成数字式电阻表,同样可以用这两种方法,采用电压型时可把电阻值转换为模拟电压,再经过 A – D 转换为数字电压,并以数字形式显示。如果采用电流型,则应先将电阻值转换为模拟电流值之后,再转换为电压值,然后通过 A – D 转换并显示,其中电压型更简单一些。

电压型数字式电阻表,在测量过程中,第一次先将被测电阻值转换为电压值,即所谓 Ω/U 转换,然后再把转换后的模拟电压转换为数字电压,即 A – D 转换。最后通过数码管以数字形式显示,如图 11-1 所示。其中电阻 – 电压的变换,可以利用运算放大器,组成一个反相输入的比例运算电路,电路结构如图 11-2 所示。

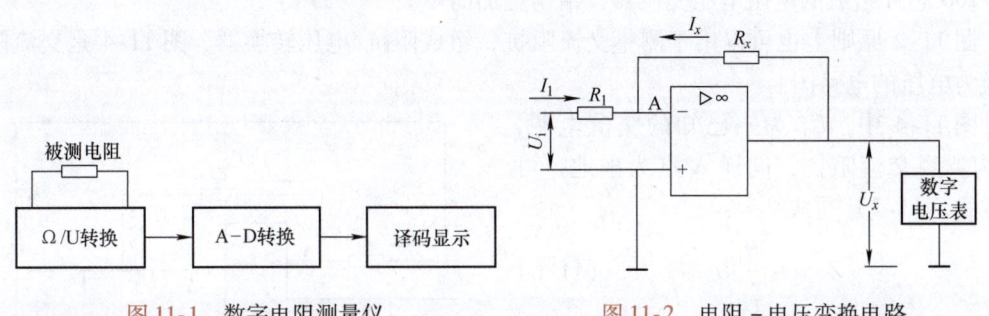

图 11-1 数字电阻测量仪　　　　　图 11-2 电阻 – 电压变换电路

在图 11-2 中,如果放大器的开环放大倍数足够大,输出电压通过被测电阻 R_x 反馈到运算放大器的反向输入端 A 之后,与输入电压相抵消,使得 A 点电压接近于 0,因此称 A 点为虚地。又由于运算放大器的输入电流极小,几乎接近于 0,因此可认为通过电阻 R_1 的电流等于通过反馈电阻 R_x 的电流,若分别用 I_x、I_1 表示,则可认为 $I_x = I_1$。因此可求得

$$U_x = I_x R_x = I_1 R_x \tag{11-1}$$

$$U_i = I_1 R_1 \tag{11-2}$$

$$A = \frac{U_x}{U_i} = \frac{-I_1 R_x}{I_1 R_1} = \frac{-R_x}{R_1} \tag{11-3}$$

式中的负号表示输出电压 U_x 与输入电压 U_i 反相。将上式移项，可得

$$U_x = -\frac{R_x}{R_1} U_i \tag{11-4}$$

$$R_x = -\frac{R_1}{U_i} U_x \tag{11-5}$$

式 (11-4)、式 (11-5) 表示比例运算电路中输出电压 U_x 与输入电压 U_i 之比等于电阻 R_x 与 R_1 之比。如果 U_i、R_1 为已知，可以从测定的 U_x 值求得 R_x 值。选择适当的 U_i 和 R_1 数值，可以使得变换器的输出电压 U_x 值，在数字上刚好等于对应的电阻值，并从数字电表读出，电压数字表的显示原理可参看第八章。例如取 $U_i = 3V$，$R_1 = 300\Omega$，则被测电阻为 100Ω 时，从式 (11-5) 可求得输出电压 $U_x = 1V$，转换为数字量后显示的数字为 1.000，改变小数点位置并以欧姆为单位，即可显示 100.0Ω。

用这种方法组成的数字电阻测量仪，还可以测量在线电阻，也就是说可以不必将被测电阻从已焊接的电路板上脱下，直接在板上进行测量。因为不论在线的电路多么复杂，总可以等效成图 11-3 的电路中的 R_x、R_{s1}、R_{s2}。

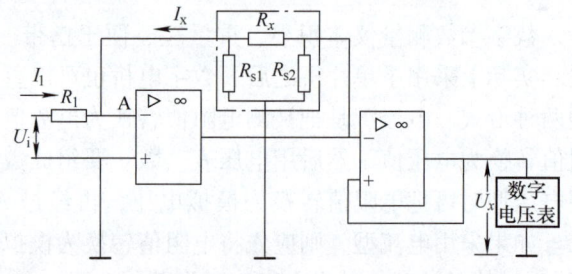

图 11-3 中，因为 A 点为虚地，可以认为通过 R_{s1} 的电流近于 0，R_{s1} 电阻

图 11-3 在线测量电阻的原理电路

等于浮接，$I_x = I_1$ 的结论仍然成立，在 U_i、R_1 为已知的情况下，同样可以利用式 (11-5)，将变换器的输出电压 U_x 送显示器，显示出该电阻的实际数值，并不因在线而影响。图中的 R_{s2} 并不影响式 (11-5)，所以也不影响测量结果。在第八章第四节的数字万用表中，利用 ICL7106 芯片组成的电阻电压变换器，结构更加简单。

图 11-2 原则上也可以用于测量交流阻抗，组成阻抗/电压转换器，图 11-4 是交流阻抗转换为电压的电路图。

图 11-4 中，U_1 为一已知的交流电源，Z_x 为被测交流阻抗，同样 A 点为虚地，可以按式 (11-5) 写成

$$\dot{Z}_x = -\frac{R_1}{\dot{U}_1} \dot{U}_x \tag{11-6}$$

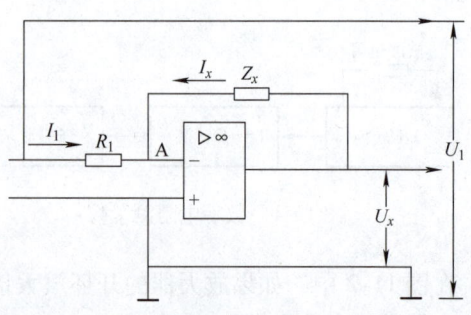

式中，$\dot{Z}_x$、$\dot{U}_1$、$\dot{U}_x$ 都是复数，如果将测量所得的 $\dot{U}_1$、$\dot{U}_x$，通过相位检波器，将测出的 $\dot{U}_1$、$\dot{U}_x$ 两电压的虚部与实部分开，经

图 11-4 交流阻抗/电压变换电路

过运算，可求得交流阻抗的复数值。而运算过程必须有微处理器参与。由于现在有相关的微

处理器和大规模的集成电路支持,这种数字式交流参数测量仪的结构也并不复杂。

除上述采用直读法外,现有产品中,还有利用电阻/频率变换电路组成的参数测量仪。

第二节 数字钳式接地电阻测量仪

接地电阻测量仪多在野外作业,所以要求它携带方便、不需配太多的附件,操作简单,能快速直读。为满足这个要求,现在的接地电阻测量仪多数采用钳式、数显、电池电源的结构,图 11-5 是它的示意图。电路包括振荡器、电流检测、A－D 转换、数字显示等几个部分。外形如图 11-6 所示。产品型号有 4200 型、718 型、ETCR2000 型等。

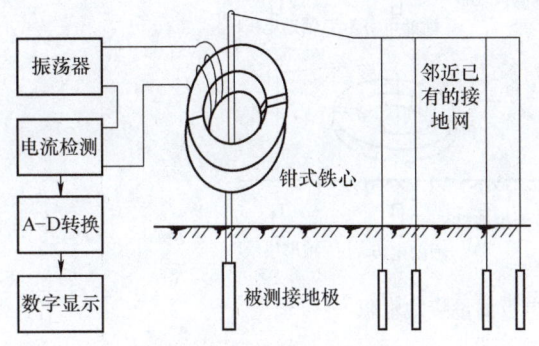

图 11-5 数字钳式接地电阻测量仪的结构原理

图 11-6 数字钳式接地电阻测量仪的外形图

测量时,用一条导线将被测接地极与邻近已有的接地网相连,如果邻近没有接地网,也可以与金属自来水管或建筑物的接地网连接,把电表的钳式铁心张开,使地线能穿过铁心,钳紧后打开电源开关,振荡器开始工作,输出的电流将流经铁心上的一次绕组,感应到地线回路并产生电流,按欧姆定律流经被测地线的电流大小与接地电阻成反比。如果铁心漏磁可以忽略,反映到一次绕组的电流同样与接地电阻成反比,将铁心一次侧的电流转换成对应的地线接地电阻值,并用数字直接显示。

当然,邻近接地网的接地电阻应足够小,或者其接地电阻为已知,可从测量中扣除,不然会影响测量的准确度,因为所测的电阻除包含被测接地线的电阻外,还包含邻近的接地网的接地电阻以及连接导线的电阻。

如果邻近没有接地网,也可以临时用两根辅助电极代替,如图 11-7 所示,但利用辅助电极需要测量三次才能求得被测接地极的接地电阻。

设被测接地极的接地电阻为 R_X,辅助电极的接地电阻为 R_A、R_B。用钳式接地电阻测量仪经三次测量,可测量出 X、A 间,X、B 间和 A、B 间的三组接地电阻。设所测结果分别用 R_{AX}、R_{BX}、R_{AB} 表示,其中

$$R_{AX} = R_A + R_X \tag{11-7}$$

$$R_{BX} = R_B + R_X \tag{11-8}$$

$$R_{AB} = R_A + R_B \tag{11-9}$$

将式(11-7)加式(11-8)再减式(11-9),可得

$$R_{AX} + R_{BX} - R_{AB} = 2R_X$$

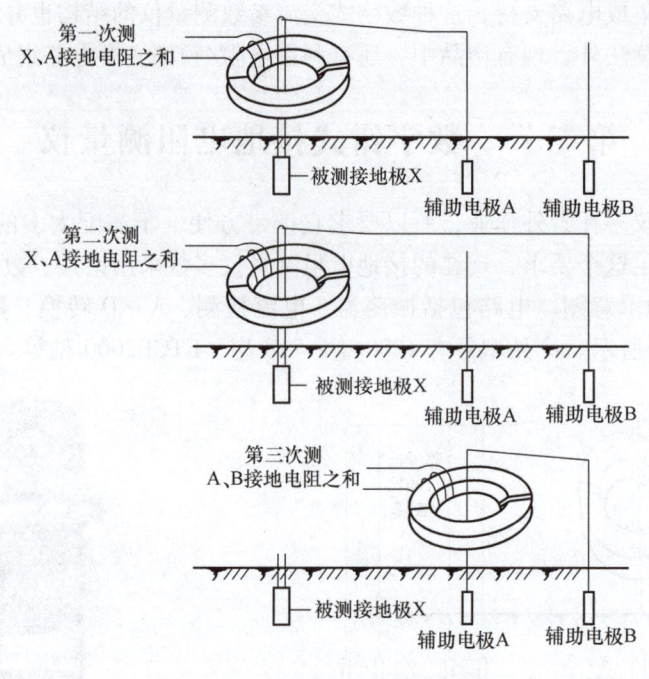

图 11-7 用辅助电极测量接地电阻

移项得

$$R_X = \frac{R_{AX} + R_{BX} - R_{AB}}{2} \tag{11-10}$$

可见，利用三次的测量值 R_{AX}、R_{BX}、R_{AB}，可求得被测接地极的电阻 R_X。

这种数字钳式接地电阻测量仪也有做成双钳的，一个为电压钳，它的铁心绕有一次绕组，使被测地线回路产生出感应电流，另一个为电流钳，电流钳可以从地线回路中再感应出与接地电阻相关的二次电流，然后根据二次电流值，算出相应的接地电阻。工作原理与单钳接地电阻测量仪相同。

第五章介绍的 ZC8 型接地电阻测量仪，是利用补偿原理工作的，当电流流经接地电阻时，将接地电阻上的压降与标准电阻上的压降相比较，从中求出接地电阻值，它的测量结果准确度比较高。钳式接地电阻测量仪是通过测量电流，然后转换为接地电阻值，准确度不如前者。但 ZC8 型操作比较麻烦，不如数字钳式接地电阻测量仪操作简便，一钳就读出。

第三节　数字电容测量仪

电路参数 R、L、C 都属于被动参量，不能直接作用于测量机构，需要外加激励信号，才能测定。测量电容也是这样，测量电容器的容量一般采用几种方法：①求容抗法：把电容器的容抗视为电阻，跟数字式电阻表一样，利用运算放大器，组成一个反相输入的比例运算电路，求得电容值。②求时间常数法：通过测量 RC 充放电回路的时间常数，求出电容量的方法。③振荡电路法：把电容作为一个振荡回路中的一个元件（LC 或 RC 振荡电路），通过测量振荡频率，从频率值推算出电容量。

一、求容抗法

按图 11-4 的工作原理，将被测电容按图 11-8 接入以运算放大器组成的反相输入的比例运算电路。

图中，反馈电阻 R_F 大小根据量程大小而定，输入端接入频率为 f 的正弦交流电源，根据比例运算电路原理，当运算放大器的放大倍数为无限大时，其输入点为虚地，输出电压 U_{out} 与输入电压 U_{in} 的关系为

$$U_{out} = -\frac{R_F}{X_c}U_{in} \tag{11-11}$$

$$U_{out} = -2\pi f C_x R_F U_{in} \tag{11-12}$$

电路中的 f、R_F、U_{in} 为常数，上式可写成

$$C_x = K U_{out} \tag{11-13}$$

可见，可以从测出的电压 U_{out} 值，推算出 C_x 值。

为消除干扰，将输出电压滤波，只让频率为 f 的信号通过，再通过 AC/DC 转换，选择 U_{in} 值，使输出的直流电压值刚好等于 C_x 值。用数字直流电压表，直接读出被测电容值。

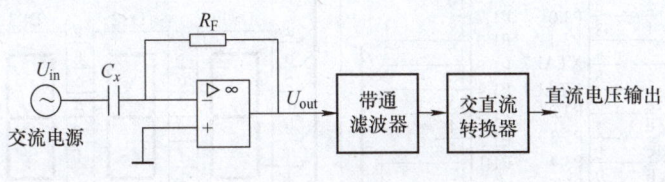

图 11-8 容抗法测电容

二、求时间常数法

用这种方法构成的数字电容表，测试原理如图 11-9 所示。

图中，电源电压 E 经已知电阻 R 向被测电容 C_x 充电，C_x 两端电压随充电时间的增加而上升。当充电时间等于时间常数 RC_x 时，C_x 两端电压将等于电源电压的 63.2%，测量电容器充电达到该电压的时间 t，从式 $t = RC_x$ 中，可求得电容器的容量 C_x。

为了判断电容 C_x 的充电电压是否达到电源电压的 63.2%，可以用电压比较器来检测，也可以用单片机进行运算。测量结果采用四位数码管动态扫描的显示方式，如果不用译码电路，数码管可直接和单片机相连，字段要占用七个 I/O 口，位选占用四个 I/O 口，加上电压比较器使用的三个 I/O 口，因此所选用的单片机 I/O 口不能少于 14 个。若选用 AT89C2051 单片机，用它的 P1.0、P1.1 作为电压比较器的输入端口，P1.2 作为输出端口，测量电路如图 11-10 所示。比较器的基准电压设定为 0.632V，当 C_x 两端电压从 0V 升到 0.632V 时，P1.2 口输出从 0 转为 1。在这过程中，利用 AT89C2051 内部的定时器 T_0 对充电时间进行计数，再将计数结果按式 $t = RC_x$ 求出 C_x 值，并显示出来所得结果。

整机电路如图 11-11 所示，电路由单片机电路、电容充电测量电路和数码显示电路等部分组成。P1.0 除了作为比较器同相输入端外还兼作测试电容 C_x 的放电回路。数码管采用的是共阴数码管。

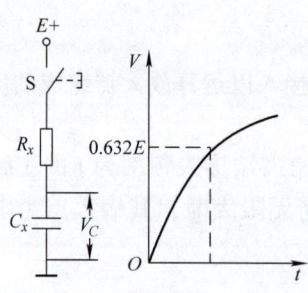

图 11-9 RC 充放电回路

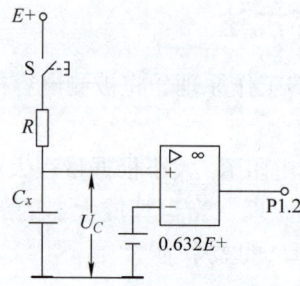

图 11-10 RC 充放电回路

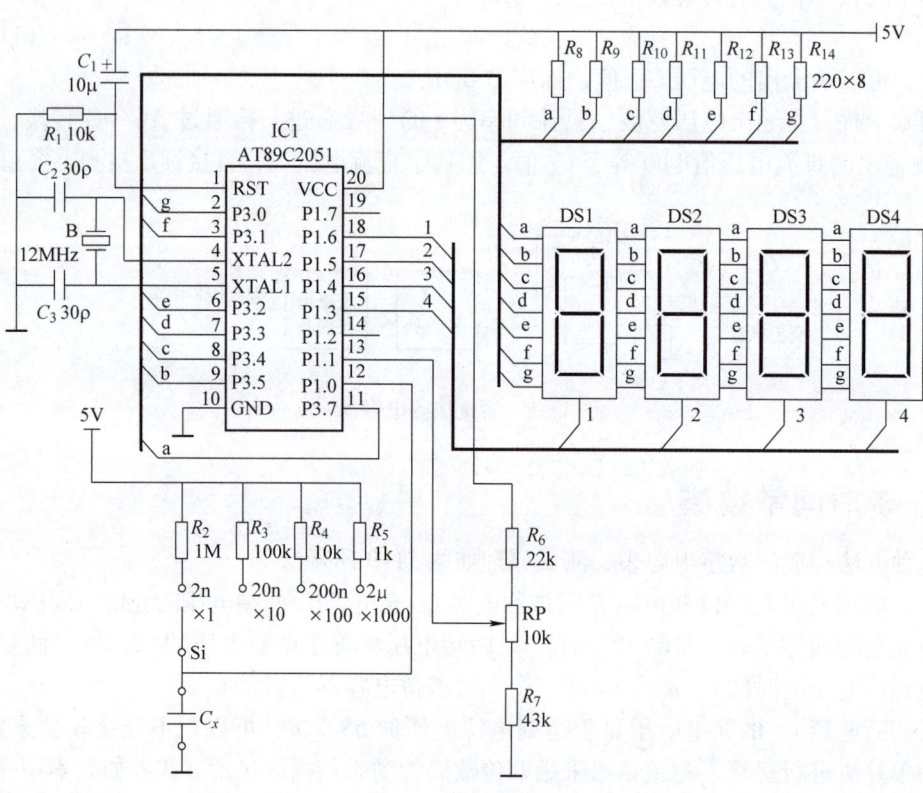

图 11-11 数字电容测量仪

第十二章

数字示波器

第一节 液晶显示器

模拟示波器所用的示波管,外形长、体积大,电极需要1000V以上的高压,而且光点半径大(0.5~1mm),难以实现文字及数据的显示,虽然理论上可以采用大屏幕的示波管,但大屏幕的示波管,必然体积和重量都要加大,要实现多踪、彩色则更加困难。所以近年来都在寻求可用于显示图像的固体器件,以取代这种喇叭状的示波管。如液晶显示器(LCD)、真空荧光显示器(VFD)、等离子体显示器(PDP)、场致发光显示器(ELD)和电致变色显示器(ECD)等。其中液晶显示屏(LCD)发展最快,已经在示波器中得到广泛应用,并开始取代了笨重的示波管。它的发展过程跟电视机很相似,电视机现在已经彻底地抛弃了玻璃显像管,示波器同样也要撇开玻璃示波管,改用液晶显示。现在示波器中用的液晶显示器,都是做成液晶显示模块,成为一个组件,这种模块组件由液晶屏、驱动电路和控制器三部分组成。

一、液晶结构

晶体本来是固体的一种形态,某些高分子有机物的液体具有各向异性,也具有晶体的特征,所以称为液晶,而且人们发现这种液晶具有显示的效果,可以用来制成显示器件。由于它具有低电压、低功耗、薄形等一系列特点,使它很快就被应用于钟表、计算机和仪器仪表领域。

显示器所用的液晶都是多种液晶的混合物,而不用单体材料,因为单体材料无法满足显示器的多方面要求,必须利用混合体,例如用脂类、席夫碱类、联苯类、苯基环己烷类、吡啶类、乙烷类等多种有机液晶混合而成。

液晶的发光方式有透射型和反射型两种,透射型的液晶显示器必须在背面设置照明光源,利用背光透过液晶形成图像。反射型不需要专用的背光源,而是利用周围室光通过液晶反射,然后形成图像。所以这种显示器不能在暗处使用。

图12-1是反射型液晶显示器的结构示意图。它由两片玻璃基板黏合而成,基板间留有 μm 级的间隙,液晶就封存在基板的间隙中,在基板内面利用光刻制成透明电极,用于施加电压。两个玻璃基板外面有两片偏振片,其中一片的偏振方向为水平,另外一片的偏振方向

为垂直。

基板内液晶分子呈平行排列，上下扭曲90°，如果电极间不加电压，外部入射光线通过上偏振片形成偏振光，该偏振光通过平行排列的液晶材料后被旋转90°，再通过与上偏振片的偏振方向相垂直的下偏振片，然后被反射膜反射出来，使液晶呈透明的状态，习惯上把这种状态称为"不亮"或"OFF"，即无图像。如果在电极间加上电压，液晶分子在电场作用下呈垂直排列，失去旋光性，从上偏振片入射的偏振光不被旋转，无法通过下偏振片返回，因而呈暗黑色。习惯上把这种状态称为"亮"或"ON"，即有图像。

电极结构也有两种，即分段型和矩阵型。分段型如图 12-2 所示，一个基板设置公共极，只有一条连接线，另一个基板设置了分段电极，各段组成"日"形或"田"形，并分别引线，以表示数字或英文字母。时钟和数字电压表所使用的显示器大都是这种方式。矩阵型如图 12-3 所示，一个基板内侧有 m 条行电极，另一个基板内侧有 n 条列电极，其中至少一侧为透明，行电极与列电极相互垂直，组成 $m\times n$ 个交点，每个交点都对应一个像素，共有 $m\times n$ 个像素，每条电极对外都有一根连接线，这样一个矩阵就有 $m+n$ 条连接线。因为示波器用的显示器，需要显示各种图形，所以示波器用的都是矩阵结构。

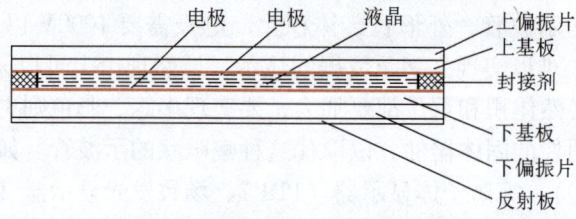

图 12-1　液晶显示器的结构

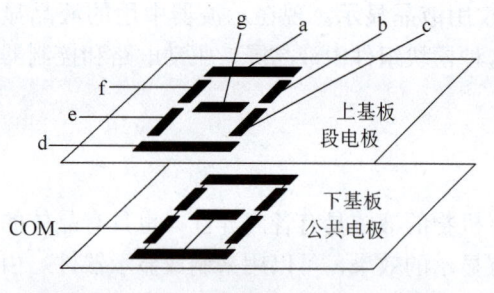

图 12-2　分段型液晶显示器的电极结构

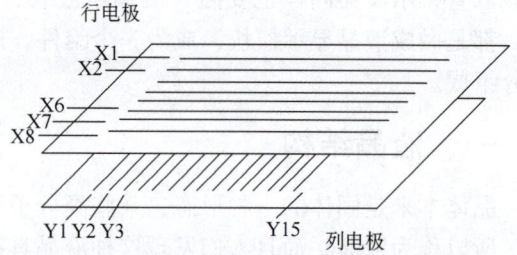

图 12-3　矩阵型液晶显示器的电极结构

二、液晶显示器的驱动方式

从液晶的工作原理可知，要使分段型液晶显示一个确定的图像，或者在矩阵型液晶显示器中某个像素呈 ON 状态，首先要在确定的玻璃基板电极上施加电压形成电场，使液晶分子失去旋光性。但电极不能加直流电压，因为直流电场会导致液晶材料的化学反应，使材料变质，所以驱动液晶显示器的极板要用交流电压，而且所加的交流电压有效值必须大于液晶显示阈值电压，才能使对应的像素呈显示状态。驱动用的交流电压可以由数字电路产生一个矩形波，并将它直接加到电极上，这种方法称为直接驱动。如果电压先通过制作在基板上的场效应晶体管所构成的有源电路，再去驱动像素电极，这种驱动方法则称为有源驱动。下面简要介绍一下常用的直接驱动法。

1. 分段型的直接驱动方式

分段型液晶显示器的直接驱动方式是通过异或门电路，连接方法如图 12-4 所示。在显示器的公共电极（或称背电极）施加一个持续的、占空比为 50%、幅度为 U_m 的连续方波。同时在需要呈显示状态的段电极，施加一个与背电极的电压幅度相等、频率相同但相位相反的方波。段电极所用的反相方波，可以直接用背电极的方波通过异或门取得。这在数字万用表中已做过介绍。

图 12-4 中，异或门的输入端 B 和背电极连接在一起，它的输入波形和背电极波形相同，异或门的另一个输入端 A 接控制电压。

当输入端 A 的控制电压为低电平时，输出端 C 的输出波形与输入端 B 的波形同相，对液晶来讲，段、背电极间无电压，液晶处于“OFF”状态，不会被激励，显示器无显示。

当输入端 A 的控制电压为高电平时，输出端 C 的输出波形与输入端 B 的波形反相，B 与背电极同源，所以输出波形就是与背电极反相的波形。对液晶来说，段、背电极间的电位差为 $2U_m$，如果液晶显示阈值电压为 10V，则外加幅度为 5V 的方波电压，段、背电极间电压就达到显示所需要的 10V 阈值，液晶就处于“ON”状态，显示器就会被激励。电压波形如图 12-5 所示。

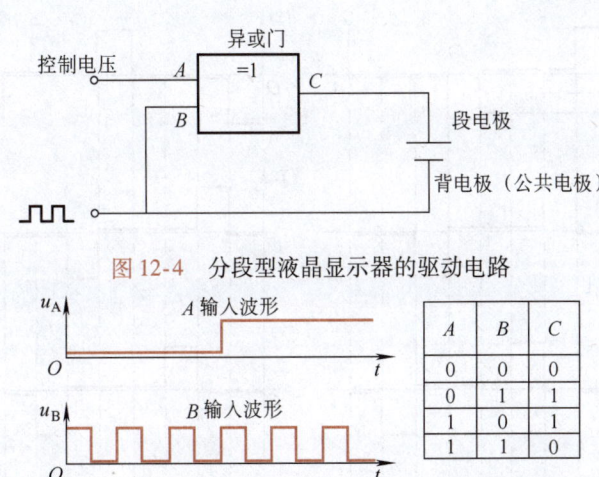

图 12-4 分段型液晶显示器的驱动电路

A	B	C
0	0	0
0	1	1
1	0	1
1	1	0

异或门真值表

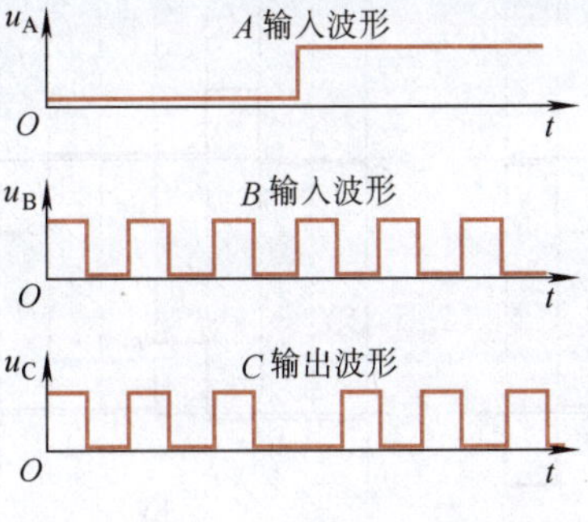

图 12-5 分段型驱动电路的电压波形

2. 矩阵型的驱动方式

矩阵型显示器由 m 条行电极和 n 条列电极组成。为了方便说明，假定我们讨论的矩阵是一个行电极数和列电极数都等于 4 的矩阵。如图 12-6c 所示，矩阵行、列有 16 个交点，组成 16 个像素，每一条行电极和每一条列电极都跟四个像素相连。假如把行电极作为扫描电极，把列电极作为信号电极，驱动的时候，先对行扫描电极施加一个频率为 30Hz、占空比为 25% 的方波脉冲，但加到每一行方波的脉冲位置不同，每行相隔 $\frac{1}{4}$ 周期，如图 12-6a 所示。每一条行电极将依次得到正电压的激励。如果要使某一个像素处于“ON”状态，可在它对应的列电极上，施加负电压，如果加在行电极的正电压为 U_x，加在列电极的负电压为 U_y，两电极间的电位差为 $U_x - (-U_y) = U_x + U_y$，若 $U_x = U_y$，则 $U_x + U_y = 2U_x$，当 $2U_x$ 值大于阈值电压，则对应像素将为"ON"状态。假设我们需要位于第一行（$X=1$）第一列（$Y=1$）的像素为"ON"，则各行所施加的电压如图 12-6a 所示，各列所加的电压如图 12-6b 所示。

在图 12-6c 的矩阵中，各个像素可能处在三种状态。第一种状态称为选择点状态，像素（1，1），行、列间的电压为 $U_m - (-U_m) = 2U_m$，如果这个电压等于阈值电压，这个像素将发"亮"。发"亮"的点称为选择点。第二种状态称为半选择点状态，例如第一行的其他点与第一列的其他点，并不要求它发"亮"，由于选择点选在第一行第一列，所以一行一列施加了电压，结果其他并不要求发亮的点，行列间也存在电位差，其值为 $U_m - 0 = U_m$ 或 $0 - (-U_m) = U_m$，这个值小于阈值电压 $2U_m$，所以虽有电压却仍处于"OFF"状态，这种行列间有电压又不"亮"的像素点称为半选择点。第三种状态称为非选择点状态，除第一行和第一列各像素外，其余行列的像素，因行列的电压皆为零，完全属于"OFF"状态，就称它们为非选择点。如果阈值电压选得比 $2U_m$ 小，半选择点就可能因为接近阈值电压而被点亮，就会造成显示的混乱。

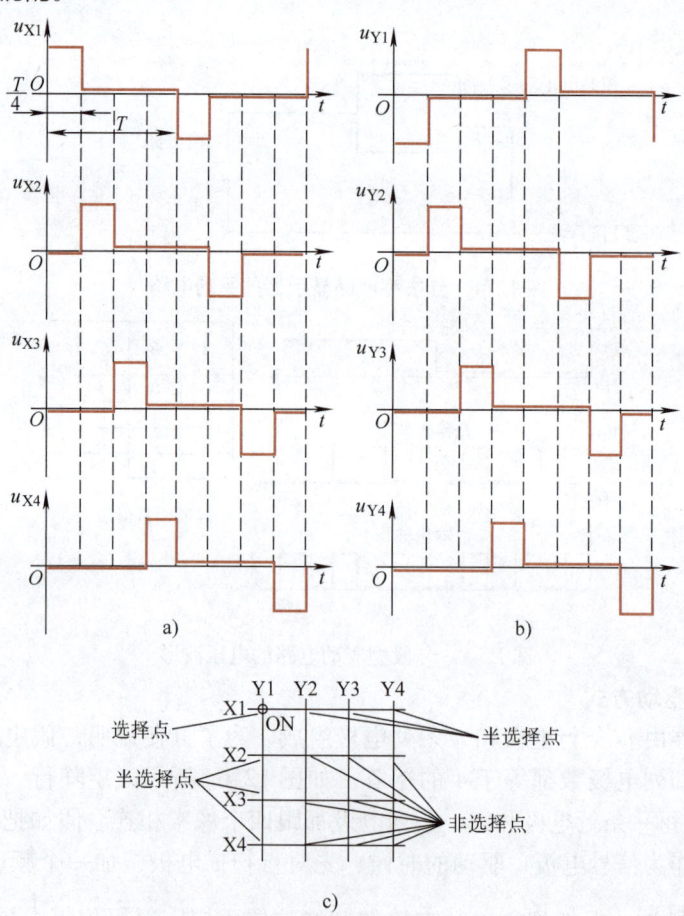

图 12-6 矩阵型的驱动方式

第十二章 数字示波器

如果要求矩阵呈现如图 12-7c 的图形，则需要使 (1, 1)、(1, 2)、(2, 2)、(3, 2)、(4, 2)、(4, 3)、(4, 4) 这七个像素为"ON"状态（括号中第一个数代表行数，第二个数代表列数），其余各像素为"OFF"状态，这时各行、列电极所加的电压波形应如图 12-7a、b 所示。

因为所加的电压必须是交流电压，所以行电极扫描一次以后，第二次扫描时各电极电压必须全部改变方向，不允许长时间施加的直流电场。

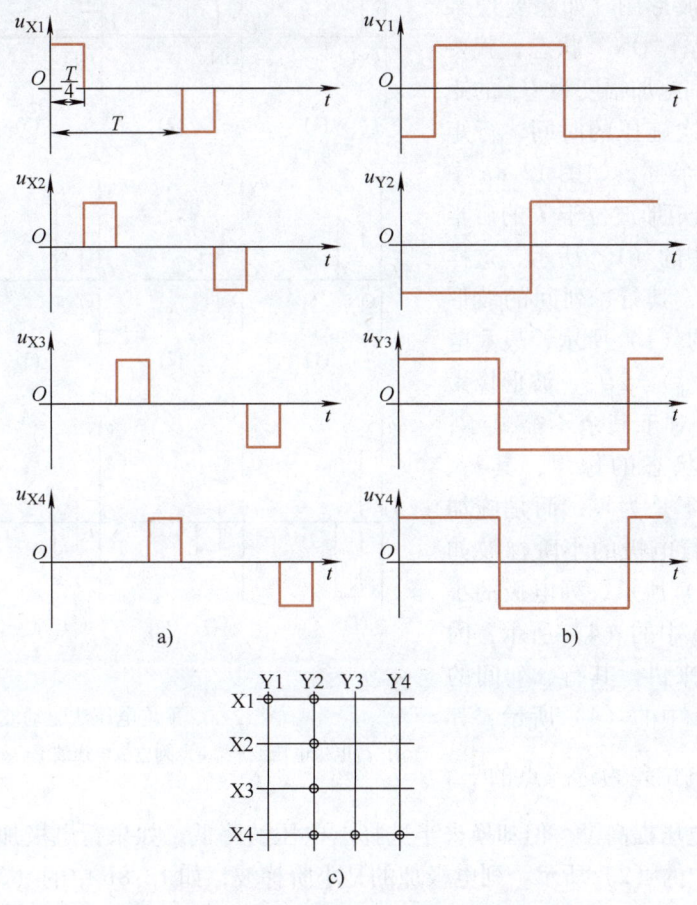

图 12-7 图形与行、列电压波形关系

上面讨论的仅仅是 4×4 矩阵，实际上示波器用的矩阵，其行、列数都远远超过 4×4，例如 128×64。当行电极数为 2 时，行扫描方波电压的占空比为 50%，这种波形的交流有效值为脉冲幅值的 $\sqrt{\frac{1}{2}}$；而当行电极数为 4 时，行扫描方波电压的占空比为 25%，这种波形的交流有效值为脉冲幅值的 $\sqrt{\frac{1}{4}}$。可见扫描电极数越多，所需方波的占空比就越小，如果幅值不变，相应的交流有效值就越小。要得到同样的有效值，就要加大方波脉冲的幅度。可以推出，如果行扫描电极数为 N，所需方波的占空比 $1/N$，为点亮液晶所需的脉冲幅值就要增加 $\sqrt{N}$ 倍，以行、列数为 64 计算，脉冲幅值就要增加到 8 倍，把电压提得这么高，实际上是行不通的。为了解决脉冲幅度过高和半选择点可能造成的显示混乱问题，在实用中采用平均电压法的驱动方式。

下面简要介绍平均电压法的原理。平均电压法是利用提高非选择点电压，来降低半选择点电压，并利用占空比比较高的波形，来代替占空比比较低的波形，以解决以上两个问题。

图 12-8 是一种使用 $\frac{1}{3}U_m$ 的平均电压法的行、列电极波形图。如果要使某行或某列的像素呈"ON"状态，就要向该行或该列分别施加幅度为 U_m 的矩形波。设 T 为一次施压的时间，行矩形波位于 T 的前半部，如图 12-8a 中的 (1) 所示，列矩形波位于 T 的后半部，如图 12-8b 中的 (1) 所示，这样对于选择点来讲，其行、列间的波形就如图 12-8c 中的 (1) 所示，最大电位差为 $U_m - (-U_m) = 2U_m$，波形像素呈"ON"状态。对于其余不需显示，要求呈"OFF"状态的像素，其行、列电极的电压也不是为零，而是施加一个小阶梯波。行电极的小阶梯波如图 12-8a 中的 (4) 所示，列电极的小阶梯波如图 12-8b 中的 (4) 所示，因此对于非选择点来讲，其行、列间的波形就如图 12-8c 中的 (4) 所示，其行、列间的最大电位差为选择点的 $\frac{1}{3}$。

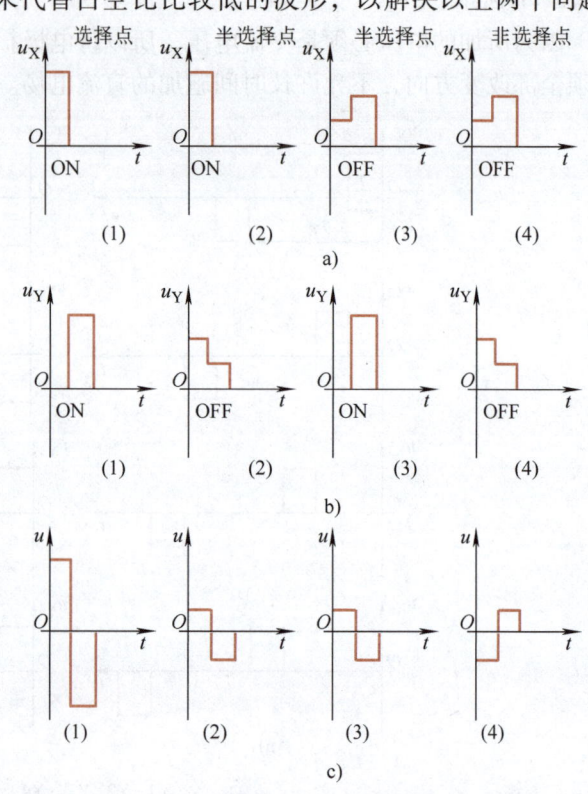

图 12-8 平均电压法驱动波形
a) 行电极电压波形 b) 列电极电压波形 c) 行列间电位差

虽然非选择点的电压提高了，但却换来半选择点电压的降低。如果行电极加的是"ON"电压，如图 12-8a 中的 (2) 所示，列电极加的是小阶梯波，如 12-8b 中的 (2) 所示，则行、列间的波形就如图 12-8c 中的 (2) 所示，其行、列间的最大电位差为选择点的 $\frac{1}{3}$。反过来，如果列电极加的是"ON"电压，如图 12-8b 中的 (3) 所示，行电极加的是小阶梯波如图 12-8a 中的 (3) 所示，则行、列间的波形就如图 12-8c 中的 (3) 所示，仍然为选择点的 $\frac{1}{3}$，使得半选择点与选择点的差别加大。

如果在图 12-9 所示的矩阵型显示器中，要求像素 (1, 1) 和像素 (3, 3) 为"ON"状态，其余为"OFF"状态，则需要加到各个行电极波形如图 12-9a 所示，图中 (1)、(2)、(3)、(4) 分别是加到行电极 X1、X2、X3、X4 上的波形。加到列电极的波形如图 12-9b 所示。图中 (1)、(2)、(3)、(4) 分别是加到行电极 Y1、Y2、Y3、Y4 上的波形。图 12-9c 是 X1Y1、X3Y3、X2Y3、X2Y2 行、列间的电压差。与图 12-7 相比，占空比显然加大，在相同的阈值电压下，波形的幅值可降低，选择点与半选择点的差异也比较明显。

第十二章 数字示波器

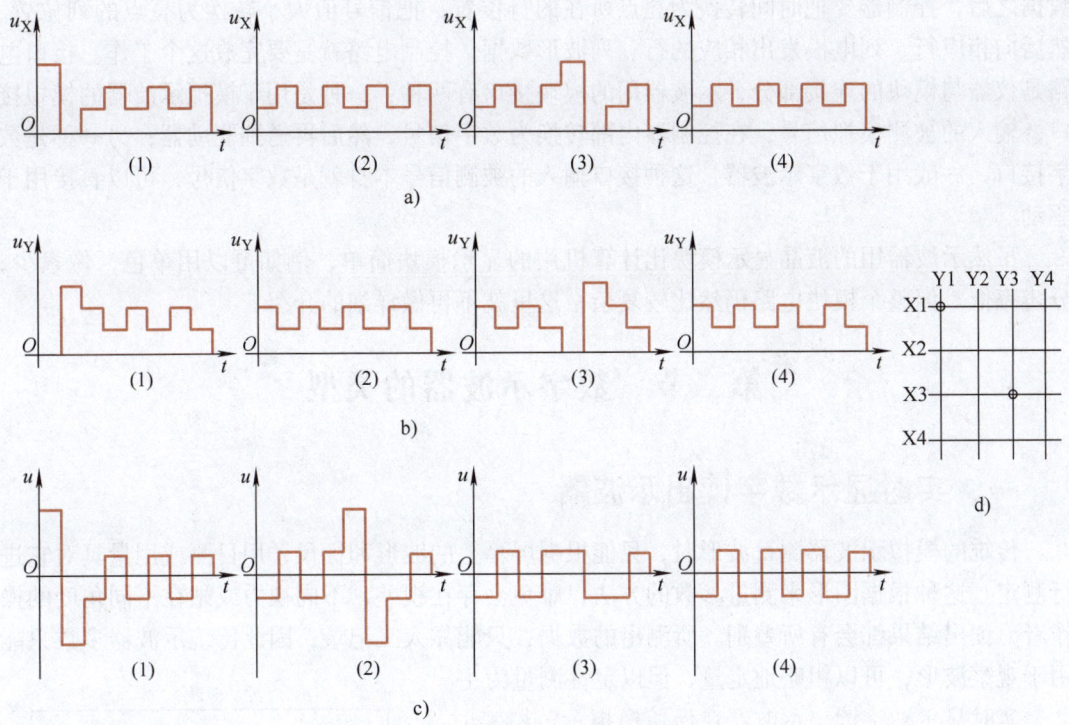

图 12-9 平均电压法驱动波形示例
a) 行电极电压波形　b) 列电极电压波形　c) 行列间电位差　d) 矩阵

要提供矩阵型显示器各电极所需要的波形,当然不能靠异或门,而要通过专用的大规模集成电路,根据各像素所要求的状态,向相应的行、列输出所要求的波形。这个任务由驱动电路和控制电路来完成,通常把驱动电路和控制电路集成在一个组件上,这种组件称为"模块"。

三、液晶显示器模块

电子示波器上所用的液晶显示器组件,称为液晶显示器模块,在模块内包括液晶显示器、驱动器、控制器、电路板以及将这些器件组装在一起的结构框架,如需背光还包括背光源等等。之所以要把它组成模块,是因为显示器本身就已经有许多引线,再加上与驱动、控制部分的连接,不但连线多,而且有的部分还要用导电玻璃或导电橡胶等特殊材料,没有专用设备和专用工具装配起来十分困难。为此制造显示器的厂家,就把所有器件都固定在电路板上,然后加上压框组成一个模块,并以模块方式供货。示波器厂或其他仪器厂只要将显示器的厂家提供的模块直接装上就可使用,这对于整机的装配和维修来讲都是十分方便的。

液晶显示器的模块实际上包括了液晶显示器本体、驱动器、控制器和接口电路等四个部分。驱动器包括行驱动器和列驱动器,一般利用 HD66205、HD66100F 一类集成电路组成。控制器用于提供时序、节拍以及显示存储器地址与显示数据的管理,这些都需要专用的控制器集成电路来完成。现在有的驱动器集成电路直接内置控制器,使得结构更加紧凑。一般在数字示波器中,所采集和要显示的波形实际上是按时间先后顺序排列的数据列,因此采集完数据之后，控制器要把时间转换为亮点所在的行位置，把信号值大小转换为亮点的列位置，然后向相应行、列电极发出相应的行、列波形数据，控制电路就是要完成这个工作。接口电路是仪器与模块的连接部分，示波器用的模块接口有两种：一种是用于模拟示波器的模拟接口，输入的被测模拟信号，在控制器内部转换为数字信号，然后再送到驱动器；另一种是数字接口，一般用于数字示波器，这种接口输入的被测信号本身就是数字信号，可以直接用于驱动。

虽然示波器用的液晶显示模块比计算机用的显示模块简单，例如可以用单色，像素少，分辨率低。但整个模块电路仍然比较复杂，这里就不再做详细的介绍。

第二节　数字示波器的类型

一、实时显示数字读出示波器

传统的模拟示波器测量波形时，只能根据屏幕上的波形和标尺，用目测或用量具对它进行测定。这种根据图形来测量参数的方法，难免会存在视差，不同视力或站在不同角度的操作者，读出结果都会有所差别。所测出的数据，只能靠人工记录，因此传统示波器多数只能用于观察波形，可以粗略地定量，但以定性测量为主。

实时显示数字读出示波器在保留模拟示波器实时显示的基础上，增加了光标数字读出的功能。屏幕上所显示的波形仍然是实时的被测波形，但在显示波形的同时，在 X、Y 方向增设了起、终点光标，通过按钮调节光标的位置，利用微处理器读取起、终点光标间的间隔 ΔT 或电压间隔 ΔU 的数值，并把所界定的数值，用数字形式显示在荧光屏上，如图 12-10 所示，就好像在模拟示波器上面添加了一台数字电压表和一台数字频率计。

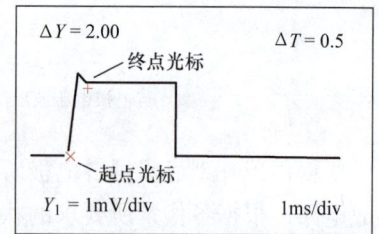

图 12-10　实时显示数字读出示波器光标示意图

由于屏上的光标位置可以任意设定，因此可以很方便地读取波形两点间的时间间隔 ΔT 或电压间隔 ΔU 的数值。比起用量尺在荧光屏上测量波形尺寸，显然会更加准确，也更加方便。特别是遇到波形前沿比较陡直的情况下，要从图形上量出前沿两点间的水平距离就更难了。采用数字读出则显得既快速又准确。

这种示波器的结构如图 12-11 所示，可以看出它实际上是一台模拟示波器，只是在模拟示波器的基础上，加上能根据光标位置读出电压 ΔU 和时间间隔 ΔT 的测读电路。一方面保留了模拟示波器的示波功能，另一方面又能在荧光屏上添加数字显示，不但能对实时波形做定性观察，又能通过数字显示做定量测量，典型产品有 2245A、V-1065 等。

测读电路主要部件是微处理器，它将从 Y 前置放大器取出的被测电压与从游标跟踪键设定的起点电位和终点电位进行比较。通过比较求得两点间的 ΔT 或 ΔU 的数值。以 ΔT 的测读原理为例，如图 12-12 所示。图中的 RP 是设定始点和终点的电位器，它的两端分别是 0% 位置的电位和 100% 位置的电位，可以按照屏幕上的光标，调节电位器两个动点，改变始点光标和终点光标在被测图形中的位置，选择始点电位和终点电位，将它送到比较器的一个输入端。同时将被测电压的实时波形输入到比较器的另一个输入端，当被测波形电压等于

第十二章 数字示波器

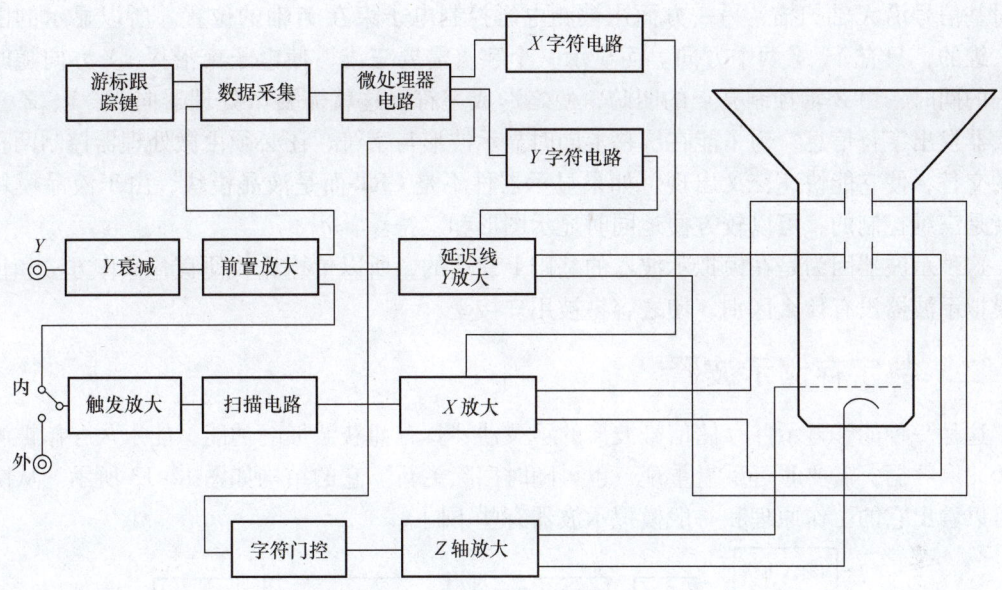

图 12-11 实时显示数字读出示波器

始点电位时，始点比较器给主控门发出一个开门信号，接通计数脉冲至计数器进行计数。当被测波形电压等于终点电位时，终点比较器给主控门发出一个关门脉冲，关断计数脉冲。主控门的开闭时间就等于起点至终点的时间，选择计数脉冲频率可以使计数器的脉冲读数会刚好等于始点与终点间的时间间隔 ΔT。

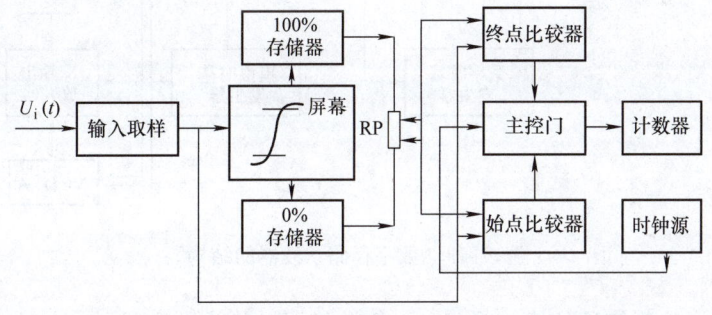

图 12-12 ΔT 的测读原理

ΔU 的测读原理与 ΔT 的测读原理基本类似，但比测读 ΔT 来得简单，测读 ΔT 需要从指定时间点的电压值，来确定始点时间和终点时间的位置，电压可以直接测定。可以设一个斜波发生器，将被测电压直接送比较器，与正在上升的标准斜波电压相比较，当被测电压上升到等于始点电位时，向主控门发出一个开门信号，接通计数脉冲至计数器开始计数。当标准斜波电压上升到等于终点电位时，给主控门发出一个关门脉冲，关断主控门停止计数。选择标准斜波电压的上升斜率与计数脉冲频率，可使进入计数器的脉冲数刚好等于始点与终点间的电压差 ΔU。

ΔU 和 ΔT 都是数字信号，显示时要通过微处理器，将 ΔU 或 ΔT 转换为字符信息；然后通过字符电路将字符显示在荧光屏的特定位置。采用 CRT 显示波形时，电子束总是一方面

随时基信号沿 X 轴扫描,另一方面用被测电压控制电子束在 Y 轴的位置。所以显示的图形是二维的,只有 X、Y 两个方向。而显示一个字符需要三维,使电子束沿 X、Y 方向随时间扫描的同时,由 Z 轴控制亮点的明暗,使之形成字符,这就需要微处理器向 X、Y、Z 三个放大器发出字符信息,为了能在屏幕上同时显示波形与字符,还必须由微处理器控制两种图形的交替,使它能快速交叉出现。如果显示器件不是 CRT 而是液晶模块,由于液晶模块本身就是三维控制的,可以较方便地同时显示图形和字符。

这种示波器因为是在模拟示波器的基础上建造的,所以价格比较便宜,操作方法和传统的模拟示波器没有什么区别,使之容易被用户接受。

二、数字存储示波器

这是一种能够显示并存储信号波形的示波器,具有捕获波形的功能,能永久存储被测信号的波形数据,需要时可反复重现,也可随时擦除更新。它的结构如图 12-13 所示。从图上也可以看出它的工作原理和一般模拟示波器有些不同。

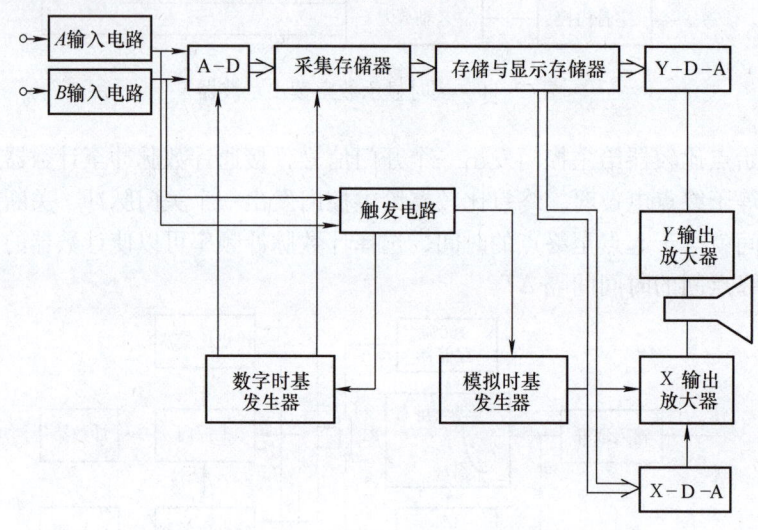

图 12-13　数字存储示波器的结构

测量时,先将被测信号的模拟量经 A-D 转换器转换为数字量并存储在存储器中;显示时,再从存储器中逐一取出,经 D-A 转换器转换为模拟信号,然后显示。可见被测信号首先要通过 A-D 转换,把瞬时采样的模拟信号转换为数字信号,存入采集存储器,采集存储器的容量决定每一次所能保存的波形数值。要重现波形时通过触发,将触发之前的波形数据全部调入显示存储器,然后通过 D-A 转换,将所存储的数字信号重新还原为信号波形的模拟信号,并将它显示在屏幕上,因此它具有以下特点。

1)**可永久存储被测信号的波形数据,需要时可反复重现,也可随时擦除更新**。由于数字示波器可以采用容量较大的半导体存储器,可保存较多的被捕获的波形,需要时又可以将任何时刻所捕获的波形取出来显示;也可以将不同时刻测定的波形,放在同一屏幕上比较。在测量过程中也可以随时让波形"定格"。因此它可以取代过去通过示波器的摄影装置来保存波形的办法,也可以取代过去的记忆示波管,记忆示波管是利用存储电荷的原理,把被测

第十二章　数字示波器

波形存储在示波管的荧光屏上，需要时再调出重显，这种记忆方式存储的时间不能太长，而且只能存储一个波形。数字存储示波器的存储量和可存储时间都远远超过模拟记忆示波管。这对于观测非重复性的单脉冲信号、随机瞬变信号以及缓慢变化的信号都更加方便，过去模拟示波器一闪而过的波形，现在可以随时取出将它稳定而长久地显示在荧光屏上。不要时又可随时擦除更新。这也是数字示波器独特的地方。采集存储器所能存储的信号长度称为存储长度，容量越大所能记录的信号就越长，一般存储容量可达几 MB 或几 GB。

2) **波形再现的准确率既取决于示波器的模拟带宽，同时又与取样速率有关**。Y 通道的带宽是示波器的一项重要指标，它直接影响所显示波形是否会产生频率失真和瞬态失真，在数字示波器中，带宽不仅决定于 Y 通道的模拟带宽，而且跟取样速率有关。因为数字示波器观测波形的第一步是对被测信号进行取样和存储，这需要花费一定时间，必须在一次取样结束后，才能进行第二次取样，所检测的波形信号实际上是一系列离散的时间值和电压值，如果将这些离散的数据组成图形，得到的将是一串光点，而非连续图形，点的密度取决于每次取样和存储相隔时间的长短，只有用极快的存储速度，才能使点连成线。当点不连续时，要按原来的变化规律，通过插补运算才能获得连续的波形，取样速度太慢，纵使经插补运算，仍然会影响再现的准确度。

同时由于取样和存储需花时，无法对被测波形进行连续采集，可能使实时波形的瞬间变化和干扰信息发生丢失和遗漏。要减少这种丢失和遗漏，也需要提高 A-D 转换和存储的速度。可见这种示波器波形再现的准确率与示波器的取样速率有很大关系。

3) **可以观察触发后的波形，也可以观察触发前的波形**。模拟示波器中的触发信号是用来起动锯齿波扫描，所以触发点就是显示波形的起始点。而在数字存储器示波器中，触发信号既可以是启动数据的采集，也可以是终止数据的采集，如果是在触发脉冲到来之后终止采集，这时存储器所存的波形信号就是触发点之前的波形，触发点实际上就是波形的终点标志。

因此在模拟示波器中，触发点是指扫描起点，从触发到扫描开始会有一个时间延迟。扫描开始时，前沿可能已经过去一部分，显示屏上看不到被测信号前沿状态，所以模拟示波器 Y 通道需要设置延迟线，以便让波形前沿比扫描起点稍迟一段时间到达偏转板，使得波形前沿不至于丢失。而数字模拟示波器显示的是已经捕获并已经存储在存储器中的波形，不存在丢失问题，所以不需要延迟线。需要时可以重现波形的任意部分。

在数字存储示波器中，取样、存储、重现都需要微处理器参与，所以显示时可以选择多种触发方式。除常规触发外，还可以选择波形触发，即利用波形达到某种宽度或某种幅度选择触发点；或计数触发，即根据计数值触发，例如观察全电视信号时，可以对行同步头进行计数，以便选择显示信号中任意一行的行信号波形；或数字逻辑触发，例如根据多路信号的逻辑值，确定触发点。

这种示波器测量时波形数据是连续不断进入采集存储器的，存储器存满之后新的数据将替换旧的数据，屏幕显示也是随之更新，虽然显示的不是实时波形，但也是紧跟输入波形的变化而改变，只是在时间上略为滞后。和模拟示波器一样，可以通过调节触发改变波形的起点或终点位置。但又能在按下停止按键时让图形"定格"。如要存储，可通过存储按键将波形存储，需要时再调出重显。所以它既能观察输入信号的变化，又有存储功能，还具有自动光标测量与数字读出的装置。

4) **可实现多踪显示**。传统示波器可以做成双束或双踪，但很难做成多踪。

数字示波器则可实现多踪，不过虽说可以实现多踪，但现有产品中多数仍然以双踪和四踪为主，将几个波形同时显示在一个屏幕上，主要用于比较。单纯测量观察可以用几台双踪同时并用，不一定要一台多踪。

三、实时显示与数字存储示波器

数字存储示波器的最大特点是能存储被测波形以供随时调用。但因为数据转换和存储需要时间，在两轮取样之间会有停顿，无法实时显示。对一些需要实时监控的场合，反应不及时。模拟示波器虽无存储能力，但能观测实时波形，在调节被测电路的状态时，可以在屏上立即看到被观测电路各测量点波形变化情况。因此使用者往往要求能同时兼具以上两种功能的示波器，**既能实时显示，又能存储波形数据**。实时显示与数字存储的示波器正是为满足这种需要而设计的。

早期的实时显示与数字存储示波器是利用开关切换，如图12-14所示。这种示波器可以通过切换开关，既可以工作于模拟状态，又可以工作于数字状态。当切换到模拟示波器档时，可用于观察实时波形，充分利用 Y 系统的带宽，为用惯传统示波器的使用者提供方便。作为数字存储示波器使用时，又可以发挥数字示波器的存储特点，用于观测瞬变波形或非周期性的信号，还可以对波形进行存储、"定格"。

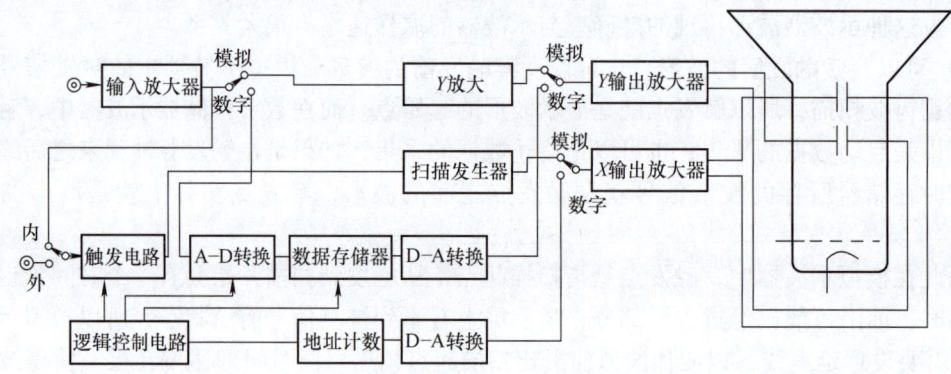

图 12-14　利用开关切换的实时显示与数字存储示波器

现在由于计算机技术的发展，这类示波器可以无需切换开关，直接用微处理器控制。通过微处理器的硬件和软件，实现模拟示波器与数字存储示波器的综合。

第三节　数字存储示波器实例

早期的数字示波器多采用数字电路，通过硬件实现以上功能，所以结构复杂、体积庞大。近年来，由于电子技术和计算机技术的发展，数字示波器采用了微处理器、专用芯片和液晶显示，使得体积小、功能强，加上应用软件的开发，使得传统示波器中的大量的波段开关和电位器，都被软件菜单所取代，面板结构简单，操作方便。

以 SDS1062CM 型的数字示波器为例，它的整机尺寸 305mm × 133mm × 154mm，重量约为 2.3kg，可谓轻便小巧。

第十二章 数字示波器

一、外形、面板和用户界面

图 12-15 是 SDS1062CM 数字示波器的外形，图 12-16 是它的前面板。图 12-17 是它的用户界面。

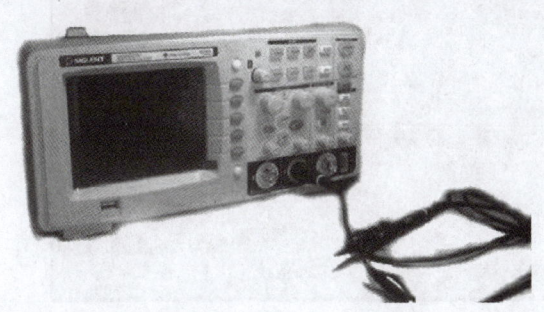

图 12-15　SDS1062CM 数字示波器的外形

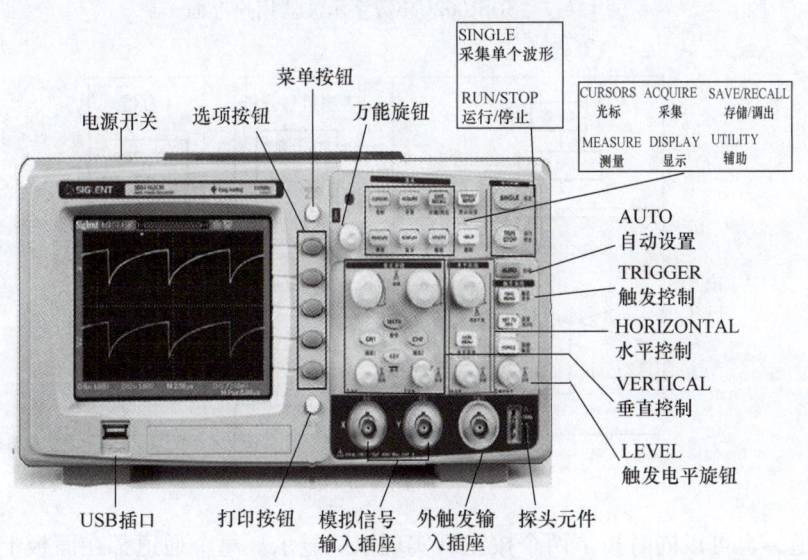

图 12-16　SDS1062CM 数字示波器的前面板

用户界面包括波形图、控制菜单和数据状态条，控制菜单位于屏幕右边，可通过面板上的有关菜单按钮去关闭或开启，数据状态条类似计算机 Windows 界面的任务栏，它位于界面的上下两端，显示内容为本示波器的有关工作状态和数据。

二、结构

SDS1062CM 数字示波器的结构如图 12-18 所示，包括采集、显示、测量与分析、存档等四个部分。

1. 采集部分

采集部分属于示波器的 Y 轴系统。SDS1062CM 的 Y 轴系统有两个通道，即 CH1 和 CH2，使用时可先将两个探头分别插在各自的输入插座，然后按下 CH1 或 CH2 按钮，使用

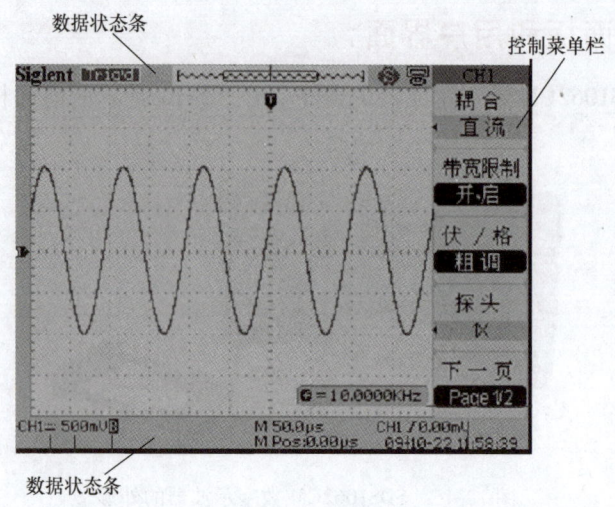

图 12-17　SDS1062CM 数字示波器用户界面

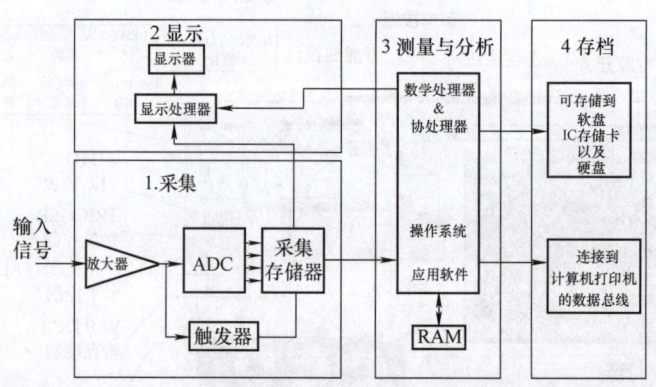

图 12-18　SDS1062CM 数字示波器的结构

其中一个通道,也可以同时按下两个按钮,实现双踪显示。每个通道都在面板上设置了两个控制旋钮,分别控制增益(Valt/div)和位置(Position),可以用这两个控制旋钮,调节波形的大小与位置。要实现更多的功能,可利用屏幕右边的控制菜单,按下 CH1 或 CH2 按钮时,会同时弹出菜单,不同通道的控制菜单,可用 CH1 或 CH2 按钮转换,如图 12-19 所示。

在 CH1 或 CH2 的控制菜单中,可以选择以下几种工作方式:①耦合方式:该选项可根据被测信号性质选择交流或直流方式;②带宽限制:当输入信号包含噪音或多余高频时,可开启带宽限制,抑制噪声和多余的高频;③伏/格调节:可改变增益控制旋钮(Valt/div)的调节粗细度,可选粗调或细调;④探头衰减选择:使机内设置的衰减量与探头本身的设置相一致;⑤反相选择:开启时可使信号反相 180°;⑥输入阻抗选择:可选择输入阻抗为 1MΩ 或 50Ω。只有带宽 300M 以上机型才有 50Ω 输入阻抗供选择。SDS1062CM 只有 1MΩ 输入阻抗,所以没有这项的选择功能;⑦数字滤波选择:可根据被测波形要求,选择滤波类型、滤波的频率上下限,以便滤去无用谐波。使用者可以根据被测信号的性质,通过菜单做相应的设置,以便得到最佳的显示效果。

第十二章 数字示波器

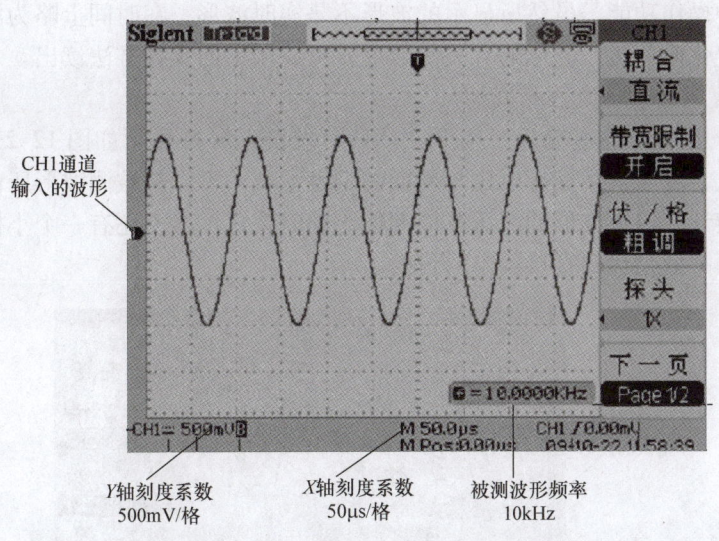

图 12-19　Y 轴系统 CH1 通道控制菜单

2. 显示部分

显示部分用于控制示波器的 X 向扫描，测量随时间变化的 X – T 波形时，前面板水平操作区，有两个控制旋钮，可分别控制光点的水平扫速（S/div）和水平方向的位置（Position）。如果要进一步设置，可按下水平菜单按钮（HORI MENU），弹出水平菜单供选用。水平菜单包括：

（1）延迟扫描选择　可通过菜单该项按键，选择"开启"或"关闭"，"开启"时，会在显示原始波形的同时，对所选定的波形进行水平扩展，并显示在原始波形的下部，如图 12-20 所示。

（2）存储深度选择　通过菜单该项边上的按键可选择"普通存储"和"长存储"。如选用"长存储"，可获取被测信号的更多的波形点数。

3. 测量与分析部分

通过微处理器对 Y 轴系统所采集的信号进行测量、分析与运算，并通过控制菜单，实现后面所说的数字读出、光标读出以及算术运算等各项功能。

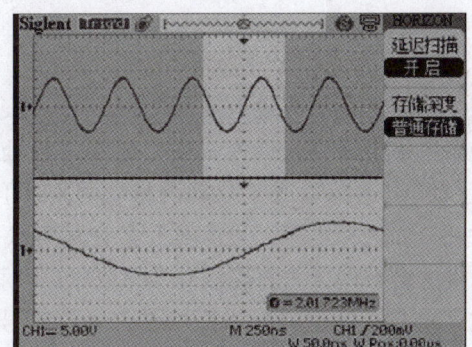

图 12-20　开启延迟扫描的图形

4. 存档部分

存档部分可将数据打印或送到 U 盘或计算机的硬盘。

三、显示和数字读出

SDS1062CM 数字示波器可以在显示屏上实现波形显示和数字读出，但显示不是实时的，因为输入信号须经采集通道的放大、A – D 转换、取样后，送到采集存储器，然后才能将所采集的数据，送到显示器进行显示，并能在显示的同时将所采集的数据送微处理器，通过软件实现其他各种操作功能。虽然所显示的波形不是实时波形，在时间上略为滞后，但仍然是随着输入信号变化而变化。波形的有关参数值，可以用下面几种方法读出。

1. 利用刻度系数读出电压与周期

设被测信号从 CH1 通道输入。按下"CH1"按键，屏幕显示如图 12-21 所示，在界面的数据状态条上，可以找到标有电压与周期的刻度系数。可以从被测波形所占的网格数以及刻度系数，直接计算出该波形的电压或周期值。同时在显示屏上还有一个小框，小框中直接标出该波形的频率值，达到直接读出的目的。

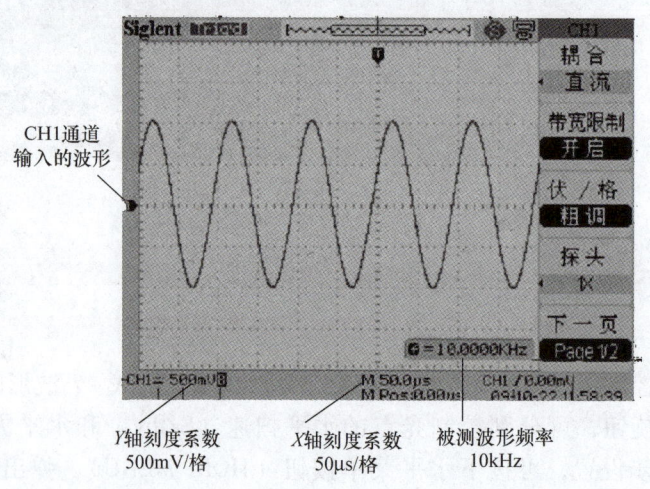

图 12-21　信号的显示和数字读出

2. 利用光标读出波形参数

采用光标法测量电压和时间，可先按下面板上的"光标（CURSORS）"按钮，在弹出的菜单中会看到光标模式项，通常开始处于关闭状态。按下光标模式项右边的按键，选择"手动""追踪"或"自动测量"，例如可选择手动。然后从菜单测量类型项，选择电压或时间，如选择电压，显示屏上会有两条水平虚线作为 Y 方向（电压）光标；选时间时，显示屏上会有两条垂直虚线作为 X 方向（时间）的光标，如图 12-22 和图 12-23 所示（有的数字示波器是用"+"符号或"*"符号作为光标，SDS1062CM 数字示波器则用虚线作为光标）。接着选择信源，可选 CH1 或 CH2，选择光标 CurA 或 CurB，用面板上的万能旋钮分别调节两条光标线位置，就可以从小框读出 ΔU 或 ΔT 的数值，如图 12-22 所示。也可以同时使用电压时间两组光标，从小框中同时读出 ΔU 和 ΔT 的数值，如图 12-23 所示。

3. 自动读出波形参数

按下"测量（MEASURE）"按钮，从右边菜单中选择测量信源（CH1、CH2），再从右边菜单中选择测量对象为电压、时间或全部，然后从弹出的数字小框，或从菜单项目中列出的数字，直接读出所选择的波形参数，如图 12-24a、b 所示，也可以在右边菜单同时读出最大值、最小值、峰-峰值或其他参数。

四、对输入信号进行数学运算

在 SDS1062CM 数字示波器中，还可以将采集来的数据，送到微处理器后，进行各种运

第十二章 数字示波器

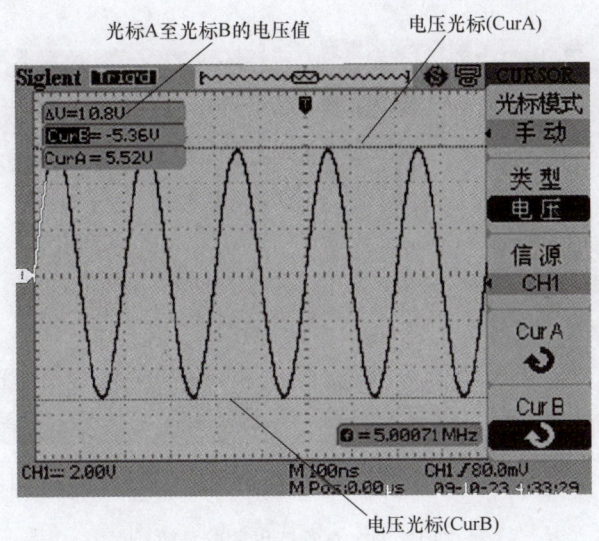

图 12-22 水平虚线表示的 Y 方向(电压或电流)光标

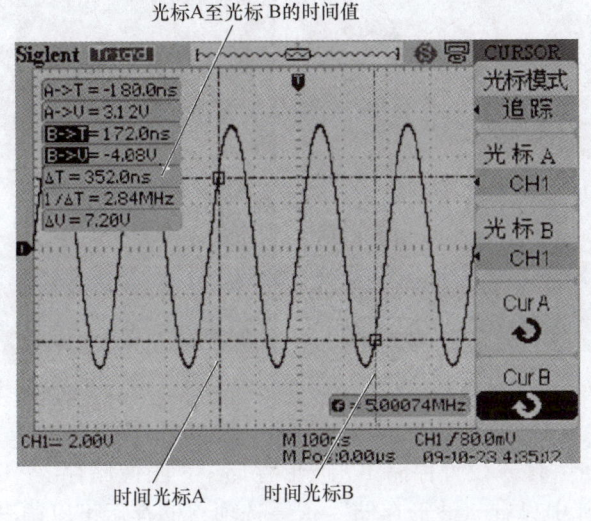

图 12-23 垂直虚线作为 X 方向(时间)的光标

算。需要时按下"数学运算(MATH)"按钮,屏幕右边会弹出数学运算菜单,从中选择对 Y 轴系统两个通道的被测信号进行加(+)、减(-)、乘(*)、除(/)以及快速傅里叶变换(FFT)的操作。图 12-25 是执行加法操作后的显示波形。

菜单中的快速傅里叶变换(FFT)操作,可以对任一通道的时域信号进行傅里叶运算,转换为该信号的频谱,可从中观察波形中的谐波的含量和失真程度,电源的噪声等。图 12-26 的下半部即是上半部的傅里叶变换(FFT)图。

五、被测波形的储存和调出

当按下"储存/调出(SAVE/RECALL)"按钮时,在屏幕右边会弹出储存/调出菜单,可从中进行选择。

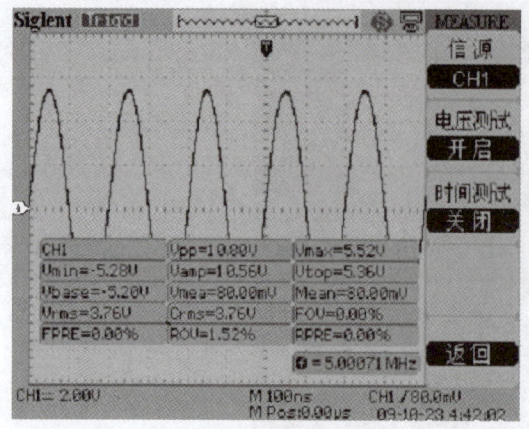 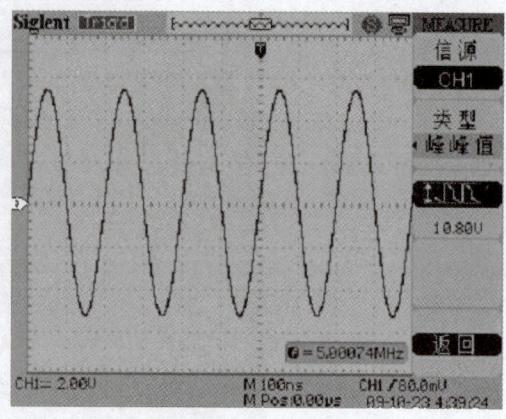

图 12-24　自动读出波形参数

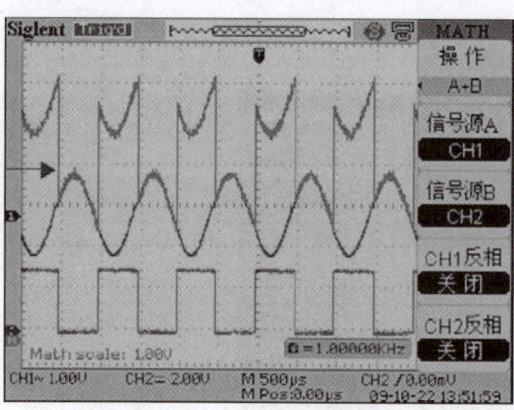 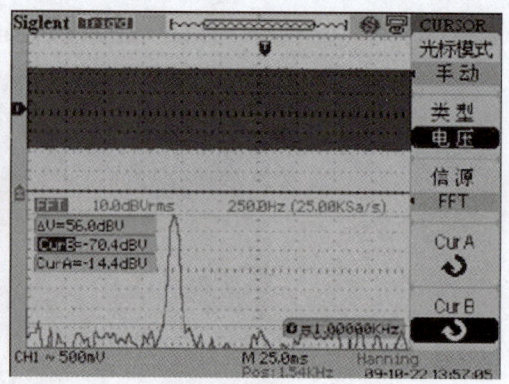

图 12-25　加法操作　　　　　　　　图 12-26　快速傅里叶变换（FFT）操作

（1）"类型"选项　有"设置存储""波形存储""图像储存""CSV 文件"和"出厂设置"五个选项，但其中只有"波形存储"这一选项，储存后可以调出，"图像存储"只能通过 USB 口存于 U 盘，然后用图形软件在计算机中打开，"CSV 文件"同样只能用 EXCEL 软件在计算机中打开。

（2）"储存位置"选项　该选项可选择将被测波形储存到设备还是储存到文件，如设置储存到设备，即存储到示波器内，必须指定存储器编号（No.1～No.7），如设置储存到文件，则须插入 U 盘。

（3）"储存"和"调出"选项　可以进行储存操作或调出操作。

六、储存/调出参考波形

按下"REF"按钮可在屏幕弹出参考波形菜单，操作菜单可以把当前通道 CH1 或 CH2 的波形存储在 REFA - REFD 中，也可以从 REFA - REFD 中调出，作为比较使用，调出的参考波形显示为红色，如图 12-27 所示。

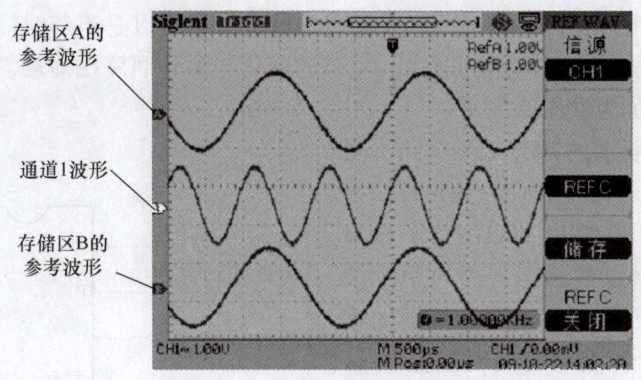

图 12-27　储存/调出参考波形

七、触发系统的操作

上面已说过，传统的模拟示波器中的触发信号是用来启动锯齿波扫描，必须在触发后才开始扫描，触发点是扫描起点，所以触发点前的波形是看不到的。就是触发点之后的波形，由于锯齿波扫描发生器从触发到开始扫描，会有一些延时，所以触发后的一段波形还会被漏掉一小段，只能靠延迟线做些补救。

数字示波器显示的是已经被捕获并存在存储器中的波形，需要时可以重现波形的任意部分。触发点是指显示时要从那一点开始取出，并作为起点，SDS1062CM 数字示波器的触发起点，一般放在屏幕中间，由前面板的"触发电平"控制旋钮进行调节，用于控制触发电平，也就是调节起点位置，一般测量可以用这个控制旋钮，调节触发电平的位置。如图 12-28 所示，调节时会出现一条水平虚线，它与被测波形的交点，就是触发点。

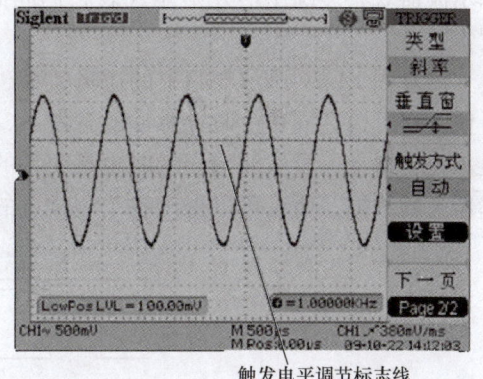

图 12-28　触发电平的调节

如果要进一步设置，可按下"菜单"按钮（TRIG MENU），利用弹出菜单实现有关操作。首先选择触发类型，然后根据所选类型，选择触发源、触发方式、触发条件等。如果要测量电视信号，还要选择电视制式，是测量行信号还是帧信号等。

第四节　逻辑分析仪

逻辑分析仪是根据示波器的工作原理，对数字电路或计算机电路中某些测量点的逻辑状态进行测量的一种仪器。逻辑分析仪开始也曾称为逻辑示波器。实际上它与示波器又有一些区别，示波器通常是用于测量电压与时间（$U-T$）的函数关系，即显示以时间为自变量，以被测电压为应变量的函数图形。这种测量属于时域测量。而逻辑分析仪则是用于观察各被测点的逻辑状态,它以事件序列为自变量,以在某个事件激励下被测信号的状态变化为应变量的波形。事件的出现可以是等时间间隔的时钟脉冲,也可以是不等时间间隔或具有周期性的其他激励,事件的发生有一定的时序。**状态的变化与事件时序相对应。测量这种事件与状态变化的对应关系称为数据域测量。**

例如图 12-29 所示的 74LS138 电路,当 C、B、A 三个输入端的电平为 011 时,$\overline{Y7} \sim \overline{Y0}$ 的输出电平应该为 11110111。如果要测量这 11 个测量点的状态,用通用示波器是无法做到的,因为一般通用示波器的输入通道都没有 11 个。就是有同时能显示 11 踪的示波器,显示屏上的波形也不可能同时采样,多踪显示也只能交替采样交替显示,只不过因为人眼的视觉暂留的缘故,看起来像同时出现一样,它们的时间坐标并不一一对应。只有采用双束示波管的双束示波器,波形才有可能是同时采样,同时出现。但现在也还没有多达 11 束的示波管。因此用多踪示波器观察多踪图形并不能代表它们间的逻辑关系。

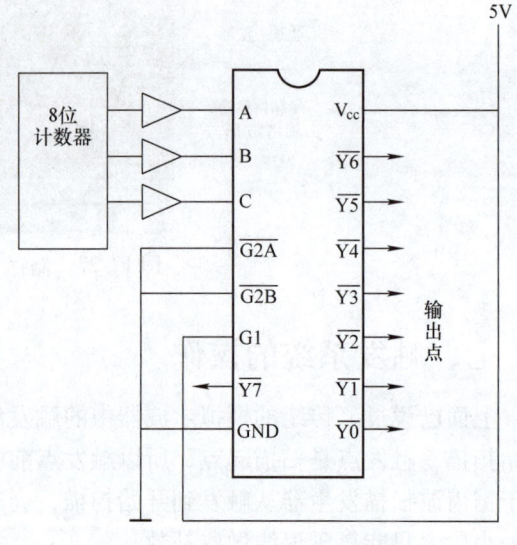

图 12-29 74LS138 电路

测量图 12-29 所示电路中的逻辑关系,必须用逻辑分析仪。例如一个 12 通道的逻辑分析仪,它可以在同一个时钟脉冲的触发下,对 12 个通道同时取样,然后存储起来,再将其显示在窗口上,虽然波形显示时也是交替的,但是它所显示的波形,是同时取样后存放在存储器中的数据,所以可以得出各个测试点的逻辑关系图形,如图 12-30 所示。

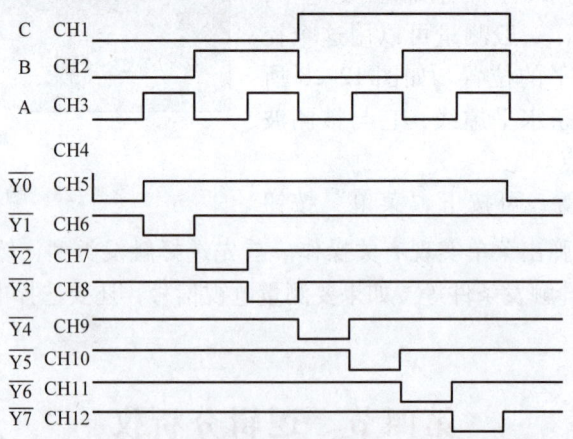

图 12-30 74LS138 电路各测试点的逻辑波形

逻辑分析仪按照显示方式可分为以下两种类型:

1. 逻辑定时分析仪

逻辑定时分析仪在荧光屏上显示的是各通道电平变化图,例如可以对图 12-29 所示电路测出逻辑关系波形,如图 12-30 所示,不过波形图中的电平是被处理过的,它只有 0(低电平)和 1(高电平)两种状态,图形中的高度并不代表具体电压值,只代表电平高低,这种波形又称为伪方波。图 12-31 为逻辑定时分析仪的外形。

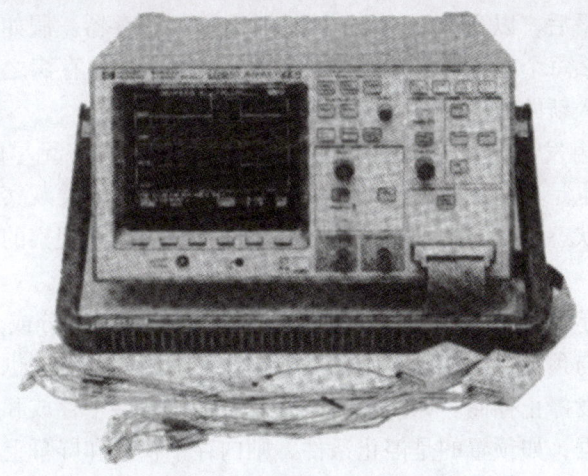

图 12-31　逻辑定时分析仪的外形

2. 逻辑状态分析仪

逻辑状态分析仪在荧光屏上显示的不是波形,而是由数字 0 和 1 组成的列表。测量时,荧光屏上显示的是各通道状态数据的序列,例如对图 12-29 所示的电路,测出的状态列表如图 12-32 所示。

由于计算机技术的发展,现在逻辑分析仪已经把状态分析仪和定时分析仪结合成一体,统称为逻辑分析仪。各种型号逻辑分析仪的通道数量、存储深度、分析速率、触发方式、显示方式以及电路结构可能各不相同,但工作过程基本结构却大体一样,图 12-33 是基本结构图。大体可分为三个部分。

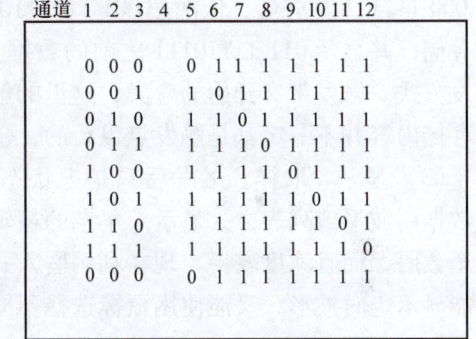

图 12-32　74LS138 各个测试点的逻辑状态

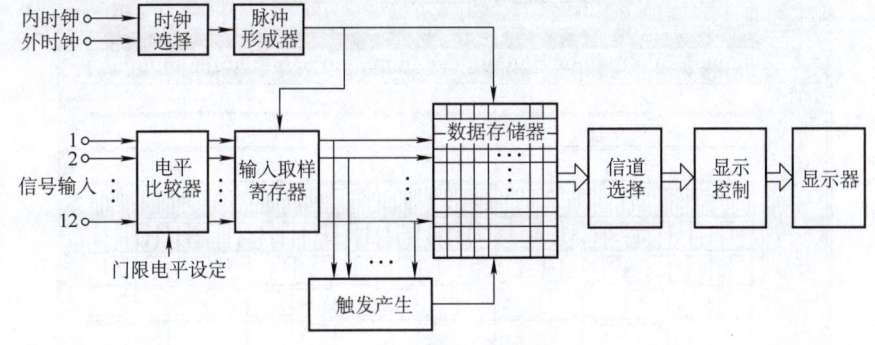

图 12-33　逻辑分析仪结构

(1) 取样部分　取样部分由探头、电平比较和取样存储等构成。它相当于一般示波器的输入通道。以测量图 12-29 的 74LS138 电路逻辑状态为例,如果输入信号为 8 位计数器,且该计数器是由时钟脉冲触发,每次触发令 A、B、C 三个输入点的状态按图 12-32 的顺序变化,用 12 个探头同时对 74LS138 的各输入、输出点测量取样,并把取样的电平经电平比较器转换为高或低电平后,以 0 和 1 的形式存入输入取样寄存器。假如每一个通道取样寄存器有 256 个单元,那么每个通道可以连续存入 256 个状态数据。存满之后,将再从第一个单元开始存储,再次存入新的数据时将覆盖原来的旧数据。

(2) 状态比较与触发 一般被测系统的状态数据流总是无穷无尽的,从探头输入到取样寄存器的状态信号也是连续不断的,即不断存入又不断更新。要观察被测数据的逻辑状态是否正确,需要通过状态比较与触发,从被测数据流中取出需要观察的部分,将它从取样寄存器转到数据存储器。

所谓状态比较就是在每次取样 12 个通道的数据中,取出一部分或全部数据与预置状态相比较,若输入数据与预置状态相同,则触发数据存储器开始存储,也可以先行存储,在与预置状态相同时经触发停止存储。如预置的是开始条件,内存中存放和屏幕上显示的是预定触发条件出现后的数据;如预置的是停止条件,则内存中存放和屏幕上显示的是触发条件出现前的数据。例如用 1~3 通道为 011 作为停止的触发条件,则存储器连续存储数据,从状态 000 11111110 开始,依次按 001 11111101,010 11111011……一直到 011 11110111 为止停止存储,并显示 011 11110111 之前的数据。逻辑分析仪和数字存储示波器一样,也有多种触发方式。触发带有开始的含义,这里的触发只是表示开始把取样数据存入数据存储器,但所存储内容并不一定都是触发点以后的,也可能是触发点以前的。

(3) 显示 取样、触发后只是把状态数据存入存储器,存入之后还要通过显示电路,把数据用波形或列表方式显示。早期的逻辑状态分析仪用列表方式显示时,只能显示 0 和 1 两个数码,而且速度较慢,现在利用嵌入式 PC 为硬件平台,Windows 操作系统为软件平台,既能显示定时波形,又能使用鼠标选择不同界面,显示各种不同结构的列表。如图 12-34 和图 12-35 所示,整个显示过程都是由内嵌的操作系统来完成,测试部分只要把存储器的数据送给微处理器,微处理器就能根据测量数据以及初始的显示设定,进行运算后向屏幕送出各种图表,全部通过 PC 驱动软件完成显示任务,这里就不做深入介绍了。

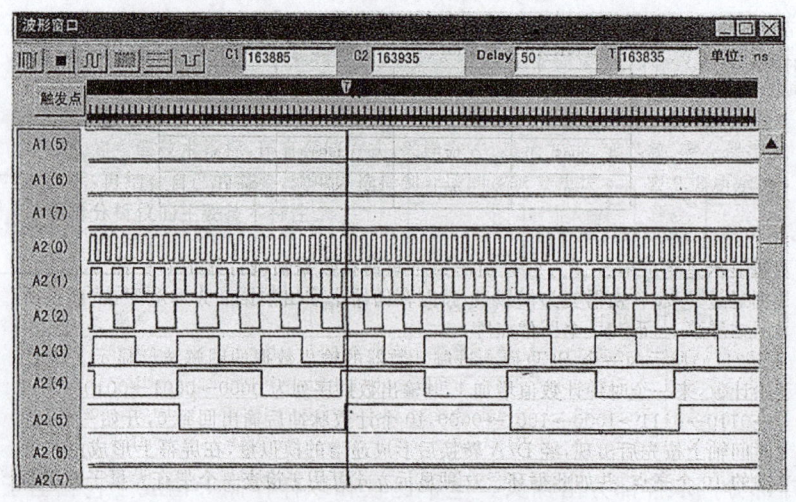

图 12-34 逻辑定时分析仪波形显示

第十二章 数字示波器

图 12-35　逻辑状态分析仪列表显示

第三篇　　智能仪器与虚拟仪器

　　计算机技术经过了半个多世纪的发展，它的价格越来越低，功能越来越强，应用也越来越广。在测量仪表领域，它通过两条途径与测量仪表相结合。一条途径是把微处理器或单片机嵌入测量仪器内部，甚至嵌入某些专用集成电路内部，简化了仪表的硬件结构，提高了仪器的性能，组成了所谓智能仪器。另一条途径是把测量仪表所测的数据，通过接口（例如USB口、RS485、GPIB口）引进到微型计算机内部，利用计算机的超大存储空间、快速处理数据的能力和可视化程序编制的软件，达到运算、传输和显示的目的，组成了所谓虚拟仪器。在虚拟仪器中，只要用户把测量值送到计算机，测量结果就可以任意地用指针图形或数码图形来显示，也可以将测量值与过去的测量数据进行比较，运算或传送到远方控制点。"虚拟"仅仅是指屏幕中的画面，测量本身却是真实的。

第十三章

智 能 仪 器

第一节 概 述

人的智能一般是指人能通过感觉器官，对感知到的事物进行记忆、分析、判断，并做出表达的能力。智能仪器就是仿效这种性能，在仪表中引进了单片机或嵌入式系统，使它在测量的同时，能对输入信号进行记忆、分析、判断，从而提高仪表性能、简化仪表电路，达到增加功能提高精度的效果，即把过去仅仅单纯显示被测数据的仪表，转变为能显示也能进行控制、分析、计算、输出的仪表。要达到这个目的，智能仪器除了有硬件实体外，还必须有相应软件。当然智能仪器的"人工智能"跟真正人的智能还是有很大的距离，一般智能仪器的感知能力还远没有达到人的"智能"水平，只能说具备了某些"智能"特征。例如：

1) 可提高仪表的测量精度：用精密仪器进行精密测量的时候，通常需要进行多次读数，然后取其平均值。而智能仪器可以利用微处理器的快速处理能力，在很短的时间内，进行多次测量，并立即算出平均值显示出来，不需要人工逐一读数，更不要人工计算。这对仪表进行精密测量或进行校准和检定的场合特别适用。

2) 可以通过软件使仪表能够具备自动调零、自动改变量程、自动修正误差、自动校准等功能，以提高仪表的准确度。

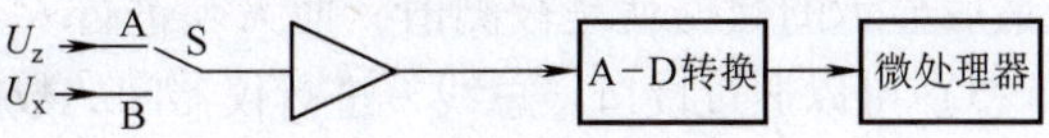

以测量电压为例，为了防止电路漂移造成电压表零点浮动，可以采用图 13-1 所示的自动调零电路，先通过控制电路把开关 S 置于 A 点，令输入端接参考电压 U_z，这时由于零点漂移，微处理器读入值中含有漂移量，即

$$N_{01} = K(U_z + U_{ad}) \tag{13-1}$$

图 13-1 自动调零电路示意图

式中　U_z——参考电压；
　　　U_{ad}——漂移量；
　　　K——测量线路的总增益。

再通过控制电路将开关 S 置于 B 点，令输入端接被测电压 U_x，这时微处理器读入值同样含有漂移量，即

$$N_{02} = K(U_x + U_{ad}) \tag{13-2}$$

式中　U_x——被测电压。

然后通过微处理器将两次读进来的值相减，即

$$N = N_{02} - N_{01} = K(U_x - U_z) \tag{13-3}$$

在式（13-3）中，数值 N 已经不含有漂移量 U_{ad}，N 只决定于输入电压 U_x 和参考电压 U_z。参考电压 U_z 是一个已知量，可以在运算程序中将它消除，使得最后显示的读数等于被测电压的准确数值。

如果由于电路偏置电流变化造成的零点移动，也可以采用图 13-2 所示电路，先在测量电路入端接一个 10MΩ 电阻，如图 13-2a 测出无信号时的偏流值，并记在微处理器的内存单元，然后按图 13-2b 接入被测信号，并将图 13-2a 测出存于内存单元的偏流值，通过 D-A 转换，反馈到输入端，与输入信号相减，从而消除偏流的影响。

图 13-2　自动消除偏流的影响

也可以通过微处理器或单片机实现自动校正。如事先将被测量的标准值从小到大依次输入到仪表，读出仪表输出值，并与输入的标准值进行比较，将其差值存储在内存单元中，作为校正量，以后测量时就可以根据被测数值，取出内存中的校正量，相减后显示出校正后的准确读数。

用同样方法，可以通过储存、校正，使仪表具有自动校正线性、自动修正误差以及自动调节量程等功能。第八章第四节介绍的数字电压表，实际上就包含有自动校正的"智能"内容。

3）使仪表的输入、输出设备发生根本性的变化，可以通过按键，灵活地改变仪表功能，做到一表多用，而无须改变硬件连接。例如可以在单片机中编入不同的测量子程序，使用时通过按键调用，使其能够完成不同的测量任务。过去的 LED、LCD 以显示数字为主，现在可以通过软件同时显示测量条件、测量结果、测量准确度，需要时还可显示图形等。

4）可以将间接测量转化为直读方式，间接测量是指用仪表读出中间量，然后通过计算求得被测量，智能仪表读入中间量之后，可以立即执行运算程序，求出被测量的数值，使仪表最后显示的数据就是被测值，而无须进行人工计算。

5）可以通过接口、总线，进行仪器间的数据通信。对一个自动测量系统或自动控制系统来讲，这一点尤为重要。因为在测量系统中读出某个物理量的数值并不是最终目的，它的最终目的是要求对系统各个测量点所读出的数值进行运算，并根据运算结果实行对应的控制操作。这就要求仪器间能进行数据的通信和传递，接口可作为数据通信与传递的通道。

由于智能仪器有以上这些特点，所以得到广泛的应用，现在使用的智能仪器有两类，一类是通用型的，另一类是专用型的。专用型是根据用户本身的需要和使用者的特殊要求而自行研制、自行开发的，但其基本组成却与通用型的相似。

第二节　智能仪器的结构

智能仪器的结构是根据它的测量需要而进行配置的，所以有的结构比较简单，如第十章

第三节图 10-12 所示的频率计,只有一个单片机芯片加上显示接口,就组成一台频率计。有的结构可能比较复杂,需要配置更多的外围电路,例如图 13-3 所表示的结构。

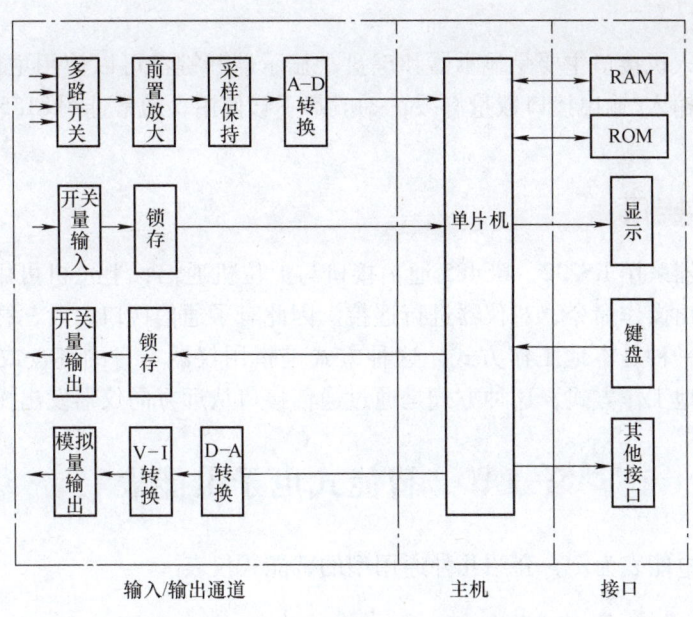

图 13-3　智能仪器的典型结构

一、主机电路

主机是智能仪器的核心,由微处理器或单片机构成。用户自行设计的专用型智能仪器,一般多选用 AT89C51 或 AT89C52 做主机。因为这两种芯片,内附有 128B 的 RAM 和 4KB 或 8KB 的 ROM,并带有 4×8 并行接口和串行接口,对于测量仪器来说,它的容量足够使用,不需要再另行扩展,用起来比较方便。而且这两种芯片与电路的连接,可以用插座,装配和制作比较简单,适于小批量生产。

也有的智能仪器内部使用 MC143120 或 MC143150 微控制器,这两种芯片具备控制和通信两种功能。可以通过双绞线、电力线、射频或红外传递控制信息。还有的使用支持无线仪表的无线单片机芯片 CC2430。它的外围模块有 A-D 转换器、定时器、看门狗等。

二、输入/输出通道

作为测量仪器的输入通道,一般要包括前置放大、采样/保持(S-H)电路和 A-D 转换电路等几个环节,如果输入为多通道,则需要配置多路输入的转换开关,而且每个通道都要有独立的放大、采样/保持 S-H 电路和 A-D 转换电路。A-D 转换电路如选用 AD0801 或 AD0809 等芯片,则芯片内部配有多路模拟转换开关,可以不再设置采样保持电路。

测量仪器的被测量除模拟量外,有时也会有开关量,如脉冲信号、控制信号等,这类仪器就需要开关量的输入通道。

如果仪器对测量结果的显示,是用模拟指示仪表,则需要设置 D-A 转换器,输出模拟量送入模拟指示仪表。另外,智能仪器除了测量外,通常还需要根据测量结果,进行运算分析，并发出相应的控制信号，也需要设置模拟量输出或开关量输出的输出通道。

三、人机接口

测量仪器的人机接口主要是显示器和键盘，显示器和键盘可以使用主机芯片的输入/输出口，但主机的输入/输出接口数量有限，一般都不够使用，通常选用 8155 这类芯片，在主机外部扩展。

四、通信接口

一般智能仪器采用 RS232、RS485 通信接口与上位机通信，上位机可用 VB 编制的软件从远方向仪器发出操作命令，对仪器进行遥控。因此有了通信接口之后，智能仪器就可能有两种工作方式，一种是本地工作方式，这种方式是指用仪器本身的键盘或按键发出操作命令；另一种是远地工作方式，这种方式是通过通信接口从远方向仪器发出操作命令。

第三节　智能式电子电能表

下面以电子电能表为例，介绍几种通用型的智能式仪表。

一、智能式电子三相电能表

智能式电子三相电能表除了显示用户的累计耗用电能之外，还可以根据供电部门的要求显示其他内容，例如用户 1min 消耗的平均功率，对装有自备电源的用户，要求显示正向和负向的累计耗用电能等，所以结构上多采用了机械字轮和 LED 的双重显示。机械字轮只读取总的耗用电能，如果还要分别读取正向和负向的耗用电能、瞬时有功功率、1min 的平均功率等就要用 LED 显示，可以通过扩充单片机、电子计数器、LED 显示驱动等集成电路，使用按钮选择翻页的办法，显示用户累计总耗用电能、正反向用电量、最大耗电量等其他内容。智能式电子三相电能表扩充电路如图 13-4 所示。

为实现测量数据的远程传输，有的三相电能表内还装上 RS485 接口，通过单片机与电网管理中心进行远程通信。例如可以通过脉冲输出端，即电能表专用芯片的 CF 接脚，发出耗用电能信息的高频脉冲，经光耦合器送到微处理器，然后通过通信接口实现远程通信，还可以用红外 LED 输出，供现场抄表者提取表内信息。

二、智能式电子单相复费率电能表

电网的负荷虽然总是随机变化，但从总体来讲还是有一定的规律可循，例如企业上班、夜幕降临时负荷总是要上升，下半夜随着下班、入睡必然会使负荷逐渐下降等。如果把一天的负荷状态按用电大小来区分，则可以分成尖峰、峰、平、谷等四种时段。为了提高电网的效率，在"尖峰"时段需要限制负荷，在"谷"时段则要鼓励用电，使得一天的负荷量能够做到相对平稳，为此电业管理部门制定了在不同时段执行不同电价的复费率制，以达到抑制尖峰时段用电，使原来尖峰时段和峰时段的用电企业能自觉地改移到平、谷时段用电。

对实行时段电价的用户，就需要安装复费率电能表。复费率电能表是在通用电能表的基础上，加装计时准确、时段误差和日误差比较小的时钟集成电路，根据原定的时段分时切

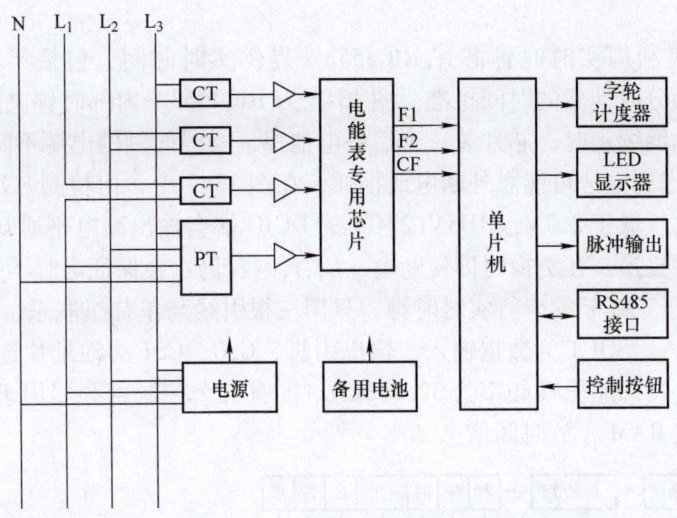

图 13-4 具有扩充功能的电子式三相电能表

换。现在用的时钟有两种，一种是采用硬时钟，例如 DS1338、MC146818 等实时时钟芯片，都是不需要微处理器干预，能自行走时的芯片。另一种是采用软时钟，即使用微处理器程序计时，然后在不同时段将所耗用的电能记录在不同的存储器中，需要时可以分别显示、分别记录。

复费率电能表在使用前必须通过专用的红外线编程器向电能表提供程序参数，包括时段的区分、不同季节时段设置、最大负荷需求量和显示要求等。一般复费率电能表可以存储四套时段，可以根据不同季节选用不同的时段设置。例如可以把夏季"尖峰"时段定为 18:00~20:00，到冬季把"尖峰"时段定为 17:00~21:00。编程后就能根据设定要求进行工作。

图 13-5 是 DDSF111 型单相复费率电能表的结构示意图。图中包括以下几个部分：

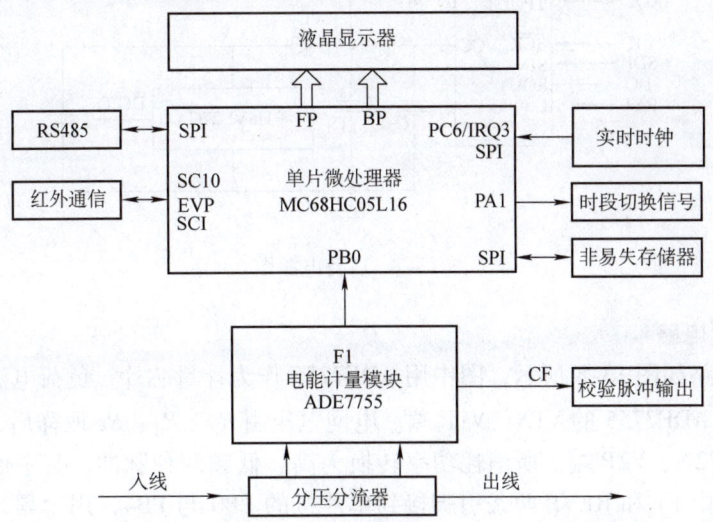

图 13-5 DDSF111 型电子式单相复费率电能表的结构示意图

1. 时钟电路

复费率电能表利用实时时钟芯片 RIC4553A 提供实时时间，包括年、月、日、星期、时、分、秒，作为分时计费的时间标准。图 13-6 为 RIC4553A 内部时钟电路的结构示意图。为保证断电时仍然继续走时，芯片装一个后备电池保证实时时钟的电源不间断。电源电路如图 13-7 所示，考虑到电池可能意外断电或损坏，在图 13-7 中，由检测芯片 RH5VL27CA 进行检测，当电池电压低于 2.7V，RH5VL27CA 的 DCJO 端会输出高电平通知单片机，发出报警信号，以便及时更换。在更换时即使断电，C_1 大电容仍然会保证走时不中断。

RIC4553A 属于三线制的串行实时时钟，只用三根引线与单片机联系，其中 SCK 为时钟脉冲连接引脚，SIN、SOUT 为数据输入、输出引脚，CS0、CS1 为地址片选引脚，TPOUT 可输出参考脉冲。片内含晶振（频率为 32.768kHz），有三个控制寄存器用于设置时钟的工作方式，有 30×4 位 RAM 存放时间信息。

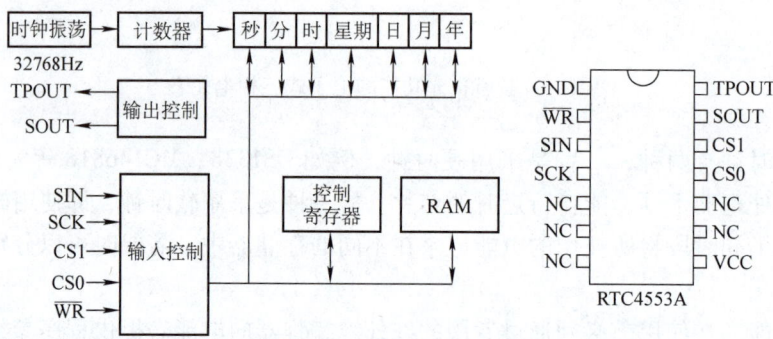

图 13-6 RIC4553A 芯片内部时钟电路的结构示意图

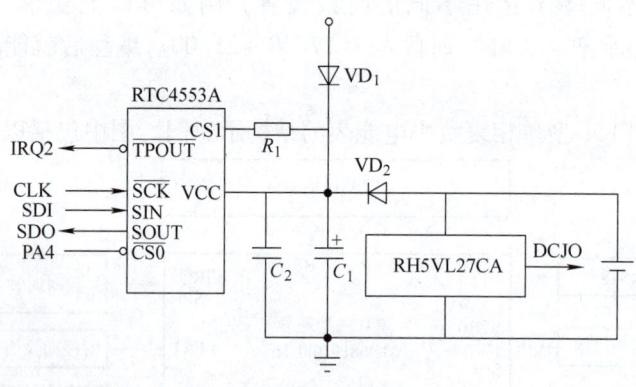

图 13-7 后备电源图

2. 电能计量电路

电能计量电路如图 13-8 所示，图中用 ADE7755 作为计量芯片，负荷电流由 R_s 取样后，将电流信号接入 ADE7755 的 V1N、V1P 端。电网电压由 R_3、R_4、R_5 取样后，将电压信号接入 ADE7755 的 V2N、V2P 端。所消耗功率转换为高、低频两种脉冲，其中低频脉冲和反向用电标志，分别由 F1 和 REVP 两条引脚接到单片机的 PB0 与 PB4，用于累计所耗电能。因为 DDSF111 型是单相表，所以累计时不论正向、反向，一律视为耗电以防窃电。高频脉冲可通过 CF 引脚，经光耦合器输出，并点燃 LED 红外管发出红外信号，供校准时使用。

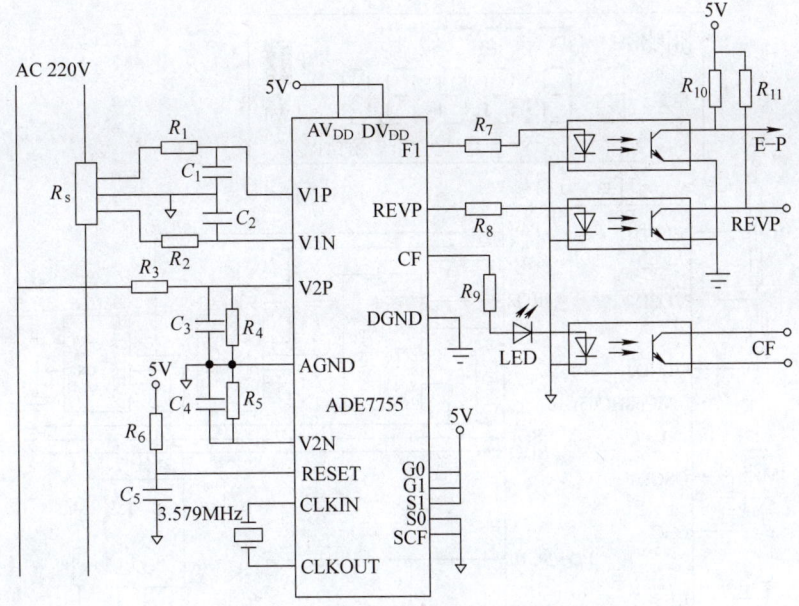

图 13-8 单相复费率电能表的电能计量电路

3. 控制电路

控制电路如图 13-9 所示，由单片机 MC68HC05L16 及相关外围电路组成，包括以下几部分。

（1）液晶显示器　DDSF111 型复费率电能表要求显示器能在平时轮换显示累计的总耗电量、峰时耗电量、谷时耗电量，并有故障和工作状态提示。必要时还可以通过红外开关控制翻页，翻页时能依次显示 42 种不同的数据，包括时间、费率、时段、当前日期、耗电量等。所以要选用专用的 LCD，这种显示器有 33 个显示电极和 4 个背电极，连接到单片机 MC68HC05L16 的 FP、BP 的有关引脚。

（2）通信接口　复费率电能表在使用前要设置运行参数，例如要设置底度、时段划定、各种费率金额、抄录表度、拨钟等，这些操作都需要通过远程计算机与电能表进行通信，以便将操作命令和数据送到电能表，或从电能表取出数据。

复费率电能表与远程计算机内的通信采用 RS485 接口，表内单片机的 EVI、PD6、PD4、PA3 分别作为收、发、收控制、发控制的信号送到 MAX1487，转换为 RS485 电平后，与远程计算机相连。

除此之外，还可以用红外线与表内单片机交换信息。SC10 引脚可将表内信息转换为 38kHz 载波信号，由红外二极管发出，供抄表者接收。表内还设有红外接收头，抄表者也可以用红外手机将控制信号发给红外接收头，经 SCI 引脚送给单片机。

（3）检测功能　DDSF111 型复费率电能表能自动检测交流断电、后备电池发出的报警，并能根据需要定期检测存储器和时钟。图 13-9 中的编程开关专供调试时使用。

三、智能式集中抄表与电子式 IC 卡预付费电能表

1. 集中抄表系统与电能表数据的远程传送

随着城市用户的增加，抄表和收费的工作量也日益繁重，特别是一些小区实行封闭式管

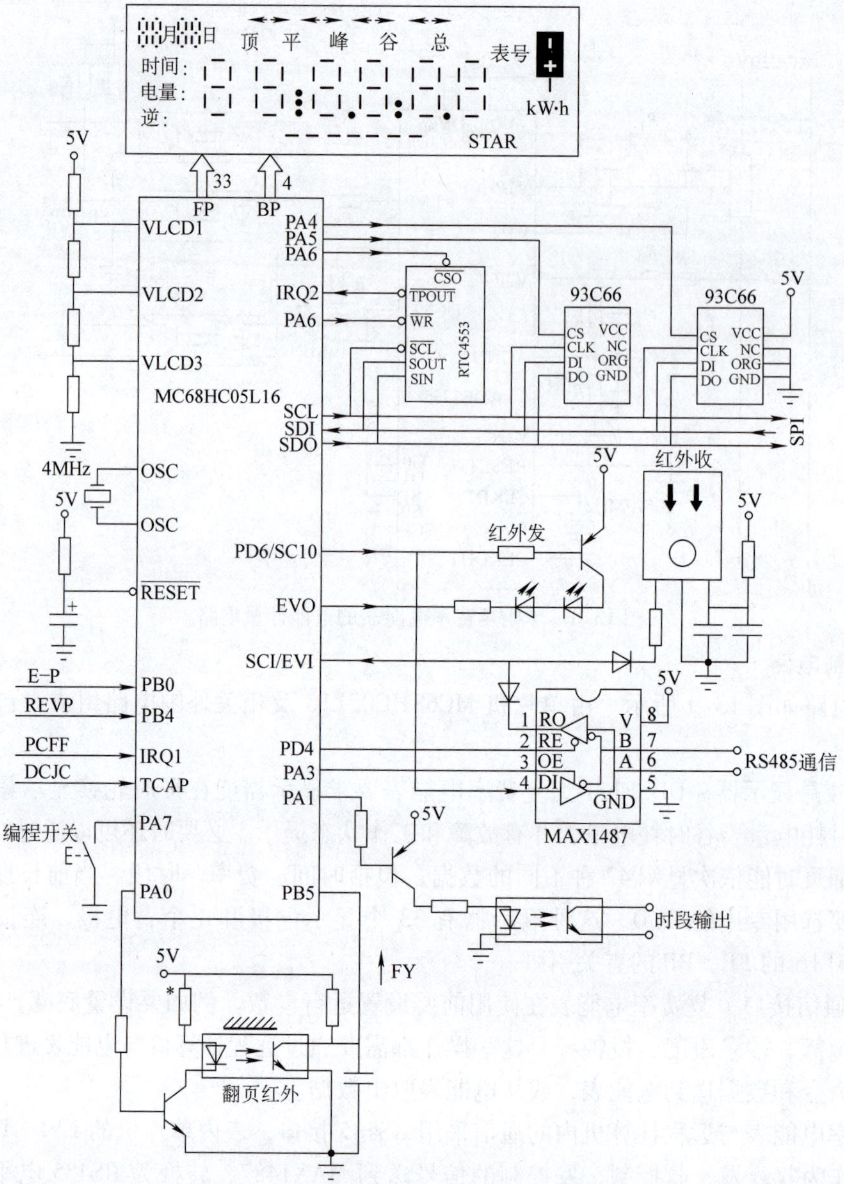

图 13-9 单相复费率电能表的控制电路

理,电能表安装在安全门之内,小区人员的流动性大,给抄表工作带来诸多不便,因此近年来陆续开发一些集中(自动)抄表系统。当然,不论是何种集中抄表系统,都必须在用户端使用相应配套的电能表,管理端设置集中抄表系统的相关设备,这必然会给推广造成一定的困难。现在集中抄表系统实现数据远程传输的方式有以下几种。

(1) **红外传输方式** 采用这种方式,用户的电能表必须配备红外输出信号接口,抄表者可以通过红外发射器对电能表发出抄表命令,以获取表内有关电能的消耗数据。使用这种方式,抄表者仍然要靠近电表才能获得数据,但可提高抄表的速度和准确性,使抄表效率提高。

(2) **利用 RS485 串口的传输方式** 这种方式要在用户电能表中设置有 RS485 串口,抄表系统通过专用电缆与用户电能表连接,表内消耗数据通过 RS485 串口送到抄表中心,由于 RS485 串口可靠的传送距离只有 2km 左右，所以使用这种方式仍然限于近距离范围，如小区内的物业管理部门读取各用户数据时使用，小区管理部门抄表后还要通过其他方式传给电力管理部门。

（3）**利用电力线或有线电视网进行传输的方式**　这种方式可实现远距离传输，电力管理部门可以直接从用户电能表读数。因此用户必须配备电子式载波电能表，将计量数据通过专用载波芯片馈入电力线或有线电视网络，抄表设备通过调制与解调，向用户电表发出读数指令以读取用户的用电数据。

（4）**无线信号抄表方式**　这种方式一般用于偏远的工厂大用户或装在高空的表计，利用移动通信网络的短信服务（SMS），组成抄表传输系统，用户电能表定时向系统发出用电数据的短信供系统接收。

（5）**通过 IC 卡传输**　用户向电力管理部门交费后，将所交电费存入 IC 卡，然后由用户把 IC 卡插入电表，作为耗电依据。虽然表面上是通过 IC 卡作为传输介质，但实质上还是用人工传递，等于用户自行抄表、自行交费。

在以上五种的集中抄表方式中，(1)、(2) 两种方式可用上面所介绍的电子式电能表，(3)、(4) 两种方式要有专门配套的电能表，下面简略介绍用于第 5 种方式的 IC 卡预付费式的电能表。

2. IC 卡预付费电能表的结构

IC 卡预付费电能表是一种新的收费方式的电能表，也是电能表传输数据的一种方式。用户交纳电费之后，将所交的电费记入 IC 卡，然后，将卡插入电能表，转储在电能表的存储器中，当用户用电量达到预付费所对应的允许用电量时，电能表立即切断电源，因此用户必须在存储电费未用完之前，重新交纳电费，才不至于用电被突然切断。IC 卡预付费电能表对居住分散的用户尤为方便，但目前在某些地区由于管理上的种种原因，还很难推广。

这种电能表除了用一片专用的计量集成电路进行电能计量之外，同时还另外用一片单片机实现读卡、预付费用完告警、电费已无余额断电、防窃电控制等操作，图 13-10 是 DDSY23 型 IC 卡预付费电能表的结构框图，它由控制和计量两个单元组成。

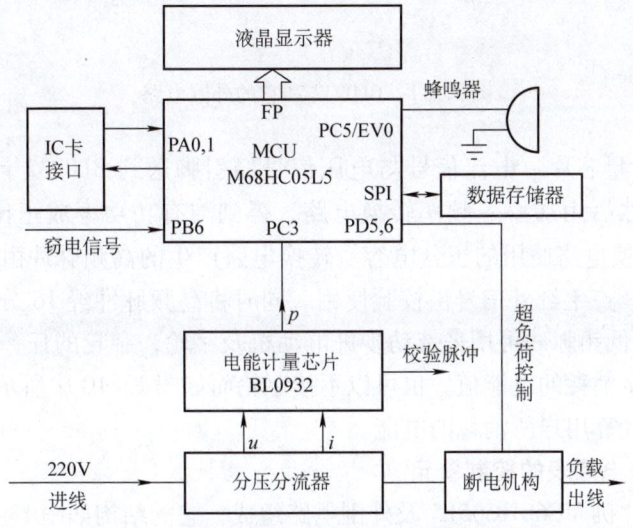

图 13-10　DDSY23 型 IC 卡预付费电能表结构框图

3. IC 卡预付费电能表的计量单元

电能计量以 BL0932 集成电路为核心,配以若干外围电路,按负荷实际消耗电能,从引脚 P 或 MOT 输出计量脉冲到单片机,由单片机计算并扣除存储在存储器中的电费。计量部分电路如图 13-11 所示。

(1) 取样电路 图中利用由锰铜片制成的标准电阻 R_s 与用电负载串联,取出与负载电流成正比的电压,作为负载电流取样信号,加到 BL0932 的 Vi1、Vi2 引脚。利用 R_1、R_2、R_3、R_4、R_{11} 组成的分压网络,产生电压取样信号,加到 BL0932 的 Vv1、Vv2 引脚。图中,电阻 R_7、R_8 作为非线性补偿,当用户低负荷运行时,取样电流较小,利用 R_7、R_8 可改善低负荷造成的非线性误差。

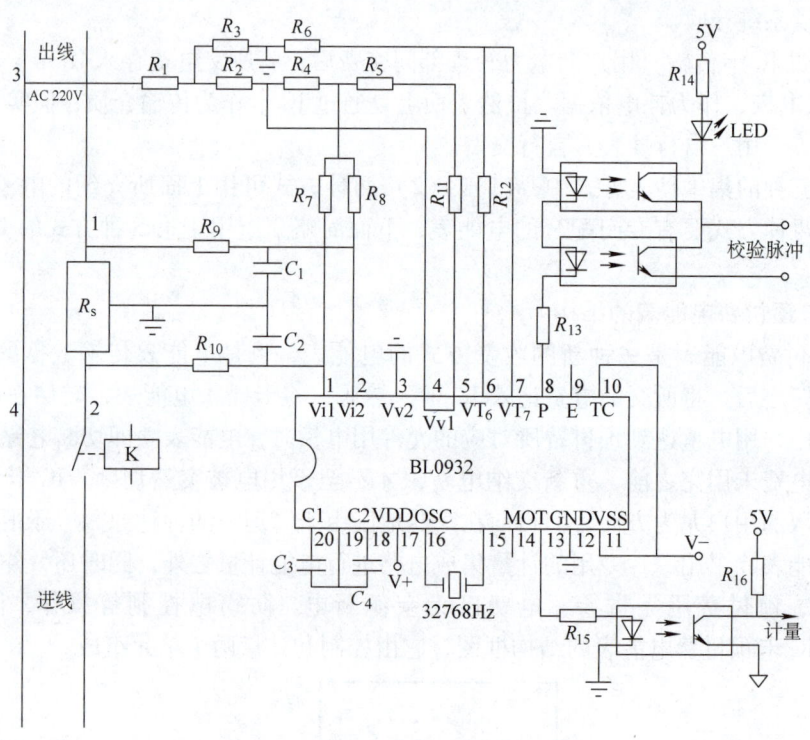

图 13-11 BL0932 和它的外围电路

(2) BL0932 计量芯片 电流信号与电压信号经引脚送到 BL0932 计量芯片的乘法器,求得有功功率值,然后用功率 – 频率转换电路,得到与有功功率成正比的高频脉冲,C_3、C_4 是电流 – 频率转换电路使用的积分电容。转换电路产生的高频脉冲由引脚 P 输出,接到图中的红外管 LED,产生红外信号供校验使用。同时将高频脉冲经 16 分频,产生低频脉冲送引脚 MOT 输出,低频脉冲可用来带动步进电动机及字轮,字轮的任务是把有功功率随时间进行累加,并显示消耗的电能值。也可以不接字轮而如图 13-10 中所示直接送单片机 PC3 口,由单片机负责计算用户所消耗的电能。

4. IC 卡预付费电能表的控制单元

控制单元由单片机 MC68HC05L5 及外围电路组成,它的结构如图 13-12 所示。

(1) IC 卡读卡插座 在使用 IC 卡预付费电能表之前,首先要把 IC 卡交收费部门充值,

第十三章 智能仪器

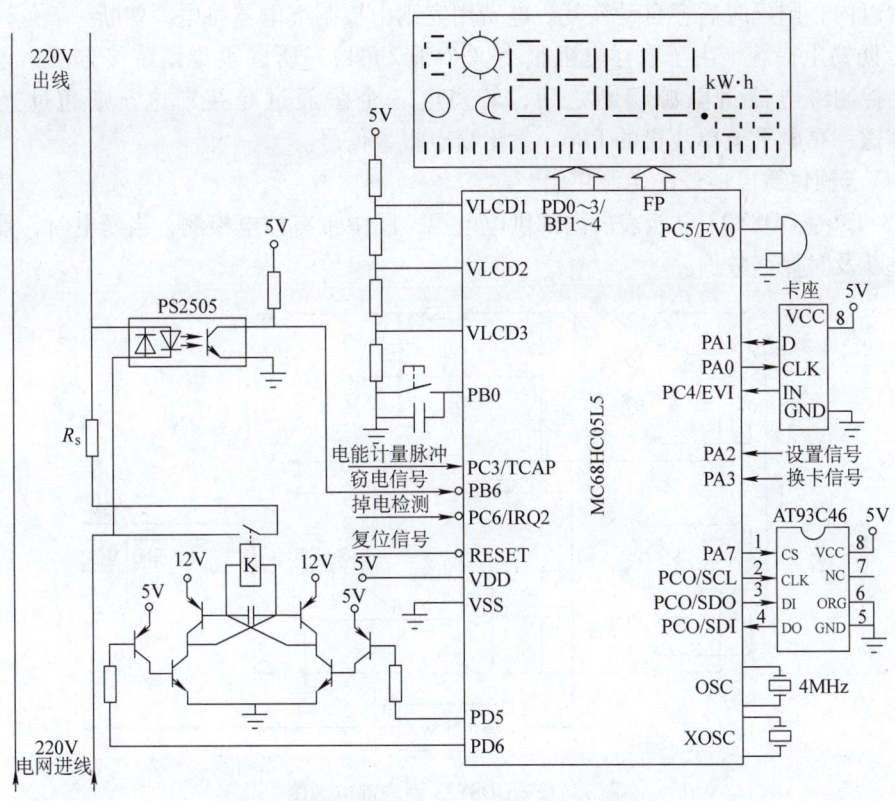

图 13-12 MC68HC05L5 和它的外围电路

使用时，将已充值的 IC 卡插入电能表的卡座，单片机可以把 IC 卡预付费读入内存，然后在用电过程逐渐扣除，当电费用完时，则通过单片机将电源切断。

DDSY23 电能表用户持有的 IC 卡仅仅是一张带有通信密码的存储器卡，内部嵌有 24C01 串行存储器，可储存购电量以及购电次数。其中卡与卡座的 D 端为数据输入/输出端，接单片机的 PA1。CLK 为卡与卡座的时钟端，单片机与卡通信用的时钟由单片机的 PA0 引脚提供，IN 为卡的插卡信号端，当卡插入时该脚为低电平，通知单片机与卡通信。

除用户持有的 IC 卡外，售电部门也可以插入系统专用卡，对该表进行抄表或设置。

（2）数据存储器　在表内设有存储器 AT93C46，这种存储器属于三线制的串行存储器，DI、DO 引脚分别是数据输入与输出，CLK 为时钟，CS 为片选线。当 IC 卡插入卡座后，即与单片机建立通信，把卡内电费存入数据存储器。

（3）显示器　DDSY23 电能表通过 BL0932 计量芯片对用户的耗电量进行计量，计量结果由引脚 MOT 输出一串低频脉冲到单片机 MC68HC05L5 的 PC3 引脚，单片机根据脉冲串的累计数，转换为所耗电能，并将耗电的累计数用液晶显示器（LCD）显示出来。

DDSY23 电能表所用的 LCD 是一块专用的液晶显示器，由于单片机 MC68HC05L5 内部有 LCD 驱动电路，可以通过引脚 FP0～FP27 直接连到 LCD 电极，引脚 PD0～PD3、PB1～PB4 连接到 LCD 背电极，显示内容即为累计的电能消耗量。

（4）超负荷与电费用完的警告与断电　当发现超负荷时，就由单片机 MC68HC05L5 的引脚 PD5 和 PD6，输出一个控制脉冲，控制继电器切断供电。单片机会累计超负荷次数，若在三次以内，则延时后会自动恢复。电费用完则由控制继电器将电源切断。

（5）防窃电措施 由于取样电阻很小（小于 $2m\Omega$），所以很难用跨接方法窃电，在电费用完，控制继电器将电源切断之后，若窃电者企图通过跨接窃电，则通过光耦合器 PS2505，送一高电平至单片机的 PB6，发出窃电报警信号。

5. IC 卡预付费电能表的电源供给

图 13-13 为 DDSY23 电能表的内部供电电源，图中带有掉电检测，当断电时，能通过单片机的中断及时保存数据。

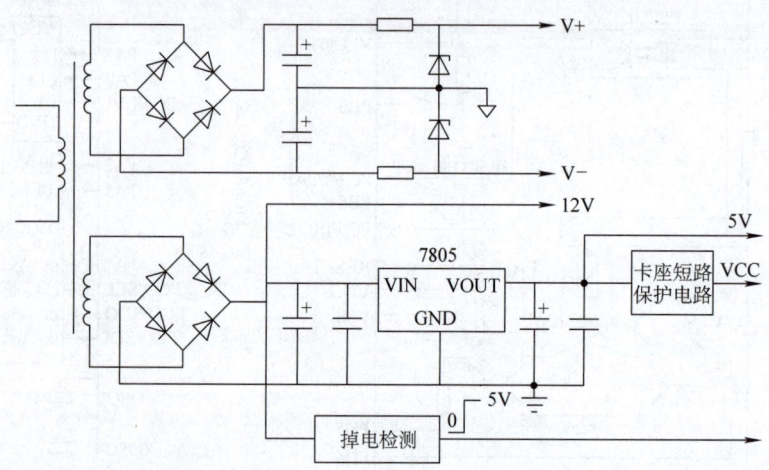

图 13-13 DDSY23 型内部电源图

第十四章

虚 拟 仪 器

第一节 概　　述

　　虚拟仪器是计算机技术与测量技术结合的另一种方式。它是通过应用程序将通用计算机和必要的数据采集硬件结合起来，在计算机平台上创建的一台仪器。用户可以用计算机自行设计仪器的功能，自行定义一个仿真的仪器操作面板，然后操作这块虚拟面板上的旋钮和按键，实现各项测量任务，例如对数据的采集、分析、存储和显示等。虚拟仪器的特征是没有仪器硬件实体，操作测量像操作计算机一样。它跟智能仪器的主要区别是：智能仪器是在仪器内部，引进微处理器，但本身仍然是一台专用的测量仪器；而虚拟仪器则是在一台通用计算机中，装上虚拟仪器应用软件，作为仪器使用，但它本身还是一台计算机，只是工作在一个测量仪器的应用软件中。

　　例如，现在推出的虚拟示波器产品 DS2300 USB、DS2150 USB 等，这些产品实际上仅仅是一个数据采集器的接口卡，将它插在计算机的 USB 口之后，安装好驱动程序和相应的应用程序，计算机就可以作为一台完整的示波器使用。图 14-1 表示计算机和外接的数据采集卡图形。运行相应的程序后，就可以在计算机显示器上构成一个虚拟的示波器面板，如图 14-2 所示。这个虚拟面板和传统的示波器一样，有一个观察波形的窗口，也有各种控制旋钮，例如波形垂直位置和水平位置的控制旋钮，垂直幅度、水平扫描频率的调节旋钮等，用户把被测信号从数据采集卡输入到计算机，只要用鼠标控制这些旋钮，就像在使用一台传统的示波器一样，可以从窗口观察到被测信号的变化情况。

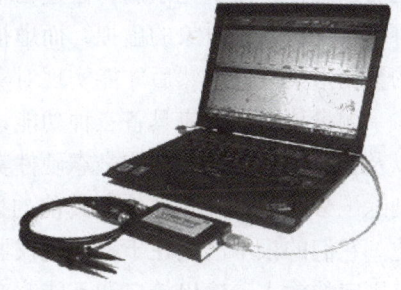

图 14-1　虚拟 USB 示波器

　　其实，这种虚拟技术在多媒体计算机中就已经广泛使用过。例如可以用通用计算机的显示器上定义一台时钟，这台虚拟的时钟有时针、分针和秒针。它以图形方式显示在萤光屏上，可以像真实的时钟一样进行走时。又例如可以在显示器上定义一台虚拟的录音机，显示器上有一个录音机的面板，上有若干个控制键，可以像操作一台真实的录音机一样控制这些按键，实现放音、停止、快进、快退等工作。当然，虚拟录音机播放的歌曲或语音，可以事

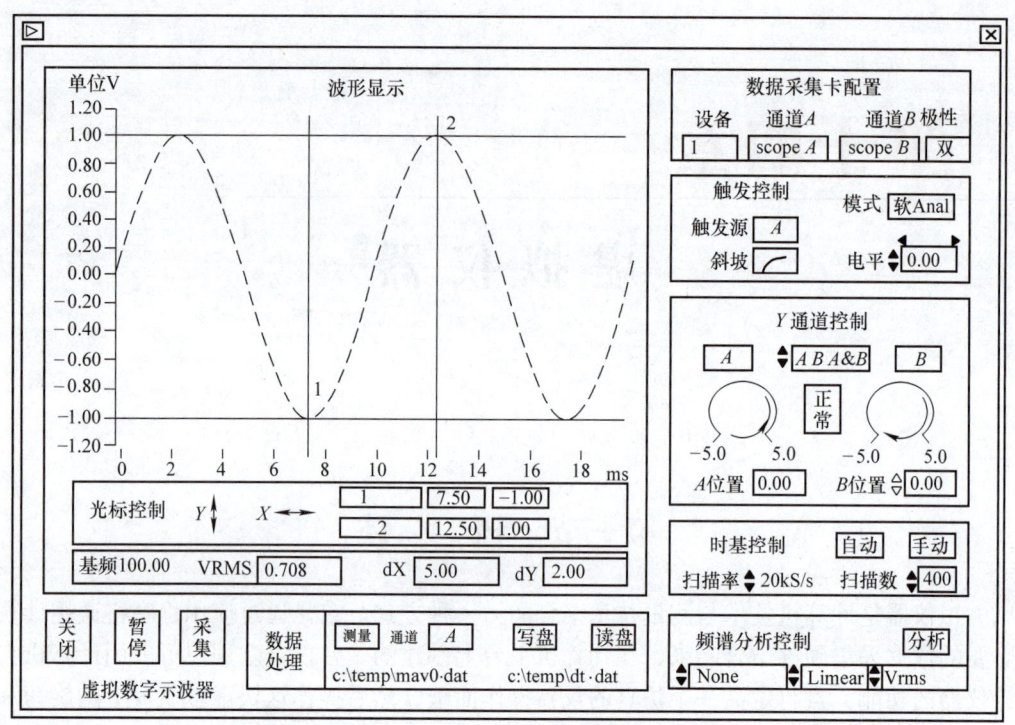

图 14-2　示波器虚拟面板

先录制成程序,放在硬盘上。虚拟仪器的被测对象,必须通过数据采集器的接口卡或传感器,才能把实时数据传送到计算机系统,经过处理后在虚拟面板上显示结果。当然被测对象也可以虚拟,或事先录制,但这已不是测量,而是仿真。一般地说,虚拟技术只要有软件就可以实现对某个对象的虚拟,而虚拟仪器虽然也是一种虚拟技术,但要求配置一定的和必要的数据采集硬件,然后才能实现对实际被测对象的实时测量。

测量仪器一般应具备三种功能,即数据的采集、数据的处理和结果的表达。传统的仪器以及智能仪器的三大功能全靠硬件实现,并放在一个机箱里,组成了专用设备。而虚拟仪器则除了必要的采集硬件外,其他的处理和表达功能全部利用计算机的强大资源并使之软件化。它们的根本区别在于,传统仪器是由生产厂家定义好功能和用途的一台封闭式设备,它有固定的输入、输出接口和不能改变的操作面板,用户只能根据生产厂家的规定使用这台仪器,不能随意改变,因此用户必须具备这台仪器的使用知识和操作规范,不能违反,也不能将它用于规定范围之外的测量场合,所以它的使用效率必然很低,可能大部分时间都是闲置的。

虚拟仪器则不同,虚拟仪器的用途和功能是由用户自己在通用计算机上定义的,使用同样的数据采集硬件,可以把它定义成一台电压表,更换一个软件又可以定义成示波器,或者定义成频谱分析仪,甚至可以同时定义成几台仪器,使显示器上能同时有几个虚拟面板,利用数据采集卡上的多个输入、输出接口,同时输入几个被测对象,实现多种测试功能,并能将采集到的大量数据进行分析、评估,这些都是传统仪器所不能做到的。与传统仪器相比,虚拟仪器设备投资低,只要有一台计算机,配上必要的硬件、软件,就可以完成多种测量任务,使设备的利用率大大提高。不过虚拟仪器更适用于较复杂的测量系统,如果只是测量一、二个简单的物理量,例如只要测一个电压值或者某两点间是否通路,就没有必要动用虚拟仪器,因为这些简单的测量任务,用一台小小的万用表就能解决问题,无须搬来一台计算机。就是有进一步的要求,例如要对某产品进行重复检测,但由于工业生产中的测量一般也并不太复杂,主要是希望测量过程的操作步骤不要太烦琐,接线要简单便于重复等,这些要求也可以通过微处理器来实现,因此利用嵌入式单片机实现单台仪器的自动化与智能化,组成一台智能仪器,仍然是当前仪器发展的一个方向,并不是说将来一切测量仪表都会变成虚拟仪器,这样做是完全不必要的。

第二节 虚拟仪器的组成

从第一节的简介中可以看出,虚拟仪器是将硬件仪器搭载在便携式计算机、台式计算机或者工作站的平台上,再加上应用软件构成测量系统。目前较常用的虚拟仪器其组成如图14-3所示,可以有几种不同的组合方式。

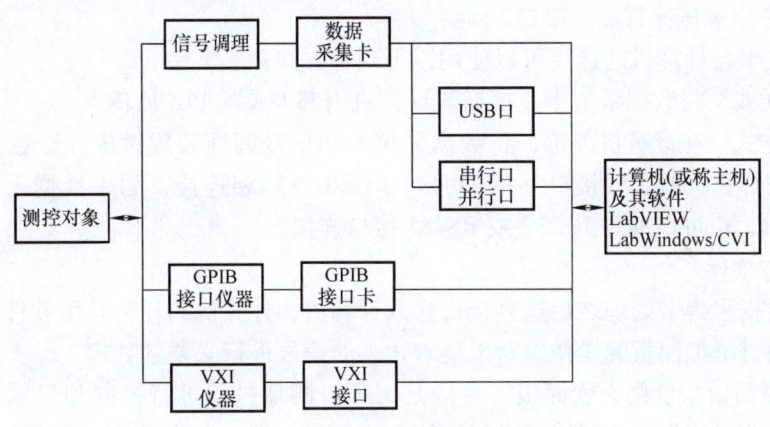

图 14-3 虚拟仪器的构成

一、插入式的数据采集卡构成的虚拟仪器

数据采集卡构成的虚拟仪器,是虚拟仪器中最常见的一种,从图 14-3 可以看出,它包含三个部分,即数据采集卡、接口和主机。

1. 数据采集卡

虚拟仪器所用的数据采集卡必须是通用的,可以由软件控制,而不是那种功能单一且不能由软件控制的专用仪器测量卡。如果插入式的数据采集卡不能用软件控制,如只能用于测量电压,或者只能用于测量波形,则它插入计算机后,也只能完成特定的工作,这种系统只能称为卡式仪器,而不能称为虚拟仪器。虚拟仪器的数据采集卡需要完成以下任务。

(1) 信号调理 数据采集卡在对被测物理量进行 A-D 或 D-A 转换之前,先要把输入的各种各样信号转换为 A-D 或 D-A 转换器所能接受的标准信号。例如转换器对电压值的大小范围有一定要求,如果输入信号超出这个范围,就要在变换前通过放大、衰减或转换等环节,使被测量数值转换成 A-D 或 D-A 转换器所能接受的范围。如果输入信号与待测量是非线性的关系,如热电偶输出电压可以反映温度,但两者关系并非线性,这时就需要对它们做线性化处理,才能把所测的电压值转换为温度值。通常把放大、衰减或线性化处理都称为信号调理。

信号调理中还包括干扰的防止和消除,防止和消除干扰可以用硬件也可以用软件,如果用硬件方式,就需要在数据采集卡中设置光耦隔离、屏蔽和滤波等措施,以达到抑制干扰的目的。如果是用软件去除,信号就直接进入计算机,然后在计算机中通过软件处理。

(2) A-D 或 D-A 转换 A-D 转换主要用于信号输入,例如虚拟电压表、虚拟示波器都需要把输入接口采集到的模拟量数据,通过 A-D 转换器,转换为计算机能接受的数字量。模拟量总是连续的,转换工作却无法连续进行,它需要在一定的时间间隔,依次抽取出相应的瞬时值进行转换。当然,为了使抽取的数字量能不失真地反映被测量,转换速度要尽量快,间隔时间要尽量短。

D-A 转换一般用于信号输出,如虚拟信号发生器的输出信号,或某些传感器需要由采集卡提供的激励信号等都必须是模拟信号。而计算机输出的是数字信号,为此需要通过 D-A 转换,将软件输出的数字量转换成模拟量,才能通过数据采集卡输出。

2. 数据采集卡与计算机的接口

数据采集卡与计算机的连接可以使用以下两种方式:

(1) 内插式 将数据采集卡直接插入计算机内部 ISA 或 PCI 插槽。

(2) 外挂式 在计算机外部,将数据采集卡和信号调理装置做成一个独立的机盒,然后通过电缆与计算机的总线接口(例如并口、USB 口)相连,如果数据采集卡有 RS232 或 RS485 接口,也可以通过 RS232 或 RS485 接口连接。

3. 主机与软件

信号经数据采集卡处理之后通过接口送入计算机,计算机的任务是用软件建立一个虚拟面板,然后通过虚拟面板的操作,对采集卡送来的信号进行必要的处理。

(1) 虚拟面板 也称为软面板,目的是为了对测量过程进行控制和显示。当然,虚拟仪器也可以将测量结果送往网络或进行硬拷贝或打印,不一定非要显示在萤光屏上。但作为虚拟仪器的表征,最主要还是要送到虚拟面板显示,所以虚拟面板是虚拟仪器的一个主要部分,所有控制和显示都要通过虚拟面板进行。虚拟面板可以由用户定义,即通过开发程序设计出用户自己需要的面板。现在有了专用的设计软件,如 VabVIEW,设计面板并不太复杂。

(2) 数据处理 传统仪器或智能仪器有时也内含微处理器,但它的微处理器一般用于控制、通信和简单的数据处理。如果需要处理大量数据,需要大量的存储单元,就要通过微型计算机。虚拟仪器正是利用微型计算机配合工作的,而微型计算机有强大的数据处理能力,数据从采集卡进入计算机之后,可以对被采集的数据进行筛选、分类、数据压缩、分析计算、转换输出和存储等方面的工作。如果信号通过数据采集卡之后,还没有完全调理清楚,例如干扰尚未完全去除,还没有完成线性化等,那么计算机就可以使用数字滤波和数字线性化的方法,来完成数据采集卡还没有完成的工作。

Flash DSO XP USB 接口示波器就属于数据采集卡插入式的虚拟仪器,只要把数据采集卡插在 USB 口,同时下载 Flash DSO XP 软件,即可把计算机作为示波器使用,如图 14-1 所示。更简便的办法是利用通用计算机上的声卡作为数据采集卡,声卡是个人计算机中不可缺少的一部分,同时也是一个很好的 A-D、D-A 卡,只要在声卡的音频输入端,接上探头,

第十四章 虚拟仪器

下载 Audio SCS1 软件，也可以用计算机组成示波器、信号发生器、频率计、万用表使用，在音频范围内可完全替代上述仪器。这并不是仿真软件，而是实用的工具。用 Audio SCS1 构成的界面如图 14-4 所示。

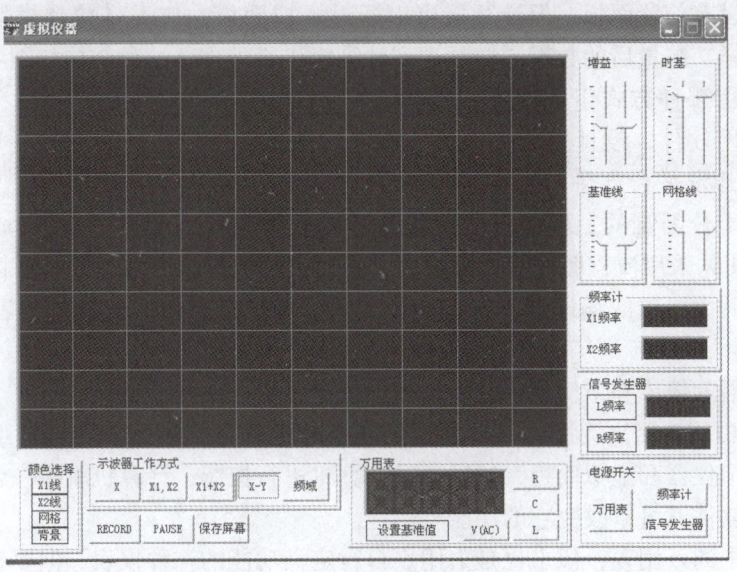

图 14-4 使用声卡的示波器、信号发生器、频率计、万用表多用仪

二、带有 GPIB 接口仪器构成的虚拟仪器

智能仪器一般都设置有通信接口，如果是带有 GPIB 接口，则称为 GPIB 仪器。它通过 GPIB 接口与计算机相连，这种连接所构成的虚拟仪器如图 14-5 所示。

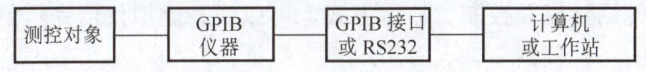

图 14-5 带有 GPIB 接口的虚拟仪器

用这种方式构成的虚拟仪器的特点是：硬件仪器本身可以有面板，能独立操作使用。不像插入式的数据采集卡那样，由于没有任何控制面板，不可能独立操作。而 GPIB 硬件仪器既可以本地工作方式单独使用，又可以远地工作方式通过虚拟面板由计算机操作，操作时就像在仪器旁边直接操作一台真的仪器一样。

最主要的是，使用这种方式后，一台计算机可以同时带多台带有 GPIB 接口的测量仪器，通过虚拟面板可以实现对多台仪器的操作和控制，也可以用预先编好的软件，组成一个专用的测试系统，实现对多个参量的自动测试，因此特别适用于较复杂的测量系统。

被测信号通过 GPIB 接口到计算机之后，计算机要做的工作跟数据采集卡构成的虚拟仪器基本相同。

三、VXI 总线构成的虚拟仪器

VXI 总线是指高速计算机的 VME 总线在仪器领域的扩展，即 VMEbus Extension for Instruments 的缩写。

可见，由 VXI 总线构成的虚拟仪器必须有各种 VXI 仪器模块，将这些 VXI 仪器模块通过 VXI 总线与计算机连接，组成一个仪器的测试系统。VXI 仪器模块本身不能作为一台独立仪器使用，它没有前置面板，但计算机可以通过虚拟面板操作 VXI 仪器模块，就像操作一台真的仪器一样，测量后的数据同样是送到计算机进行处理，这种结构如图 14-6 所示。

不论是采用哪种方式组成的虚拟仪器，都要为它配置应用软件，设计这样一个复杂的应用软件，要有开发平台支持，靠自己用通用语言开发，将是十分困难的。现在虚拟仪器的开发软件有 VabVIEW、Labwindows/CVI、VEE 等，其中 Vabview 采用流程图的编程方法，它像通常画流程图一样，通过图标或元件库组成一台仪器，然后由内置的编译器，将它编译成所需要的软件。有兴趣的读者可以查阅有关资料。

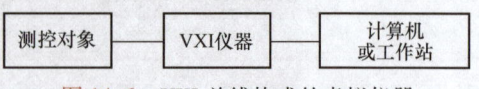

图 14-6　VXI 总线构成的虚拟仪器

从虚拟仪器的组成和结构可以看出，虚拟仪器具有以下几个特点：

（1）**可以由用户定义测量功能**　虚拟仪器是一种软件化的测量装置，用户可以通过软件定义一台虚拟仪器和虚拟面板，然后通过计算机进行控制，计算机就像一台万用的仪器一样，只要改变软件就可以改变它的功能。

传统仪器中的万用表，似乎也是由用户自行定义功能的一种仪表，但要改变万用表的功能，必须通过硬件，例如通过转动量程开关，改变某些按键和表笔插口的位置，才能改变它的测量内容。而且在表盘上有许多刻度，不同的功能使用不同的刻度，用户必须十分熟识哪一种功能必须使用哪一个刻度，然后根据量程开关位置，人工选择所需要的刻度。由于量程开关、按键和连线的限制，万用表所能完成的功能终究有限，不可能达到可以随意定义的程度。

虚拟仪器不需要大量开关、连接线和按键，要改变功能只需通过软件构成虚拟面板，由用户自行定义仪表的用途以及控制、显示方式。可以说，虚拟仪器完全是一种由用户自己组装、自己选择功能的一种仪器。

（2）**虚拟仪器可以实现多任务操作**　虚拟仪器一般运行于 Windows 环境，因此可以同时启动多个对象，组成一个测量系统，例如可以同时测量电压数值、波形以及对波形进行频谱分析等。而且它建立系统速度快，无须像传统仪表那样，要组成一个测量系统，不但需要许多专用仪器，而且需要将这些专用仪器进行复杂的连接才能完成。

由于虚拟仪器的这些优点，使得它在许多领域得到广泛应用。现在已经能够在一台计算机内形成一个多品种的虚拟仪器库，用户可以从仪器库中调用自己需要的仪器，也可以调用若干仪器组成自己所需要的系统。过去一条生产线的控制盘，往往需要配置许多仪表和操作开关、按钮。现在可以用一台计算机配上大屏幕液晶显示屏，通过虚拟仪器和虚拟按钮，进行测量和操作。以电气测量课程的教学为例，当学到某种仪器的时候，可以从计算机上调用该仪器的软件，学生可以在虚拟仪器的虚拟面板上练习操作，由于每一节课学的仪器都不一样，实验室不必为此购置大量的仪器，只要在计算机上配置一套软件即可。这样不但可以节省部分开支，且能为学生提供一个能重复学习的环境，又不会因操作错误造成仪表烧毁。当然，输入到数据采集卡的信号连接不当，仍然会烧坏仪器硬件。

学校教学和学校实验室使用虚拟仪器有很多好处，但只能是一种辅助手段，教学中更多

第十四章 虚拟仪器

地需要用实物教学,让学生接触仪器实体,在实验室中用实体仪器进行接线和测量的实体训练,是一种基本功的培养,不能靠虚拟仪器去替代。

第三节 Multisim 软件介绍

Multisim 软件是美国国家仪器(NI)有限公司推出的以 Windows 操作系统为基础的仿真工具,适用于板级的模拟、数字电路板的设计工作。它包含了电路原理图的图形输入、仿真调试、测量分析等,具有丰富的仿真分析功能,是在电子电路设计、仿真调试领域中使用的一种工具软件。运行后的界面有一个电路工作区,可以在工作区中设计电路,电路中需要的元器件、集成电路、单片机和虚拟仪表,都可以从软件库中任意调用。

其中虚拟仪器的类型丰富,包括电压表、电流表、功率表、示波器、函数信号发生器、万用表、波特率表、频率计、字元发生器、逻辑分析仪、失真度分析仪、频谱分析仪、网络分析仪、安捷伦函数发生器、安捷伦万用表、安捷伦示波器、泰克示波器、测量探针和电流探针等。使用者可以从中选择,但因为一般用户使用的通用计算机内部,没有数据采集硬件,所以 Multisim 软件中的虚拟仪器,只能根据电路工作区内的虚拟电路进行全程仿真,无法对外部实际电路进行实时测量。要对外部实际电路进行测量,还需要配置相应的数据采集硬件,然后才能使用。下面仅就软件中的虚拟仪器在仿真中如何使用做一些简要介绍。

运行 Multisim 软件后,它的工作界面如图 14-7 所示。在工作界面中有一个电路工作区,可以在电路工作区中设计一个电路,并在这个电路接上虚拟仪器,例如电压表、电流表或示波器,然后打开仿真开关,就能从电压、电流表的读数,测出该电路的电流、电压值。还可以调出示波器的虚拟面板,从面板观察到连接点的电压波形,如图 14-8 和图 14-9 所示。用一台计算机就可以进行各种电工电路和电子电路的实验。

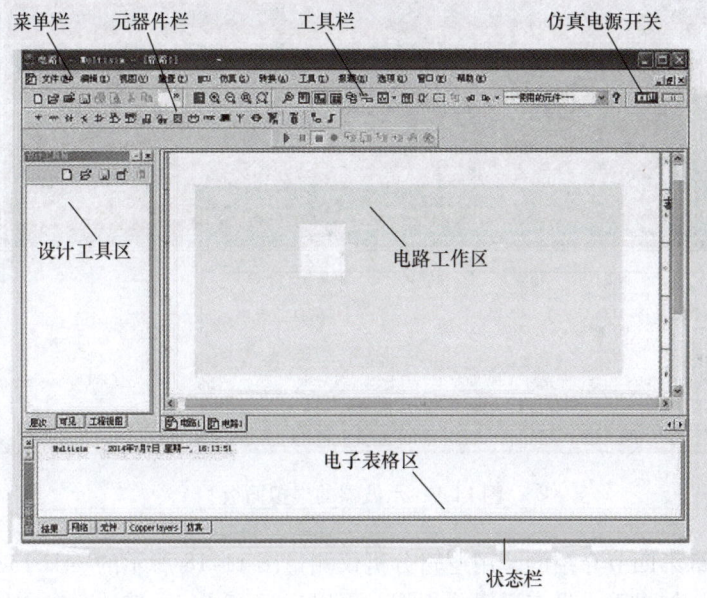

图 14-7　Multisim 的工作界面

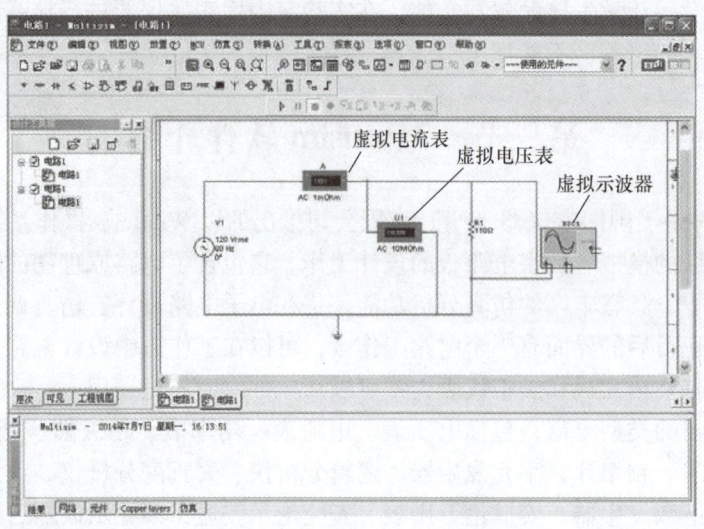

图 14-8　用 Multisim 设计电路

也可以单击图 14-8 中的示波器图标,弹出示波器虚拟面板,如图 14-9 所示,可在该面板上进行示波器测量操作,就像操作一台实际的示波器。

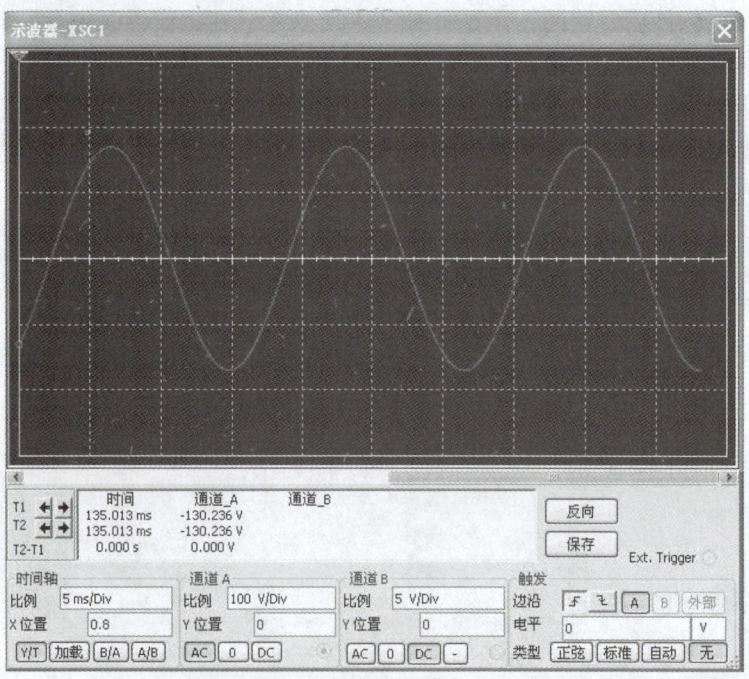

图 14-9　示波器的虚拟面板

例如第十一章第四节介绍的,用逻辑分析仪测量图 11-18 所示的 74LS138 电路各测试点的逻辑关系图形,如果手头没有逻辑分析仪,可以运行 Multisim 软件,在它的工作界面,创建一个 74LS138 电路的连接图,并调出虚拟的逻辑分析仪,接好线路,如图 14-10 所示。

然后单击主菜单的"仿真"→"运行"。从打开的逻辑分析仪的虚拟面板,可以看到它

第十四章　虚拟仪器

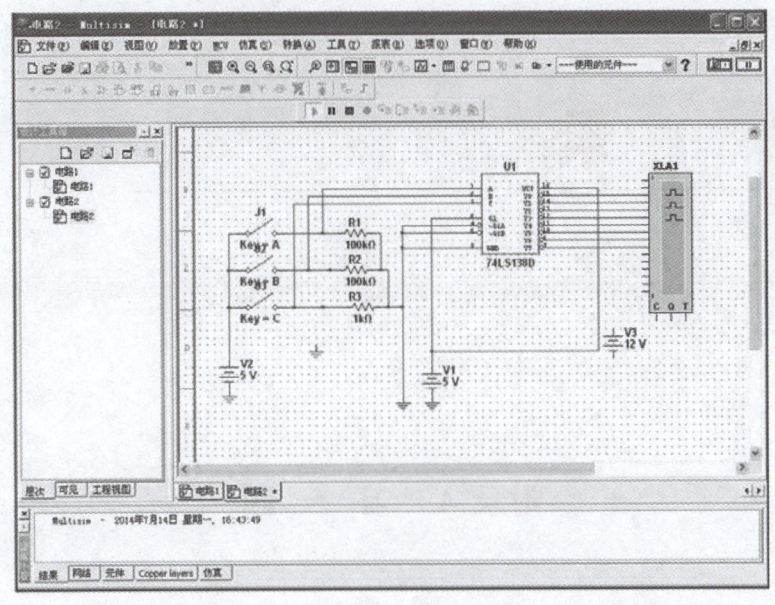

图 14-10　用 Multisim 软件创建的 74LS138 电路的连接图

的运行状态，如图 14-11 所示。

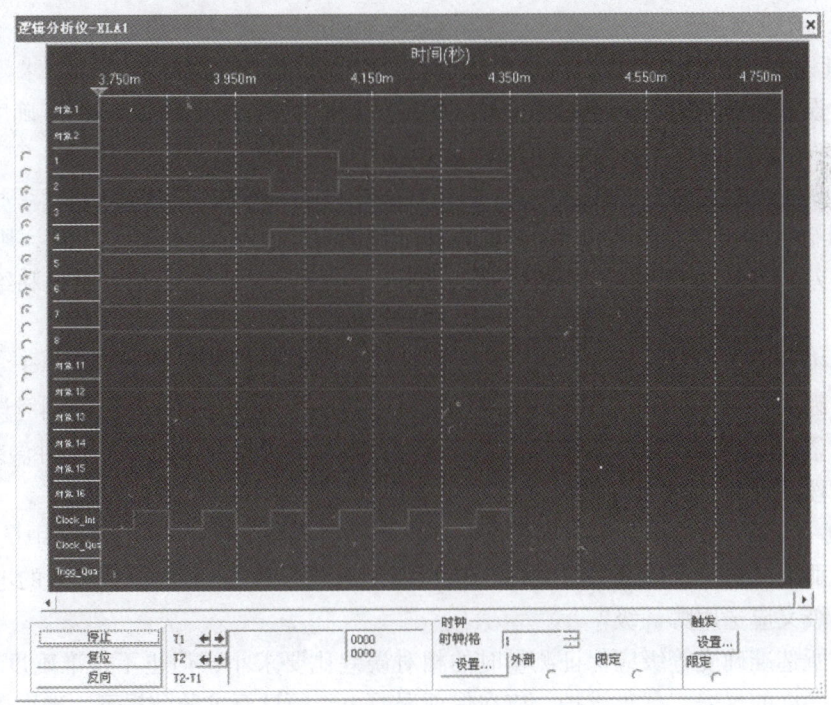

图 14-11　逻辑分析仪的虚拟面板

如果要将虚拟的逻辑分析仪用于实际电路，则需要在运行 Multisim 软件的计算机中，装上数据采集硬件。

附 录

附录 A 习 题

第一章

1. 用电压表测量实际值为 220V 的电压,若测量中该表最大可能有 ±5% 的相对误差,则可能出现的读数最大值为多少?若测出值为 230V,则该读数的相对误差和绝对误差为多少?

2. 用量程为 10A 的电流表,测量实际值为 8A 的电流,若读数为 8.1A,求测量的绝对误差和相对误差。若所求得的绝对误差被视为最大绝对误差,问该电流表的准确度等级可定为哪一级?

提示:量程即最大量限。按表 1-1,该电流表的准确度等级可定为 1.5 级。

3. 用准确度为 1 级、量程为 300V 的电压表测量某电压,若读数为 300V,则该读数可能的相对误差和绝对误差为多少?若读数为 200V,则该读数可能的相对误差和绝对误差为多少?

提示:本题要求理解准确度含义,仪表准确度等级所对应的误差不完全等于实际测量的相对误差,因为在表 1-1 中仪表准确度等级所对应的基本误差是指满程时的相对误差,读数没有达到满量程,测量的相对误差与被测值有关,必须根据该仪表的最大绝对误差 Δ_m 和测量时的读数按式(1-10)求得。

4. 欲测一 250V 的电压,要求测量的相对误差不要超过 ±0.5%,如果选用量程为 250V 的电压表,那么应选其准确度等级为哪一级?如果选用量程为 300V 和 500V 的电压表,则其准确度等级又应选用哪一级?

提示:所选准确度等级应保证测量时的相对误差比要求小,但也不是准确度越高越好,因为越高准确度的仪表,越难维护,应在保证误差小于题目要求的前提下,选准确度等级最低的。

5. 某功率表的准确度等级为 0.5 级,表的刻度共分为 150 个小格,问:(1)该表测量时,可能产生的最大误差为多少格?(2)当读数为 140 格和 40 格时,最大可能的相对误差为多少?

6. 利用电位差计校准功率表，设电路如图 A-1 所示，由图可知

$$P = \frac{KU_N}{R_N}KU_e$$

式中，U_e 为电位差计测出的负载端电压读数；K 为电位差计分压箱的衰减比；U_N 为电位差计测出的串联标准电阻 R_N 上的电压读数。若电位差计测量电压的误差为 ±0.015%，标准电阻 R_N 其铭牌阻值可能最大误差为 ±0.01%，电位差计的分压箱衰减比最大误差为 ±0.02%，求测出的功率 P 的最大可能误差。

提示：本题可参考式（1-28）计算。

7. 测量 95V 左右的电压，实验室有 0.5 级 0～300V 量程（甲表）和 1 级 0～100V 量程（乙表）的两台电压表供选用，为能使测量尽可能准确，应选用哪一个？

提示：准确度等级等于最大引用误差，按式（1-12）甲表最大绝对误差为 1.5V，乙表最大绝对误差为 1V，可推算出甲表在测量 300V 时的相对误差比乙表在测量 100V 的相对误差小，但在测量 95V 电压的时候，甲表的准确度还不如乙表。

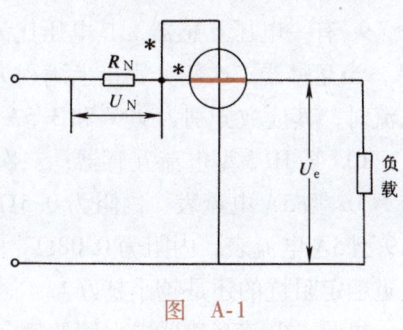

图 A-1

第二章

1. 有一磁电系表头，内阻为 150Ω，额定压降为 45mV，现将它改为 150mA 量程的电流表，问应接多大的分流器？若将它改为 15V 量程的电压表，则应接多大的附加电阻？

2. 有一 C2–V 型电压表，其量程为 150V/300V/450V，每一量程的满偏电流都是 3mA，求各量程的电压表内阻及相应的电压灵敏度。用三种量程分别测量 100V 的电压，问其表耗功率分别为多大？

提示：电压灵敏度有两个定义，一个是式（2-15）$S_U = \frac{\alpha}{U_c}$，即每伏的偏转角。另一个是第七节万用电表中直流电压测量电路提到的 $1/I_c$，即该表每伏的内阻为多少欧。这里求的是 $1/I_c$，$1/I_c$ 越大，表示电压表取用的电流越小，也就是灵敏度越高。

3. 有一磁电系毫伏表，其量程为 150mV，满偏电流为 5mA，求该毫伏计的内阻。若将其量程扩大为 150V，其附加电阻为多大？若将其改为量程为 3A 的电流表，则应装接多大的分流器？

4. 有一磁电系电流表，其量程为 1A，指针位于满刻度值位置时，表耗功率为 1.5W，求内阻为多少？另一磁电系电流表其量程为 2A，指针位于满刻度值位置时，表耗功率亦为 1.5W，则该表内阻为多少？

5. 某电动系电压表满偏电流为 40mA，若要制成为 150V/300V/450V 三种量程，求各量程的附加电阻各为多少？电压灵敏度为多少？

提示：电压灵敏度用 $1/I_c$ 计算。

6. 两个电阻串联后，接到电压为 100V 的电源上，电源内阻可略去不计，已知两电阻值

分别为 $R_1 = 40\text{k}\Omega$，$R_2 = 60\text{k}\Omega$，两电阻上压降实际为多少？若用一内阻为 $50\text{k}\Omega$ 的电压表分别测量两个电阻上的电压，则其读数将为多少？

7. 用一只内阻为 9Ω 的毫安表测量某电路的电流，其读数为 100mA，若在毫安表电路内再串联一只 20Ω 电阻，毫安表读数为 80mA，问该电路不接毫安表时，电路的实际电流为多少？

8. 用内阻为 $50\text{k}\Omega$ 的直流电压表测量某直流电源电压时，电压表读数为 100V。用改用内阻为 $100\text{k}\Omega$ 的电压表测量，电压表读数为 109V，问该电路的实际电压为多少？

提示：参看式（2-1）。

9. 有一电压互感器，其电压比为 6000V/100V，另有一电流互感器，其电流比为 100A/5A，当互感器二次侧分别接上满程为 100V 电压表和 5A 电流表，测量某交流电路的电压与电流时，其读数分别为 99V 和 3.5A，求一次电路的实际电压与电流值。

10. 某 HL3 型电流互感器；二次测的额定阻抗为 0.4Ω，现有三台电流表供选择：第一台为 D2 型 5A 电流表，内阻为 0.5Ω；第二台为 D2 型 5A 电流表，内阻为 0.3Ω，第三台为 T19 型 5A 电流表，内阻为 0.08Ω。问应选用额定阻抗大的还是小的较适合？如选小的应选接近额定阻抗的还是越小越好？

提示：电流互感器二次侧的额定阻抗指的是允许接入的最大阻抗，电流互感器既然允许短路，当然也允许小于额定阻抗。

11. AC9/1 检流计的电流常数为 $3 \times 10^{-10}\text{A/div}$（$1\text{div} = 1°$），如标尺距检流计小镜为 2m，光点偏转为 50mm，求流过检流计的电流大小和检流计的灵敏度。

12. 采用 FJ10 型分压箱扩大电位差计量程，若被测电压分别为 15V、220V，电位差计的最大量限为 1.8V，问应选择分压箱的比率为多大才适合？

13. 有一只量程为 $100\mu\text{A}$ 的电流表，满偏时表头压降为 10mV，拟改装成 10mA/50mA/100mA/500mA 的多量程电流表，试画出其测量电路图，并计算各分流器电阻。

14. 要求设计一多量程电压表，其量程为 50V/250V/500V，电压灵敏度为 $20000\Omega/\text{V}$，试选择表头及测量电路，并计算各档的附加电阻值。

15. 用万用表测量某放大电路的输入信号为 3dB，输出信号为 53dB，求该电路的电压放大倍数。如果负载电阻为 16Ω，试计算输出功率电平。

16. 用 0.5 级、量程为 50V、内阻为 $200\text{k}\Omega$ 的万用表和用 0.5 级、量程为 50V、内阻为 $2\text{k}\Omega$ 的电磁系电压表，分别测量一个电阻 $R = 7.5\text{k}\Omega$ 上的电压，设电阻上的电压是 50V，试比较用这两种表可能存在的误差。

提示：测量电压时，由于电压表的表耗电流通过电源内阻，会使电源内阻压降增大，使得负载电压变化造成误差。但题目没有提供电源内阻数值，所以在计算中，要自行设定一电源内阻值，才能比较不同内阻的电压表对负载电压的影响。在计算中也可以重复设定不同的电源内阻，观察不同内阻的电压表，对负载电压的影响情况。

17. 利用峰值电压表测量图 A-2a、b、c 三种波形的电压，如此读数都是峰值 1V，求每种波形的峰值、有效值和平均值。

18. 某全波整流电路，没有加滤波，若交流输入电压为 50V（有效值），用万用表直流电压档和电动系电压表分别测量整流器的输出电压，其读数分别为多少？注：整流管内阻可

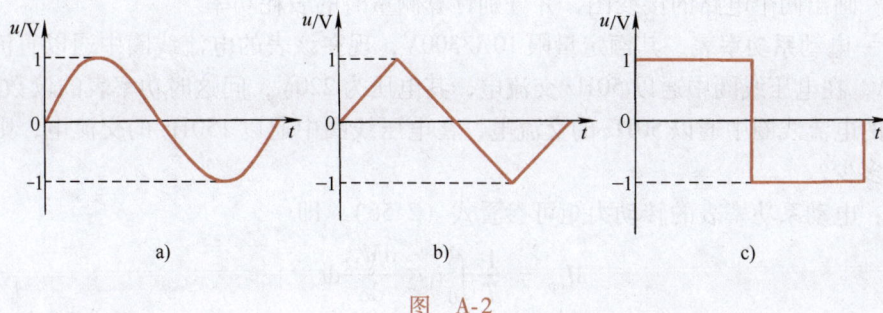

图 A-2

忽略。

提示：用万用表直流电压档测量脉动电压，其读数应为脉动电压的平均值。用电动系电压表测量脉动电压，其读数应为脉动电压的有效值。

19. 在图 A-2 中的三个波形，若其峰值皆为 10V，若用峰值表测量，且该表以峰值刻度，则读数为多少？若采用均值检波的均值表测量，且该表以正弦有效值刻度，则读数为多少？

20. 某正弦波发生器，其面板装有输出电压表，其读数为输出的有效值，若读出值为 10V，则用示波器测量时波形高度为多少？设示波器 y 轴灵敏度为 0.5V/cm。

21. 图 A-3 为 RC 衰减电路，调节 C_2 可以补偿引线对地寄生电容，若 C_1 调节范围为 $3\sim30\text{pF}$，C_2 调节范围为 $3\sim15\text{pF}$，则寄生电容在什么范围内，可以通过 C_2 调节获得正确补偿？

提示：参考式 $R_1 C_1 = R_2 (C_2 + 3\sim15\text{pF})$。

22. 某晶体管电压表包含有放大、检波和测量三个环节，放大部分可能由于电源电压波动而产生 9% 误差，检波部分可能产生 1.5% 的误差，测量用表头准确度等级为 1 级，求该电压表在测量电压时可能产生的最大误差。

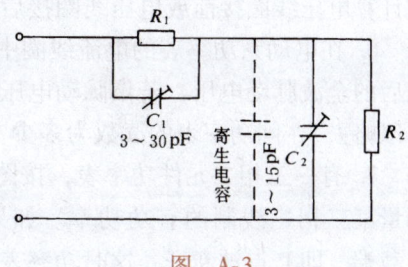

图 A-3

提示：晶体管电压表的输出可以认为与三个环节增益的乘积有关，即

$$U_{\text{OUT}} = K_1 K_2 K_3 U_{\text{IN}}$$

式中，K_1 为放大环节的增益，大于 1；K_2 为检波环节的增益，通常情况下小于 1；K_3 为测量环节的灵敏度。最大误差计算可参考式（1-28）。

第三章

1. 有一电炉铭牌标明其功率 $P=1\text{kW}$、$U=220\text{V}$，要用功率表测量它的功率，若功率表的量程为 2.5A/5A、150V/300V，问测量时选用什么量程比较适合？

2. 有一电器属感性负载，已知 $P=100\text{W}$ 时，$I=0.9\text{A}$，$\cos\varphi=0.5$。若可供选择的功率表分别为 2.5A/150V、2.5A/300V、5A/300V、10A/300V，问选哪一种较为适合？若以上功率表刻度盘都是 150 格，则测量时指针偏转多少格？

3. 有两个电路，其负载电阻分别为 $R_1=10\text{k}\Omega$、$R_2=100\Omega$，负载两端电压为 220V。用功率表测量这两个电路的功率，已知功率表参数 $R_{\text{WA}}=0.1\Omega$、$R_{\text{WV}}=1.5\text{k}\Omega$，问应如何选择

测量电路？画出两个电路的接线图，并分别计算测量时的表耗功率。

4. 有一电动系功率表，其额定量限 10A/300V，现在该表的电流线圈中通以直流电，其电流为 5A，在电压线圈中通以 50Hz 交流电，其电压为 220V，问这时功率表的读数为多少？若在该表的电流线圈中通以 50Hz 的交流电，在电压线圈中通以 150Hz 的交流电，则功率表的读数为多少？

提示：电动系功率表的转动力矩可参看式（2-56），即

$$M_{cp} = \frac{1}{T}\int_0^T i_1 i_2 \frac{dM_{12}}{d\alpha}dt$$

式中，M_{12} 为固定线圈与动圈间的互感，通常 $\frac{dM_{12}}{d\alpha}$ 为常数。当 i_1、i_2 为同频率正弦波时，两者乘积在一个周期内的平均值 M_{cp} 不会为零。但当一个为恒定直流，另一个为正弦电流时，其乘积为正弦函数，而正弦函数在一个周期内的平均值等于零。因此电流线圈中通以直流电，功率表的读数将等于零。

同理，电流线圈中通以 50Hz 的交流电流，即 $i_1 = I_{1m}\sin\omega t$，电压线圈中通以 150Hz 的交流电，即 $i_2 = I_{2m}\sin\omega t$，转矩平均值与两项乘积有关。

5. 某直流电路，电压为 120V，电流为 3.8A，现用一功率表测量其功率，如果功率表选用电流量限为 5A，电压量限为 150V，电流线圈内阻为 0.135Ω，电压线圈内阻为 5000Ω，试计算电压线圈接前或电压线圈接后时由功率表表耗功率引起的相对误差。

6. 在电动系功率表的电流线圈中，通以 2.5A 的直流电流，在电压线圈中通过经全波整流后的全波脉动电压，若该脉动电压有效值为 50V（功率表线圈感抗和整流器内压降的影响可以略去），问功率表的读数为多少？

7. 有一三相二元件功率表，按图 A-4 接线，测量某三相三线制的有功功率。如果图中 B 相负载端，即 P 点被断开；这时功率表读数将如何变化？若不是 P 点被断开，而是将 B 相电源端的 Q 点被断开，这时功率表读数又会发生什么变化？如果 P、Q 点都没有断开，而是将两个电压线圈输入端换接，即接 A 相的端子与接 C 相的端子相互对换，一个表接 A 相电流，B、C 相间电压，另一个表接 C 相电流，A、B 相间电压，问这时功率表读数如何变化？

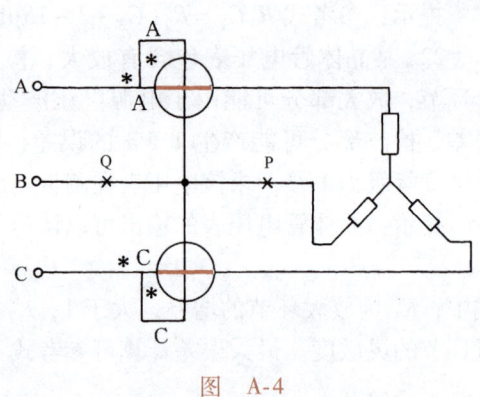

图 A-4

8. 原来用于 220V、10A 电子式电能表，由于用户负载增加，要将额定值改为 220V、50A，若电能表电路如图 3-36 所示，问要改动哪些元件？

9. 若不考虑价格因素，三相电子式电能表是否可以做单相电能表使用？

第四章

1. 按本章第三节介绍的 D3－Hz 型电动系频率表的线路，设指针最大张角为 90°，测量

频率范围为 45～55Hz，中心位置读数为 50Hz，设频率表可动线圈的电阻 R_2 为 20kΩ，与动圈 B_2 并联的电阻 R_0 亦为 20kΩ，试计算频率表线路上的 R、L、C 应选用多大值？

提示：计算时可利用式 (4-19)，虽然式中不包含频率表线路上的 R，它的大小不影响示值，但 R 太大会影响力矩，因此一般在选择时尽量取小。

2. 按本章第四节介绍的图 4-17 所示电动系三相相位表电路，将可动线圈原接 B、C 两相的线头对调，即原接 B 相改接 C 相，原接 C 相改接 B 相。画出对应相量图。

3. 为某工厂设计一个供电系统测量屏，在屏上要求测量三相电压、功率、频率、有功电能、无功电能。画出测量屏应选用的仪表及其连接电路。

第五章

1. 测量电阻可以用万用表、单臂电桥、双臂电桥、绝缘电阻表或伏安法等，如果要测量以下电阻，请从上述方法中选择一种最适用和最方便的。

（1）测量异步电动机的绕组电阻。
（2）测量变压器两绕组间的绝缘漏电阻。
（3）测量某电桥桥臂的标准电阻。
（4）测量一般电子电路上使用的炭膜电阻。
（5）测量照明电灯通电时和断电时的钨丝电阻。

2. 用伏安法测量一个阻值约为 2000Ω 的电阻，若电压表内阻 $R_V = 2$kΩ，电流表内阻 $R_A = 0.03$Ω，问采用电压表接前和接后两种方法，其测量误差分别为多大？

3. 用三表法测某元件的交流参数。已知测量时，三表读数分别为 $P = 400$W、$U = 220$V、$I = 2$A，求该元件的阻抗值。若要扣除仪表内阻对测量的影响，已知电压表内阻 $R_V = 2.5$kΩ；电流表内阻 $R_A = 0.03$Ω，功率表内阻 $R_{WA} = 0.1$Ω、$R_{WV} = 15$kΩ，则该元件阻抗值为多少？

4. 拟自行设计一台交流阻抗电桥，测量一批容量为 0.01～0.19μF 的纸介电容，试画出电桥的电路图，并选用各桥臂所用的元件数值。

5. 试推导本章表 5-2 中各种交流阻抗电桥的平衡条件。

第六章

1. 在示波器 Y 偏转板上加入图 A-5a 所示的波形；在 X 偏转板上施加图 A-5b 所示的波形，试绘出荧光屏上显示的图形。

2. 如果在示波器 X、Y 偏转板加上如图 A-6 所示的波形，试用逐点对应法，绘出荧光屏上的图形（图 A-6a 加 Y 轴，图 A-6b 加 X 轴）。

3. 给示波管 Y 轴和 X 轴分别加上下列电压，试画出荧光屏上显示的图形。

（1）$u_y = U_m \sin(\omega t + 90°)$
（2）$u_x = U_m \sin 2\omega t$

4. 利用示波器测量某一方波电压，当探头的 RC 值大于示波器输入电路的 RC 值，或小于示波器输入电路的 RC 值时，荧光屏上显示的方波各发生什么变化？试绘出变化后的波形。

5. 某型示波器扫描时间范围为 0.2μs/div ~ 1s/div，扫描扩展为 ×10，荧光屏 X 方向可用长度为 10div，试估计该示波器可用于测量正弦波的最高频率。

6. 某通用示波器 Y 通道频率范围为 0 ~ 10MHz，估计该示波器扫描速度范围（设 X 轴方向可用长度为 10div）。

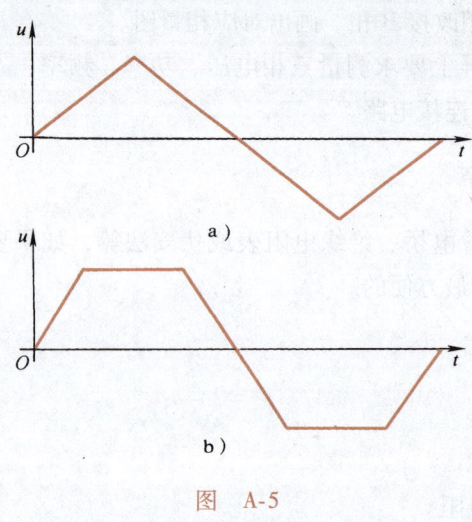

图 A-5

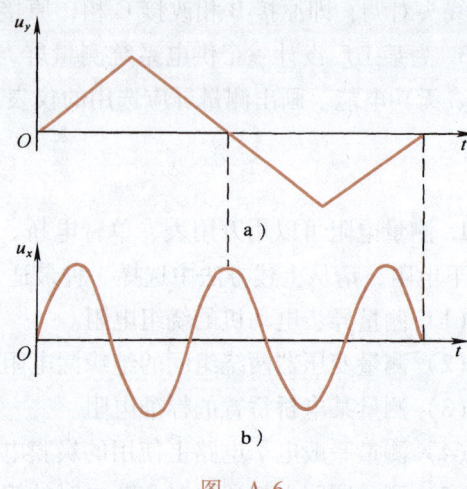

图 A-6

7. 某通用示波器最高扫描时间为 0.1μs/cm，屏幕 X 轴方向可用宽度为 10cm，如果屏幕能观察到两个完整周期的波形，则该波形的频率为多少？

8. 被测波形如图 A-7a 所示，若要使荧光屏上波形如图 A-7b 所示，则应将触发极性置于什么位置？

9. 被测波形如图 A-8 所示，要使所看到的波形能稳定地显示在屏幕上，则要用什么样波形作为外触发信号？若采用内触发方式，荧光屏上可能出现什么波形？

10. 用一台通用示波器测量某方波波形，若荧光屏上出现的波形如图 A-9 所示，试说明

（1）当扫描时间开关置于 2μs/cm 档，微调置于校正位置，无扩展，则该波形的频率为多少？

（2）已知方波频率为 10kHz，则这时示波器的扫描时间开关放在哪一档？

（3）当扫描时间开关放在 0.5ms/cm 档，方波信号的频率为 2kHz。荧光屏扫描线长度为 10cm，问可在 10cm 长度内看到几个完整的波形？

11. 示波器面板有一个 AC - DC 转换开关，作为测量交直流信号转换时使用，如果将开关置于 AC 档，能不能测量直流电压？置于 DC 档，能不能测量交流电压？

12. 用示波器观察一个正弦电压，如果屏幕上出现图 A-10 所示图形，应该调节什么旋

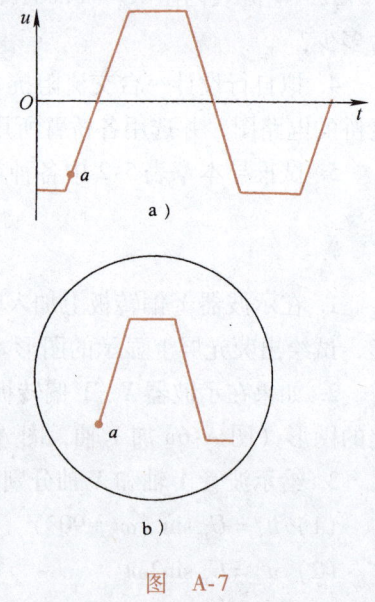

图 A-7

钮，才能看到完整的正弦波？

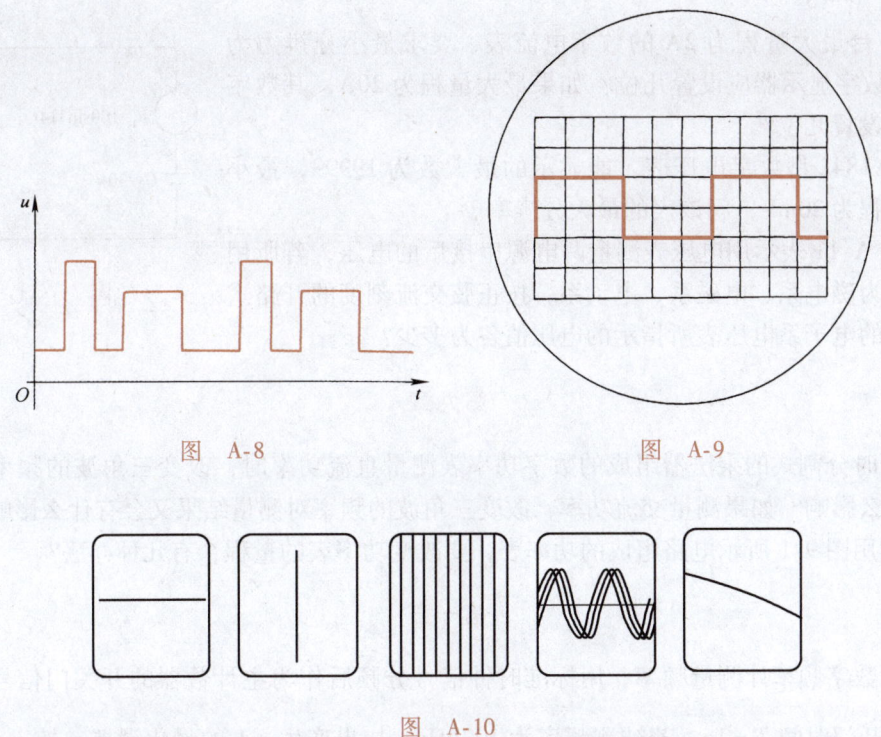

图 A-8　　　　　　　　　图 A-9

图 A-10

第七章

1. 有两台磁通计各配有专用的测量线圈。甲磁通计配用的测量线圈其截面积与匝数比值为 $\frac{S}{N_B}=100\text{cm}^2$，乙磁通计配用的测量线圈其截面积与匝数比值为 $\frac{S}{N_B}=50\text{cm}^2$。现甲磁通计所用的测量线圈遗失，拟借用乙磁通计的测量线圈代用，问代用后甲磁通计的读数与被测磁通值有什么关系？测量时应如何换算？

2. 为测量软磁材料的交流磁性，利用图 7-10 所示测量电路，所用的试样为环形，其截面积为 0.001cm^2，环形平均长度为 0.4m，在试件上绕有 $N_1=100$ 匝和 $N_2=100$ 匝的线圈，平均值电压表 PV_1 所用的互感线圈 $M=0.1\text{H}$，调节自耦变压器，读出频率计读数 $f=50\text{Hz}$，PV_1 读数为 4V，PV_2 读数为 20V，求相应的 B_m、H_m 数值。

3. 若利用图 7-10 所示测量电路，并用整流系的有效值刻度电压表代替图中的平均值电压表 PV_2，试推导出计算公式。

提示：可假定整流系的有效值刻度电压表是全波整流，反映的是全波平均值，所以实际也是平均值电压表，只是刻度为有效值，推导时可加一系数。

第八章

1. 某种逐次逼近比较式数字电压表，表内基准电压分别为 8V、4V、2V、1V、0.8V、0.4V、0.2V、0.1V、0.08V、0.04V、0.02V、0.01V，试说明测量 14V 直流电压的过程。

2. 一台 $3\frac{2}{3}$ 位，量程为 300V 的数字电压表，问该表的分辨力和分辨率是多少。

3. 一台最大量程为 2A 的数字电流表，要求最小分辨力为 1mA，其数字显示器应设置几位？如果最大量程为 20A，其数字显示器应设置几位？

4. SX1842 型数字电压表，能显示的最大数为 19999，最小一档的量程为 20mV，问该表的最大分辨率。

5. 图 A-11 表示用电压表测量两电源串接后的电压，若所用的电压表为磁电系、电磁系、电动系，按正弦交流刻度的开路式幅值检波的电子系电压表所指示的电压值各为多少？

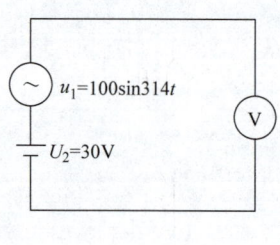

图 A-11

第九章

1. 用时分割式的乘法器组成的数字功率表测量直流功率时，改变三角波的频率对测量结果有什么影响？如果测量交流功率，改变三角波的频率对测量结果又会有什么影响？

2. 利用图 9-1 所示电路组成的功率表，要改变功率表的量程，有几种办法？

第十章

1. 用数字频率计测量频率，用标准时钟信号分频后作为主计数器的开关门信号，设主计数器的开门时间 $T=1s$，若被测频率为 100kHz，如果产生 ± 1 的量化误差，按 $f=\frac{N}{T}$ 测出读数的相对误差为多少？若被测频率为 5000Hz，主计数器的接通时间 T 仍为 1s，同样产生 ± 1 的量化误差，按 $f=\frac{N}{T}$ 测出的读数相对误差又为多少？

2. 用 E312 型数字频率计测量频率，当量程开关置于 10s 时，显示值为 32880000；当量程开关置于 1s 时，显示值为 13288000；当量程开关置于 0.1s 时，显示值为 01328800。问被测频率应为多少？

3. E312 型数字频率计的量程开关有 0.01s、0.1s、1s、10s 等四档，如果由于计数器会产生 ± 1 字的量化误差，则量程开关置于哪一档产生的误差最大？

4. 有一 4 位计数式数字频率计，测出频率单位为 Hz，设有 0.01s、0.1s、1s、10s 等四档量程开关，当量程开关置于 10s 时小数点位于最后一位，当量程开关置于 0.1s、1s、10s 档时，小数点应出现在什么位置？

第十一章

1. 用模拟式万用表测量电阻，选择量程时，要求指针示值能在中心值附近。如果是数字式电阻表，应怎样选择量程？

2. 数字钳式接地电阻测量仪，能不能测量导线电阻？

第十二章

1. 说明用数字示波器观测脉冲信号发生器输出的方波，并使用光标法，分别测量方波幅度和方波前沿的上升时间的步骤。

2. 说明用数字示波器观测脉冲信号发生器输出的方波并加以存储，然后第二次再输出方波，并调出第一次存储的波形，比较两次的波形是否相同的操作步骤。

第十三章

设计一台由单片机控制的电压、电流、功率测试仪，工作条件为：
（1）输入待测的电压、电流模拟量。
（2）输出接一台数字电压表。
（3）能依序显示电压、电流、功率值。
（4）能通过按键固定显示电压、电流、功率值（尚未开设微机课程的，不要做本题）。

第十四章

1. 使用 Multisim 软件。在它的工作界面，组成一个电阻电容并联电路，调用虚拟的函数信号发生器做电源，用虚拟示波器观察输入、输出波形的变化。

2. 使用 Multisim 软件。在它的工作界面，调用虚拟万用表，从元件库调出若干个晶体管，测量它的 H_{FE}。

附录B　参考实验

实验一　万用表的应用

一、实验使用的仪器与设备

500 型万用表，DT830 型数字万用表（或其他型号的模拟及数字万用表），音频信号发生器，整流电路与放大电路实验板，半导体器件若干，电动系电压表。

二、建议的实验内容

1. 用万用表和电动系电压表分别测量正弦波电压，并比较测量结果。
2. 用万用表和电动系电压表分别测量全波整流后的脉动电压，并比较测量结果。
3. 用万用表分贝标尺测量放大电路输入与输出的分贝值，并与电压档测量的结果相比较。
4. 用万用表电阻档测量半导体器件的各 PN 结的正、反向电阻值，比较用不同电阻档测量的结果。
5. 用数字万用表测量晶体管的 β 值。

实验二　电桥的使用

一、实验使用的仪器与设备

单臂电桥，双臂电桥，交流阻抗电桥或万能电桥，被测元件若干，待测绕阻电阻的变压器与电动机绕组。

二、建议的实验内容

1. 熟悉用单臂电桥测量一般中值电阻的步骤和操作方法，如果比较臂为 4 位，要求读出 4 位数的阻值。

2. 熟悉用双臂电桥测量电机和变压器低压绕组电阻的操作方法。

3. 熟悉用万能电桥测量电阻、电感、电容的操作方法，应同时读出阻抗和损耗值。

实验三　用功率表测量功率

一、实验使用的仪器与设备

功率表，电压表，电流表，可调三相负载三相自耦调压器，三相移相器。

二、建议的实验内容

建议采用图 B-1 所示电路，即所谓分离电路法，又称虚构负载法。功率表的电流线圈与负载串联后，用低压（36V 以下）供电，使电流达到或超过额定值，功率表的电压线圈用额定电压供电，这样功率表读出功率为额定值时，负载实际消耗功率很小，故称为虚构，而且调节电压线圈相位，可虚构负载性质的变化。

1. 用单相功率表测量单相功率、比较电压线圈接前和接后的读数。

2. 按图 B-1 接线测量三相电路的功率，通过调节移相器，虚拟不同性质的阻抗负载，观察二表法测功率时，功率表读数的变化情况。（如实验室没有移相器，可每次改变负载性质。）

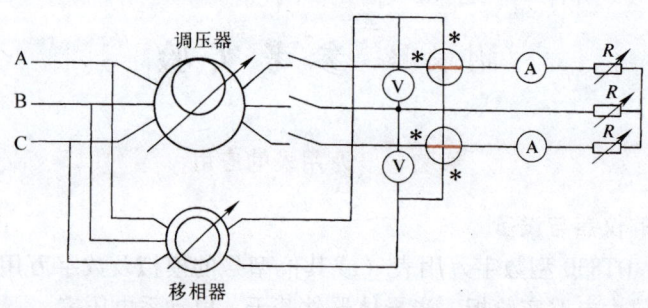

图　B-1

3. 观察功率表正确接线和错误接线时，功率表读数情况，例如三相二表法，可调换二表的电压圈端子连接点，观察读数情况。

实验四　电能表校验

一、实验使用的仪器与设备

单相与三相电能表，功率表，电压表，电流表，秒表，可调负载，调压器，换相开关。

二、建议的实验内容

建议采用图 B-2 接线，即采用虚构负载法校验电能表。

1. 调节调压器使负载电流为零，外加电压为额定值的 110%，观察是否产生潜动（铝盘转动不超过 1 周）。

2. 在电阻性负载条件下，电流分别为额定值的 10%、50%、100% 情况下用功率表、秒表测出值与电能表读数相比较。

3. 将图 B-2 开关置于 n 点，作为虚构 $\cos\varphi = 0.5$ 的感性负载，用同样方法校验电能表，即用功率表、秒表测出电度值与电能表读数相比较。

4. 测量电能表最小起动电流。

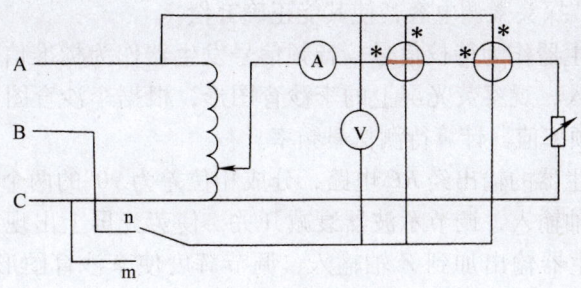

图 B-2

实验五　磁场的测量

一、实验使用的仪器与设备

磁通计，高斯计，空心螺管。

二、建议的实验内容

1. 用磁通计和高斯计测量空心螺管内的磁感应强度。

2. 用自制测量线圈配合磁通计测量空心螺管内的磁感应强度，并与专用线圈测量结果相比较。

实验六　电子电压表的使用

一、实验使用的仪器与设备

电子电压表，标准信号发生器，脉冲信号发生器，示波器（示波器频宽要超过电子电压表，作为标准表）。

二、建议的实验内容

1. 用电子电压表测量标准信号发生器的输出电压，在保持信号发生器输出幅度不变的条件下（用示波器监测，保持输出幅度不变），调节输出信号的频率，用电子电压表测量其数值，绘制该表的频率响应特性。

2. 改变信号发生器的输出幅度，用电子电压表不同档位测量，比较电子电压表对不同幅值电压测量时所产生的误差大小有何不同。

3. 改变信号波形（用脉冲信号发生器）比较不同波形测量结果的读数与示波器测出结果是否相同。

实验七　示波器的应用

一、实验使用的仪器与设备

示波器，音频信号发生器，移相电路板，脉冲信号发生器。

二、建议的实验内容

1. 如图 B-3 所示，用信号发生器的输出作为标准校正信号，按示波器的 Y 轴灵敏度和扫描速度刻度读出校正信号的电压值和周期值，将读数与信号发生器的输出值相比较，测出示波器的刻度误差。

2. 用本机方波发生器发出的校正信号或外加方波脉冲,测量其幅度、频率,并用方波校正示波器探头,调节探头微调电容,使其能正确补偿。

3. 将本机方波发生器作为待校信号,音频信号发生器作为标准信号,分别接到示波器的 Y 轴输入和 X 轴输入,观察荧光屏上的李沙育图形,根据李沙育图形水平交点数与垂直交点数以及标准信号频率值,计算待测信号频率。

4. 将音频信号发生器的输出经 RC 电路,分成相位差为 90°的两个分量,并分别加到示波器的 Y 轴输入和 X 轴输入,调节示波器衰减开关,使荧光屏上出现一个圆形的李沙育图形,并将脉冲信号发生器输出加到 Z 轴输入,调节辉度使李沙育图形出现清晰的断续点,计算待测信号发生器频率刻度的误差。

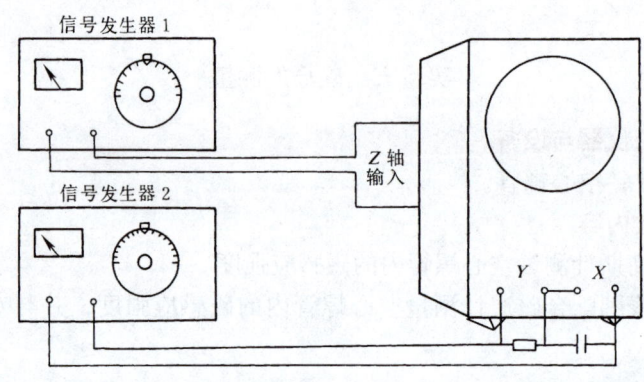

图 B-3

5. 用数字示波器观测脉冲信号发生器输出的方波,并使用光标法,分别测量方波幅度和方波前沿的上升时间。

6. 用数字示波器观测脉冲信号发生器输出的方波并加以存储,然后第二次再输出方波,并调出第一次存储的波形,比较两次的波形是否相同。

实验八　虚拟仪表的使用

一、实验使用的仪器与设备

电子计算机并已装上 Multisim 软件和声卡,信号发生器。

二、建议的实验内容

(一) Multisim 软件应用

1. 运行 Multisim11,使屏幕上呈现一个 Multisim11 的主界面。

2. 在 Multisim11 的主界面有一个电路工作区,单击菜单栏的"文件",创建一个名为"虚拟仪表使用"的文件。

3. 单击菜单栏的"放置",从下拉菜单中,选取元件/Sources/Power_ sourcesAC + power 在电路工作区,引进一个虚拟电源,并在属性中设置电源电压、频率。

4. 单击菜单栏的"放置",从下拉菜单中,选取元件/Basic/Resister 及 Capction,在电路工作区创建一个包含有交流电源、电阻、电容组成的交流电路,并在属性中设置电阻与电容值。

附 录

5. 单击菜单栏的"放置",从下拉菜单中,选取指示仪表 Induster 中的电压表(Voltmeter)和电流表(Ammeter),接到所创建的电路中。

6. 单击菜单栏的"仿真、仪表",并从下拉菜单中,选取示波器,并接到所上述所创建的电路中,并左击示波器小图,可看到示波器大图。

7. 单击菜单栏的"仿真",观测虚拟仪表和示波器对电路的测量结果,依次改变电路参数和电源参数,记录所测的数值。

(二)声卡虚拟仪器或 USB 仪器的使用

可以从网络下载一种声卡虚拟仪器或 USB 仪器,例如 flashDSO USB 虚拟示波器或 show 声卡虚拟示波器。

若为 flashDSO USB 虚拟示波器,可通过 flashDSO 提供的探头与信号发生器相连接,如图 B-4 所示。如为 show 声卡虚拟示波器。可通过衰减器与声卡输入插座与信号发生器相连,如图 B-5 所示。

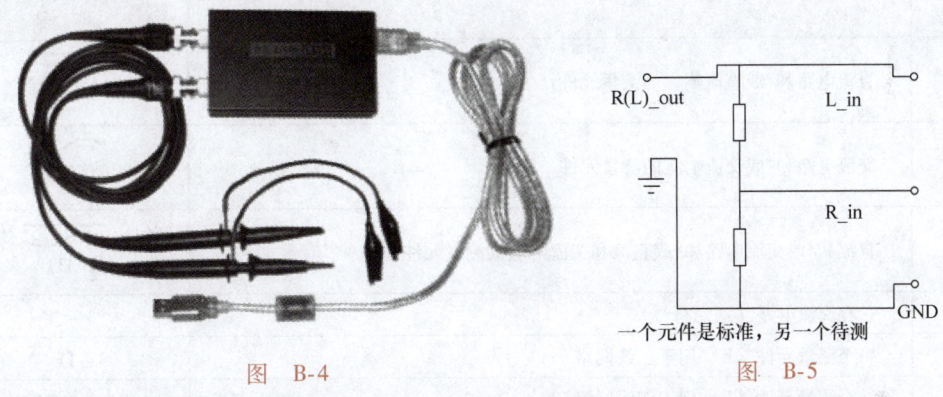

图 B-4　　　　　　　　　　图 B-5

连接后,调节信号发生器的输出波形、频率、电压的大小,并与虚拟面板上的测量结果相比较,观测测量结果的误差。

附录 C　仪表和附件用标志符号(摘自 GB/T 7676.1—1998)

测量单位的符号及其词头在 IEC27 中规定。为方便起见,给出标志仪表和附件的常用符号和国际单位制(SI)词头,列表如下:

A. 单位和量

项　目	符　　号	项　目	符　　号
安培	A	秒	s
分贝	dB	西门子	S
赫兹	Hz	特斯拉	T
欧姆	Ω	伏特	V
伏安	VA	功率因数	$\cos\phi$ 或 $\cos\varphi$
乏	var	摄氏温度	℃
瓦特	W		

（续）

B. SI 词头

项 目	符 号	项 目	符 号
艾[可萨]	10^{18}	E	分[1]	10^{-1}	d
拍[它]	10^{15}	P	厘[1]	10^{-2}	c
太[拉]	10^{12}	T	毫	10^{-3}	m
吉[咖]	10^{9}	G	微	10^{-6}	μ
兆	10^{6}	M	纳[诺]	10^{-9}	n
千	10^{3}	k	皮[可]	10^{-12}	p
百[1]	10^{2}	h	飞[母托]	10^{-15}	f
十[1]	10	da	阿[托]	10^{-18}	a

C. 被测量的性质和测量元件数

编号	项 目	符 号
C-1	直流电路和/或直流响应的测量元件	⎓ (5031)*
C-2	交流电路和/或交流响应的测量元件	∼ (5032)*
C-3	直流和/或交流电路和/或直流和交流响应的测量元件	⎓∼ (5033)*
C-4	三相交流电路（通用符号）	3∼**
C-6	一个测量元件（E）用于三线网络	3∼1E**
C-7	一个测量元件（E）用于四线网络	3N∼1E**
C-8	两个测量元件（E）用于不平衡负载三线网络	3∼2E**
C-9	两个测量元件（E）用于不平衡负载四线网络	3N∼2E**
C-10	三个测量元件（E）用于不平衡负载四线网络	3N∼3E**

D. 安全（应用见 IEC 61010-1）

E. 使用位置

编号	项 目	符 号
E-1	标度盘垂直使用的仪表	⊥
E-2	标度盘水平使用的仪表	⊓
E-3	标度盘相对水平面倾斜（例60°）的仪表	∠60°
E-4	仪表按 D-1 使用的例子，标称使用范围为 80°~100°	80°⋯90°⋯100°

附 录

（续）

编号	项 目	符 号
E-5	仪表按D-2使用的例子，标称使用范围为-1°~+1°	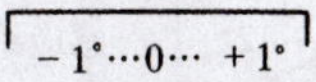 -1°…0…+1°
E-6	仪表按D-3使用的例子，标称使用范围为45°~75°	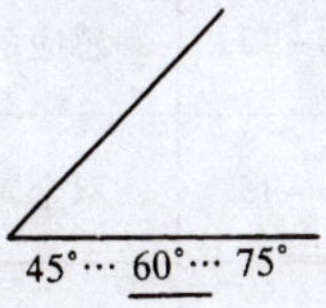 45°…60°…75°

F. 准确度等级

编号	项 目	符 号
F-1	等级指数（例如1）基准值为标度尺长或指示值或量程者除外	1
F-2	等级指数（例如1），基准值为标度尺长	 ▽1
F-3	等级指数（例如1），基准值为指示值	 ①
F-10	等级指数（例如1），基准值为量程	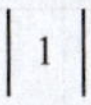 |1|

G. 通用符号

编号	项 目	符 号
G-1	磁电系仪表	
G-2	磁电系比率表（商值表）	
G-3	动磁系仪表	
G-4	动磁系比率表（商值表）	
G-5	电磁系仪表	
G-6	极化电磁系仪表	
G-7	电磁系比率表（商值表）	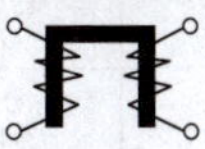
G-8	电动系仪表	
G-9	铁磁电动（铁心电动）系仪表	
G-10	电动系比率表（商值表）	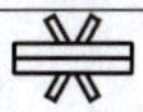
G-11	铁磁电动（铁心电动）系比率表（商值表）	

(续)

编号	项　目	符　号
G-12	感应系仪表	
G-13	感应系比率表（商值表）	
G-15	双金属系仪表	
G-16	静电系仪表	
G-17	振簧系仪表	
G-18	直热式热电偶（热电变换器）	3)
G-19	间热式热电偶（热电变换器）	3)
G-20	测量电路中有电子器件	3)
G-21	辅助电路中有电子器件	3)
G-22	整流器	3)
G-23	分流器	
G-24	串联电阻器	R
G-25	串联电感器	L 或
G-26	串联阻抗器	Z
G-27	电屏蔽	
G-28	磁屏蔽	
G-29	无定向仪表	ast
G-30	产生与等级指数相对应的改变量，磁场强度用 kA/m 表示（例 2kA/m）	2 kA/m
G-31	接地端（通用符号）	(5017)* *4)
G-32	零位（量程）调节器	

附 录

（续）

编 号	项 目	符 号
G-33	参考单独文件	⚠
G-34	产生与等级指数相对应的改变量，电场强度用 kV/m 表示（例 10kV/m）	[10] kV/m
G-35	通用附件	◇ 5)
G-37	厚度为 X 的铁磁支架	FeX
G-38	任意厚度的铁磁支架	Fe
G-39	任意厚度的非铁磁支架	NFe
G-42	支架或底板接线端	(5020)*
G-43	保护接地端	(5019)*
G-44	无噪声接地端	(5018)*
G-45	信号地端	
G-46	正端	(5005)*
G-47	负端	(5006)*
G-48	电阻范围的设定调整器	Ω
G-49	装有过负载保护器件	
G-50	装有过负载复位保护器件	

* 用 * 标记的数字为 IEC 417 中符号的编号。

** 用 ** 标记的符号源于 IEC 617-2 中的符号 02-02-04。

1) 此项目为非优选项，应避免使用。词头的符号（若需要）直接位于单位符号前面并无间隔。如有数字，在词头（若有时）和单位的前面应有间隔。

　　例：23℃，120mV。

2) 符号 F-2 仅供参考，新设计仪表不应采用。

3) 如 G-18、G-19、G-20、G-21 或 G-22 与仪表的符号例如符号 G-1 组合时，器件为装在仪表内部。

4) 符号 G-31 不赞成使用，应使用更清楚的符号 G-42、G-43、G-44 或 G-45 替代。

5) 符号 G-35 表示仪表的外附器件，应与符号 G-18、G-19、G-20、G-21 或 G-22 之一组合。

参 考 文 献

[1] 袁禄明. 电磁测量 [M]. 北京：机械工业出版社，1980.
[2] 华中工学院电磁测量教研组. 常用电工仪表与测量 [M]. 北京：机械工业出版社，1988.
[3] 郑家祥. 电子测量原理 [M]. 北京：国防工业出版社，1980.
[4] 陈杰美，钱学济. 电子测量仪器原理 [M]. 北京：国防工业出版社，1981.
[5] 张锡纯，电子示波器及其应用 [M]. 北京：机械工业出版社，1997.
[6] 沙占友，李学艺，邱凯. 新型数字电压表原理与应用 [M]. 北京：国防工业出版社，1995.
[7] 李宏，张家田，等. 液晶显示器件应用技术 [M]. 北京：机械工业出版社，2004.
[8] 任致程，周中. 电力电测数字仪表原理与应用指南 [M]. 北京：国防工业出版社，1981.
[9] 《仪表技术》杂志编辑部. 电子电能表与电能测量技术讲座 [J]. 仪表技术，2002.
[10] 张毅，周绍磊，杨秀霞. 虚拟仪器技术分析与应用 [M]. 北京：机械工业出版社，2004.
[11] 凌志浩，王华忠，叶西宁. 智能仪表原理与设计 [M]. 北京：人民邮电出版社，2013.